Appliquer la maîtrise statistique des processus
(MSP/SPC)

Éditions d'Organisation
1, rue Thénard
75240 Paris Cedex 05
www.editions-organisation.com

Du même auteur chez le même éditeur

Les plans d'expériences par la méthode Taguchi – M. Pillet – 1997
Gestion de Production – A. Courtois, C. Bonnefous, M. Pillet – 2003
Qualité en Production – D. Duret, M. Pillet – 2005
Six Sigma Comment l'appliquer – M. Pillet – 2005

Maurice PILLET

Professeur des Universités
IUT Annecy – Université de Savoie, Laboratoire LISTIC
Ancien élève de l'Ecole Normale Supérieure de CACHAN

Appliquer la maîtrise statistique des processus
(MSP/SPC)

Quatrième édition

Éditions
d'Organisation

Sommaire

Chapitre 2
Les concepts de la Maîtrise Statistique
des Processus (MSP)

Chapitre 3
Capabilité des Processus de Contrôle 79

Chapitre 4

Les études de capabilité (d'aptitude) 131

Chapitre 5
Les cartes de contrôle

Chapitre 8

Le cas des attributs 295

Chapitre 10
Le cas des distributions non gaussiennes et des critères unilatéraux

Chapitre 11

Du tolérancement au pire des cas au tolérancement inertiel

Avant-propos

10 ans après la sortie de la première édition de cet ouvrage, la place de la MSP (Maîtrise Statistique des Processus) dans les entreprises est de plus en plus importante. Si, seuls quelques domaines d'activités, utilisaient couramment la MSP dans les années 1990, c'est désormais toutes les entreprises qui sont concernées. De plus, les gains considérables obtenus par la méthode Six Sigma ont renforcé l'importance accordée à la maîtrise des processus par les industriels. On a (re)découvert une des bases de la qualité, la maîtrise des variabilités et son outil : la Maîtrise Statistique des Processus.

Depuis la précédente édition, de nombreuses évolutions sont apparues, nécessitant la rédaction de cette nouvelle refonte majeure. L'ensemble de l'ouvrage a été revu pour en faire un ouvrage de référence des meilleures pratiques en matière de MSP.

Nous avons notamment intégré les dernières versions de la normalisation internationale dans le domaine de la MSP :

- L'arrivée de la troisième édition du document MSA (Measurement Systems Analysis – 2002) a permis de faire évoluer de façon importante les pratiques en matière de capabilité des moyens de contrôle.

- La suppression en 2004 de certaines normes CNOMO relatives à la MSP a permis de clarifier grandement les notations en matière de capabilités.

L'application de la MSP dans les domaines très complexes comme les semi-conducteurs, et l'apport majeur de l'informatique a permis une large utilisation des techniques de la MSP multidimensionnelles qui restaient confidentielles. Nous avons choisi de consacrer un chapitre entier à ces méthodes.

Toutes ces évolutions renforcent les principes de la cote cible que nous avions déjà abordé dans les précédentes versions. Cependant, on peut aujourd'hui se poser quelques questions sur la notion de la conformité avec le principe actuel du tolérancement. Nous proposons dans le dernier chapitre une nouvelle façon de tolérancer les caractéristiques : « le tolérancement inertiel » permettant un bien meilleur compromis entre la qualité des produits et le coût de production.

L'application efficiente de la MSP est le résultat d'un équilibre entre des pratiques, des méthodes et une culture de la maîtrise de la variabilité. Cette nouvelle édition a pour objectif de fournir au lecteur les principales clés qui lui permettront de mettre en œuvre la MSP dans son entreprise de façon efficace et pérenne.

Chapitre 1

Maîtrise Statistique des Processus et performance industrielle

La maîtrise statistique des procédés est fondée sur un certain nombre de valeurs qui sont parfois mal connues. Nous souhaitons dans ce premier chapitre les aborder afin de bien poser le cadre culturel nécessaire pour une bonne application de la MSP. Les concepts de base de la MSP seront abordés dans le chapitre 2 en restant à un niveau de granularité suffisamment élevé pour bien saisir les principes. Les chapitres suivants permettront d'aborder le détail des différents aspects de la MSP.

1. MSP et satisfaction clients

1.1. Nécessité de maîtriser les processus

Une entreprise ne peut vivre que si elle a des clients… satisfaits. La satisfaction des clients est donc bien évidemment un souci constant de toute entreprise.

Cette quête de la satisfaction des clients pousse les entreprises à rechercher l'excellence sur le triplet Qualité/Coût/Délai. Aussi est-il utile de s'interroger sur la relation fondamentale qui relie ce triplet d'excellence à la maîtrise des processus.

L'ennemi de l'excellence est la variabilité sous toutes les formes qui soient et il est du devoir de tout industriel de lutter contre celle-ci. La variabilité se manifeste en différents lieux : variabilité sur les caractéristiques des produits, sur les procédés, sur les délais… et ceci tout au long du processus de production.

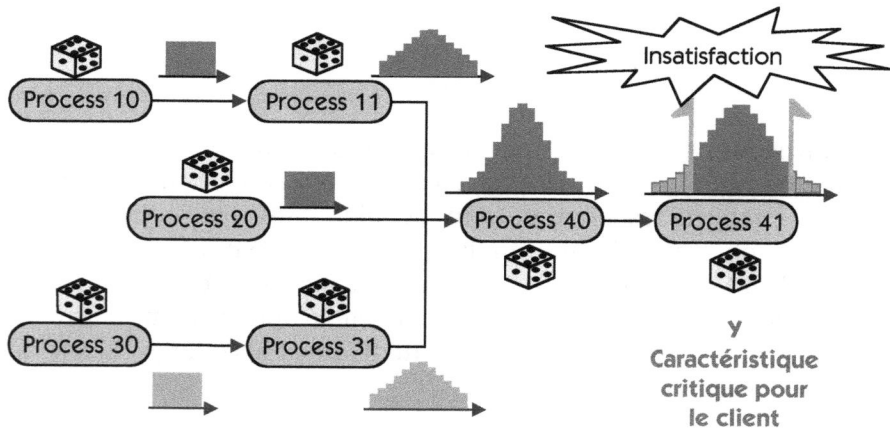

Figure 1 – Répercussion de la variabilité

La figure 1 illustre la répercussion de la variabilité tout au long d'un processus. Chaque élément du processus contribue à l'augmentation de la variabilité pour finalement produire des insatisfactions chez le client.

Maîtriser la variabilité tout au long du processus c'est garantir une plus grande satisfaction des clients, c'est avoir des délais plus fiables, c'est diminuer les coûts inutiles dépensés pour compenser les effets de la variabilité (tri, rebuts, retouches...) et ainsi produire mieux, moins cher.

Il n'y a pas de qualité sans maîtrise de la variabilité. La maîtrise des processus est le fondement de la survie de toute société. On peut tenter de maîtriser ses processus avec une approche empirique, c'est d'ailleurs ce que font de très nombreuses sociétés. Cependant il existe une approche efficace, éprouvée, incontournable pour maîtriser la variabilité, c'est la MSP (Maîtrise Statistique des Processus). Se passer d'une telle méthode, c'est faire une impasse terrible sur les gisements potentiels de satisfaction client, mais aussi d'augmentation de marge pour l'entreprise.

Nous verrons dans cet ouvrage comment facilement garantir la stabilité d'un processus à l'aide de quelques graphiques et quelques indicateurs de performance. La MSP est sans doute une des plus anciennes méthodes qualité. Depuis des décennies qu'on l'applique, on atteint désormais un niveau de maturation extraordinaire qui lui confère une efficience inégalée.

1.2. La place de la Maîtrise Statistique des Processus (MSP) dans une démarche de Qualité Totale

La qualité est un critère qualifiant. Un produit est de qualité ou n'est pas ! Pour atteindre cette qualité, il est nécessaire d'utiliser des outils et des méthodes dont la MSP. Pour être efficace, il est également indispensable de mettre en place une structure qualité qui donnera la cohérence à l'ensemble. Mais avant tout, la condition de réussite reste surtout la dynamique créée sous l'impulsion du chef d'entreprise.

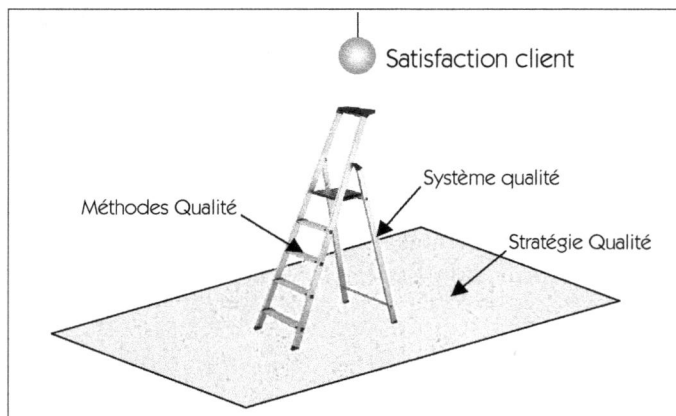

Figure 2 – Système Qualité et Outils Qualité

Une démarche qualité cohérente peut être schématisée par une timbale qu'il faut décrocher à l'aide d'un escabeau (figure 2). Pour atteindre la satisfaction client, il faut une cohérence entre le système qualité, les méthodes, les outils et la stratégie. La qualité se construit autour d'un système qualité (la structure de l'escabeau) qui apporte la stabilité et sur lequel chaque outil prendra sa place. La normalisation internationale ISO 9000 apporte aux industriels une aide précieuse pour l'établissement de ce système qualité. Mais un escabeau sans marche n'est pas très utile. Les outils et les méthodes « Qualité » permettent de construire – pas à pas – la qualité des produits et des services. La MSP représente une des marches importantes permettant d'améliorer la qualité et la fiabilité des produits par une plus grande maîtrise de la variabilité.

On peut compléter l'image de l'escabeau par le sol, sur lequel il repose, qui doit être stable. Il représente la stratégie de l'entreprise. Sans stratégie solide, sans volonté de la direction, toute démarche qualité est vouée à la même fin qu'un escabeau posé sur un sol trop meuble.

1.3. La MSP, un outil, une méthode, une culture

Comment qualifier la MSP, est-ce un outil, une méthode ou une culture industrielle ? C'est un peu tout cela à la fois, suivant le degré d'implication de l'entreprise dans la démarche.

Au début, une entreprise cherche un outil pour mieux piloter ses processus ou pour disposer d'indicateurs de performance sur la qualité de ses produits. Très vite, elle s'aperçoit que l'utilisation d'outils sans méthode est vouée à l'échec. Pour les entreprises plus impliquées dans la démarche, l'important n'est plus l'outil, mais la méthode de mise en œuvre. Un proverbe chinois dit « Pour pouvoir travailler sans méthode, travaille avec méthode ! » C'est très exactement ce que doit faire l'entreprise qui veut réellement tirer de très grands bénéfices de la démarche MSP. En effet, pour cueillir les meilleurs fruits de son investissement, il faut arriver à dépasser le stade de la méthode pour atteindre le stade de la culture d'entreprise. Mettre en place la MSP n'est pas mettre en place quelques cartes de contrôle. C'est un processus de maîtrise de la variabilité qui doit se faire selon une démarche rigoureuse sur laquelle nous insisterons dans cet ouvrage.

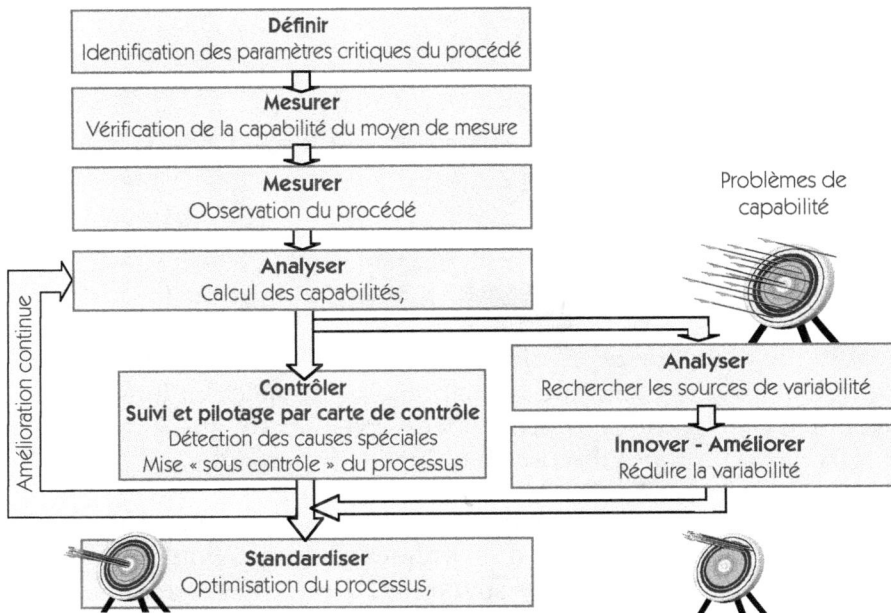

Figure 3 – Démarche de maîtrise statistique des processus

Nous insisterons beaucoup dans ce premier chapitre sur les aspects culturels de la MSP. Notre expérience nous a montré que plusieurs entreprises mettent en place une démarche MSP sans avoir intégré le principe de l'**objectif cible**, le principe de la **maîtrise de la variabilité** et le principe de la **combinatoire des caractéristiques élémentaires**. Pour que l'entreprise progresse véritablement vers la maîtrise de la qualité des produits, il est nécessaire que tous ces concepts fassent partie de la culture d'entreprise sinon toute démarche est vouée à l'échec au bout d'un certain temps.

Lorsque toute l'entreprise a parfaitement assimilé les concepts essentiels, la méthode MSP devient naturelle et les outils apparaissent comme indispensables. L'**état organique** de l'entreprise intègre alors cette culture de la maîtrise de la variabilité qui garantit la pérennité de la démarche. L'état organique définit l'état naturel vers lequel toute démarche dérive avec le temps. C'est l'état qui ne demande aucun effort particulier. Il faut que les concepts de la MSP soient tellement ancrés culturellement dans l'entreprise que l'application sur le terrain se fait naturellement.

2. La cote cible : un préalable à la MSP

2.1. Les boules de pâte à modeler... Lorsque les tolérances créent de la variabilité

Depuis que l'on parle de qualité, on a cherché à maîtriser la variabilité en fixant des limites de variations aux spécifications. Est-ce réellement la bonne approche ? Une expérience que nous avons renouvelée de très nombreuses fois illustre ce paradoxe.

L'expérience consiste à demander à un groupe de personnes (par exemple en formation MSP) de fabriquer chacun 5 boules de pâte à modeler dans les spécifications suivantes : 5 grammes et 15 Grammes. Pour bien montrer ces spécifications, on dispose d'une boule de chacune des spécifications (5 et 15 gr).

Le groupe réalise sa production avec comme modèle les deux tolérances et on mesure cette production. La figure 4 illustre le résultat que nous avons obtenu lors d'une séance.

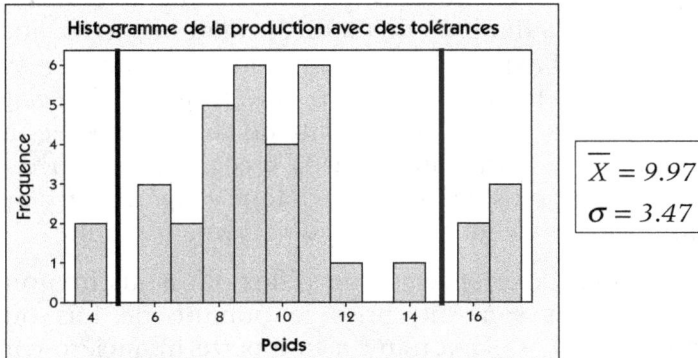

$$\overline{X} = 9.97$$
$$\sigma = 3.47$$

Figure 4 – Production avec des tolérances

Après avoir fait cette première manipulation, on précise au groupe qu'il n'y a désormais plus de « tolérance », mais on précise simplement la cible que l'on doit viser : 10. On donne donc cette fois un unique modèle : la cible.

Chaque membre du groupe réalise à nouveau 5 boules de pâte à modeler dans ces nouvelles conditions. La figure 5 illustre ce que nous avons obtenu avec le même groupe. C'est incroyable et pourtant, cela marche à tous les coups.

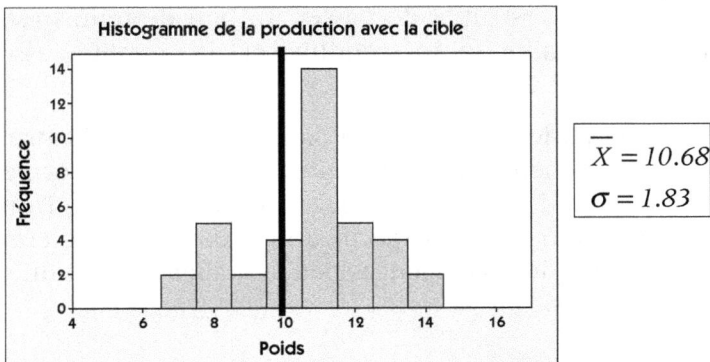

$$\overline{X} = 10.68$$
$$\sigma = 1.83$$

Figure 5 – Production avec la cible

A l'issue de cette expérience on pose la question suivante : « A quoi servent les tolérances ? ». La réponse est en général immédiate : « A limiter la variabilité ! »

Et pourtant dans notre expérience, sans tolérance la dispersion (l'écart type) a diminué de moitié. En fait lorsqu'on analyse ce qui se passe dans l'expérience 1, on constate que les personnes ont interprété les tolérances comme une plage de déréglage possible de leur processus. Ils ont donc ajouté de façon délibérée une source très importante de variabilité. Dans la seconde expérience, la production n'a pas coûté plus chère, mais chaque « opérateur » ayant une cible unique, la variabilité a été considérablement réduite.

Cette petite expérience mérite réflexion. Nous invitons le lecteur à regarder dans son entreprise le nombre de fois où il reproduit l'expérience 1. Cela conduit à une perte financière considérable qui pourrait facilement être épargnée.

Une solution serait de changer la façon de tolérancer les caractéristiques. Nous avons proposé[1] une nouvelle méthode de tolérancement : le « *tolérancement inertiel* » que nous développons au chapitre 11 qui permet de résoudre ce paradoxe.

2.2. Qualité produit *versus* Qualité d'une caractéristique

Pour appliquer correctement la MSP, il faut avoir préalablement assimilé un certain nombre de notions. La notion la plus importante sur laquelle il est utile de passer un peu de temps est la différence entre la qualité d'un produit et la qualité associée à une caractéristique élémentaire.

Quand on parle de qualité, on parle d'abord de conformité. Mais que signifie vraiment la conformité ? D'après la norme, conformité signifie : « Satisfaction aux exigences spécifiées ». Trop souvent, on simplifie pour dire « spécification dans les tolérances ». Nous montrerons que les exigences peuvent aller au-delà du simple respect des tolérances.

---

1. PILLET Maurice - Inertial Tolerancing – The Total Quality Magazine – Emerald Editor – Vol 16 – Issue 3 – May 2004

Un client achète un produit pour une fonction donnée. Ce client sera parfaitement satisfait si cette fonction est réalisée… longtemps. Par exemple si on considère un tube électronique d'amplification de puissance, l'intensité de l'émission est un facteur clé du produit. Cependant, cette caractéristique essentielle dépend d'un certain nombre de caractéristiques élémentaires, telles que la taille des entrefers, l'épaisseur des traitements superficiels, l'alignement des différentes grilles…

Si on prend un simple stylo, on retrouve les mêmes éléments. Une caractéristique importante pour le client est l'effort nécessaire à l'écriture. Les caractéristiques élémentaires nécessaires pour atteindre cet objectif sont nombreuses, on peut citer la sphéricité de la bille, le diamètre, le diamètre du logement de la bille, la viscosité de l'encre.

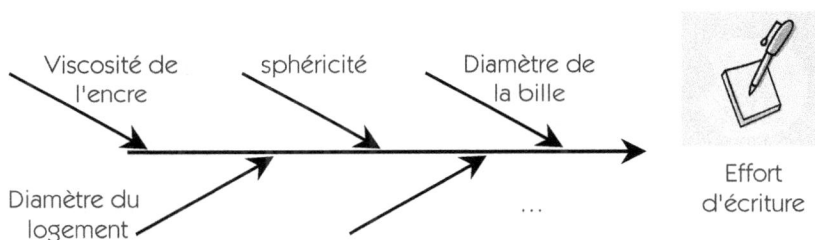

Figure 6 – Caractéristiques du produit et caractéristiques élémentaires

Les caractéristiques élémentaires sont contrôlées au cours de la fabrication, les caractéristiques du produit résultent de la combinaison de l'ensemble des caractéristiques élémentaires.

Qualité d'un produit : la notion de qualité est assez claire lorsqu'on parle de produits finis livrés aux clients. Il faut que le produit satisfasse les exigences … longtemps. Ainsi, lorsqu'on parle de conformité d'un produit fini, on doit parler du niveau de performance du produit, mais aussi de son aptitude à maintenir dans le temps ce niveau de performance.

Qualité associée à une caractéristique élémentaire : lorsqu'on réfléchit à la notion de qualité d'une caractéristique élémentaire, par exemple une cote tolérancée sur un produit mécanique, la première idée consiste à dire « le produit est de qualité si la caractéristique est conforme au plan ». Les choses sont pourtant plus complexes, comme nous le verrons plus loin. Souvent, pour « simplifier », nous contournons le problème en mettant des tolérances de plus en plus serrées qui conduisent inévitablement à des coûts de production toujours plus élevés.

Pour illustrer ce propos, prenons deux exemples simples en mécanique (assemblage d'un arbre et d'un alésage) et en électronique (loi d'Ohm U = RI).

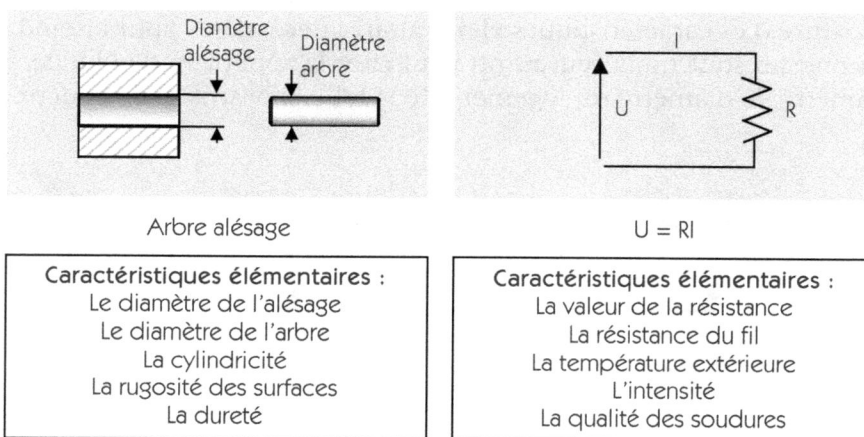

Arbre alésage   U = RI

Caractéristiques élémentaires :	Caractéristiques élémentaires :
Le diamètre de l'alésage	La valeur de la résistance
Le diamètre de l'arbre	La résistance du fil
La cylindricité	La température extérieure
La rugosité des surfaces	L'intensité
La dureté	La qualité des soudures

Figure 7 – Caractéristiques élémentaires

Le souhait du client final ne porte pas sur une caractéristique, mais sur le fonctionnement du produit.

Pour assurer le fonctionnement idéal, il faudrait contrôler tous les paramètres participant au bon fonctionnement. Mais ces paramètres ne sont pas tous identifiés. Parmi les paramètres identifiés, certains ne peuvent être surveillés en production pour des problèmes de faisabilité (contrôle destructif par exemple) ou de coûts. On se limite donc en règle générale au suivi de quelques paramètres considérés comme critiques afin d'assurer la qualité finale du produit qui doit bien sûr être notre seul objectif.

Paramètres participant au bon fonctionnement du produit
Paramètres identifiés comme étant liés au fonctionnement (BE)
Paramètres potentiellement surveillables (Méthodes)
Paramètres réellement surveillés (Production)

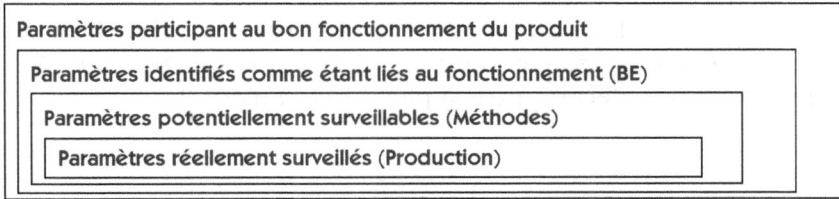

Figure 8 – Aspect gigogne des paramètres assurant la qualité

Dans ces conditions, quelles doivent être les bonnes tolérances de fabrication sur ces « quelques » caractéristiques surveillées ? Comment interpréter ces tolérances ?

Nous montrerons que le fonctionnement n'est pas le même lorsqu'une caractéristique surveillée est sur la cible que lorsqu'elle est en limite de tolérance. Le placement sur la cible rend l'assemblage « robuste » par rapport aux caractéristiques non surveillées.

2.3. Un principe incontournable : viser la cible

2.3.1. La cible pour un assemblage robuste

Dans la plupart des entreprises, nous considérons qu'un produit est bon à l'intérieur des tolérances, mauvais à l'extérieur, sans différence de nuance. En suivant ce raisonnement, un système de tri automatique éliminant systématiquement les pièces hors tolérance permettrait d'obtenir une production considérée comme parfaite.

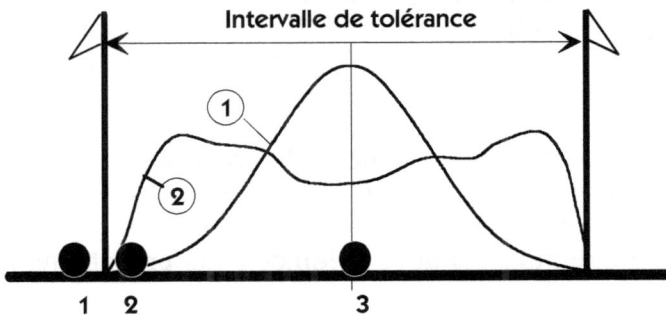

Figure 9 – Nouvelle façon de voir l'intervalle de tolérance

Sur la figure 9, nous avons représenté trois pièces : 1, 2 et 3. Les pièces 2 et 3 sont dans l'intervalle de tolérance. La pièce 1 est hors intervalle de tolérance. Or, d'un point de vue fonctionnel, il y a probablement peu d'écart entre la pièce 1 et la pièce 2.

Figure 10 – Les limites du raisonnement traditionnel

Considérons maintenant, les deux répartitions ① et ②. La répartition ① bien centrée, en forme de cloche, génère une certaine proportion de pièces non conformes. La répartition ② répartie sur l'ensemble de l'intervalle de tolérance ne génère pas de pièces non conformes grâce à un système de tri efficace.

Comparons ces deux situations simplement avec notre bon sens. Il est clair que l'on sent intuitivement que la répartition ① donnera des produits de meilleure qualité. Pourtant le raisonnement traditionnel – fondé sur le strict respect des tolérances – conduit à choisir la répartition ② car toutes les pièces sont conformes. Nous sommes donc face à un conflit : notre bon sens nous conduit à choisir la répartition ① et notre culture qualité la répartition ②. Que faut-il choisir ? Le bon sens évidemment !

En effet, reprenons l'exemple de la figure 7 de l'assemblage d'un arbre avec un alésage. Si l'arbre et l'alésage sont produits selon la répartition ①, la probabilité d'assembler un arbre fort avec un alésage faible est presque nulle (multiplication de deux probabilités faibles).

En revanche, dans le cas de la répartition ②, la probabilité d'assembler un arbre fort avec un alésage faible est très importante.

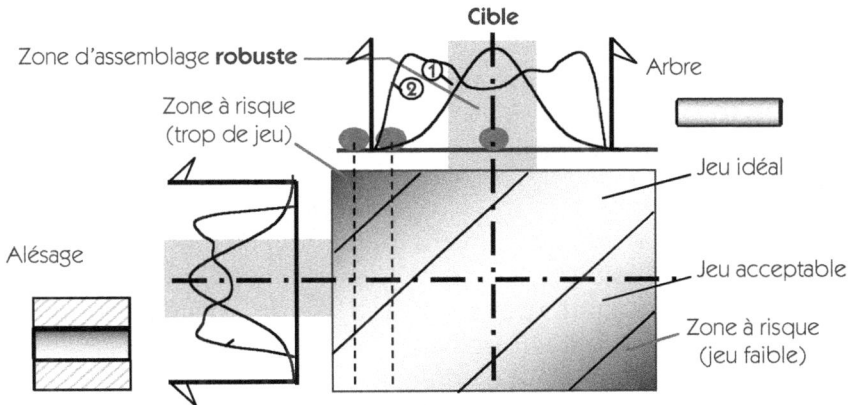

Figure 11 – Assemblage arbre/alésage

De plus et c'est cela le plus important, lorsqu'on a produit un arbre sur la cible, quelle que soit la situation de l'alésage, l'assemblage se fera dans de bonnes conditions (au pire on aura un jeu acceptable). Lorsqu'on produit un arbre en limite de tolérance, il existe une probabilité plus importante de tomber dans la zone à risque.

En produisant une caractéristique sur la cible, on rend l'assemblage robuste par rapport aux autres éléments de l'assemblage.

Cela est d'autant plus vrai qu'il existe de nombreuses caractéristiques qui ont une influence sur la qualité et qui ne sont pas surveillées. Par exemple le fonctionnement ne sera idéal que si les autres critères non surveillés (comme la rugosité, la cylindricité) restent dans des limites raisonnables.

Ainsi, on peut étendre le raisonnement précédent en considérant maintenant trois situations :

- Lorsque l'arbre est au maxi et l'alésage au mini, ces caractéristiques sont acceptables. Pourtant, supposons que des paramètres non surveillés comme la cylindricité, la rugosité ou la dureté soient également en limite, le fonctionnement du produit fini sera dégradé, la qualité ne sera plus assurée.

- Considérons dans un second cas, l'alésage placé sur la cible. Le jeu est plus proche du jeu idéal, la qualité du produit pourra être assurée même si les caractéristiques non surveillées sont défavorables.

• Supposons maintenant que l'arbre et l'alésage soient tous les deux sur leurs cotes cibles. Le jeu serait alors idéal et le produit pourrait alors « encaisser » des paramètres non surveillés en limite.

La qualité des produits est souvent (pour ne pas dire toujours) une combinaison de plusieurs caractéristiques élémentaires. Si on veut se concentrer sur la qualité des produits, il faut se concentrer sur cette combinatoire qui amène naturellement la notion de cible.

2.3.2. La fonction perte de Taguchi

Afin de mieux modéliser le comportement des systèmes, Taguchi a proposé une modélisation de la perte de la qualité en fonction de l'écart entre la valeur et la cible.

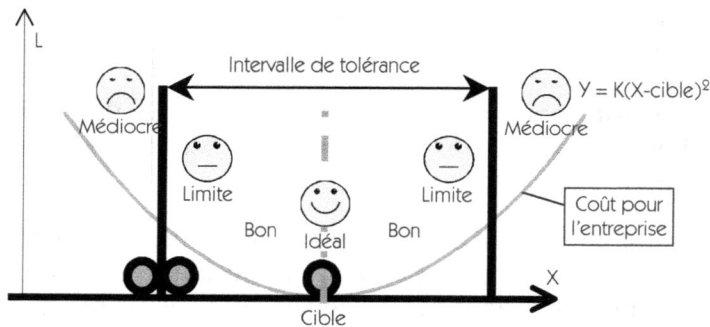

Figure 12 – Fonction perte de Taguchi

En fait, la « perte » due à l'écart d'une caractéristique par rapport à une valeur nominale n'est pas nulle à l'intérieur de la tolérance et totale à l'extérieure. Taguchi définit la fonction perte comme étant une fonction du second degré de l'écart par rapport à la valeur cible.

La fonction perte s'exprime par $L = K (X - X0)^2$ avec :

• K : une constante qui dépend du problème posé ;
• $X0$: valeur cible recherchée ;
• X : valeur prise par la caractéristique.

Perte moyenne par pièce :

$$\overline{L} = K(\sigma^2 + (\overline{X} - cible)^2)$$

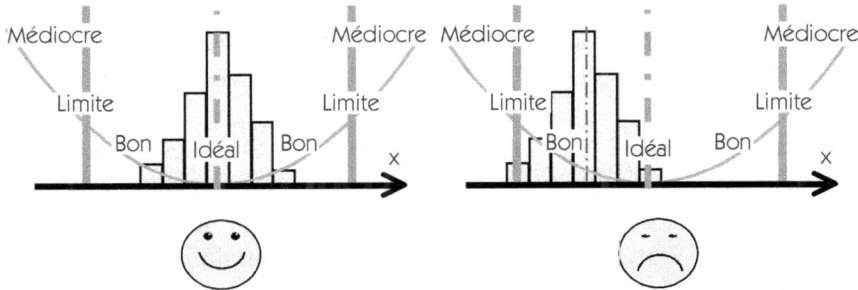

Figure 13 – Perte dans le cas d'un échantillon

Dans le cas d'un échantillon de produits de moyenne $\overline{X}$ et d'écart type σ, la perte moyenne par pièce est égale à : $\overline{L} = K(\sigma^2 + (\overline{X} - cible)^2)$.

Le coût de non qualité est donc proportionnel à la variance de l'échantillon, et à l'écart entre la cible et la moyenne de l'échantillon.

Il est donc nécessaire de faire évoluer notre raisonnement en matière d'intervalle de tolérance et nous pouvons déjà conclure :

- L'important, ce n'est pas seulement qu'une pièce soit dans l'intervalle de tolérance, mais c'est aussi et surtout la répartition des pièces à l'intérieur de cet intervalle ;
- La répartition doit être **centrée sur la cible**, avec une dispersion la plus faible possible.

La notion importante qui apparaît ici est la notion de **cible**. La cible est très souvent le milieu de la tolérance, mais ce n'est pas toujours le cas. Ce qui est important c'est que tout le monde soit d'accord sur cette cible. Il n'est pas normal de mettre sur un plan simplement un mini et un maxi. Un plan d'atelier devrait comporter en gros la cible qui a été définie consensuellement entre tous les services concernés.

En visant la cible pour chaque caractéristique surveillée, on rendra le produit **robuste** par rapport à toutes les caractéristiques non surveillées mais qui fluctuent quand même. Nous pouvons résumer les principes essentiels de la cible par :

- Chaque caractéristique surveillée en production doit avoir une cible définie consensuellement entre tous les services concernés.
- La cible représente le niveau idéal de la caractéristique. Tous les opérateurs doivent s'efforcer de centrer le procédé sur cette cible.
- La cible doit apparaître clairement sur les plans de fabrication.
- Les services de production doivent utiliser les outils de la Maîtrise Statistique des Procédés pour satisfaire le centrage du procédé sur cette cible.

Origine de la fonction perte

Cette fonction est en fait le développement de Taylor en éliminant les termes d'ordre supérieur à 2 et en considérant les hypothèses suivantes:

- la perte est nulle pour $X = X0$ soit $L(X0) = 0$;
- la perte est minimale pour $X = X0$ soit $L'(X0) = 0$.

En conséquence, le coût de non-qualité est minimal pour $X = X0$

Le développement limité de la fonction perte au voisinage de la cible s'écrit :

$$L(X) = L(X0) + (X - X0)L'(X0) + \frac{(X - X0)^2}{2!} L''(X0) + \varepsilon$$

$$= 0 \qquad = 0$$

Nous obtenons $L(X) = \dfrac{L''(X_0)}{2!}(X - X_0)^2 = \mathbf{K\ (X - X0)^2}$

2.4. Étude de la combinatoire de plusieurs caractéristiques

La qualité d'un produit est toujours le résultat d'une combinatoire de plusieurs caractéristiques élémentaires. Pour bien comprendre l'importance de la cote cible à respecter sur chaque caractéristique élémentaire, il faut étudier le résultat obtenu dans la cas d'une caractéristique produit (exemple jeu) dépendant de plusieurs caractéristiques élémentaires (exemple : cotes)

2.4.1. Cas de deux caractéristiques additives

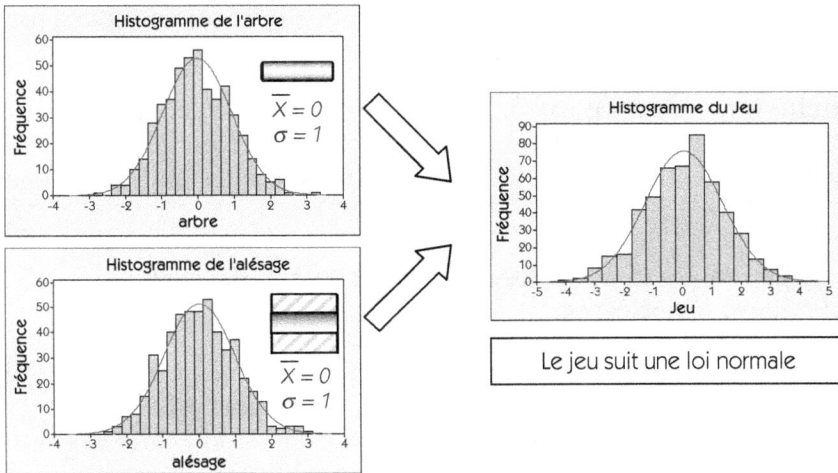

Répartition suivant une loi de Gauss

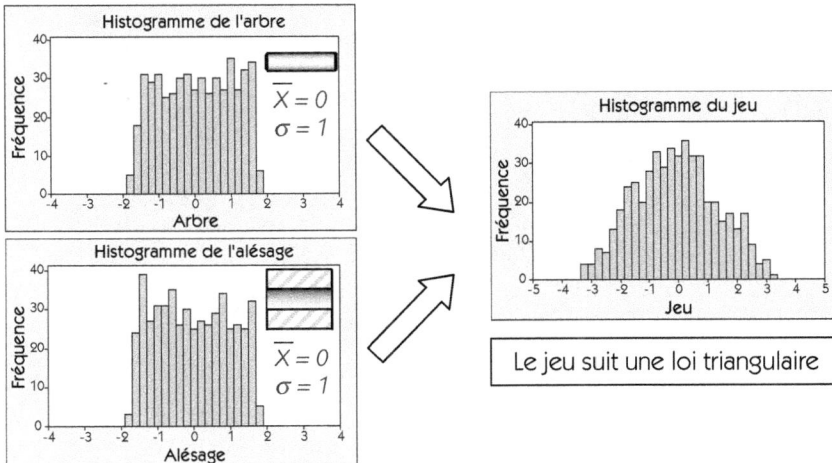

Répartition suivant une loi uniforme

Figure 14 – Combinatoire de deux caractéristiques

Etudions la façon dont deux caractéristiques se combinent (Y = A + B) dans différents cas de figure de même moyenne (0) et de même écart type (1) (voir figure 14)

En assemblant au hasard un arbre et un alésage, on constate que le résultat sur le jeu (triangulaire et gaussienne) est sensiblement identique alors que les répartitions initiales (uniforme et gaussienne) sur les caractéristiques élémentaires sont très différentes.

Conclusion : Dans ce cas, la répartition finale sur la caractéristique produit dépend principalement de la moyenne et de l'écart type des caractéristiques élémentaires et dans une moindre mesure de leur répartition.

2.4.2. Étude de la combinatoire dans le cas de cinq caractéristiques

En fait, il faudrait considérer non seulement les caractéristiques surveillées, mais également les caractéristiques non prises en compte. Pour cela, observons la combinaison de cinq caractéristiques indépendantes centrées sur leur cible dans deux cas de répartition :

- La première où tous les éléments ont une répartition uniforme.
- La seconde où tous les éléments ont une répartition de Gauss.

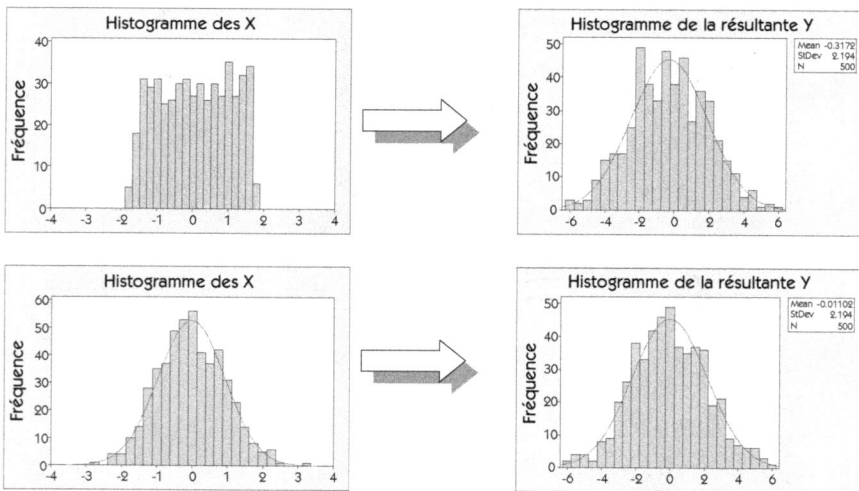

Figure 15 – Combinatoire de cinq caractéristiques

Le jeu résultant est pratiquement identique dans les deux cas.

Conclusion : Dans ce cas, la répartition finale sur la caractéristique produit dépend de la moyenne et de l'écart type des caractéristiques élémentaires et **très peu de leur répartition**.

2.4.3. Étude de l'influence du décentrage

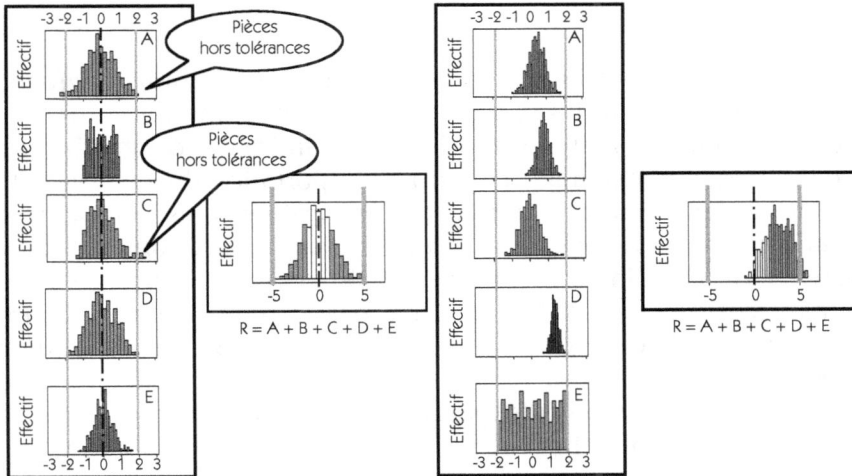

Figure 16 – La qualité du produit et pourcentage hors tolérance

Dans tous les cas précédents, nous avons considéré que chaque caractéristique était centrée sur la cible. Dans le cas de la figure 16, la fonction résultante dépend de l'addition de 5 caractéristiques élémentaires.

Dans le premier cas, bien que certaines caractéristiques élémentaires possèdent des pièces hors tolérance, la caractéristique « produit » résultante est parfaitement centrée sur sa cible. Elle est conforme aux tolérances. Dans ce cas, chaque caractéristique élémentaire était centrée.

Dans le second cas, bien que toutes les caractéristiques élémentaires sont dans les tolérances, la caractéristique « produit » résultante est décentrée de sa cible et non conforme aux tolérances. Dans ce cas, les caractéristiques élémentaires n'étaient pas centrées sur leurs cibles.

Conclusion : la conformité d'une caractéristique fondée sur le pourcentage hors tolérance ne tient pas compte de la combinatoire. La qualité des produits finis demande de centrer les productions sur la cible, ce qui permet d'agrandir de manière très importante les tolérances. Nous invitons le lecteur à étudier le chapitre 11 pour avoir plus de détails sur ce point.

2.5. En conclusion

L'objectif final de tout industriel est de livrer des produits de qualité pour un coût minimum. On a vu par cette étude que pour atteindre cet objectif, il fallait s'intéresser à la combinatoire des caractéristiques élémentaires. Cet exemple a montré l'importance du centrage des caractéristiques sur une valeur cible et la pertinence de deux critères fondamentaux : la moyenne et l'écart type des répartitions. Ces deux critères sont plus importants que la loi de répartition suivie. La Maîtrise Statistique des Procédés permet à partir de deux outils fondamentaux (la carte de contrôle, l'étude des capabilités) de suivre ces objectifs. Ces outils ne seront appliqués correctement que si les notions que nous venons d'exposer sont parfaitement comprises par l'ensemble du personnel.

3.   La MSP face aux changements de culture

Le **SPC S**tatistical **P**rocess **C**ontrol ou **MSP M**aîtrise **S**tatistique des **P**rocédés apporte une réponse sans équivalent à ces évolutions. Elle permet d'assurer une qualité optimum par l'utilisation de l'outil statistique en donnant les moyens aux opérateurs de réaliser une production centrée, de dispersion la plus faible possible.

Les objectifs de la MSP sont les suivants :

- donner aux opérateurs un outil de pilotage des machines ;
- formaliser la notion de capabilité d'un moyen de production ;
- faire le tri entre les situations ordinaires et les situations extraordinaires qui nécessitent une action.

3.1. L'auto-contrôle

3.1.1. Le principe de l'auto-contrôle

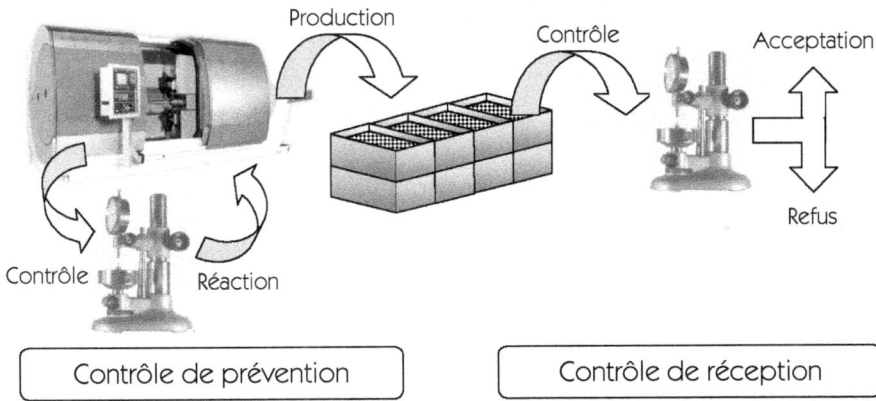

Figure 17 – Les deux approches du contrôle

Depuis plusieurs décennies, l'autocontrôle a fait son apparition dans nos entreprises. Cependant, il n'a pas encore supprimé le contrôle de réception et de nombreuses entreprises pratiquent ce type de contrôle faute de pouvoir faire confiance à un autocontrôle bien appliqué. L'autocontrôle est un contrôle préventif dont le but est de **prévenir** l'apparition des non-conformités. Ce contrôle se situe sur la machine de production afin de réduire le plus possible le délai entre la détection d'une dérive et l'action.

Malheureusement, on ne fait pas toujours la différence entre « bien faire son travail » et « faire de l'autocontrôle ». Si l'autocontrôle se limite à demander aux opérateurs de bien faire leur travail – ce qui est souvent le cas – on ne doit pas dire que l'on fait de l'autocontrôle !

Faire de l'autocontrôle nécessite de la part de l'encadrement de :
- définir clairement les points à contrôler ;
- définir la façon de les contrôler ;
- s'assurer de la répétabilité et de la reproductibilité de la mesure ;
- afficher sur le poste de travail la fiche de poste comprenant la suite des opérations à réaliser, et le plan de surveillance ;

- mettre en place les moyens nécessaires à la bonne réalisation des opérations en laissant le moins de place possible à l'interprétation ;

- assurer la formation des opérateurs.

3.1.2. Les causes communes et causes spéciales – séparer l'ordinaire de l'extraordinaire

Un des principes de base de l'autocontrôle est la détection des dérives. Or toutes les variations observées sur un produit ne nécessitent pas une intervention. En effet, deux produits ne sont jamais parfaitement identiques. Il existe toujours de nombreuses sources de variation d'une faible amplitude qu'il est impossible d'éliminer. L'ensemble de ces variations de faibles amplitudes représente les **causes communes** de dispersion. Il faut « vivre avec », c'est l'ordinaire, le processus est **sous-contrôle**.

En revanche, il existe des causes de variations plus importantes qui nécessitent une intervention de la part de l'opérateur. C'est le cas notamment des déréglages d'outils. Ces causes sont appelées **causes spéciales**, le processus devient **hors contrôle**. Le travail de l'opérateur consiste à vérifier en permanence si les variations observées sur le produit sont attribuables aux **causes communes** – auquel cas il ne faut pas intervenir – ou s'il y a présence d'une **cause spéciale** nécessitant une intervention.

Il n'est pas toujours simple de distinguer la présence ou non d'une cause spéciale. La méthode MSP présentée dans cet ouvrage permet d'apporter une aide efficace aux opérateurs pour dissocier l'ordinaire de l'extraordinaire. Nous reviendrons en détail sur cette notion particulièrement importante.

3.1.3. Les moyens de l'autocontrôle

En autocontrôle, l'opérateur en production doit avoir les moyens de produire et d'assurer la qualité de sa production. Mais avoir les moyens de produire des produits de qualité suppose un certain nombre de pré-requis qu'il est utile de préciser.

Moyens en compétences techniques. Il faut évidemment vérifier que l'opérateur a bien les compétences nécessaires pour être capable d'analyser les situations, prendre les décisions qui s'imposent et réagir sur le procédé. Si ce n'est pas le cas, il faudra mettre en place un plan de formation pour lui donner les moyens.

Moyens en méthodes et outils de mesure. Il faut fournir à l'opérateur des moyens de mesures adaptés. Pour vérifier la cohérence entre les moyens de contrôle et la qualité demandée, il faut évaluer la capabilité des moyens de mesure de façon formelle. De plus, le rattachement de chaque instrument de mesure à un étalon doit être géré de façon efficace par une Gestion des Moyens de Mesures (GMM).

Moyens en capabilité. Il faut vérifier si le moyen de production a des performances compatibles avec la qualité requise. Cette notion est une des notions les plus importantes de l'autocontrôle. Il faut formaliser de façon précise la capabilité des moyens de production.

Moyens en méthode de pilotage. Outre les compétences techniques de l'opérateur dont nous avons parlées, il est également nécessaire de former chaque opérateur aux techniques statistiques de pilotage des procédés industriels telles que l'utilisation des cartes de contrôle.

Moyens en délégation de décision. Un préalable indispensable à l'autocontrôle est bien entendu la délégation de la décision. L'autocontrôle ne peut s'épanouir que dans le cadre d'un management participatif. L'opérateur doit disposer de la responsabilité de décision nécessaire pour assumer la responsabilité de l'autocontrôle.

Dans de nombreuses entreprises, l'autocontrôle a porté principalement sur la responsabilisation des opérateurs vis-à-vis de la qualité de sa production. Mais cela n'est pas suffisant, et l'accent doit être mis également sur tous les autres moyens nécessaires. La responsabilisation des opérateurs ne peut être efficace que si le management a mis en place l'environnement nécessaire. Cela demande généralement du temps, une forte volonté, et des moyens financiers d'où la responsabilité du management.

3.2. Les outils simples de pilotage permettant de garantir le respect de la cible

Nous avons beaucoup insisté dans ce chapitre sur l'importance du centrage des caractéristiques sur la cible. Nous développerons dans cet ouvrage des outils d'une remarquable efficacité pour garantir le centrage sur la cible. Cependant, il n'est pas toujours possible de placer toutes les caractéristiques sous carte de contrôle. Faut-il pour autant avoir deux systèmes de pilotage ? Certaines caractéristiques sont pilotées sur la cible avec une carte de contrôle et les autres sont pilotées de façon à simplement garantir la conformité aux tolérances.

Nous avons acquis la certitude qu'une des conditions de pérennisation de la démarche MSP dans une entreprise et la diffusion à grande échelle de la culture de la cote cible. Aussi, même s'il n'est pas toujours possible de mettre en place une carte de contrôle, il est toujours possible de mettre en place des dispositifs visuels simples garantissant un minimum de centrage sur la cible. Illustrons ce propos par deux exemples.

La carte magnétique : la figure 18 illustre le suivi d'un processus de production ayant quatre caractéristiques à garantir. Pour assurer le centrage sur la cible, on a imprimé une feuille de suivi (telle que sur la figure 18) que l'on a collée sur un plaque métallique et plastifiée. Pour chaque caractéristique, on a divisé la tolérance par trois. Le tiers central est la « zone verte », les deux autres tiers « zone orange », la zone en dehors des tolérances, « zone rouge ». Cette carte magnétique est placée sur le poste de travail.

La règle de pilotage impose à l'opérateur de prélever 3 produits consécutifs. Après contrôle, l'opérateur positionne les pions magnétiques sur la carte en fonction des dimensions mesurées. En fonction de la position des pions, on décide de régler dès que le pion central n'est plus dans la zone verte.

Dans notre exemple, après avoir placé les trois pions pour chaque caractéristique, on décide un réglage uniquement sur la hauteur 2 pour laquelle le pion central est sur la zone orange.

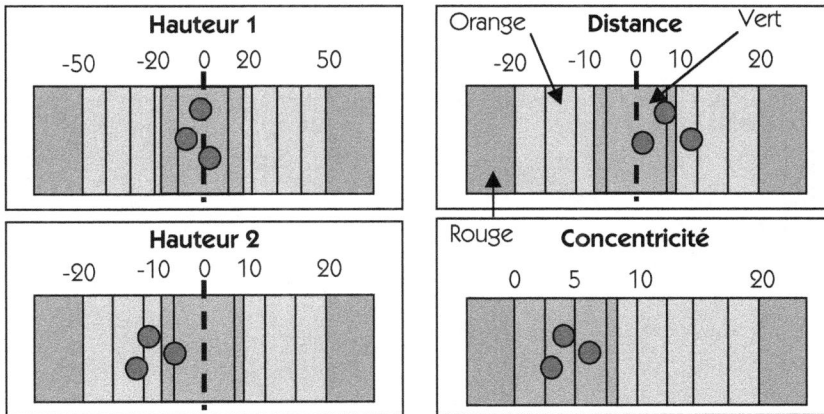

Figure 18 – La carte magnétique

La même approche peut être prise en coloriant directement les cadrans des instruments de contrôle.

La compensation systématique : Une entreprise utilisait un bain d'électrolyse pour obtenir une caractéristique très importante. Au cours de la production, le bain s'épuisait et on avait fixé deux limites de tolérances. Le pilotage consistait à recharger le bain au maxi, le laisser s'épuiser jusqu'au mini et refaire une recharge.

Ce principe de pilotage est contraire à l'objectif cible. On crée inutilement de la variabilité qui sera pénalisante pour la satisfaction du client. Toute dérive systématique d'un processus doit faire l'objet – si possible – d'une compensation systématique.

Comme l'épuisement du bain était proportionnel à l'ampérage consommé, on a décidé de faire un petit asservissement pour compenser l'épuisement du bain en fonction de l'ampérage. Le bain a donc été facilement stabilisé, les produits ont été de meilleure qualité, et la fréquence nécessaire des contrôles du bain réduite permettant ainsi de gagner sur le coût.

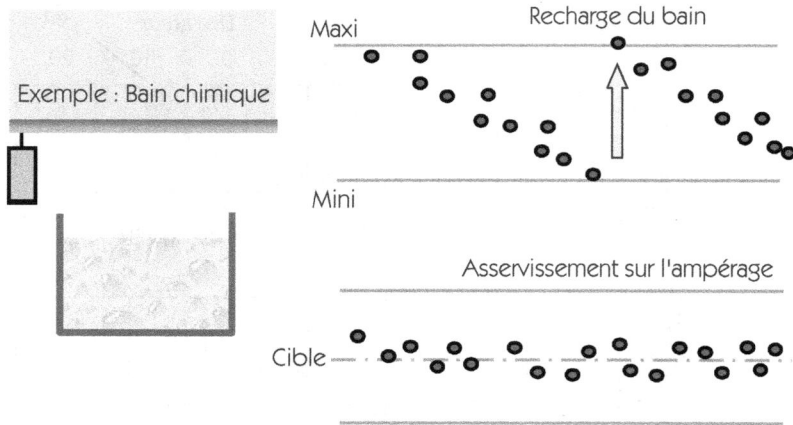

Figure 19 – Compensation systématique

4. Un peu d'histoire

L'application des statistiques en production n'est pas une chose nouvelle. Vieille de près d'un siècle, l'application de la MSP repose sur deux concepts de base qui sont :

- le suivi et le pilotage par « cartes de contrôle » ;
- la mesure et le suivi des capabilités.

Ces deux piliers de la MSP n'ont pas été introduits en même temps. Le pilotage par cartes de contrôle a été introduit dès les années 1930 grâce aux travaux de Shewhart[2]. En revanche, les mesures de capabilité n'ont été formalisées et admises que dans les années 1970 principalement dans l'industrie automobile américaine.

L'industrie japonaise utilise de façon intensive les outils statistiques depuis plus d'une trentaine d'années. C'est sous l'impulsion du Dr. W. Edwards Deming, consultant américain au Japon, qu'elle a connu puis appliqué les méthodes statistiques en production. En Europe, malgré çà et là quelques applications remarquables, nous n'avons que

---

2. Shewhart – *Economic Control of Quality of Manufactured Product* – 1931 – Van Nostrand Co. Inc Princeton.

très peu utilisé les outils statistiques dans nos ateliers de fabrication jusqu'au début des années 1980. Le constructeur automobile FORD a, sans doute été un des leaders dans la promotion moderne de la MSP au niveau mondial. L'ouvrage interne[3] « Statistical Process Control » a été un des premiers ouvrages de synthèse connus du grand public sur la MSP.

En France, l'application des techniques statistiques en production a eu une période faste dans les années 1950 à 1960 avec notamment les travaux de M. CAVÉ[4] dont l'ouvrage est encore d'une remarquable actualité. Mais ce n'est en fait qu'à partir de 1984 que l'industrie française a pris conscience des bénéfices importants qu'elle pourrait réaliser en matière de qualité en utilisant les outils statistiques.

Depuis la fin des années 1990, l'arrivée de l'approche Six Sigma a permis de réaffirmer l'importance de la MSP non seulement pour son intérêt dans la qualité des produits, mais aussi pour un aspect purement économique. Faire de la MSP permet de produire des produits de meilleure qualité – moins chers. Aujourd'hui, ne pas faire de MSP revient à se priver d'un outil de compétitivité sans équivalent.

Cependant, malgré une histoire déjà ancienne, de nombreux progrès restent encore à réaliser pour développer la voie ouverte par Shewhart. Aussi, de nombreuses équipes de recherche travaillent dans le domaine, et nous nous ferons l'écho dans cet ouvrage des récents progrès en matière de MSP.

---

3. Ford – Statistical Process Control – Instruction Guide – Ford Motor Company – 1982
4. R. Cavé – *Le contrôle Statistique des fabrications* – Eyrolles – 1952

Chapitre 2

Les concepts de la Maîtrise Statistique des Processus (MSP)

Après avoir détaillé dans le premier chapitre les aspects culturels qui conduisent les entreprises à maîtriser la variabilité des productions, nous aborderons dans ce chapitre les concepts de base de la MSP qui sont :

- le suivi de la variabilité et le pilotage par les cartes de contrôle
- l'évaluation de l'aptitude des processus par les capabilités

Ce chapitre est volontairement dépourvu de calculs statistiques afin que le lecteur se consacre à l'essentiel : la compréhension des principes de base. Nous profiterons des chapitres suivants pour approfondir les concepts énoncés notamment en ce qui concerne les aspects statistiques et les cas d'application dans les situations particulières telles que les petites séries.

Toutes les bases statistiques nécessaires dans cet ouvrage se trouvent dans l'annexe statistique en fin d'ouvrage.

1. Les 5 « M » du processus

Tous les processus, quels qu'ils soient, sont incapables de produire toujours exactement le même produit. Cela tous les opérateurs le savent bien et c'est d'ailleurs un des problèmes principaux auxquels les régleurs sont confrontés tous les jours.

Quelle que soit la machine étudiée, la caractéristique observée, on note toujours une **dispersion** dans la répartition de la caractéristique. Une cote sur un lot de pièces ne fera jamais exactement *10 mm*, mais sera répartie entre *9,97* et *10,03 mm* par exemple. Un lot de résistances électriques dont la valeur nominale est de *10 ohms*, aura en fait des valeurs comprises entre *9,9* et *10,1 ohms*. Cette variabilité est incontournable et il faut être capable de « vivre avec ».

Ces variations proviennent de l'ensemble du **processus** de production. L'analyse des processus de fabrication permet de dissocier 5 éléments élémentaires qui contribuent à créer cette dispersion. On désigne généralement par les *5 M* ces 5 causes fondamentales responsables de dispersion, et donc de non-qualité :

- Machine
- Main-d'œuvre
- Matière
- Méthodes
- Milieu

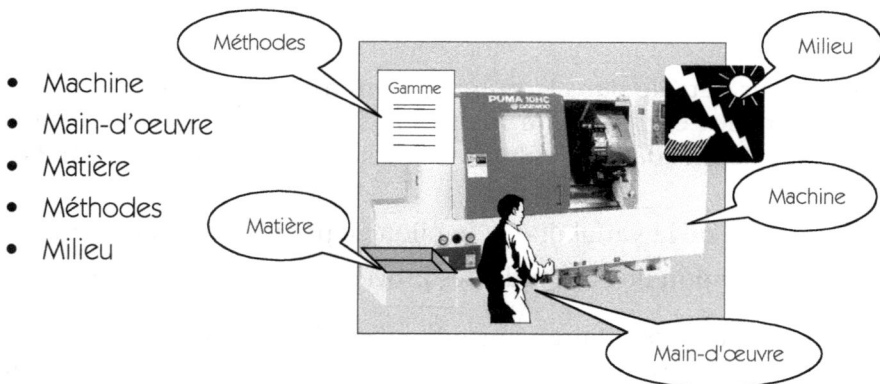

Figure 1 – Les 5 M du Processus

La méthode MSP a pour objectif la maîtrise des processus en partant de l'analyse de ces *5 M*. Elle apporte une plus grande rigueur et des outils méthodologiques qui vont aider les opérateurs et la maîtrise dans leur tâche d'amélioration de la qualité.

Et la mesure !

Nous avons coutume de ne pas placer la « Mesure » parmi les *M*. En effet, la mesure ne modifie pas la vraie dispersion vendue au client, mais l'image que l'on a de cette dispersion. La dispersion vue dans un histogramme sera la « somme » de la vraie dispersion de la production et de la dispersion due à l'instrument de mesure. Or ce qui crée la non qualité, ce n'est pas la dispersion vue mais la dispersion vraie.

La mesure est un processus à lui tout seul avec ses propres 5M. Un préalable à la maîtrise d'un processus de fabrication et la maîtrise du processus de mesure.

2. Analyse de la forme de la dispersion

2.1. Répartition en forme de cloche

L'analyse des productions sur une machine montre que, en l'absence de déréglage, la répartition des produits suit une courbe en cloche selon une loi : la *loi normale*. On trouve également d'autres appellations pour cette loi telle que loi de Gauss, loi de Laplace Gauss, mais nous ne rentrerons pas dans les détails statistiques au cours de ce chapitre.

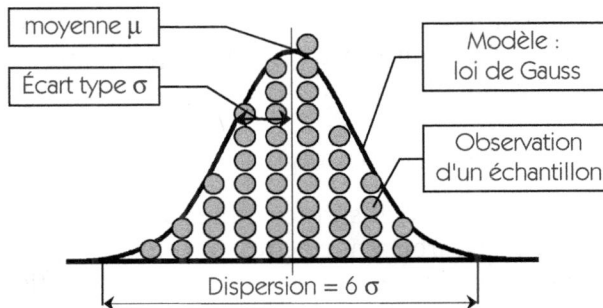

moyenne μ

Écart type σ

Modèle :
loi de Gauss

Observation
d'un échantillon

Dispersion = 6 σ

Figure 2 – Courbe en cloche

Cette répartition se rencontre très fréquemment dans la nature et pas seulement dans le cas des machines de production. Ainsi, la hauteur des hommes en Europe suit une telle répartition. De nombreuses personnes mesurent autour de 1,73 m (la moyenne) mais peu d'hommes mesurent aux environs de 1,95 m ou de 1,50 m. Le théorème statistique à l'origine de cette convergence vers la loi normale est appelé « théorème central limite ». On peut l'écrire sous la forme suivante : *Tout système, soumis à de nombreux facteurs, indépendants les uns des autres, et d'un ordre de grandeur équivalent, génère une loi normale*.

Dans le cas d'une machine de production, nous sommes bien dans le cadre de ce théorème. En effet, de nombreux facteurs (les 5M) agissent sur la caractéristique. Ces facteurs sont en grande partie indépendants et l'ordre de grandeur de ces effets est faible dans un processus maîtrisé.

Désormais, lorsque nous parlerons de la production d'une machine, nous la modéliserons par une courbe en cloche, dont les deux caractéristiques importantes seront la position et l'échelle.

La position **moyenne** (notée $\overline{X}$) des pièces donne une bonne indication de la position de réglage de la machine. $\overline{X}$ représente la moyenne de l'échantillon alors que μ représente la vraie moyenne de la production (voir annexe statistique).

Pour mesurer l'importance des variations autour de la moyenne (facteur d'échelle), il suffit de mesurer la largeur de base de la courbe. La largeur de base de la courbe est appelée : **dispersion**. Nous verrons plus loin que l'on définit cette largeur de base de la courbe par un calcul statistique $D = 6\sigma$. Dans ce cas également nous devrons différentier σ qui est le vrai écart type de la population et S qui est l'estimateur de ce σ calculé à partir des données de l'échantillon.

Et si la courbe obtenue n'est pas une cloche?

Pour la plupart des caractéristiques obtenues en production, on devrait obtenir une courbe en cloche. Il y a quelques exceptions comme les défauts de forme ou les défauts de position où il est normal de ne pas obtenir une courbe en cloche. Mais ces cas sortent de l'objectif de ce chapitre.

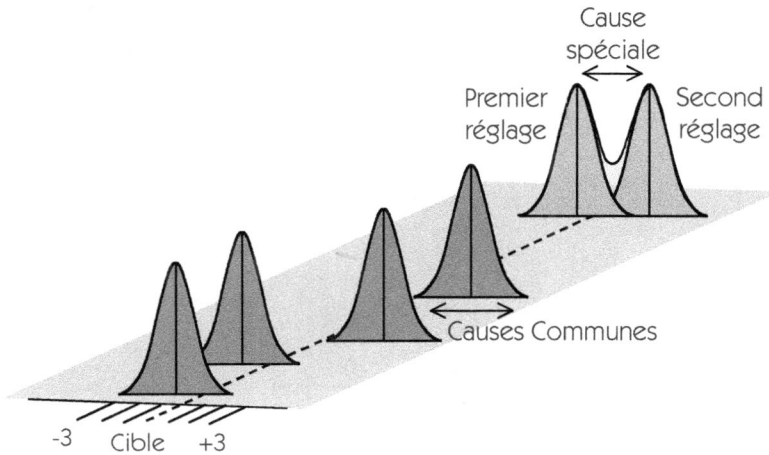

Figure 3 – Courbe bimodale

Dans les cas traditionnels, si une distribution n'a pas la courbe en forme de cloche, c'est qu'il se passe quelque chose, le théorème central limite n'est pas vérifié. Il y a donc un (ou plusieurs) facteur qui agit avec un ordre de grandeur plus important que les autres. Le processus n'est pas réglé sur la même position. En effet, si l'on produit *50* pièces réglées sur la valeur *-3*, et *50* pièces réglées sur *+3*, on obtient la courbe figure 3.

Il est donc important lorsqu'on regarde une distribution de bien vérifier que la courbe à la forme d'une cloche. Si ce n'est pas le cas c'est probablement le signe qu'un ou plusieurs déréglages importants se sont produits pendant la production.

2.2. Causes communes – Causes spéciales

On sait que dans une production, deux pièces ne sont jamais parfaitement identiques. Les dimensions précises d'une pièce usinée sur une machine outil dépendent de nombreux facteurs. Il s'ensuit une dispersion sur la cote que l'on peut séparer en deux catégories :

- les dispersions dues aux causes communes,
- les dispersions dues aux causes spéciales.

Cette dichotomie entre les causes de dispersion est une des bases fondamentales de la méthode MSP. Il convient donc de les expliciter davantage.

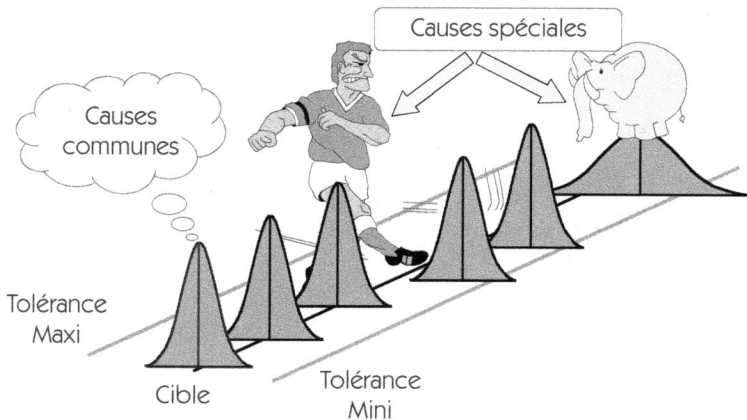

Figure 4 – Causes communes et causes spéciales

2.2.1. Les causes communes

Ce sont les nombreuses sources de variation attribuables au hasard qui sont toujours présentes à des degrés divers dans différents processus. Les statistiques étant l'étude des phénomènes perturbés par le hasard, on sait modéliser le comportement des causes aléatoires, et par conséquent, prévoir la performance d'un processus qui n'est soumis qu'à des causes communes de dispersion. De toutes manières, ces causes étant toujours présentes et de plus, en grand nombre, il faudra « vivre avec ». L'ensemble de ces causes communes forme la variabilité intrinsèque du processus. Si toutes les nombreuses causes qui agissent sont d'un ordre de grandeur équivalent, alors la caractéristique doit suivre une répartition en forme de cloche. Le but de la MSP sera de ne laisser subsister que les dispersions dues aux causes communes. On parlera alors de processus « sous contrôle »

Exemples de causes communes :

- jeux dans la chaîne cinématique de la machine ;
- défaut de la broche de la machine ;
- ...

2.2.2. Les causes spéciales

Ce sont les causes de dispersion identifiables, souvent irrégulières et instables, et par conséquent difficiles à prévoir. L'apparition d'une cause spéciale nécessite une intervention sur le processus. Contrairement aux causes communes, les causes spéciales sont en général peu nombreuses.

Exemple de causes spéciales :
- déréglage d'un outil ;
- usure d'un outil ;
- mauvaise lubrification ;
- ...

En fait, lorsqu'on analyse les causes spéciales qui interviennent sur le processus, on s'aperçoit qu'on peut classer les causes spéciales en 2 catégories (figure 4) :
- celles qui agissent sur la position de la valeur surveillée (déréglage d'un outil par exemple) ;
- celles qui agissent sur la dispersion et donc sur la capabilité du processus (défaut de lubrification par exemple).

Les cartes de contrôle (développées au § 5) ont pour objectifs de prévenir l'apparition des causes spéciales et de dissocier celles qui ne nécessiteront qu'un réglage de celles qui risquent de modifier la capabilité habituellement rencontrée.

2.3. Processus « sous contrôle » et « hors contrôle »

Figure 5 – Processus « sous et hors contrôle »

Un processus « sous contrôle » est un processus dans lequel seules subsistent les causes communes. La répartition de la production suit alors une courbe en cloche et elle est centrée sur la cible.

Un processus « hors contrôle » est soumis à la présence de causes spéciales. Le résultat de la production ne suit donc pas nécessairement une courbe en cloche et la production peut être décentrée par rapport à la cible.

La maîtrise de la variabilité dont nous avons montré la nécessité dans le premier chapitre consiste donc à mettre tous les processus « sous contrôle », c'est l'objectif de la MSP.

3. Surveiller un processus par cartes de contrôle

3.1. Le principe de la carte de contrôle

3.1.1. Les limites naturelles d'un processus

On a vu au paragraphe précédent, que les processus de production et même tous les systèmes étaient soumis à des variations naturelles aléatoires. Ces variations ont pour origine de très nombreuses causes que nous avons appelées les causes communes.

Ces causes communes agissent de manière aléatoire sur le processus de fabrication. Ainsi, les caractéristiques fabriquées ne sont pas toujours identiques et suivent une loi de Gauss (théorème central limite).

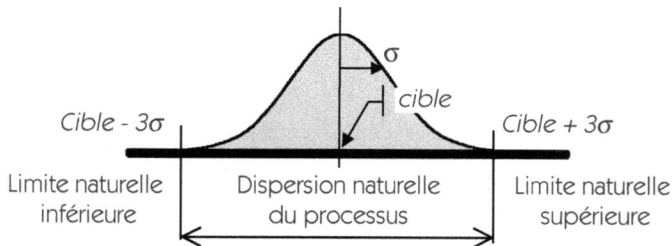

Figure 6 – Dispersion naturelle du processus

Si la moyenne de la production est centrée sur la cible, il est donc naturel de trouver des valeurs comprises entre ± 3 écarts types (σ) de cette cible. Les valeurs « *cible + 3.σ* » et « *cible - 3.σ* » représentent les limites naturelles du processus. Tant qu'une valeur est dans ces limites, il n'y a pas de raison d'agir sur le processus, on risquerait de décentrer un processus bien centré. Si une valeur sort de ces limites, on a une forte probabilité que le processus ne soit plus centré sur la cible, il faut alors le recentrer.

3.1.2. Le pilotage par les limites naturelles

Souvent, les opérateurs pilotent les processus à partir des limites de tolérance plutôt que d'utiliser les limites naturelles. Cela peut conduire à deux types d'erreurs illustrées par la figure 7.

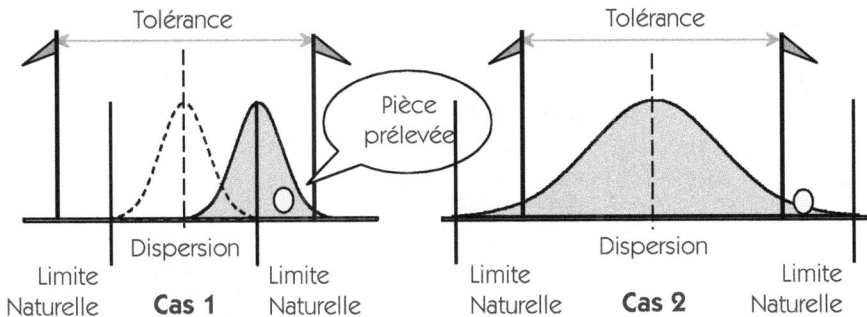

Figure 7 – Pilotage à partir des tolérances

Dans le cas 1, processus capable, l'opérateur prélève une pièce qui se situe à l'intérieur des tolérances. Traditionnellement, cette pièce étant « bonne », il continue sa production. Pourtant, la pièce est en dehors des limites naturelles. Le processus n'est pas centré sur la cible, il faut régler.

Dans le cas 2, processus non capable, l'opérateur prélève une pièce qui se situe à l'extérieur des tolérances. Traditionnellement, cette pièce étant « mauvaise », il règle le processus. Pourtant, la pièce est dans les limites naturelles. Il est possible que le processus soit parfaitement centré. Dans ce cas on ne doit pas toucher au processus.

Comme le montrent les deux exemples précédents, il faut dissocier l'action sur le processus (réglage) et l'action sur le produit (acceptation, tri, contrôle...).

- Les tolérances servent à déterminer si les pièces qu'on vient de faire sont bonnes ou mauvaises. Elles servent à agir sur les pièces pour décider de l'acceptation ou du refus des pièces que l'on a fabriquées. On regarde en arrière.

- Les limites naturelles servent à déterminer si le processus de fabrication est toujours centré sur la cible. Elles servent à agir sur le processus pour que les prochaines pièces à réaliser restent bonnes. On regarde en avant.

La figure 8 montre clairement l'avantage à utiliser les limites naturelles pour piloter un processus plutôt que les limites de tolérance. Et ceci même dans le cas de petites séries avec un contrôle à 100 %. En effet, nous avons souvent entendu certains commentaires sur la MSP tels que : « Cela ne s'applique pas dans mon entreprise, je fais des petites séries » ou encore « Les statistiques me sont inutiles, je fais du contrôle à 100 % ». Nous montrerons tout au long de cet ouvrage que ces raisonnements sont faux et prouvent que les personnes qui tiennent ces discours n'ont pas bien compris les fondements de la démarche MSP.

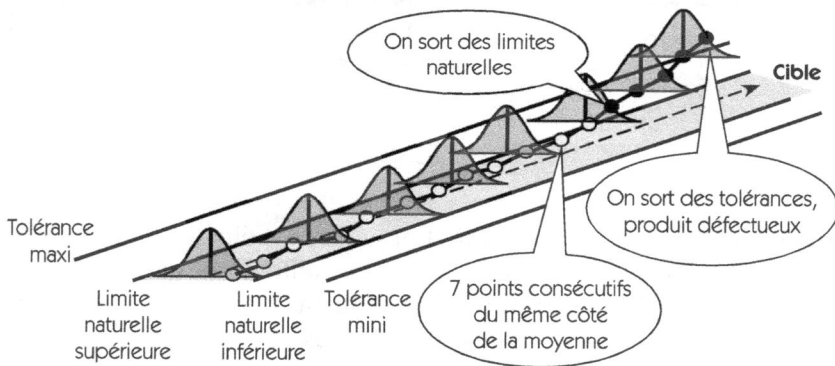

Figure 8 – Limites naturelles et tolérances

Considérons un processus qui fabrique un lot de 25 produits au rythme de un produit par heure (petite série). Chaque produit est contrôlé (contrôle à 100 %). Si on pilote le processus à partir des tolérances, on attend de trouver un produit hors tolérance (ou au voisinage avant d'intervenir). Si on fait un raisonnement statistique, on note beaucoup plus rapidement le décentrage du processus (hors des limites naturelles). Les produits fabriqués sont plus proches de la cible, de meilleure qualité. Le contrôle à 100 % valide les produits qui **sont déjà** fabriqués, le raisonnement statistique prévoit la qualité des produits **que l'on va** fabriquer !

Dans le cas de la figure 8, dès le produit n°11, nous avions le signal statistique de décentrage, confirmé par le produit 13 (voir les règles en 4.5). Il fallait recentrer le processus avant de faire un produit défectueux.

Ainsi, même dans le cas d'un contrôle à 100 % en petite série, on a intérêt d'utiliser un raisonnement statistique.

3.1.3. Pourquoi prélever des échantillons ?

Le travail d'un régleur consiste principalement à bien régler sa machine, puis à veiller à ce que celle-ci ne se dérègle pas. Pour surveiller la position, les régleurs ont l'habitude de prélever une pièce de temps en temps et de régler la machine en fonction de la mesure qu'ils ont faite.

Lorsque les capabilités ne sont pas excellentes, cette méthode conduit généralement à des erreurs de jugement, car on confond la dispersion de la machine avec son décentrage.
L'origine de ces erreurs de jugement provient de la dispersion. En fait une mesure effectuée représente la somme de deux effets (figure 9) :
- un effet d'écart de réglage de la machine (systématique) ;
- un effet de la dispersion (aléatoire).

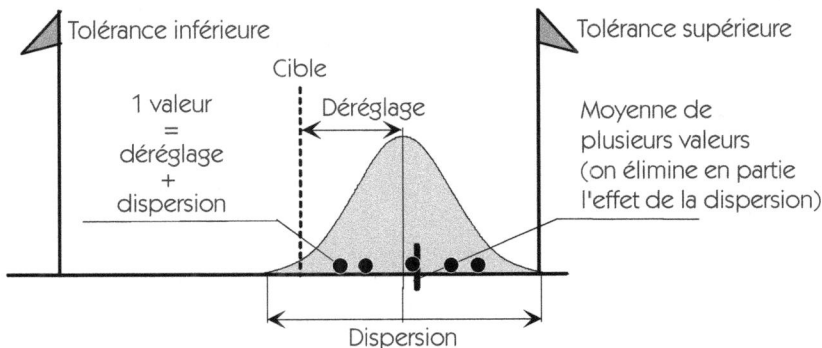

Figure 9 – Addition du réglage et de la dispersion

Pour être capable de piloter une machine, il faut arriver à éliminer l'effet de la dispersion afin de déterminer où se trouve le réglage de la machine. La seule solution est de ne pas raisonner sur une seule valeur, mais sur la moyenne de plusieurs valeurs. Le fait de faire une moyenne élimine en grande partie l'effet de la dispersion.

La figure 10 et la figure 11 illustrent l'efficacité d'une moyenne par rapport à une valeur individuelle pour détecter un petit décentrage. En effet, la dispersion sur les moyennes est plus faible que la dispersion sur les valeurs individuelles dans un rapport de $\sqrt{n}$ (avec n le nombre de valeurs de l'échantillon). Ainsi, lorsque le processus se décentre, comme dans le cas de la figure 11, on note que la probabilité de sortir des limites naturelles est supérieure à 50 % dans le cas de la moyenne, alors qu'elle n'est que de quelques pour cent dans le cas des valeurs individuelles. On privilégiera donc systématiquement un prélèvement d'échantillons par rapport à un prélèvement de valeurs individuelles.

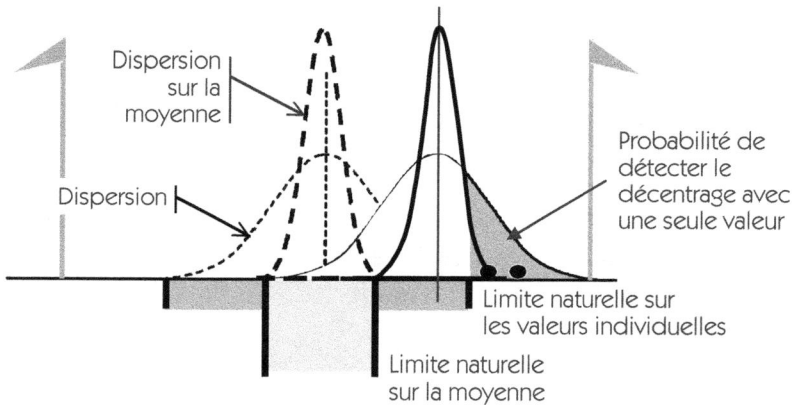

Figure 10 – Pouvoir de détection d'une moyenne

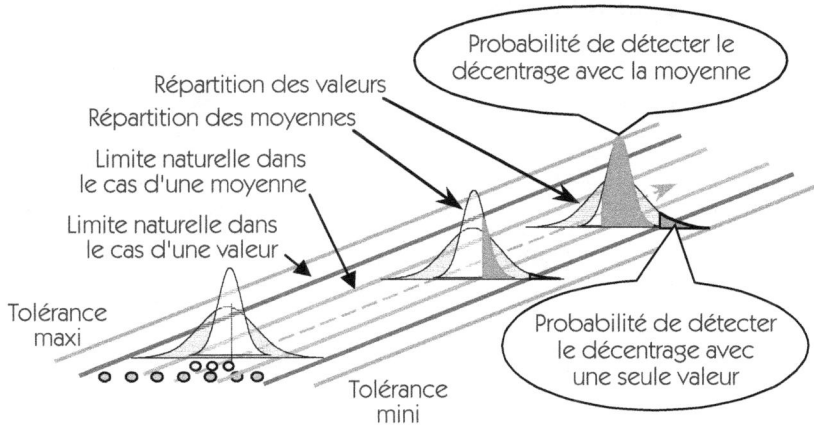

Figure 11– Intérêt de faire une moyenne

Il existe cependant des cas où le prélèvement d'un échantillon n'a pas de sens ou n'est pas souhaitable. C'est le cas notamment lorsque l'on suit des paramètres « procédé » comme un écart de température. Dans ce cas, on raisonnera sur des valeurs individuelles. Nous traiterons ce cas dans les prochains chapitres.

3.2. La carte de pilotage (de contrôle) moyenne/étendue

Dans le but d'aider l'opérateur à détecter si le processus qu'il conduit ne subit que des causes communes ou s'il y a présence de causes spéciales, Shewhart[1] a, dès le début du 20ème siècle, mis au point un outil graphique performant appelé : la carte de contrôle. Nous avons choisi de présenter dans ce chapitre la carte moyenne/étendue car c'est historiquement la plus importante et probablement la plus utilisée. Pour une utilisation manuelle des cartes de contrôle au poste de travail par un opérateur, nous préférons cependant utiliser la carte médiane/étendue qui est plus simple.

---

1. W. Shewhart – *Economic Control of Quality of Manufactured Product* – Van Nostrand Co. Inc Princeton. – 1931

3.2.1. Principe de remplissage

Date	23/02									
Heure	6h00	6h30	7h00	7h30	8h00	8h30	8h35	9h00	9h30	
Mesure 1	1	-1	1	0	1	0	-2	-1	-2	
Mesure 2	1	0	0	0	1	2	1	1	-1	
Mesure 3	-2	-2	-1	-3	0	3	-1	1	-1	
Mesure 4	1	0	-1	-1	1	2	-1	-1	0	
Mesure 5	0	0	0	0	0	3	2	0	0	
Total	1	-3	-1	-4	3	10	-1	0	-4	
Moyenne	0,2	-0,6	-0,2	-0,8	0,6	2,0	-0,2	0	-0,8	
Étendue	3	2	2	3	1	3	4	2	2	

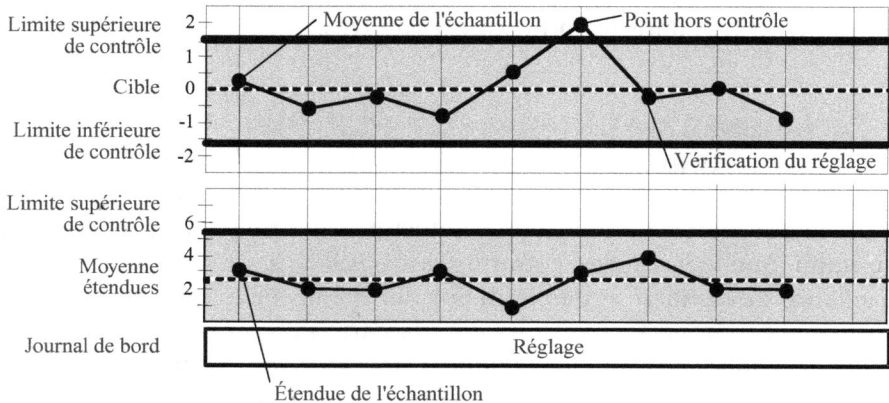

Figure 12 – Principe d'une carte de pilotage

La figure 14 montre un exemple de carte de contrôle moyennes/ étendues. Pour suivre l'évolution du processus, on prélève régulièrement (par exemple toutes les heures) un échantillon de pièces consécutives (par exemple 5 pièces) de la production. Dans l'exemple, on note sur la carte les écarts par rapport à la cible.

On calcule la moyenne (notée $\overline{X}$) de la caractéristique à surveiller et on porte cette moyenne sur le graphique (les points dans l'exemple). De même, on calcule l'étendue sur l'échantillon, c'est-à-dire la distance entre la plus forte valeur et la plus faible. On porte également cette valeur (notée $R = Range$ en anglais) sur le graphique. À mesure que l'on prélève des échantillons, la carte va se remplir et donner une image de l'évolution du processus.

Sur la carte des moyennes, la ligne en pointillé matérialise la valeur sur laquelle on souhaite être réglé (la cible). La ligne supérieure est appelée limite supérieure de contrôle des moyennes ($LSC_{\overline{X}}$), la ligne inférieure est appelée limite inférieure de contrôle des moyennes ($LIC_{\overline{X}}$). Les limites de contrôle inférieure et supérieure (limites naturelles du processus) déterminent une zone dans laquelle doivent se situer les valeurs portées sur la carte.

Un processus sera dit « sous contrôle » lorsque les points seront répartis en forme de courbe en cloche à l'intérieur des limites de contrôle. Si un point sort de la carte de contrôle, il faut intervenir et noter cette intervention dans le journal de bord. Sur la carte des étendues, c'est le même principe de fonctionnement.

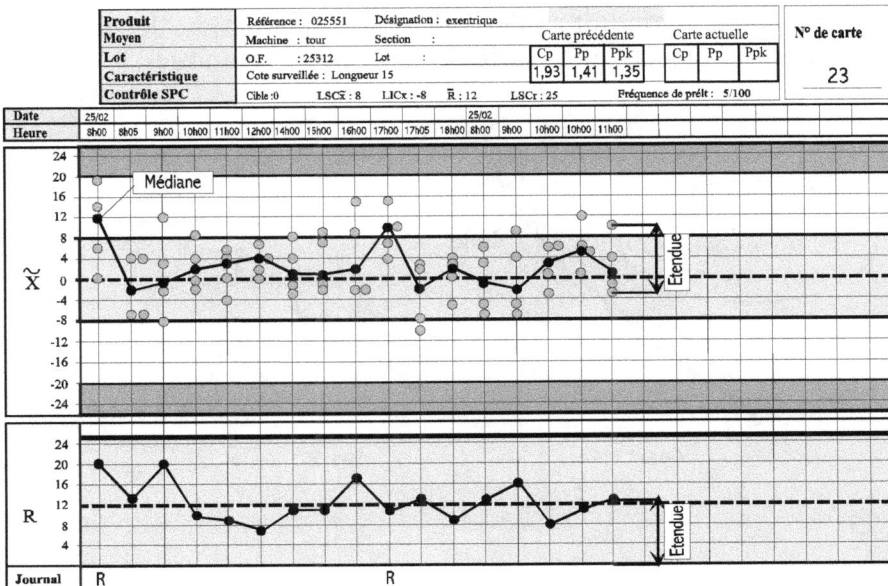

Figure 13 – Carte aux médianes

La figure 13 montre un autre exemple de carte de contrôle : La carte de contrôle médiane/étendue. Sur cette carte, on ne fait pas de calcul. On note les points mesurés, et on fait ressortir la tendance centrale en entourant le point central (la médiane). Cette carte est préférable à la carte aux moyennes dans le cas de remplissage manuel. En effet, bien qu'un peu moins efficace que la moyenne, elle est beaucoup plus simple à remplir et passe beaucoup mieux auprès des opérateurs. Nous reviendrons sur cette carte dans le chapitre 5. Pour la suite de ce chapitre nous nous focaliserons sur la carte la plus connue : la carte moyenne/étendue.

3.2.2. Moyenne et étendue, deux fonctions différentes

Sur la carte de contrôle on ne note pas seulement la moyenne, mais également l'étendue. Les deux graphiques ont une fonction très différente car ils ne détectent pas le même type de causes spéciales. La figure 14 illustre les deux fonctions. Dans le cas 1, on note une dérive de la position du processus, il faut détecter cette dérive pour ne pas fabriquer des pièces mauvaises. La carte des moyennes détectera les dérives de position du processus. Dans le cas 2, le processus reste centré sur la cible, mais la dispersion se dégrade (par exemple une butée se desserre et prend du jeu). Il faut également détecter ce type de dérives car il conduit également à une production de mauvaise qualité. C'est l'objectif de la carte de contrôle des étendues.

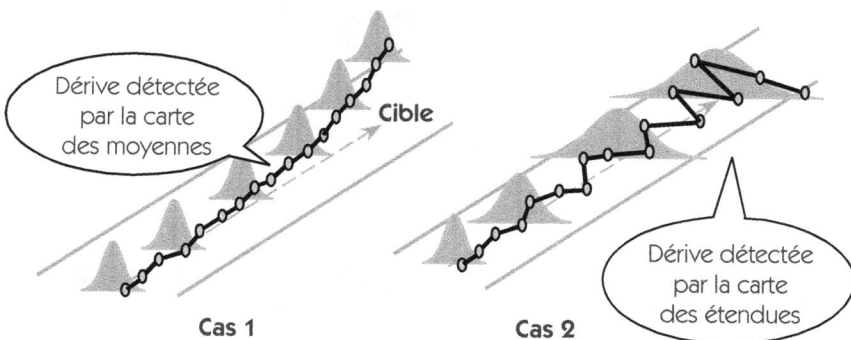

Figure 14 – Carte de contrôle des moyennes et des étendues

La figure 15 illustre les deux types de causes spéciales. Dans l'exemple de la voiture qui dépasse le car, il y a présence de cause spéciale, on note ce type de cause (les déréglages) sur la carte des moyennes. En effet, le chauffeur sent une variation de la position de son véhicule supérieure aux variations communes et il corrige par un coup de volant. En revanche, pour l'exemple de la conduite « hasardeuse » d'un conducteur en état d'ébriété, il n'y a pas forcément variation de la position moyenne (certains arrivent à rentrer !), il y a modification de la dispersion du processus. C'est donc sur la carte des étendues que l'on notera ce type de causes spéciales.

Figure 15 – Deux cartes pour deux fonctions différentes

Les deux exemples précédents sont significatifs. Dans le premier cas, un réglage suffit pour ramener le « processus » sur la cible, dans le deuxième cas, la position moyenne est peut-être bonne, mais la dispersion devient importante. Il est impératif d'arrêter le processus, car il risque fortement de générer du rebut !

4. Mise en place des cartes de contrôle

4.1. Démarche DMAICS

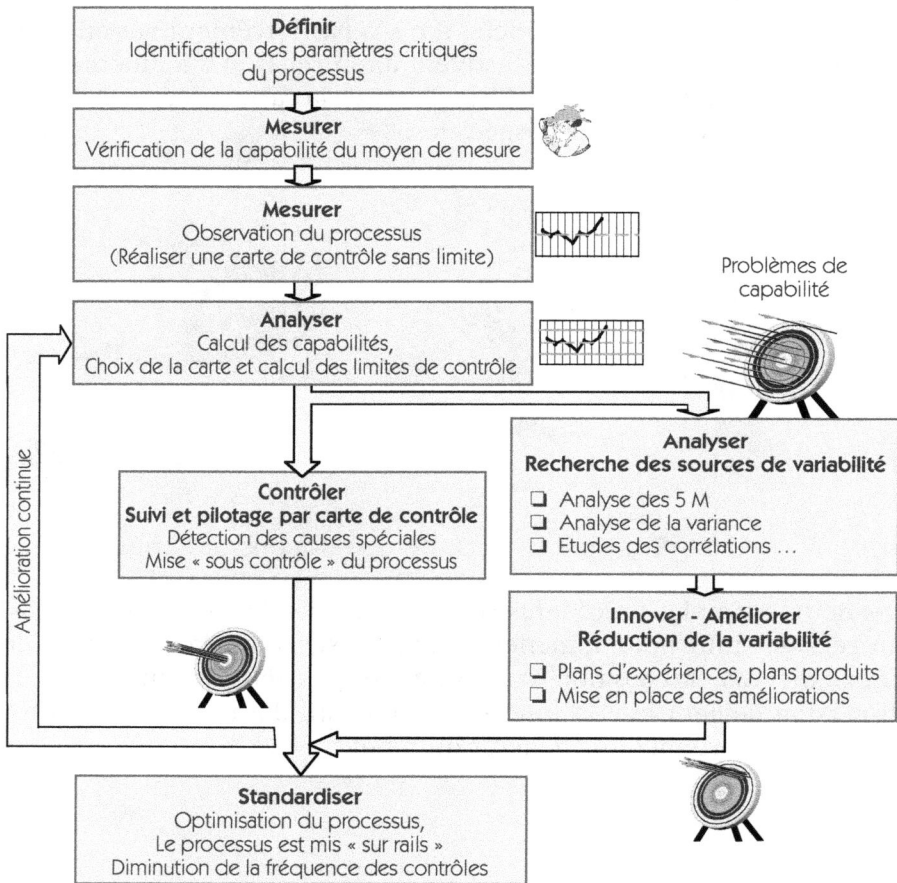

Figure 16 – Mise en sous contrôle d'un processus

La figure 16 illustre les étapes de mise sous contrôle d'un processus. On note sur ce diagramme les deux étapes préalables très importantes qui sont :

- définir le choix des caractéristiques à suivre ;
- l'étude de la capabilité du moyen de mesure.

En fait la mise sous contrôle d'un processus consiste à suivre la démarche DMAICS (Définir, Mesurer, Analyser, Innover, Contrôler, Standardiser) de Six Sigma. Les étapes Analyser et Améliorer pouvant parfois être court-circuitées lorsque les capabilités du processus sont bonnes.

4.2. Définir

4.2.1. Le choix des caractéristiques à piloter en MSP

Le nombre de caractéristiques suivies en production est en règle général très important et il n'est pas concevable ni même souhaitable de suivre toutes les caractéristiques par cartes de contrôle. La première étape dans la maîtrise de la variabilité consiste donc à choisir les caractéristiques candidates au suivi par carte.

En règle générale, on retient trois critères de sélection de ces caractéristiques candidates :

1. L'importance de la caractéristique pour la satisfaction du client final ou d'un client sur un processus aval. Comme nous l'avons souligné dans le premier chapitre, seule compte la satisfaction totale du client final. Il est donc indispensable de sélectionner les caractéristiques corrélées fortement aux fonctions attendues du produit fini.

2. L'historique de non-qualité sur cette caractéristique. Il est bien sûr inutile de suivre par carte de contrôle une caractéristique qui n'a jamais posé de problèmes de qualité. On privilégiera les caractéristiques ayant déjà un historique de rebut, de retouche ou qui sont difficiles à garantir. Lors de l'industrialisation, on choisira les caractéristiques qui potentiellement (en fonction de l'historique de l'entreprise, de la précision demandée…) vont poser des problèmes lors de la réalisation.

3. La corrélation existante entre plusieurs caractéristiques. Dans le cas par exemple où plusieurs cotes sont réalisées par le même outil, il y a souvent une forte corrélation entre les différentes caractéristiques. Il est dans ce cas inutile de les suivre toutes, une seule carte est mise en place.

4.2.2. La matrice d'impact

La matrice d'impact est un outil permettant de choisir les caractéristiques les plus importantes à suivre sous MSP. L'objectif de cet outil et de rechercher les caractéristiques qui ont un impact fort sur la satisfaction des clients. Il est facilement réalisable à partir d'un tableur Excel.

Caractéristiques client sur le produit (Tous les clients Assemblage, produit fini...)	Importance	Pièce A			Pièce B			
		Largeur 10	Parallélisme	Hauteur 8	Profondeur 2	Diamètre 2	Longueur	Diam7tre4
Fonctionnement souple	*5*	9					9	
Pas de jeu visible	*3*	9	3		9	3		
Assemblage sans forcer	*2*			3			1	9
Fiabilité	*5*		3	1		9		
Importance		*72*	*24*	*11*	*27*	*54*	*47*	*18*
Capabilité prévisionelle *Ppk*	☹	☺	☺	☹	☹	☺	☺

L'impact est noté 1 (Faible); 3 (Moyen); 9 (Fort)

Figure 17 – Matrice d'impact

Exemple

- Dans un premier temps on donne une note d'importance à chaque caractéristique client, puis on pondère l'impact de chaque caractéristique élémentaire sur les caractéristiques clients.
  Exemple : le diamètre 2 de la pièce B impacte fortement (9) la fiabilité du produit et moyennement (3) le jeu. L'importance de cette caractéristique est alors calculée par :
  $$Importance = 9x5 + 3x3 = 54$$
- Dans un second temps en fonction de l'historique ou de la connaissance des experts, on évalue la capabilité prévisionnelle de chaque caractéristique.

- Enfin, les caractéristiques candidates au suivi MSP sont parmi celles les plus importantes pour les clients et celles qui ont une capabilité attendue faible.

4.3. Mesurer

4.3.1. La capabilité des moyens de mesure

Ce point est un point essentiel dans la réussite de la mise sous contrôle d'un processus. Il est inutile de placer une carte de contrôle si la dispersion de l'instrument de mesure occupe déjà la presque totalité de la tolérance comme nous l'avons vu parfois ! La première étape consiste à vérifier si on sait mesurer dans de bonnes conditions de répétabilité et de reproductibilité. Nous conseillons vivement au lecteur de se reporter au chapitre 3 sur les capabilités des moyens de mesure notamment de la méthode R&R avant de mettre en place une carte d'observation.

4.3.2. Observation du processus

Les cartes de contrôle ont pour objectif de surveiller que les variations observées sur le processus ne sont pas supérieures aux variations « normales » générées par les causes communes. Il faut donc connaître, avant de mettre en place une carte de contrôle, quelles sont ces variations. C'est le but de cette phase d'observation.

Une méthode très simple pour réaliser cette phase d'observation consiste à remplir une carte de contrôle sur laquelle aucune limite n'aura été portée. Les prélèvements s'effectuent par petits sous-groupes de taille constante et identique à celle qui sera retenue pour la carte de contrôle (on prend en général de 3 à 6 pièces consécutives prélevées de façon périodique par exemple toutes les 15 minutes, 2 fois par équipe, un prélèvement par bac...).

Cependant, avant de mettre en place la carte d'observation, il faut éliminer au préalable toutes les sources de variations possibles. Lorsqu'on observe un processus, on trouve toujours de nombreuses petites actions qui contribuent à accroître la variabilité comme par exemple :

- la façon dont on dépose le produit sur le posage ;
- la force avec laquelle on serre un écrou ;
- un mélange de produits d'origine différente ;
- …

Pour faire ce travail préalable, on observe attentivement le processus, et on note toutes les opérations susceptibles de créer de la variabilité. On utilise pour cela des diagrammes de processus, des films... Un fois la phase d'analyse terminée, on cherche des méthodes de travail nouvelles qui éliminent le plus possible les variabilités.

Le but de ce travail étant d'éliminer toutes les variabilités qui peuvent être supprimées par la simple observation du processus. Une fois cette étape réalisée, on peut mettre en place la carte d'observation.

Sélection de la taille des échantillons

Souvent la taille des échantillons est fixée à 5 et ceci pour une raison historique. En effet, lorsque les cartes sont calculées à la main, le chiffre 5 est pratique pour le calcul de la moyenne car une division par 5 revient à une multiplication par 2 suivie d'une division par 10. Mais à part cette facilité de calcul, le chiffre 5 n'est pas toujours le chiffre le plus adapté.

Lors des prélèvements des pièces, il faut respecter les conditions essentielles suivantes :

1. les pièces à l'intérieur de chacun des sous-groupes doivent être produites dans des conditions très similaires sur un très court intervalle de temps. Il est donc hors de question qu'un réglage ait lieu à l'intérieur d'un prélèvement. Mais, il est tout à fait possible de réaliser des corrections entre deux prélèvements.

2. la taille des échantillons doit demeurer constante pour tous les sous-groupes.

Le choix de la taille se fera donc en respectant ces deux conditions. En mécanique, le chiffre 5 convient généralement parfaitement **lorsque la capabilité court terme est bonne.** On trouvera au chapitre 5 une règle pour déterminer la taille de l'échantillon en fonction de la capabilité court terme et des deux risques statistiques :

- le risque de dérégler un processus bien réglé ;
- le risque de ne pas détecter un décentrage.

Lorsqu'on travaille sur des machines multipostes telles que les transferts rotatifs, les tours multibroches, nous montrerons qu'il est préférable de prélever des échantillons de taille égale au nombre de postes. On prendra par exemple 6 pièces sur une machine multibroche à 6 broches. L'inconvénient d'un nombre tel que 6 ou 8 réside dans les calculs de moyenne qui nécessitent l'utilisation d'une calculette. Bien entendu cet inconvénient disparaît si le calcul des cartes a été automatisé par un logiciel MSP.

Fréquence d'échantillonnage

Le but du prélèvement étant de donner une image du processus sans pour autant mesurer toutes les pièces, il faut que la fréquence d'échantillonnage donne une image la plus juste possible du processus.

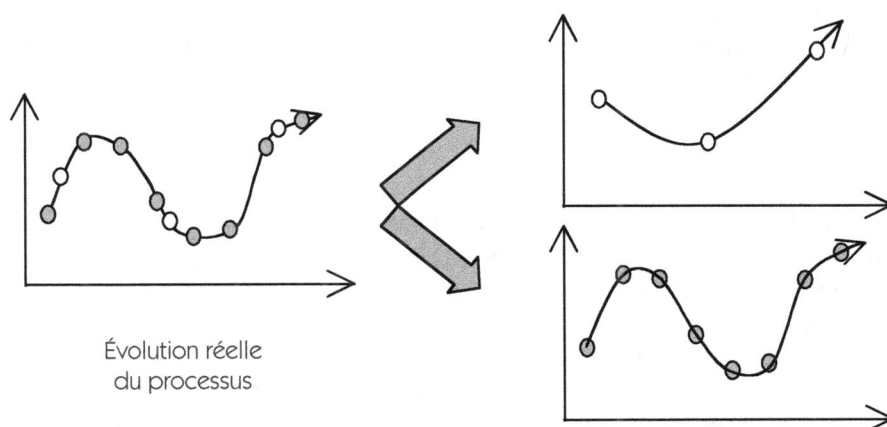

Évolution réelle
du processus

Figure 18 – Incidence de la fréquence d'échantillonnage

Si nous prenons l'exemple de la figure 18, l'image de l'évolution réelle du processus va dépendre de la fréquence d'échantillonnage que l'on va choisir. Il est évident que la solution « points noirs » est meilleure que la solution « points blancs ». On remarque également qu'une fréquence plus élevée ne donnerait que peu d'informations supplémentaires. Il est donc nécessaire de connaître la fréquence d'évolution du processus pour déterminer la fréquence d'échantillonnage.

Certains auteurs proposent des abaques pour déterminer la fréquence de prélèvement. Nous préférons en général suivre la règle empirique suivante : « **la fréquence des actions correctives sur un processus doit être au moins quatre fois plus faible que la fréquence de prélèvement** ».

Exemples

Le processus est assez stable, il nécessite en moyenne une action (réglage, changement d'outil...) par demi-journée. Une fréquence de prélèvement d'un échantillon par heure convient dans ce cas.

Un autre processus nécessite en moyenne une action par heure. Il faudra alors passer à un prélèvement tous les quarts d'heure.

En général, on choisit une fréquence relativement élevée au début de la mise en place d'une carte et, à mesure que l'on améliore la stabilité, on diminue la fréquence de prélèvement.
Pour affiner dès la mise en place des cartes de contrôle la fréquence de prélèvement, il faut absolument noter durant la phase d'observation toutes les actions et tous les incidents intervenants sur le processus.

Nombre de sous-groupes nécessaires

Pour avoir une bonne image de la variabilité naturelle du processus, il faut avoir suffisamment de relevés. En effet, si nous nous satisfaisons de 5 échantillons par exemple, la fiabilité des données de base pour les calculs des cartes serait de piètre qualité. Il faut attendre d'avoir suffisamment de données. Lorsque la première carte sans limite est remplie, cela correspond généralement à une vingtaine d'échantillons qui représentent une centaine d'informations individuelles. Cela suffit pour donner une bonne image du processus.

Durant la phase d'observation, on calculera pour chaque sous-groupe prélevé :
- la moyenne du sous-groupe i ;
- l'écart type ou l'étendue (suivant la carte choisie) du sous-groupe i.

Nous recommandons de représenter les données observées sur les graphiques des moyennes et des étendues. Cette représentation donnera une bien meilleure idée du comportement du processus, en l'absence de pilotage par cartes de contrôle, qu'une série de chiffres.

	1	2	3	4	5	6	7	8	9	10	11	12	13	14	15	16	17	18	19	20
X1	7	2	1	0	-1	5	1	0	0	1	3	2	0	2	3	0	1	-1	4	1
X2	2	-3	3	0	2	2	3	0	1	2	1	0	0	3	0	1	-1	-1	0	-1
X3	1	0	1	-1	1	1	1	1	2	4	1	0	3	2	1	3	-1	3	-1	0
X4	1	1	-2	1	3	3	3	2	2	3	3	3	0	3	-1	0	-2	2	0	3
X5	0	-1	2	2	0	2	0	3	-1	2	-3	0	2	-1	1	3	0	0	2	2
Xb	2.2	-0.2	1.0	0.4	1.0	2.6	1.6	1.2	0.8	2.4	1.0	1.0	1.0	1.8	0.8	1.4	-0.6	0.6	1.0	1.0
R	7	5	5	3	4	4	3	3	3	3	6	3	3	4	4	3	3	4	5	4

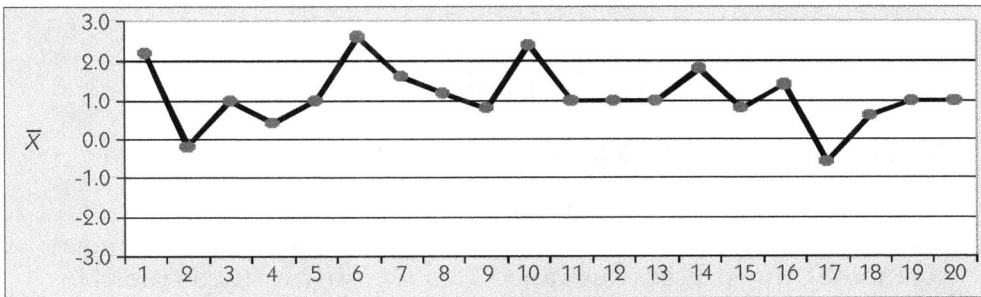

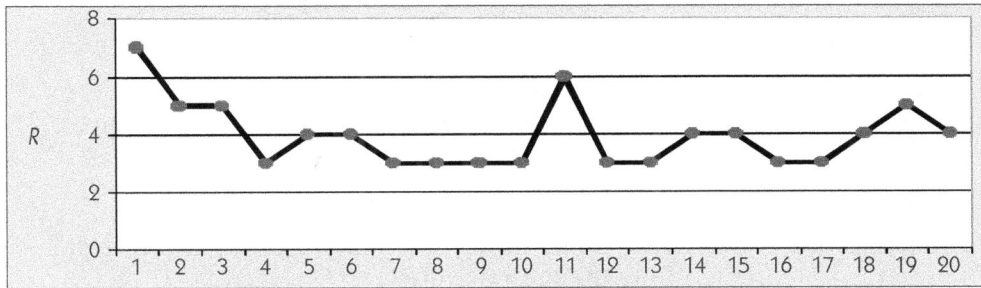

Figure 19 – Carte d'observation (écart en centième % à la cible)

4.4. Analyser

4.4.1. Calcul des capabilités

Connaissant la variabilité naturelle du processus, nous pourrons alors choisir et calculer les cartes de contrôle adaptées à la caractéristique suivie. En utilisant les données de la carte d'observation, il sera également possible de calculer des indicateurs de capabilité sur le processus. Nous reviendrons également en détail sur cette étape dans le paragraphe suivant. Un chapitre complet de cet ouvrage est également consacré aux calculs des capabilités.

A ce stade deux cas peuvent se produire :

- Le processus est déclaré capable et il est donc possible de piloter directement en utilisant la carte choisie en passant à l'étape « Contrôler »
- Le processus n'est pas déclaré capable. Il est quand même tout à fait possible et même souhaitable de piloter le processus à partir des limites naturelles, mais il faut alors mettre en place en parallèle à la carte de contrôle un chantier visant à réduire cette variabilité avec les étapes « Analyser » et « Innover ».

4.4.2. Calcul des cartes de contrôle

Après avoir réalisé la phase d'observation du processus, nous devons fixer les limites dans lesquelles il est naturel, du fait des causes communes, que le processus varie. Il faut établir 2 cartes de contrôle :

- carte des moyennes pour surveiller le réglage de la consigne ;
- carte des étendues pour surveiller la capabilité du processus.

Pour chaque carte de contrôle, nous devons calculer les valeurs moyennes ainsi que les limites de contrôle inférieures et supérieures.

Calcul de l'étendue moyenne sur les échantillons

A partir des valeurs recueillies durant la phase d'observation, nous pouvons calculer la moyenne des étendues :

$$\overline{R} = \frac{R_1 + R_2 + ... + R_i + ... + R_k}{k} = 0{,}04$$

Avec

R_i : étendue du sous-groupe i

k : nombre de sous-groupes

La moyenne des étendues est très importante car elle indique l'importance de la variabilité naturelle du processus.

Calcul des limites de contrôle

Les limites de contrôle se calculent en utilisant les formules suivantes :

Pour la carte des moyennes

Limite de contrôle supérieure : $LSC_{\overline{X}} = Cible + A_2.\overline{R}$

Limite de contrôle inférieure : $LIC_{\overline{X}} = Cible - A_2.\overline{R}$

Pour la carte de contrôle des étendues

Limite de contrôle supérieure : $LSC_R = D_4.\overline{R}$

Limite de contrôle inférieure : $LIC_R = D_3.\overline{R}$

La cible est la valeur sur laquelle il faut se centrer. Elle est souvent fixée égale au milieu de l'intervalle de tolérance. Pour les processus qui ne peuvent être centrés sur la cible idéale (cote résultant d'un moule par exemple), on fixe la cible sur la moyenne des moyennes ($\overline{\overline{X}}$) de la carte d'observation.

Les coefficients $A2$, $D3$, $D4$ sont fonction de la taille des échantillons. Nous montrerons dans le chapitre 5 l'origine de ces coefficients.

n	2	3	4	5	6	7	8	9	10
A_2	1,88	1,02	0,73	0,58	0,48	0,42	0,37	0,34	0,31
D_3	-	-	-	-	-	0,07	0,14	0,18	0,22
D_4	3,27	2,57	2,28	2,11	2,00	1,92	1,86	1,82	1,78

Figure 20 – Tableau des coefficients pour le calcul des cartes

Exemple de calcul d'une carte de contrôle

Prenons le cas d'une cote, obtenue sur machine-outil, de valeur nominale *10 mm* et d'intervalle de tolérance ± *0,1 mm*. Les échantillons prélevés sont des groupes de 5 pièces.

A l'issue de la phase d'observation du processus, nous avons calculé la moyenne des étendues de chaque sous-groupe $\overline{R} = 0,04$

Comme il est possible de piloter la caractéristique pour la ramener sur la cible, on fixe la cible sur le milieu de l'intervalle de tolérance soit *10,00*.

Choix des coefficients

Les groupes étant de 5 pièces, nous prenons les coefficients *A2*, *D3*, *D4* dans la colonne *5* $A_2 = 0,58$ $D_3 = -$ $D_4 = 2,114$

En appliquant les formules nous trouvons :

Limite supérieure de contrôle des moyennes

$$LSC_{\overline{X}} = 10,00 + 0,58x0,04 = 10,023$$

Limite inférieure de contrôle des moyennes

$$LIC_{\overline{X}} = 10,00 - 0,58x0,04 = 9,977$$

Si on raisonne en écarts par rapport à la cible, les limites s'écrivent :

$$LC_{\overline{X}} = \pm0,58x0,04 = \pm2.278$$

Limite supérieure de contrôle des étendues

$$LSC_R = 2,114x0,04 = 0,085$$

Il n'y a pas de limite inférieure pour des groupes de 5 pièces.

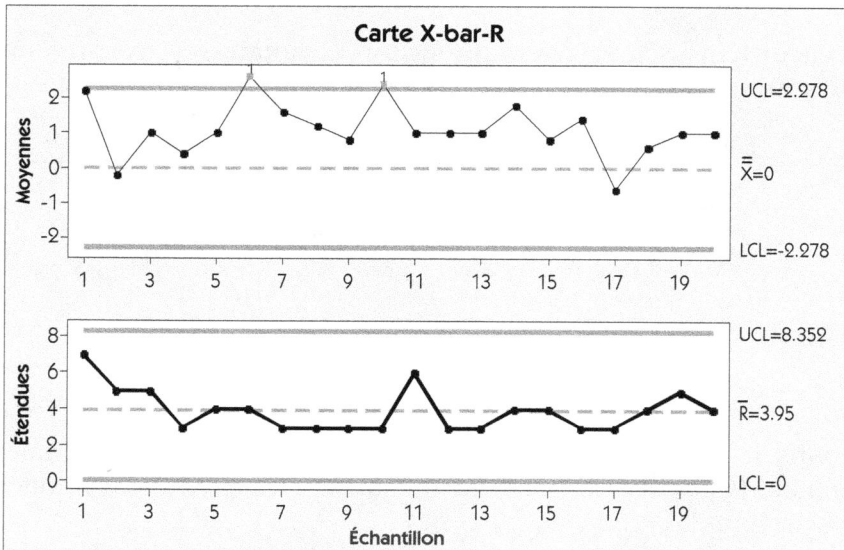

Figure 21 – Exemple de carte de contrôle Xbar-R

La figure 21 montre la carte d'observation sur laquelle on a placé les limites naturelles (limites de contrôle). Il apparaît sur la carte des moyennes deux points qui sortent des limites et une série de points toujours du coté supérieur à la cible. Cela témoigne de la présence d'une cause spéciale (un décentrage ici) qui mériterait un recentrage de la production sur la cible.

4.5. Contrôler

4.5.1. Pilotage du processus par cartes de contrôle

Lors de cette phase, le processus est piloté en observant les cartes de contrôle. Pour une efficacité maximale des cartes de contrôle, il est indispensable que les décisions d'actions sur le processus soient dictées par les cartes. Le pilotage par cartes de contrôle doit se substituer et non s'additionner aux méthodes empiriques de pilotage. Cette remarque préalable peut sembler anodine, elle est pourtant fondamentale. De très nombreuses applications de cartes de contrôle ont échoué faute d'avoir mis en pratique cette remarque.

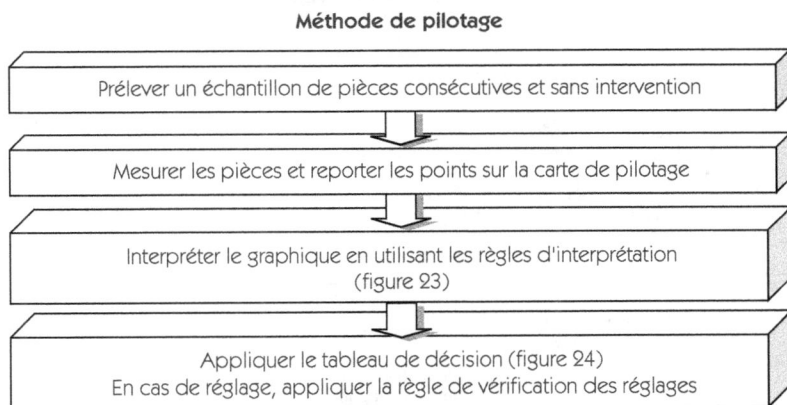

Méthode de pilotage

Prélever un échantillon de pièces consécutives et sans intervention

Mesurer les pièces et reporter les points sur la carte de pilotage

Interpréter le graphique en utilisant les règles d'interprétation (figure 23)

Appliquer le tableau de décision (figure 24)
En cas de réglage, appliquer la règle de vérification des réglages

Figure 22 – Méthode de pilotage

La phase de pilotage consiste donc à observer les cartes, les interpréter afin de détecter l'apparition de causes spéciales et de réagir avant de générer des produits hors spécification. Les interprétations des cartes de contrôle sont relativement simples, il suffit de connaître les quelques situations de base.

L'interprétation de la carte des étendues est différente de la carte des moyennes. L'une surveille le réglage du processus, l'autre surveille la dispersion du processus.

Lorsqu'on analyse des cartes de contrôle, il faut toujours commencer par la carte de surveillance du paramètre de dispersion. En effet, si la dispersion du processus augmente, il faut arrêter tout de suite la machine, car la capabilité court terme est en train de chuter. Par contre, une variation sur la carte des moyennes se résoudra souvent par un réglage.

Graphique	Description	Décision carte des moyennes	Décision carte des étendues
LSC ... LIC	**Processus sous contrôle** • Les courbes $\overline{X}$ et R oscillent de chaque côté de la moyenne. • 2/3 des points sont dans le tiers central de la carte.	**Production**	**Production**
LSC ... LIC	**Point hors limites** Le dernier point tracé a franchi une limite de contrôle.	**Régler le processus** de la valeur de l'écart qui sépare le point de la valeur cible.	**Cas limite supérieure** • La capabilité court terme se détériore. Il faut trouver l'origine de cette détérioration et intervenir. • Il y a une erreur de mesure **Cas limite inférieure** • La capabilité court terme s'améliore • Le système de mesure est bloqué
LSC ... LIC	**Tendance supérieure ou inférieure** 7 points consécutifs sont supérieurs ou inférieurs à la moyenne .	**Régler le processus** de l'écart moyen qui sépare la tendance à la valeur cible	**Cas tendance supérieure** • La capabilité court terme se détériore. Il faut trouver l'origine de cette détérioration et intervenir. **Cas tendance inférieure** • La capabilité court terme s'améliore. Il faut trouver l'origine de cette amélioration pour la maintenir.
LSC ... LIC	**Tendance croissante ou décroissante** 7 points consécutifs sont en augmentation régulière ou en diminution régulière.	**Régler le processus** si le dernier point approche les limites de contrôle de l'écart qui sépare le dernier point à la valeur cible	**Cas série croissante** • La capabilité court terme se détériore. Il faut trouver l'origine de cette détérioration et intervenir. **Cas série décroissante** • La capabilité court terme s'améliore. Il faut trouver l'origine de cette amélioration pour la maintenir.
LSC ... LIC	**1 point proche des limites** Le dernier point tracé se situe dans le 1/6 au bord de la carte de contrôle	**Confirmer** en prélevant immédiatement un autre échantillon. Si le point revient dans le tiers central – production Si le point est également proche des limites ou hors limites, régler de la valeur moyenne des deux points	**Cas limite supérieure Surveiller la capabilité** Si plusieurs points de la carte sont également proches de la limite supérieure, la capabilité se détériore. Il faut trouver l'origine de cette détérioration et intervenir.
En cas de réglage : un nouvel échantillon est mesuré et marqué sur la carte. Pour être acceptable, le point doit se situer dans le tiers central de la carte des moyennes			

Figure 23 – Les règles de pilotage des cartes de contrôle

4.5.2. Décision sur la production

En fonction de l'échantillonnage qui a été réalisé, il faut décider si la production peut être acceptée ou si elle doit donner lieu à un tri. Pour prendre cette décision, il faut tenir compte de la capabilité court terme du processus exprimé par le *Cp* (voir paragraphe 5 de ce chapitre). Le tableau figure 24 donne les règles à appliquer. En cas de mauvaise capabilité (*Cp < 1,33*), on doit systématiquement trier la production pour obtenir un résultat correct. En cas de bonne capabilité (*Cp > 1,67*), on peut produire sans trier même si on constate un point hors contrôle. Dans les cas intermédiaires (*1,33 < Cp < 1,67*), on ne trie la production que dans les cas où on constate un point hors contrôle.

Le dernier point sur la carte de contrôle indique :	Valeur du Cp observé sur les cartes précédentes		
	Cp inférieur à *1,33*	*Cp* compris entre *1,33* et *1,67*	*Cp* supérieur à *1,67*
Le processus est « sous contrôle »	Contrôle unitaire (Tri à 100 %)	**ACCEPTER les pièces**	**ACCEPTER les pièces**
Le processus devient « hors contrôle » **MAIS** toutes les valeurs individuelles du prélèvement sont dans les tolérances	IDENTIFIER et CORRIGER la cause spéciale		
	Contrôle unitaire (Tri à 100 %)	TRIER les composants depuis le dernier point « sous contrôle » de la carte de pilotage	**ACCEPTER les pièces**
Le processus devient « hors contrôle » **ET** une ou plusieurs valeurs individuelles du prélèvement sont hors tolérances	IDENTIFIER et CORRIGER la cause spéciale		
	Contrôle unitaire (Tri à 100 %)	TRIER les composants depuis le dernier point « sous contrôle » de la carte de pilotage	

Figure 24 – Tableau de décision

4.6. Analyser et Innover

En parallèle avec le suivi et le pilotage par carte de contrôle, ces deux étapes sont indispensables à la mise sous contrôle d'une caractéristique lorsque la capabilité s'avère insuffisante à l'issue de la phase « Mesurer ». Ces étapes nécessitent l'utilisation d'outils statistiques relativement sophistiqués tels que les études de régression, les plans d'expériences... qui ne seront pas traités dans cet ouvrage. Le lecteur pourra avec intérêt se référer à notre ouvrage « Six Sigma, comment l'appliquer »[2] pour avoir la description détaillée de ces étapes.

4.7. Standardiser

Les cartes étant en place, il faudra interpréter celles-ci afin de détecter l'apparition des causes spéciales. Nous serons alors dans la phase d'utilisation des cartes de contrôle. L'utilisation des cartes de contrôle motive les opérateurs et l'encadrement à améliorer le processus et ainsi, à diminuer la variabilité naturelle de celui-ci. Lorsque cette variabilité aura diminué, il faudra alors recalculer les cartes... et continuer à améliorer. Nous entrons alors dans la phase d'amélioration continue qui est en fait l'objectif de la MSP. Le but est de mettre le processus sous contrôle, nous utilisons le mot « sur rails » pour bien imager le but de ce travail : limiter au maximum le nombre d'interventions nécessaires pour maintenir la caractéristique sur la cible.

Sur la figure 16 nous soulignons la boucle d'amélioration continue. Chaque fois qu'une amélioration permet de stabiliser le processus, on peut diminuer les contrôles, et ainsi éviter un gaspillage. Contrôler n'apporte pas de valeur ajoutée au produit, l'idéal est de converger vers une mise sous contrôle avec le minimum de mesures.

Enfin toutes les bonnes pratiques qui ont été mises en place dans le projet doivent être dupliquées aux autres processus. Les démarches de pilotage doivent être formalisées afin de garantir la pérennité de la mise sous contrôle.

---

2. Maurice Pillet – Six Sigma Comment l'appliquer – Éditions d'organisation – 2004

5. Le concept de capabilité (aptitude)

5.1. Le besoin de formaliser une notion floue

Le concept de capabilité est certainement la notion la mieux répandue dans les ateliers de production. En effet lorsqu'on analyse la plupart des conversations techniques sur un domaine de production, on s'aperçoit que ces discussions reviennent souvent à des problèmes de capabilité. Les problèmes sont généralement ramenés à la question suivante : ce moyen de production est-il oui ou non adapté aux exigences du produit qu'il est censé fabriquer ? Et pourtant, combien de discussions stériles ont lieu sur le sujet à cause des divergences d'opinion des intervenants sur la capabilité du moyen de production.

Les responsables de production ont toujours une vague idée de la qualité des machines disponibles dans l'atelier, mais ils sont incapables de mettre une valeur numérique derrière cette impression. Or il est fondamental, lorsqu'on parle de qualité, d'être précis et de savoir exactement ce dont est capable le processus par rapport à ce qu'on lui demande.

La notion de capabilité est trop importante dans une production moderne pour être traitée avec des notions floues. Il est impératif pour toutes les entreprises d'avoir enfin un langage commun en matière de capabilité entre l'ensemble des services et les personnes de l'entreprise. Combien de réunions inutiles pourraient être évitées si toutes les personnes du bureau d'étude, de la production en passant par les agents des méthodes utilisaient les mêmes notions de capabilité et le même vocabulaire.

Le terme francisé de capabilité (adaptation de capability) est le terme « aptitude ». Nous avons cependant choisi de conserver le terme capabilité qui nous semble bien répandu et bien utilisé dans les entreprises.

5.2. Définition de la capabilité

La capabilité se mesure par le rapport entre la performance demandée et la performance réelle d'un processus.

> **Une capabilité s'exprime par un chiffre**

Elle permet de mesurer l'aptitude d'un processus à réaliser une caractéristique dans l'intervalle de tolérance fixé par le cahier des charges. Le fait d'utiliser un chiffre pour caractériser la capabilité est fondamental. Un chiffre est objectif, il n'est pas sujet à interprétation. Lorsqu'on utilise du vocabulaire pour décrire une situation, celui-ci est toujours flou et sujet à interprétation.

Plusieurs normes décrivent les capabilités (aptitude en français) et cela ne simplifie pas le travail des sous-traitants qui doivent utiliser simultanément plusieurs normes. Les choses se sont un peu améliorées en 2004 avec la suppression des normes CNOMO. Nous avons choisi les notations les plus utilisées actuellement qui proviennent des normes QS9000.

Nous dissocierons deux types d'indicateurs de capabilité :
- Les indicateurs long terme qui traduisent la réalité des produits livrés. On parlera alors de **performance du processus**.
- Les indicateurs court terme qui traduisent la dispersion sur un temps très court. On parlera alors de **capabilité du processus**.

5.3. *Pp* et *Ppk* (Performance du processus – long terme)

5.3.1. Performance intrinsèque du processus *Pp*

Pour préciser toutes ces notions un peu floues, la MSP fournit un indicateur précis dans ce domaine, c'est l'indicateur *Pp* (Performance du processus).

Cet indicateur est calculé de la façon suivante :

$$Pp = \frac{\textit{Intervalle de tolérance}}{\textit{Dispersion long terme}} = \frac{IT}{6\sigma_{LT}}$$

Dans une première approche, un processus sera dit capable si l'intervalle de tolérance est plus grand que la dispersion aléatoire du processus avec une petite marge, c'est-à-dire lorsque le *Pp* est supérieur à *1,33 (8σ/6σ)*.

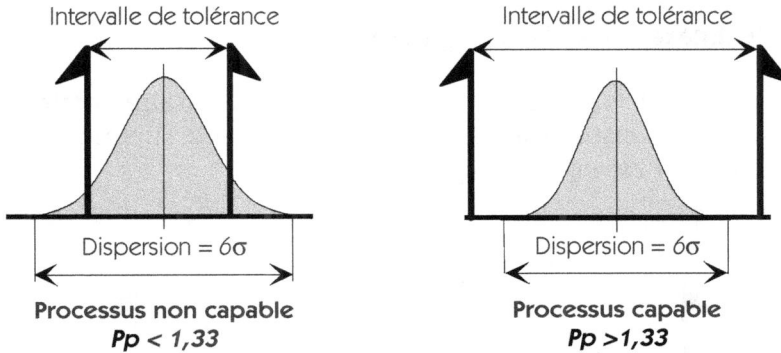

Figure 25 – L'indicateur *Pp*

La figure 25 montre deux situations typiques. La première correspond à un processus non capable car la dispersion est plus importante que l'intervalle de tolérance. Dans la seconde, la dispersion est faible au regard de l'intervalle de tolérance, le processus est donc capable.

Précisons que la dispersion aléatoire est prise comme étant égale à six fois l'écart type de la dispersion du processus, c'est-à-dire l'intervalle contenant *99,7 %* des pièces fabriquées (dans l'hypothèse d'une distribution de Gauss). Pour calculer cette dispersion, il faut donc un nombre suffisamment élevé de mesures (une centaine) et vérifier que la distribution de ces mesures a bien une forme de cloche. Si ce n'est pas le cas, il faut prendre quelques précautions sur lesquelles nous reviendrons dans les chapitres 4 et 10 sur les capabilités.

La dispersion utilisée pour le calcul de la performance *Pp* est la dispersion long terme du processus. En effet, la mesure de la performance processus doit traduire la capacité à produire sur le long terme. Il faut donc tenir compte de l'ensemble des influences qui peuvent perturber le processus pendant le temps de production. Cette dispersion est constituée des dispersions à court terme et des dispersions consécutives aux variations de consignes (déréglages) incontournables sur le long terme.

Le calcul du *Pp* sera donc réalisé à partir d'un échantillon représentatif de l'ensemble d'une production. En général, la période retenue pour le calcul d'un *Pp* est au moins d'une semaine. Ainsi, le *Pp* calculé donnera une bonne indication de la qualité de la production livrée au client.

5.3.2. Indicateur de déréglage *Ppk*

Nous venons de voir qu'une des conditions nécessaires pour qu'un processus soit capable est que l'indicateur *Pp* soit supérieur à *1,33*. Cette condition est-elle suffisante ?

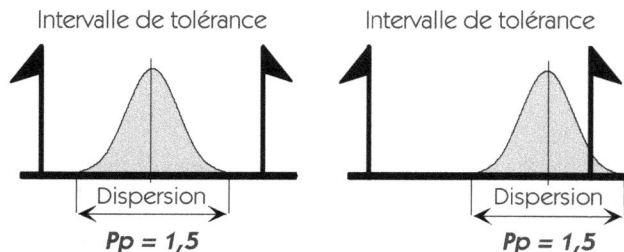

Figure 26 – Nécessité d'un indicateur *Ppk*

Dans la figure 26, les deux situations ont un *Pp* supérieur à *1,33*, et pourtant, lorsque la production est décentrée, il existe des pièces hors tolérance. L'indicateur *Pp* est donc insuffisant et il faut mettre en place un autre indicateur *Ppk*, qui tiendra compte du déréglage du processus.
Ainsi, le *Pp* donnera la performance intrinsèque du processus et le *Ppk* la performance réelle.

Cet indicateur devra être aussi simple d'interprétation que le *Pp*, c'est-à-dire que le processus sera capable si *Ppk* est supérieur à *1* (dans un premier temps). Bien sûr, comme pour le *Pp*, un *Ppk* de *1* sera trop risqué, nous retiendrons comme limite *1,33*.

Dans le cas de la figure 27, le processus est déréglé du côté supérieur à la moyenne. Dans ce cas, on note que la production est capable tant que la distance *D1= kσ* (Tolérance Supérieure – Moyenne) est plus grande que la distance *D2* (moitié de la dispersion aléatoire).

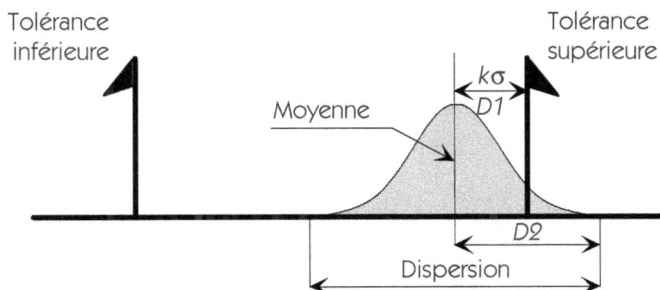

Figure 27 – Processus déréglé du côté supérieur à la moyenne

Ppk est donc un indicateur qui compare les deux distances *D1* et *D2* en établissant le rapport entre les deux distances. Bien sûr, dans le cas d'un déréglage du côté inférieur à la moyenne, ce n'est plus la distance *D1* qu'il faudra considérer, mais une distance *D'1* (Moyenne – Tolérance inférieure).

Nous pouvons donc écrire la formule de calcul du *Ppk*

$$Ppk = \frac{Distance\ (Moyenne\ /\ Limite\ la\ plus\ proche)}{1/2.(Dispersion\ Long\ Terme)} = \frac{k\sigma_{LT}}{3\sigma_{LT}}$$

Le terme *Ppk* vient du fait que l'on calcule le *Pp* du coté le plus proche de la spécification en faisant le ratio entre la distance exprimé en nombre d'écart type (*kσ*) divisée par la moitié de la dispersion (*3σ*). On a donc *Ppk = k/3*

5.3.3. Interprétation de *Pp* et *Ppk*

Un processus, pour être capable, ne doit pas produire d'articles défectueux. Le critère de base pour la performance sera donc le *Ppk* qui inclut à la fois la performance intrinsèque et le déréglage. Nous retiendrons comme limite :

> **Un processus est capable (sur le long terme)
> si son *Ppk* est supérieur à *1,33***

Mais il ne faut pas pour autant négliger le *Pp*. En effet, en comparant pour un processus le *Pp* et le *Ppk*, nous pouvons obtenir de précieux renseignements.

En cas de réglage parfait, on vérifie aisément que $Pp = Ppk$. En revanche, plus le déréglage est important et plus la différence entre Pp et Ppk devient importante. L'objectif des opérateurs sera donc d'avoir un Ppk le plus proche possible du Pp.

5.4. Cp et Cpk (Capabilité processus – Court terme)

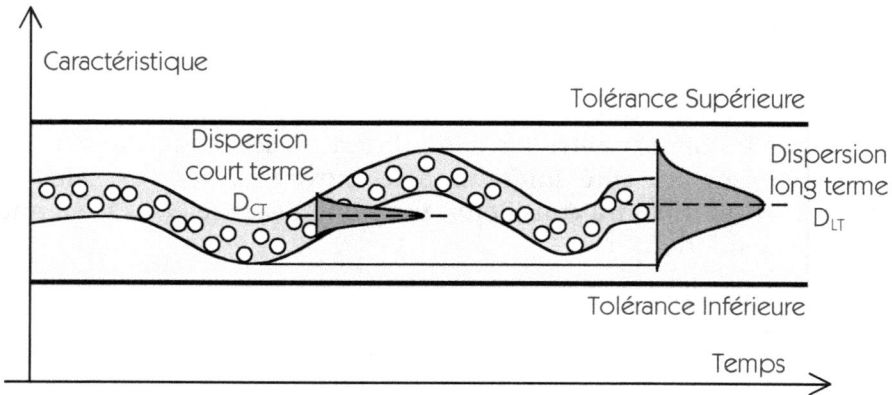

Figure 28 – Dispersion court terme et dispersion long terme

Lorsqu'on observe un processus de production (figure 28), on constate que celui-ci n'est pas toujours centré sur la même valeur, mais qu'il subit des variations de consignes. En fait, au cours d'une semaine de production, on dissocie deux types de dispersion : la dispersion court terme et la dispersion long terme.

- La dispersion long terme inclue les fluctuations de consigne. Elle traduit la qualité des pièces livrées aux clients.

- La dispersion court terme dépend principalement du moyen retenu et des conditions de gamme retenue, mais également des autres M qui sont le Milieu, la Main d'œuvre, la Matière. Cette dispersion serait égale à la dispersion long terme si le processus était parfaitement stable.

Cette dissociation nous conduit à définir deux nouveaux indicateurs : Cp et Cpk.

La **P**erformance **processus** (*Pp* et *Ppk*) s'intéressait à la dispersion long terme, la **C**apabilité **processus** (*Cp* et *Cpk*) va s'intéresser à la dispersion court terme.

Pour calculer les indicateurs *Cp* et *Cpk*, on mène une étude de dispersion permettant d'identifier cette dispersion court terme. Pour cela deux méthodes sont possibles.

Première méthode

On prélève une cinquantaine de pièces consécutives fabriquées par le processus étudié et on mesure la dispersion obtenue sur cet échantillon. Cette dispersion nous permet de calculer *Cp* et *Cpk* avec les mêmes relations que *Pp* et *Ppk*. On aura donc les relations suivantes:

$$Cp = \frac{Intervalle\ de\ tolérance}{Dispersion\ court\ terme\ du\ processus} = \frac{IT}{6\sigma_{CT}}$$

Remarque : On trouve également dans certain cas l'indicateur CR :

$$CR = \frac{1}{Cp} = \frac{6\sigma_{CT}}{Tolérance}$$

$$Cpk = \frac{Distance\ (Moyenne/Limite\ la\ plus\ proche)}{1/2\ Dispersion\ court\ terme\ du\ processus} = \frac{Dist(M/LlpP)}{3\sigma_{CT}}$$

Cette méthode n'est possible que si la cadence du processus est suffisamment rapide pour ne laisser subsister dans cet échantillon que la dispersion court terme. Un processus pour lequel le cycle de production serait de *5 mn* par produit, nécessiterait plus de *4 heures* de production pour réaliser un tel essai. Il est évident que l'on ne peut pas garantir la stabilité pendant ces 4 heures. On ne mesurerait donc pas la dispersion court terme mais déjà une dispersion long terme. Cette méthode ne conviendrait pas dans ce cas.

Deuxième méthode

La deuxième méthode pour mesurer la dispersion court terme, consiste à prélever de petits échantillons (3 pièces consécutives par exemple) à intervalles réguliers ou consécutifs, mais sans action sur le processus pendant la production de ces trois pièces. En revanche, il peut y avoir des actions de réglage entre deux échantillons. Dans ce cas, la dispersion court terme sera la moyenne des dispersions observées sur chacun des échantillons.

Ces deux méthodes seront détaillées, notamment en ce qui concerne les calculs, dans le chapitre sur les capabilités (chapitre 4 et chapitre 10).

5.5. Les indicateurs liés à la cible : le *Cpm* et le *Ppm*

L'indicateur de capabilité *Ppk* est aujourd'hui couramment admis comme l'indicateur de capabilité de référence pour l'acceptation d'un lot entre client et fournisseur. Pourtant, les nouvelles contraintes de la production que nous avons exposées dans le premier chapitre avec l'objectif cible font apparaître les limites de cet indicateur.

Nous pensons en effet (figure 29) que, dans certains cas, un *Ppk* de bon niveau (*Ppk = 2*) peut donner moins de satisfaction qu'un *Ppk* considéré comme limite (*Ppk de 1,33*). Dans les relations clients/ fournisseurs établies sur le *Ppk*, les deux productions donnent satisfaction. Pourtant une des productions est centrée avec le maximum de densité de probabilité sur la valeur cible, alors que la seconde est décentrée et la densité de probabilité pour la valeur cible est pratiquement nulle.

Nous pensons que limiter les exigences en matière de capabilité au seul *Ppk* peut être dangereux. Le seul respect de l'indicateur de performance *Ppk > 1,33* peut conduire à des montages impossibles dans le cas d'un tolérancement statistique (voir chapitre 10).

Pour tenir compte de cette évolution dans la façon de voir l'intervalle de tolérance en fabrication, les indicateurs *Pp* et *Ppk* doivent être complétés. Deux autres indicateurs commencent à être largement utilisé dans les entreprises : l'indicateur *Cpm* pour le court terme et *Ppm* pour le long terme. *Cpm* tient compte à la fois de la dispersion et du centrage. Son objectif est de donner une image globale du processus par un seul indicateur. Il assure que les conditions de centrage et de dispersion minimum dont nous avons signalé l'importance sont respectées.

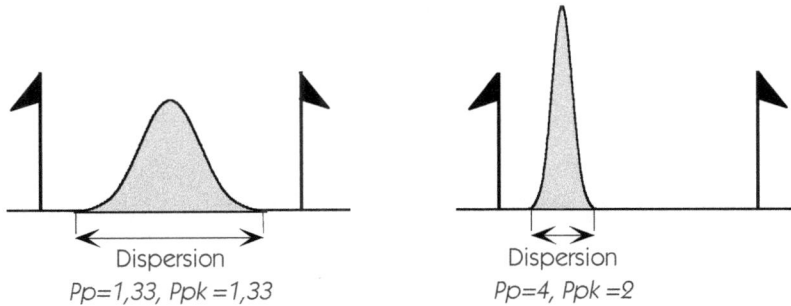

Figure 29 – Le *Ppk* n'est pas suffisant

L'indicateur *Cpm* est basé sur la fonction perte de Taguchi.

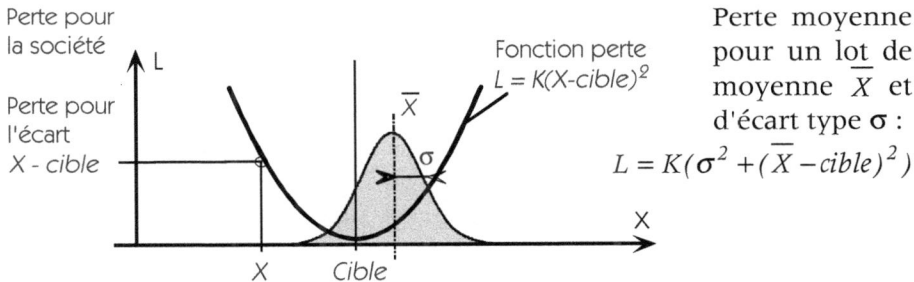

Figure 30 – Fonction perte de Taguchi

Le nouvel indicateur Cpm reflète la perte (au sens de Taguchi) due à un déréglage. *Cpm* est défini par :

$$Cpm = \frac{IT}{6.\sqrt{\sigma_i^2 + \left(\overline{X} - Cible\right)^2}} = \frac{Cp}{\sqrt{1 + 9(Cp - Cpk)^2}}$$

La fonction perte intervient au dénominateur. On note que l'indicateur *Cpm* est égal à *Cp* lorsque le processus est parfaitement centré. *Cpm* décroît lorsque le décentrage augmente. Comme on le constate, *Cpm* tient compte à la fois du centrage et de la dispersion.

En garantissant le *Cpm*, on assure que le processus est réellement centré sur la cible. La variabilité sur le produit fini sera faible.

On calcule également sur le long terme la performance *Ppm* par la même relation, mais en prenant l'écart type long terme.

$$Ppm = \frac{IT}{6.\sqrt{\sigma_{LT}^2 + \left(\overline{X} - Cible\right)^2}} = \frac{Pp}{\sqrt{1 + 9(Pp - Ppk)^2}}$$

5.6. Exemple de calcul de capabilité

A l'issue d'une production, on prélève aléatoirement 69 pièces dans le lot fabriqué. On veut calculer la performance de processus. Soit l'histogramme figure 31 pour une cote de *50 ± 0,05*.

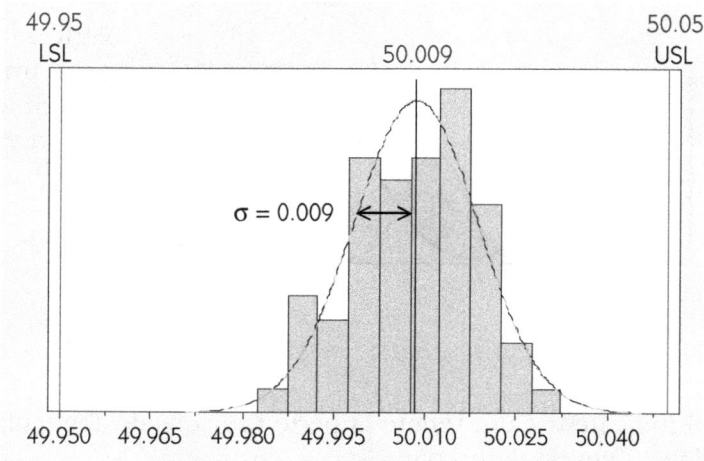

Figure 31 – Exemple de calcul de capabilité

Calcul de la moyenne et de l'écart type :

$$\overline{X} = 50,009 \qquad\qquad \sigma_{n-1} = 0,009$$

Calcul des indicateurs de capabilité long terme *Pp* et *Ppk* :

$$Pp = \frac{0,1}{6x0,009} = 1,84 \qquad\qquad Ppk = \frac{50,05 - 50,009}{3x0,009} = 1,52$$

Le processus est jugé capable selon le critère *Ppk* (*Ppk > 1,33*). Le pourcentage hors tolérance est inférieur à *32 ppm*.

Calcul du *Ppm*

$$Ppm = \frac{IT}{6\sqrt{\sigma^2 + (\overline{X} - Cible)^2}} = \frac{0,1}{6\sqrt{0,009^2 + (50,009 - 50)^2}} = 1,33$$

Le processus est jugé juste capable selon le critère *Ppm* (*Ppm* > 1,33).

Cela signifie que la perte moyenne générée par les produits de cette population est égale à la perte moyenne d'une population centrée ayant une performance *Pp* de *1,33*.

Le *Ppm* valide une nouvelle façon de voir l'intervalle de tolérance en fabrication. En effet, avoir une cote en limite de tolérance n'est pas grave si cette pièce est isolée. La probabilité d'assemblages défectueux est quasiment nulle. Par contre si plusieurs pièces se situent à cette limite, il y aura des conséquences néfastes sur la qualité. Ainsi, le concepteur a deux solutions pour obtenir l'assurance d'un fonctionnement correct de son mécanisme :

1. réduire l'intervalle de tolérance et imposer que les produits soient tous dans cet intervalle quelle que soit la répartition ;

2. laisser un intervalle de tolérance large, mais en imposant à la fabrication des conditions de centrage et de répartition verrouillées par le *Ppm*.

Bien que la seconde solution semble plus difficile à respecter *a priori*, nous sommes persuadés qu'à long terme cette solution est de loin la plus économique en matière de moyens de production à mettre en œuvre.

Cependant, si le *Ppm* offre une vision plus moderne des capabilités que le *Pp*, *Ppk*, il ne les remplace pas pour autant, mais plutôt il les complète. Nous proposons au chapitre 11 une approche novatrice de tolérancement (le tolérancement inertiel) fondée sur cette approche.

Remarque : si les mêmes données avaient été issues d'un prélèvement représentant la dispersion court terme (1/4 heure de production par exemple) avec les mêmes calculs nous aurons calculé les indicateurs *Cp*, *Cpk*, *Cpm*.

5.7. Synthèse des différents indicateurs de capabilité

Lorsque l'on parle d'aptitude ou de capabilité, on peut distinguer deux niveaux :

- la capabilité court terme représentant la capabilité du moyen de production si l'on arrive à parfaitement stabiliser la caractéristique ;

- La capabilité long terme (performance) qui traduit la production livrée au client.

Il est toujours difficile de donner des durées correspondant à ces différentes capabilités car cela dépend du type de production. On peut cependant donner un ordre de grandeur dans le cas de grandes séries automobiles par exemple en disant que la capabilité court terme serait représentative de cinq minutes de production, la capabilité long terme représenterait une semaine de production.

On peut donc établir le tableau suivant qui précise les différents indicateurs de capabilité que l'on peut calculer.

	capabilité intrinsèque $\dfrac{Tolérance}{6\sigma}$	Vraie capabilité « Centrage » $min(\dfrac{TS - \overline{X}}{3\sigma}, \dfrac{\overline{X} - TI}{3\sigma})$	Vraie capabilité « Perte » $\dfrac{Tolérance}{6\sqrt{\sigma^2 + (\overline{x} - cible)^2}}$
Court terme capabilité (1/4 heure)	Cp	Cpk	Cpm
Long terme performance (1 semaine)	Pp	Ppk	Ppm

Figure 32 – Les différents calculs de capabilité

Comme on le constate sur le tableau, il n'y a pas de différence de calculs entre les différents indicateurs, il y a seulement des différences dans ce qu'ils représentent en terme de temps de production.

5.8. L'interprétation de la chute de capabilité

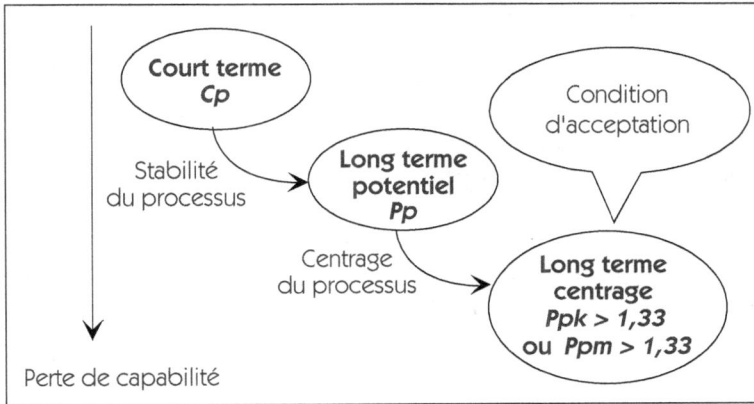

Figure 33 – La chute des capabilités

L'analyse des chutes de capabilité pour un processus est souvent très intéressante. En effet, nous partons d'un processus avec un potentiel de capabilité *Cp* pour arriver à un produit livré au client avec une performance *Ppk*. L'important est bien entendu d'avoir un *Ppk* ou un *Ppm* supérieur à *1,33* selon le critère choisi. Si ce n'est pas le cas, il est fondamental, pour résoudre le problème, de déterminer l'origine de ce manque de capabilité.

La chute de capabilité entre *Cp* et *Pp* traduit l'instabilité du processus. En effet, si on sait stabiliser un processus, on limite les variations de consignes et la dispersion long terme sera proche de la dispersion court terme.

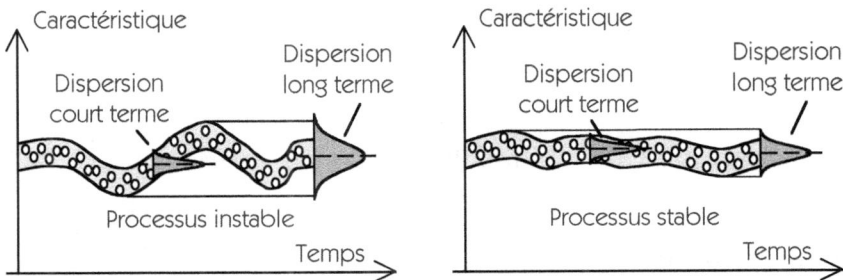

Figure 34 – Chute entre *Cp* et *Pp*

Nous avons vu précédemment que la chute de capabilité entre *Pp* et *Ppk* était due au déréglage. Nous pouvons alors interpréter l'ensemble du tableau des capabilités comme dans l'exemple figure 35.

Le tableau suivant concerne un produit comportant 5 caractéristiques pour lesquelles le centrage est assez facile à obtenir. Dans ce cas, le *Cpk* n'est pas d'une grande utilité car un déréglage sur le court terme peut très rapidement être compensé.

Ce tableau permet une appréhension immédiate des problèmes lors d'une réunion pour peu que l'ensemble des personnes concernées aient été formées à la notion de capabilité. Nous avons grisé dans le tableau tous les cas de figure où :

- le *Ppk* est inférieur à 1,33 ;
- le *Ppm* est inférieur à 1,33.

Caractéristiques	*Cp*	*Pp*	*Ppk*	***Ppm***
1 - Ø 10±0,05	2,5	2,2	1,9	1,63
2 - Ø 12±0,05	2,5	1,1	**1,0**	**1,05**
3 - Ø 8±0,02	1,1	0,9	**0,8**	**0,86**
4 - L 20±0,06	3,2	2,5	**1,1**	**0,57**
5 - L 10±0,04	2,5	2,2	1,6	**1,07**

Figure 35 – Tableau des capabilités

Chaque caractéristique ayant une case grisée doit être discutée pour permettre une amélioration. On note l'intérêt du Ppm qui globalise l'ensemble de la chute de capabilité. L'interprétation du tableau figure 35 est la suivante :

Caractéristique 1 : aucun problème, *Ppm* est supérieur à *1,33*. Le *Ppk* est également supérieur à *1,33*.

Caractéristique 2 : *Ppm* est inférieur à *1,33* et il y a une chute entre *Cp* et *Pp*. Il faut stabiliser les variations de consigne au cours du temps. Une surveillance du processus par carte de contrôle s'impose.

Caractéristique 3 : *Ppm* est inférieur à *1,33* et le *Ppk* est médiocre. Au départ, la capabilité court terme est insuffisante. Une action méthode ou maintenance s'impose. Nous ne pouvons probablement pas résoudre le problème dans l'atelier. Il faut, soit modifier la gamme de fabrication, soit réparer la machine dans le cas d'une détérioration de la capabilité court terme par rapport à la capabilité court terme historique.

Caractéristique 4 : *Ppm* est inférieur à *1,33*. Il y a un gros écart entre le *Pp* et le *Ppk* dû à un décentrage. Il est souvent aisé de remédier à ce type de problème en maîtrisant mieux le centrage de la caractéristique. Une surveillance par carte de contrôle s'impose.

Caractéristique 5 : *Ppm* est inférieur à *1,33* et pourtant *Ppk* est supérieur à *1,33*. Une amélioration est encore possible en centrant mieux le processus pour être plus sur la cible. Bien que le *Ppk* soit supérieur à *1,33*, ce cas de figure génère une perte supérieure au cas *Pp = 1,33* et *Ppk = 1,33*. Cela peut être délicat dans le cas d'un tolérancement statistique.

Chapitre 3

Capabilité des Processus de Contrôle

1. Introduction

La plupart des techniques présentées dans cet ouvrage ont pour origine des mesures. Ces mesures sont obtenues à partir de processus dont il est indispensable de s'assurer qu'ils donnent une bonne représentation de la réalité. Comme nous l'avons souligné dans le chapitre 2, une bonne démarche de mise en place d'un projet MSP commence par la vérification du processus de contrôle.

1.1. Processus de production et processus de mesure

Pour pouvoir piloter un processus, il faut savoir ou il se situe, il faut une mesure. Nous avons souvent vu le processus de mesure représenté comme un des éléments du processus de production. On rajoute ainsi aux 5M du processus un sixième M « Mesure ». Il nous semble que cette représentation sous-estime la place de la mesure. Nous considérons qu'il y a deux processus :

- le processus de production
- le processus de mesure

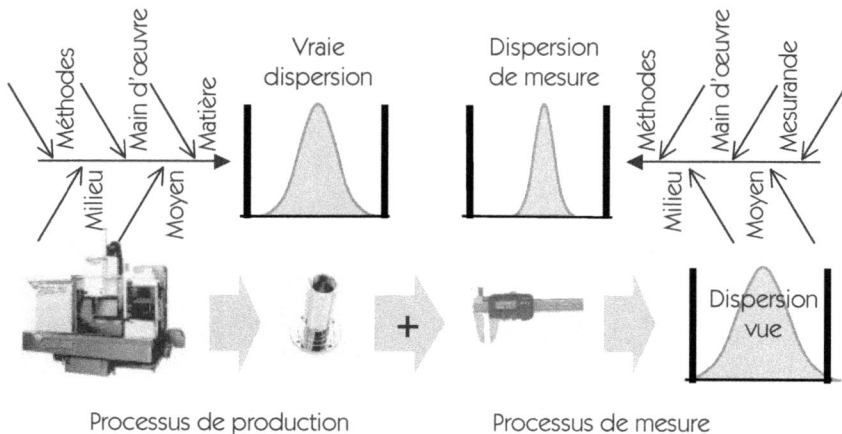

Figure 1 – Importance de la mesure dans la capabilité

Le processus de mesure est à considérer non pas comme un élément du processus de production mais comme un processus lui-même avec ses 5M :

- **M**oyen – qui inclut l'ensemble des matériels entrant dans la chaîne de mesure
- **M**éthode – représentant la procédure à respecter…
- **M**ilieu – telles que la température, les vibrations…
- **M**ain d'œuvre – englobant l'habileté technique, la formation…
- **M**esurande – qui inclut toutes les sources de variations provenant de la pièce à mesurer elle-même. Par exemple, un défaut de circularité dans la mesure d'un diamètre, la déformation de la pièce…

La capabilité des processus de mesure est la base de la mise sous contrôle d'un processus de production. Il nous est souvent arrivé de voir des opérateurs travailler avec des instruments de contrôle dont la dispersion était du même ordre de grandeur que la tolérance.

Comment dans ces conditions assurer une qualité de la production ? La capabilité court terme du processus de production est nécessairement plus faible que la capabilité du processus de mesure. En effet, à la variance de la mesure, s'ajoute la variance mesurée sur les pièces.

On peut compléter le schéma de base des chutes de capabilité par le schéma de la Figure 2. L'indicateur de **C**apabilité du **p**rocessus de **c**ontrôle (*Cpc*) va exprimer le ratio entre la tolérance et la dispersion de mesure. Il est placé au sommet de la chute des capabilités. S'il est placé trop bas, il est alors évidemment impossible d'obtenir un Ppk > 1.33.

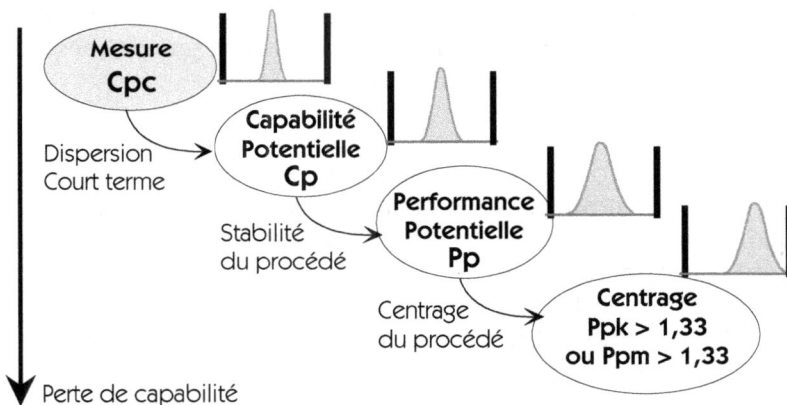

Figure 2 – Chute de capabilité du *Cpc* vers le *Ppk/Ppm*

1.2. Capabilité des processus de mesure et Gestion des moyens de mesure

Un processus de mesure repose sur l'utilisation de moyens de mesures. Par exemple un pied à coulisse dans l'exemple de la Figure 1. Ce moyen – qui n'est qu'un des 5M du processus de mesure – doit donné dans les meilleures conditions une mesure de bonne qualité. Un moyen de mesure peut avoir plusieurs défauts :

- **Résolution insuffisante :** La résolution est le plus petit différentiel de mesure que l'instrument est capable de détecter. On choisit en général un instrument qui a une définition de mesure **au moins égale au dixième de l'intervalle de tolérance** de la spécification contrôlée.

- **Biais :** Le biais est un écart systématique entre la valeur vraie et la valeur donnée par l'instrument.

- **Erreur de linéarité :** biais sur l'ensemble de la plage de mesure

La gestion des moyens de mesure permet de valider l'instrument utilisé en vérifiant que les défauts de l'instrument ne sont pas incompatibles avec la mesure à réaliser.

Avant de présenter les méthodes les plus classiques qui permettent de valider la capabilité d'un **processus de mesure**, il nous faut dissiper un malentendu souvent rencontré. Dans la démarche de mise sous contrôle d'un procédé, nous utilisons des instruments de mesures tels que des ampèremètres, des micromètres.

Ces instruments doivent être gérés, rattachés à une chaîne d'étalonnage et vérifiés périodiquement dans le cadre d'une gestion des moyens de mesure. Nous n'aborderons pas ce point dans cet ouvrage. Nous supposons que **la justesse de l'instrument est correcte (compatible avec la classe de l'instrument)** et qu'il est à jour de vérification. Par contre, nous allons vérifier que le processus de contrôle (qui utilise l'instrument) ne crée ni dispersion ni biais par rapport à la mesure vraie.

Prenons un exemple
Dans une entreprise, l'opérateur devait mesurer un diamètre de 23,00 mm sur une petite collerette (voir Figure 3)

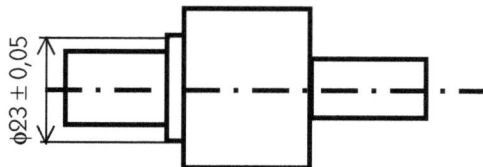

Figure 3 – Pièces à contrôler

Pour réaliser cette mesure, il pouvait utiliser un simple pied à coulisse digital ou un micromètre digital. D'un point de vue métrologique, le micromètre qui affichait le micron était bien évidemment supposé plus « juste » que le pied à coulisse. Mais ce qui nous intéresse pour la maîtrise statistique des processus c'est la capacité du processus de mesure à mesurer sur le lieu de production, sur la pièce à mesurer et avec le montage de contrôle qui sera à disposition de l'opérateur.

Dans cet exemple, l'utilisation du micromètre nécessitait la recherche du point de rebroussement de l'appareil. Cette manipulation est délicate et nous avons trouvé que le pied à coulisse était apte à réaliser la mesure, alors que le micromètre ne l'était pas. Bien sûr, un bon montage de contrôle, qui aurait évité ce point de rebroussement, aurait amélioré considérablement la capabilité du micromètre. Nous jugeons ici le processus de contrôle, l'utilisation qui en est faite par l'opérateur dans le contexte de production, pas l'appareil qui donne le résultat.

1.3. Les différentes normes

Les principales normes utilisées pour l'analyse des processus de mesure sont les suivantes.

Measurement System Analysis Work Group
MSA – Measurement System Analysis – Third Edition – Carwin Ltd – 2002
Cette norme est issue de la norme QS9000 établie par les constructeurs automobiles Américain Ford, GM et Daimler-Chrisler. Son influence est très importante.

CNOMO – E41.36.110.N : 1991 Moyens de production Agrément Capabilité des moyens de mesure Moyens de contrôle spécifique et E41.36.010.R : 1993 Moyens de production Agrément capabilité des moyens de mesure Méthodologie d'essais et traitement statistique Répétabilité des mesurages.
Ces normes sont établies par les constructeurs Français PSA et Renault.

GUM Incertitudes mesurées – Guide to the expression of uncertainty in measurement (édition corrigée 1995).

Aucune norme ne calcule spécifiquement l'indicateur Cpc que nous développons dans ce chapitre. Il est pourtant indispensable dans l'analyse de la chute des capabilités.

2. Étude d'un processus de mesure

2.1. Objectifs

Pour pouvoir mesurer des capabilités de processus ou piloter par carte de contrôle, il faut pouvoir s'assurer que le processus de mesure choisi soit adapté. Pour cela plusieurs vérifications doivent être réalisées :

- Vérifier le pouvoir de discrimination de l'instrument ;
- Vérifier la répétabilité et la reproductibilité du processus (capabilité court terme) ;
- Évaluer le biais de la mesure ;
- Évaluer la linéarité sur la plage d'utilisation du processus ;
- Contrôler la stabilité du processus au cours du temps (capabilité long terme).

2.2. Pouvoir de discrimination de l'instrument

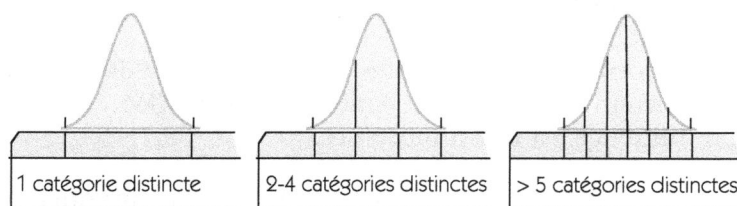

	1 catégorie distincte	2-4 catégories distinctes	> 5 catégories distinctes
Utilisation	$ndc = 1$	$2 \leq ndc \leq 4$	$ndc \geq 5$
Capabilité	Inacceptable pour évaluer une capabilité	Généralement inacceptable pour évaluer une capabilité.	Recommandé pour calculer une capabilité.
Pilotage par carte de contrôle	Acceptable pour le pilotage seulement si la capabilité est excellente *(Cp > 3 et Cpc > 4)*	Acceptable pour le pilotage seulement si la capabilité est élevée *(Cp > 2 et Cpc > 4)*	Parfaitement adaptée pour le pilotage par carte de contrôle

Figure 4 – Discrimination du processus de contrôle

La mesure d'une caractéristique produit ou processus consiste à identifier quel est le niveau atteint par la caractéristique. Pour cela, il faut que l'appareil soit capable de détecter une petite variation. Une des règles de base est que la résolution de l'instrument doit être égale au dixième de la tolérance. Cependant, pour pouvoir piloter correctement un processus avec une carte de contrôle, il faut aussi que l'instrument dispose d'un pouvoir de discrimination plus fin que la dispersion du processus que l'on veut piloter. Nous apprendrons à déterminer un indice *ndc* (**n**ombre de **c**atégories **d**istinctes). Cet indice devra être supérieur à 5 pour être satisfaisant.

2.3. Dispersion court terme : R&R

La dispersion court terme d'un processus de mesure peut se décomposer en deux parties : la répétabilité et la reproductibilité.

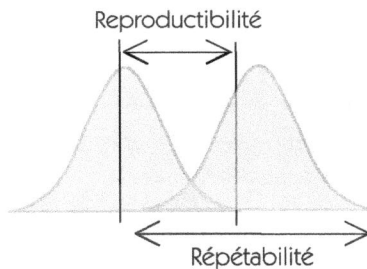

Figure 5 – Répétabilité et Reproductibilité

2.3.1. Répétabilité

Lorsqu'on répète une mesure plusieurs fois **dans les mêmes conditions** on ne trouve pas toujours la même valeur. Ces écarts sont dus aux causes communes des 5 M du processus de mesure. On nomme répétabilité cette dispersion.

2.3.2. Reproductibilité

La répétabilité représente la dispersion d'une mesure répétée dans les mêmes conditions. Cependant, il arrive souvent qu'une des conditions soit amenée à changer lors des mesures. Par exemple on peut avoir plusieurs opérateurs, plusieurs lieux de mesure, plusieurs moyens de contrôle… Lorsque l'on change une condition, on ne parle plus de répétabilité mais de reproductibilité. La condition qui change le plus souvent étant l'opérateur, c'est ce que l'on testera principalement dans les procédures R&R (Répétabilité et Reproductibilité) que nous présenterons plus loin.

2.4. Biais

Le biais d'un processus de mesure est l'écart systématique qui existe entre la vraie valeur et la valeur moyenne trouvée par le processus. Même si l'instrument a été calibré en métrologie, le processus de mesure utilisant cet instrument peut introduire un biais (erreur de parallaxe par exemple)

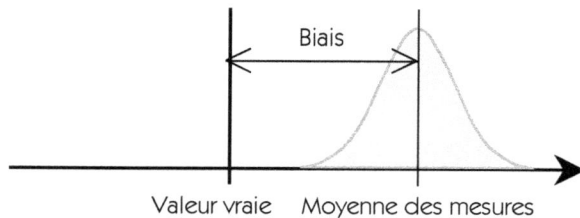

Figure 6 – Biais d'un processus de mesure

2.5. Linéarité

La linéarité est la différence de biais sur l'ensemble de la plage d'utilisation du processus de mesure.

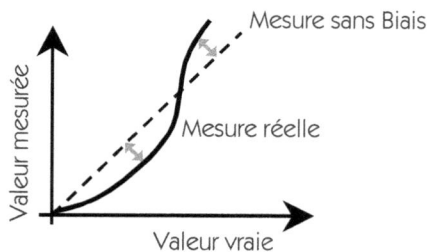

Figure 7 – Erreur de Linéarité d'un processus de mesure

2.6. Dispersion long terme : Stabilité

La stabilité est la différence de biais dans le temps. La répétabilité et la reproductibilité garantissent une dispersion court terme adaptée. La stabilité devra également être surveillée pour garantir que la dispersion long terme du processus de mesure reste également adaptée.

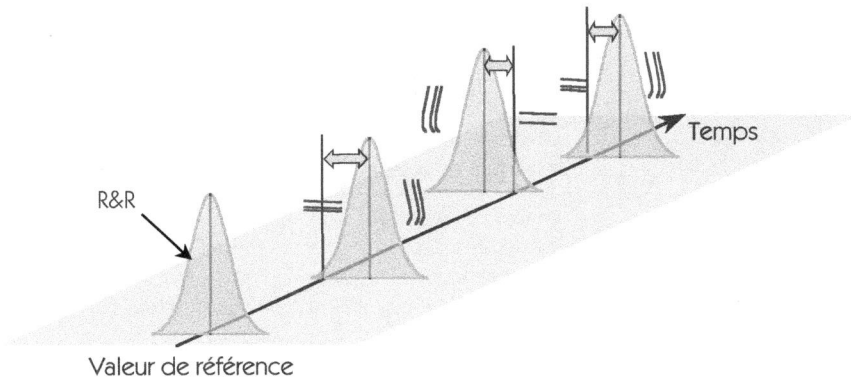

Figure 8 – Erreur de stabilité d'un processus de mesure

3. R&R – Répétabilité et Reproductibilité

Les méthodes présentées dans ce paragraphe ont pour origine les publications de Charbonneau, Harvey et Gordon[1]. Ces méthodes sont les plus répandues dans le milieu industriel. On les appelle souvent les méthodes R&R (Répétabilité, Reproductibilité). Le principe consiste à évaluer la dispersion court terme de l'instrument de mesure afin de calculer une **C**apabilité du **p**rocessus de **c**ontrôle (*Cpc*) ou d'évaluer la proportion de la dispersion de mesure par rapport à la dispersion totale (Gage R&R de la norme MSA).

---

1. Charbonneau, Harvey, Gordon – *Industrial Quality Control* – Englewood Cliffs – NJ: Prentice-Hall, inc – 1978

$$Cpc = \frac{IT}{6.\sigma_{instrument}}$$

$$GRR\% = 100 \frac{\sigma_{instrument}}{\sigma_{Total}} \quad ou \quad GRR\% = 100 \frac{\sigma_{instrument}}{IT/6}$$

Décision de capabilité

	Situation	Action
Cpc < 2,5 **GRR % > 40 %**	Le processus de mesure n'est pas adapté.	Rejeter l'instrument de mesure.
2,5 < Cpc < 3 **30 % < GRR % < 40 %**	Le processus de mesure n'est pas adapté, réserver son utilisation aux cas ou la mesure est très délicate.	Améliorer le *Cpc* en : • Améliorant le système ; • Figeant les procédures de mesure ; • Formant les opérateurs …
3 < Cpc < 4 **25 % < GRR % < 30 %**	Le processus de mesure est adapté pour les tolérances très resserrées.	En cas de tolérances « larges », rechercher un autre système de contrôle.
Cpc > 4 **GRR % < 25 %**	Le processus de mesure est capable quelle que soit la tolérance.	

Figure 9 – Décision d'acceptation ou de refus

Dans les cas classiques, on déclare le moyen de contrôle capable pour un suivi MSP lorsque le *Cpc* est supérieur à *4*. Parfois, lorsque les tolérances sont très serrées, on peut accepter un instrument avec un *Cpc* supérieur à *3*. Lorsque le *Cpc* est inférieur à *2,5*, il n'est pas acceptable de travailler avec un tel instrument. La Figure 9 résume les différentes situations.

Remarque sur la dispersion de mesure :

Dans le calcul du *Cpc*, on trouve certaines procédures où la dispersion de l'instrument est égale à *5,15σ* (Cela correspond à 99 % de la population dans une loi de Gauss), parfois même *4σ*.

Nous considérons que pour pouvoir comparer les capabilités et établir la chaîne de chute de capabilité, il est indispensable :

- de prendre toujours le même indicateur de capabilité : *IT/Dispersion* ;

- d'être cohérent et de prendre *6σ* plutôt que *5,15σ* comme définition de la dispersion aussi bien pour le *Cp*, le *Pp* que pour le *Cpc*.

3.1. Incidence du *Cpc* sur l'indice *Cp*

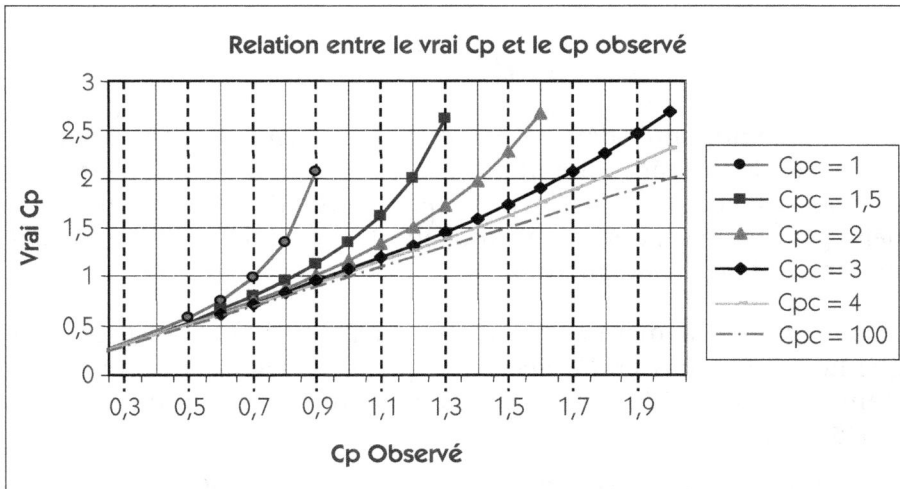

Figure 10 – Influence du *Cpc* sur le *Cp*

L'indice de capabilité Cp ou Pp est défini par le ratio entre la tolérance et la dispersion (*6 sigma*).

$$C_p = \frac{IT}{6\sigma}$$

La variance observée (σ^2) est en fait la somme de la vraie variance (σ^2_{vraie}) et de la variance de l'instrument de mesure (σ^2_{mesure})

$$C^2_{p\,observé} = \frac{IT^2}{36(\sigma^2_{vrai} + \sigma^2_{mesure})} \; ; \; C^2_{p\,vrai} = \frac{IT^2}{36(\sigma^2_{vrai})} \; ; \; C^2_{pc} = \frac{IT^2}{36(\sigma^2_{mesure})}$$

On en déduit $Cp^2_{observé} = \dfrac{Cp^2_{vrai}Cpc^2}{(Cp^2_{vrai} + Cpc^2)}$ et $Cp^2_{vrai} = \dfrac{Cp^2_{Observé}Cpc^2}{(Cpc^2 - Cp^2_{observé})}$

On peut également écrire : $Cp_{vrai} = \dfrac{Cp_{observé}}{\sqrt{1 - \left(\dfrac{Cp_{observé}}{Cpc}\right)^2}}$

Ce qui se traduit par le graphique Figure 10. Cette figure montre bien l'intérêt d'un *Cpc* égal à *4* ou au moins égal à *3* pour pouvoir calculer sans un biais trop important les calculs de capabilité.

3.2. Méthode R&R rapide

La méthode présentée dans ce paragraphe permet d'avoir rapidement une idée de la capabilité d'un processus de mesure. C'est une méthode applicable en production comme outil de vérification rapide mais pas en réception d'un moyen de contrôle. Elle n'est pas référencée dans le document MSA.

Le principe de la méthode consiste à demander à deux (ou trois) opérateurs de mesurer *10* pièces (ou plus). La Figure 11 montre un exemple de contrôle sur un diamètre dont les tolérances sont de *10,025 ± 0,02*.

- Pour chaque pièce contrôlée, on calcule l'étendue de mesure entre les opérateurs.

- σ_{mesure} est calculé à partir de la moyenne des étendues par la formule de la loi de l'étendue réduite (voir annexe statistique et tables statistiques)

$$\sigma = \frac{\overline{R}}{d^*_2}$$

- La dispersion de mesure est calculée par : dispersion = $6\ \sigma_{mesures}$.
- On établit alors la capabilité du moyen de contrôle par le rapport entre l'intervalle de tolérance et la dispersion de mesure.

Précaution importante

Lorsque l'on vérifie un instrument de mesure en répétant plusieurs fois la même mesure, il faut être sûr que les dispersions que l'on va mesurer sont bien imputables à l'instrument. En mécanique par exemple, il faut bien repérer le point de mesure sur un diamètre sinon on risque de confondre la capabilité de l'instrument avec la circularité des pièces que l'on contrôle.

Exemple d'application

Pièce	Contrôleur 1	Contrôleur 2	Étendue R
1	10,023	10,022	1μ
2	10,020	10,020	0μ
3	10,026	10,028	2μ
4	10,025	10,027	2μ
5	10,029	10,028	1μ
6	10,022	10,021	1μ
7	10,027	10,028	1μ
8	10,025	10,025	0μ
9	10,025	10,027	2μ
10	10,020	10,021	1μ
Moyenne des étendues			**1,1μ**

Intervalle de tolérance = *40 µm*

Étendue moyenne $\overline{R} = \dfrac{\sum R}{10} = 1,1\ \mu m$

Validité des mesures : $D_4 . \overline{R} = 3,267 \times 1,1 = 3,59$ (D_4 *pris pour n = 2*)
Toutes les étendues sont inférieures à 3,59, il n'y a pas de mesure aberrante.

$\sigma_{instrument} = \dfrac{\overline{R}}{d_2^*} = \dfrac{1,1}{1,16014} = 0,95$

(d_2^* pris pour 10 échantillons de 2 pièces – voir Figure 16)

Dispersion de l'instrument : $Dispersion = 6\sigma_{instrument} = 6 \times 0,95 = 5,69 \mu m$

Capabilité du processus de mesure : $Cpc = \dfrac{IT}{Dispersion} = \dfrac{40}{5,69} = 7,03$

Cpc > 4, Procédé capable

Figure 11 – Méthode rapide d'évaluation de la capabilité

L'interprétation de cette capabilité peut être améliorée par l'utilisation d'une carte de contrôle $\overline{X}/R$. Les limites de la carte $\overline{X}/R$ sont calculées à partir de la moyenne des étendues $\overline{R}$ par les formules traditionnelles.

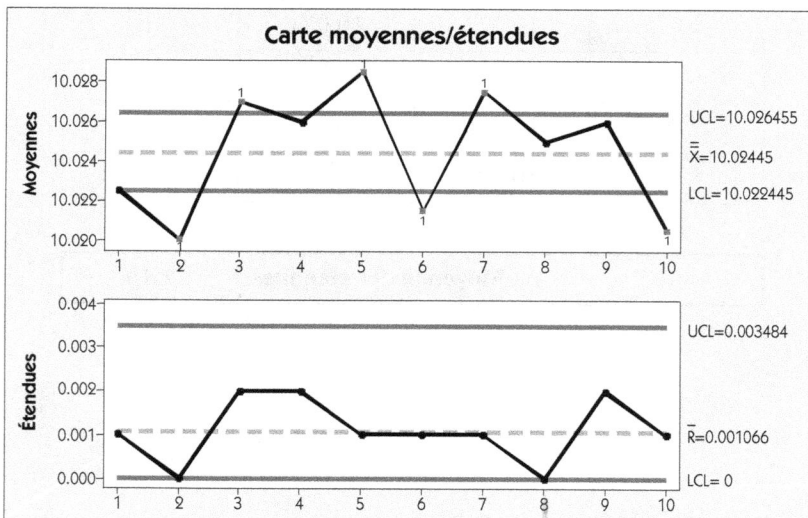

Figure 12 – Suivi par carte X/R

La carte de contrôle des moyennes n'est pas sous contrôle. De nombreux points sont en dehors des limites de contrôle. La carte de contrôle des moyennes donne le pouvoir de discrimination de l'instrument. Il est donc souhaitable dans ce cas d'avoir un maximum de points en dehors des limites de contrôle lorsque les pièces mesurées recouvrent une partie importante de l'intervalle de tolérance. Cela signifie que l'instrument de contrôle est capable de faire la différence entre les mesurages des différentes pièces contrôlées.

La carte de contrôle des étendues illustre l'amplitude de l'erreur de mesure. Dans notre cas, c'est une carte sous contrôle. Cela signifie que les opérateurs n'ont pas de difficultés à obtenir un mesurage homogène. Dans le cas contraire, il faudrait alors identifier l'origine du problème.

Limites de cette méthode

La méthode rapide que nous venons de présenter donne une idée de la capabilité du processus de contrôle, mais ne permet pas de dissocier la répétabilité de la reproductibilité. On préférera donc systématiquement utiliser la méthode R&R complète.

3.3. Méthode R&R complète avec les étendues

3.3.1. Essais à réaliser

La méthode plus complète consiste à différentier les dispersions de mesure dues à la répétabilité et à la reproductibilité. Cette méthode est préconisée dans le document MSA.

Tolérance : 7.7 ± 0.01 soit 0.02 (on note les écarts en microns)												
	Opérateur 1				Opérateur 2				Opérateur 3				$\overline{X}_p$
N° pièce	1e Mes	2e Mes	$\overline{X}$	R	1e Mes	2e Mes	$\overline{X}$	R	1e Mes	2e Mes	$\overline{X}$	R	
1	0	-1	-0.5	1	0	0	0	0	0	2	1	2	0.16667
2	-1	0	-0.5	1	-1	-1	-1	0	-1	1	0	2	-0.5
3	2	3	2.5	1	2	2	2	0	2	2	2	0	2.16667
4	3	3	3	0	2	2	2	0	1	1	1	0	2
5	3	3	3	0	2	3	2.5	1	2	3	2.5	1	2.66667
6	6	5	5.5	1	5	4	4.5	1	5	4	4.5	1	4.83333
7	-1	-2	-1.5	1	-1	-1	-1	0	-2	-1	-1.5	1	-1.33333
8	1	0	0.5	1	0	0	0	0	1	0	0.5	1	0.33333
9	4	4	4	0	4	3	3.5	1	3	5	4	2	3.83333
10	-5	-6	-5.5	1	-6	-6	-6	0	-3	-3	-3	0	-4.83333
			1.05	0.7			0.65	0.3			1.1	1	
			$\overline{\overline{X_1}}$	$\overline{R_1}$			$\overline{\overline{X_2}}$	$\overline{R_2}$			$\overline{\overline{X_3}}$	$\overline{R_3}$	
Moyenne générale = 0,9333						$\overline{\overline{R}} = 0,6667$							

Figure 13 – Tableau des mesures

L'essai consiste par exemple à faire mesurer par **deux** ou **trois opérateurs** différents **dix pièces** différentes. Chaque pièce sera mesurée **deux ou trois fois** par chaque opérateur. Le résultat de ce contrôle sur le même type de pièces que précédemment se met sous forme de tableau comme indiqué en Figure 13. Pour être valable, le produit du nombre d'opérateurs par le nombre de pièces mesurées doit être au moins égal à *15* (dans l'exemple *3x10 > 15*).

Notations :

- *o* nombre d'opérateurs (*o* = 3 dans l'exemple) ;
- *p* nombre de pièces (*p* = 10 dans l'exemple) ;
- *n* nombre de répétitions de mesure (*n* = 2 dans l'exemple).

3.3.2. Validité des mesures

La validité des mesures est vérifiée si l'ensemble des étendues est homogène. Pour vérifier cette validité, on peut tracer la carte des étendues à partir de la moyenne générale des étendues $\overline{\overline{R}}$. Plus simplement, on peut calculer la limite supérieure de contrôle des étendues et vérifier que les étendues sont inférieures à cette limite.

$$LSC_R = D_4.\overline{\overline{R}} = 3,267x0,6667 = 2,178$$

($D4$ choisit pour $n = 2$ car les étendues sont calculées dans cet exemple sur deux valeurs)

Toutes les étendues sont inférieures à cette limite, on peut donc accepter la validité des mesures. Pour illustrer les étendues, il est souhaitable de tracer une carte de contrôle des étendues en séparant les opérateurs.

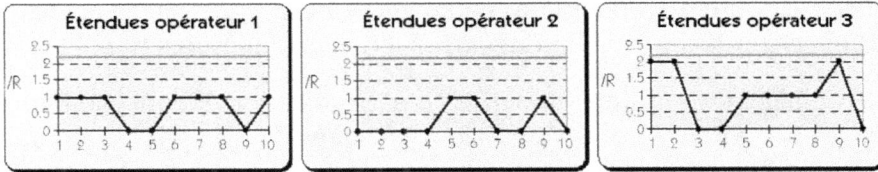

Figure 14 – Validité des mesures

Sur ce graphique, il apparaît clairement que les valeurs sont des fluctuations aléatoires, il n'y a pas de points hors contrôle. Si ce n'était pas le cas, il faudrait recommencer la mesure douteuse.

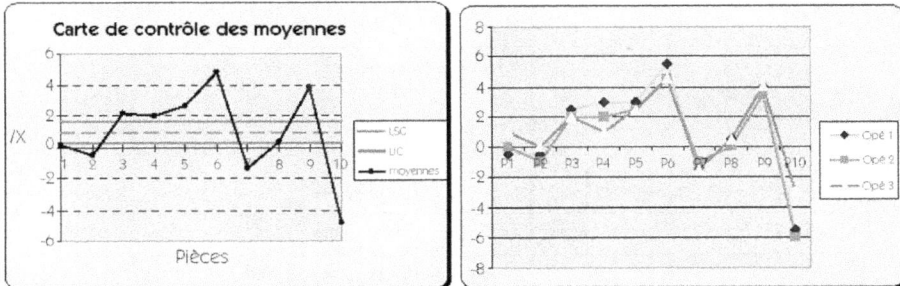

Figure 15 – Visualisation des mesures

Sur la Figure 15, la carte de contrôle des moyennes est hors contrôle. Dans ce cas c'est tout à fait souhaitable car les limites de contrôle sont calculées à partir de l'étendue moyenne en répétabilité. Le second graphique montre que les pièces 4 et 10 ont posé des problèmes de reproductibilité entre les opérateurs. On verra que suivant la méthode de calcul utilisée, on risque de ne pas voir ce problème, car il se manifeste sous la forme d'une interaction.

3.3.3. Analyse de la répétabilité

La répétabilité de l'instrument est contrôlée à partir des étendues des deux séries de mesures réalisées par le même opérateur. On peut donc estimer l'écart type de la dispersion de répétabilité par :

$$\sigma_{répétabilité} = \frac{\overline{\overline{R}}}{d_2^*} = \frac{0,6667}{1,128} = 0,59082$$

d_2^* est pris pour 30 échantillons de taille $n = 2$ car $\overline{\overline{R}}$ est calculée à partir de 30 échantillons (3 opérateurs x 10 pièces) de 2 mesures.

Le coefficient d2* donné en figure 16 permet une meilleure estimation de la **variance** que le coefficient d_2 dans le cas où le nombre d'échantillon sur lequel on calcule $\overline{R}$ est faible. On peut calculer d_2^* à partir des coefficients d_2 et d_3, ainsi que du nombre de sous-groupes k par la relation :

$$d_2^* = \sqrt{\frac{d_3^2}{k} + d_2^2}$$

Un tableau plus complet du coefficient d_2^* est donné en annexe de cet ouvrage.

		Nombre d'échantillons															
		1	2	3	4	5	6	7	8	9	10	11	12	13	14	15	> 15
Nb de mesures	2	1,414	1,279	1,231	1,206	1,191	1,181	1,173	1,168	1,163	1,160	1,157	1,154	1,153	1,151	1,149	1,128
	3	1,912	1,806	1,769	1,750	1,739	1,731	1,726	1,722	1,719	1,716	1,714	1,712	1,711	1,710	1,708	1,693
	4	2,239	2,151	2,121	2,105	2,096	2,090	2,086	2,082	2,08	2,078	2,076	2,075	2,073	2,072	2,071	2,071
	5	2,481	2,405	2,379	2,366	2,358	2,353	2,349	2,346	2,344	2,342	2,34	2,339	2,338	2,337	2,337	2,326

Figure 16 – Coefficient d_2^*

3.3.4. Analyse de la reproductibilité

La reproductibilité représente l'écart de mesure qui provient des opérateurs. On peut estimer cette erreur de reproductibilité à partir de l'étendue sur les moyennes $\overline{X}$.

$$R_{\overline{\overline{X}}} = \overline{\overline{X}}_{Max} - \overline{\overline{X}}_{Min} = 1,1 - 0,65 = 0,45$$

On a donc :

$$\sigma_{opérateurs} = \frac{R_{\overline{\overline{X}}}}{d_2^*} = \frac{0,45}{1,912} = 0,23541$$

Le coefficient d_2^* est pris pour $n = 3$ et $k = 1$ car l'étendue est calculée à partir d'un seul échantillon de 3 moyennes. On peut également directement obtenir $\sigma_{Opérateurs}$ en calculant le σ_{n-1} des trois moyennes. On trouverait 0.247.

Pour affiner le calcul de la reproductibilité, il faut tenir compte que, dans l'écart entre les moyennes des opérateurs, il y a une partie de répétabilité. En appliquant les lois de l'échantillonnage, on sait qu'en l'absence de problème de reproductibilité, les moyennes de k valeurs suivent une répartition d'écart type $\sigma/\sqrt{k}$. Il faut donc enlever la part de la répétabilité pour avoir la vraie reproductibilité.

$$\sigma_{reproductibilité} = \sqrt{\sigma_{Opérateur}^2 - \frac{\sigma_{Répétabilité}^2}{p.n}} = \sqrt{0,23541^2 - \frac{0,59082^2}{10 \times 2}} = 0,19485$$

On prend :
p : Le nombre de pièces mesurées (ici 10)
n : Le nombre de mesures par opérateurs

Remarque : Dans le cas où la valeur sous la racine est négative, on prend $\sigma_{reproductibilité} = 0$

3.3.5. Analyse de la dispersion de l'instrument

La dispersion de l'instrument de mesure provient de l'addition des variances de répétabilité et de reproductibilité. On trouve donc :

$$\sigma_{instrument} = \sqrt{\sigma^2_{R\acute{e}p\acute{e}tabilit\acute{e}} + \sigma^2_{reproductibilit\acute{e}}} = \sqrt{0,59082^2 + 0,19485^2} = 0,62212$$

3.3.6. Analyse de la dispersion des pièces

La dispersion due aux pièces mesurées peut s'estimer à partir de l'étendue sur les moyennes des mesures sur les pièces contrôlées.

$$R_P = \overline{X}_{pMax} - \overline{X}_{pMin} = 4,833 - (-4,833) = 9,667$$

On a donc :

$$\sigma_{pi\grave{e}ces} = \frac{R_P}{d_2^*} = \frac{9,667}{3,17905} = 3,0407$$

Comme pour la reproductibilité, pour affiner le calcul, il faut tenir compte que dans l'écart entre les moyennes des pièces, il y a une partie de répétabilité. Il faut donc enlever la part de la répétabilité pour avoir le vrai $\sigma_{pi\grave{e}ces}$.

$$\sigma_{pi\grave{e}ces} = \sqrt{\left(\frac{R_P}{d_2^*}\right)^2 - \frac{\sigma^2_{R\acute{e}p\acute{e}tabilit\acute{e}}}{o\,n}} = \sqrt{3,0407^2 - \frac{0,59082^2}{10 \times 2}} = 3,0379$$

p : nombre de pièces mesurées (ici *10*)

n : nombre de mesures par opérateurs

3.3.7. Analyse de la dispersion totale

En appliquant l'additivité des variances on peut calculer la variance totale à partir de l'ensemble des variances précédemment calculées. On trouve :

$$\sigma_{Total} = \sqrt{\sigma^2_{instrument} + \sigma^2_{pi\grave{e}ces}} = \sqrt{0,62212^2 + 3,0379^2} = 3,10373$$

Remarque

Plutôt que d'estimer l'écart type total seulement à partir des 10 pièces de l'essai *R&R*, il est possible d'estimer l'écart type total de deux façons :

- soit à partir d'un historique de la production lorsque l'on a par exemple calculé le *Ppk* du processus ;

- soit à partir de la tolérance en estimant l'écart type total par $\sigma_{Total} = IT/6$. C'est cette dernière estimation que nous préconisons dans le cas de l'utilisation en carte de contrôle.

Dans ce cas, on peut également estimer l'écart type des pièces par la relation :

$$\sigma_{pièces} = \sqrt{\sigma_{total}^2 - \sigma_{instrument}^2}$$

3.3.8. Calcul du ndc

On a vu que le ndc^2 indiquait le nombre de catégories distinctes. (voir Figure 4). Il se calcule par la relation :

$$ndc = 1.414\left(\frac{\sigma_{pièces}}{\sigma_{Instrument}}\right) \text{ que l'on tronque à l'entier inférieur.}$$

Origine du ndc

Si l'on prend le ratio r $= \dfrac{\sigma_{pièce}^2}{\sigma_{Total}^2}$, ce ratio varie entre 0 et 1 selon la dispersion de mesure.

Wheeler[2] a proposé de combiner r par la relation D² $= \dfrac{1+r}{1-r}$ qui varie entre 1 et l'infini.

- Infini si $\sigma_{pièce}^2 = \sigma_{total}^2$ (soit pas de dispersion due à la mesure)

- 1 si $\sigma_{pièce}^2 = 0$ (la dispersion totale n'est que de la dispersion de mesure)

---

2. D. J. Wheeler and R. W. Lyday (1989). *Evaluating the Measurement Process*, Second Edition. SPC Press, Inc.

Le ratio $\dfrac{1+r}{1-r}$ est calculé à partir des variances, Wheeler propose de prendre la racine carrée pour se ramener à des grandeurs homogènes aux grandeur mesurées (écart types). On a alors

Le ratio de discrimination $D = \sqrt{\dfrac{1+r}{1-r}} = \sqrt{\dfrac{\sigma_{total}^2 + \sigma_{pièce}^2}{\sigma_{total}^2 - \sigma_{pièce}^2}}$

$$D = \sqrt{\dfrac{\sigma_{instrument}^2 + \sigma_{pièce}^2 + \sigma_{pièce}^2}{\sigma_{instrument}^2}} = \sqrt{\dfrac{2\sigma_{pièce}^2}{\sigma_{instrument}^2} + 1}$$

De cette relation D, on fait le calcul approché suivant :

$$ndc = \sqrt{2}\sqrt{\dfrac{\sigma_{pièces}^2}{\sigma_{instrument}^2}} = 1{,}414\,\dfrac{\sigma_{pièce}}{\sigma_{instrument}}$$

arrondi au nombre entier inférieur dans la norme MSA (certains logiciels font l'arrondi à l'entier le plus proche).

3.3.9. Analyse R&R

L'analyse R&R consiste à calculer l'indice de capabilité Cpc ou, dans le cas d'une étude MSA à calculer le coefficient $GRR\ \%$.

Source de dispersion	MSA % de la dispersion totale	Capabilité Cpc
Répétabilité – Equipment Variation (EV) $\sigma_{répétabilité} = \dfrac{\overline{\overline{R}}}{d_2^*} = \dfrac{0,667}{1,128} = 0,59082$	$\%EV = 100\dfrac{\sigma_{répé}}{\sigma_{Total}}$ $= 100\dfrac{0.667}{3,333} = 17,7\%$	Part répétabilité $= 100\dfrac{\sigma_{Répé}^2}{\sigma_{instrument}^2} = 90,2\%$
Reproductibilité – Appraiser Variation (AV) $\sigma_{reproductibilité} = \sqrt{\left(\dfrac{R_{\overline{X}}}{d_2^*}\right)^2 - \dfrac{\sigma_{Répétabilité}^2}{p.n}}$ $\sigma_{reproductibilité} = \sqrt{\left(\dfrac{0,45}{1,912}\right)^2 - \dfrac{0,581^2}{10 \times 2}} = 0,19485$ p = nb pièces n = nb répétitions	$\%AV = 100\dfrac{\sigma_{Repro}}{\sigma_{Total}}$ $= 100\dfrac{0,19485}{3,333} = 5,8\%$	Part reproductibilité $= 100\dfrac{\sigma_{Re\,pro}^2}{\sigma_{instrument}^2} = 9,8\%$
Instrument – Gage R&R (GRR) $\sigma_{instrument} = \sqrt{\sigma_{Répé}^2 + \sigma_{Re\,pro}^2}$ $\sigma_{instrument} = \sqrt{0,591^2 + 0,195^2} = 0,62212$	$\%GRR = 100\dfrac{\sigma_{Instrument}}{\sigma_{Total}}$ $= 100\dfrac{0,62212}{3,3333} = 18,7\%$ % GRR < 25 % Capable	$Cpc = \dfrac{IT}{6\sigma_{Instrument}}$ $Cpc = \dfrac{20}{6 \times 0,62212} = 5,36$ $Cpc > 4$ Capable
Pièces – Part Variation (PV) $\sigma_{pièces} = \sqrt{\left(\dfrac{R_P}{d_2^*}\right)^2 - \dfrac{\sigma_{Répé}^2}{o.n}}$ $\sigma_{pièces} = \sqrt{\left(\dfrac{9,67}{3,17905}\right)^2 - \dfrac{0,581^2}{10 \times 2}} = 3,0379$ o = nb opérateurs $\quad n$ = nb répétitions	$\%PV = 100\dfrac{\sigma_{Pièces}}{\sigma_{Total}}$ $= 100\dfrac{3,0379}{3,333} = 91,1\%$	
Total – Total Variation (TV) $\sigma_{Total} = \sqrt{\sigma_{instrument}^2 + \sigma_{pièces}^2}$ $\sigma_{Total} = \sqrt{0,62212^2 + 3,0379^2} = 3,10373$ **Ou** $\sigma_{Total\_estimé} = \dfrac{Intervalle\_de\_tolérance}{6}$ $\sigma_{Total\_estimé} = \dfrac{20}{6} = 3,333$	$ndc = 1.41\left(\dfrac{\sigma_{pièces}}{\sigma_{Instrument}}\right)$ $= 1.41\left(\dfrac{3,0379}{0,62212}\right) = 6,89$ ndc tronqué à 6 (> 5 ➜ Capable)	

Remarque

Dans les calculs MSA, il est possible de remplacer l'écart type total par une estimation à partir de la tolérance divisée par 6. Dans ce cas, le % GRR est l'inverse du Cpc et on a dans notre exemple :

$$\%GRR = 100\,\frac{1}{Cpc} = 100\,\frac{1}{5,36} = 18,7\%$$

Acceptation en MSA

Le calcul du *ndc* (Nombre de catégories distinctes) est calculé à partir du ratio entre la dispersion des pièces et la dispersion de l'instrument. Il indique le pouvoir de discrétiser la dispersion avec l'instrument. Le *ndc* calculé à 6,89 montre que l'on peut séparer la dispersion observer en six catégories différentes (*ndc* > 5), le procédé est donc capable.

Acceptation en capabilité

Si l'on reporte la dispersion de l'instrument à la tolérance, on trouve un ratio *Cpc* > 4. Ce processus de mesure est donc acceptable pour piloter une production avec une carte de contrôle.

Cet exemple montre bien une des difficultés de l'interprétation du système *MSA* pour lequel on détermine la capabilité de l'instrument à partir de la dispersion observée… sur *10* pièces. Il est donc très important de choisir 10 pièces parfaitement représentatives de la production. La méthode de calcul *Cpc* est insensible au choix des *10* pièces. Pour éviter cet inconvénient, il est préférable, dans le cadre d'une utilisation en MSP et dans le cas de tolérances bilatérales, de prendre la formule de l'écart type estimé : $\sigma_{total} = IT/6$

Analyse Répétabilité et Reproductibilité

L'analyse de la source principale de dispersion (répétabilité ou reproductibilité) par le calcul de la part de chacune dans la variance de l'instrument est très importante lorsque le processus de contrôle n'est pas déclaré capable. Cette analyse oriente vers les solutions possibles. Nous reviendrons sur ce point plus loin.
Une feuille de calcul Excel de *Cpc* est disponible sur le serveur *www.ogp.univ-savoie.fr.* Pour simplifier les calculs par la méthode manuelle, on utilise le formulaire de la Figure 17.

Pièce : ....   Date : ....

Caractéristique : ....   Tolérance : ....

Appareil de contrôle : ....

Pièces	Opé A :				Opé B :				Opé 3 :................			
	Mes 1	Mes 2	Mes 3	R	Mes 1	Mes 2	Mes 3	R	Mes 1	Mes 2	Mes 3	R
1												
2												
3												
4												
5												
6												
7												
8												
9												
10												
Totaux												

Moy opér A : $\overline{X}_A$ Moy opér B : $\overline{X}_B$ Moy opér C : $\overline{X}_C$

$\overline{R}$ opér A : $\overline{R}_A$ $\overline{R}$ opér B : $\overline{R}_B$ $\overline{R}$ opér C : $\overline{R}_C$

$\overline{R}_A$	
$\overline{R}_B$	
$\overline{R}_C$	
$\overline{\overline{R}}$	

Nb mesures	Coeft D_4
2	3.27
3	2.57

Limite supérieure pour les étendues :

$LSC_R = (D_4) x (\overline{\overline{R}}) = ($ $) x ($ $) = $

Max $\overline{X}$	
Min $\overline{X}$	
$R_{\overline{X}}$	

Si une ou plusieurs étendues sont supérieures à la limite acceptable, on doit recommencer les mesures inacceptables

Calcul de la répétabilité

$$\sigma_{répétabilité} = \frac{\overline{\overline{R}}}{d_2^*} = \frac{(\quad)}{(\quad)} = \boxed{\quad}$$

Nombre d'opérateurs (o) = ...
Nombre de mesures (r) = ...
Nombre de pièces (n) = ...

d_2^* pris pour : r mesures et k = o x n répétitions
Si o x n > 15, on peut remplacer d_2^* par d_2

Calcul de la reproductibilité

$$\sigma_{repro} = \sqrt{\left(\frac{R_{\overline{X}}}{d_2^*}\right)^2 - \frac{\sigma_{Répétabilité}^2}{n.r}}$$

$$\sigma_{repro} = \sqrt{\left(\frac{(\quad)}{(\quad)}\right)^2 - \frac{(\quad)^2}{(\quad)x(\quad)}} = \boxed{\quad}$$

d_2^* pris pour : o opérateurs et 1 répétition

Calcul du Cpc

$$\sigma_{instrument} = \sqrt{\sigma_{répé}^2 + \sigma_{repro}^2}$$

$$\sigma_{instrument} = \sqrt{(\quad)^2 + (\quad)^2} = \boxed{\quad}$$

$$Cpc = \frac{IT}{6\sigma_{instrument}} = \frac{(\quad)}{6 x (\quad)} = \boxed{\quad}$$

Instrument acceptable si Cpc > 4

Origine de la dispersion
Part répétabilité

$$100 \frac{\sigma_{répé}^2}{\sigma_{instrum}^2} = 100 \frac{(\quad)^2}{(\quad)^2} = \boxed{\quad} \%$$

Part reproductibilité

$$100 \frac{\sigma_{repro}^2}{\sigma_{instrum}^2} = 100 \frac{(\quad)^2}{(\quad)^2} = \boxed{\quad} \%$$

Figure 17 – Formulaire de calcul Répétabilité et Reproductibilité

3.4. Méthode R&R par l'analyse de la variance

3.4.1. Principe de calcul

Un autre moyen de réaliser une analyse de répétabilité et de reproductibilité consiste à faire une analyse de la variance à partir des données classiques de la méthode de Charbonneau.

Les méthodes classiques d'étude *R&R* que nous avons présentées précédemment ont l'avantage de la simplicité. Mais ces méthodes ne permettent pas d'étudier des phénomènes tels que l'interaction entre les pièces et l'opérateur. Depuis que tout le monde dispose d'ordinateurs équipés au moins d'un tableur, il est facile d'améliorer les techniques d'étude *R&R* par l'analyse de la variance. On peut étudier avec cette méthode, outre l'influence de l'opérateur et des pièces, l'influence de plusieurs sites de contrôle, de la méthode utilisée, de la séquence de mesure (cas d'un couple de dévissage) ou tout autre facteur indépendant. Nous étudierons dans ce chapitre le cas le plus classique où on ne retient que l'opérateur et les pièces.

Soit Y_{ijr} représentant la mesure de l'opérateur i pour la pièce j lors de la répétition r. On considère que l'on a : $Y_{ijr} = \mu + \alpha_i + \beta_i + (\alpha\beta)_{ij} + \varepsilon_{ijr}$

- μ représente la moyenne de l'ensemble des valeurs ;

- α_i représente l'effet (ou biais) dû à l'opérateur i ;

- β_j représente l'effet dû à la pièce j ;

- $(\alpha\beta)_{ij}$ représente l'effet dû à l'interaction opérateur/pièces ;

- ε_{ijr} représente l'erreur distribuée normalement avec une moyenne de 0 et une variance de σ_ε^2.

L'additivité des variances nous donne : $\sigma_y^2 = \sigma_\alpha^2 + \sigma_\beta^2 + \sigma_{(\alpha\beta)}^2 + \sigma_\varepsilon^2$

Notations :

- a nombre d'opérateurs ($a = 2$ dans l'exemple) ;

- b nombre de pièces ($b = 10$ dans l'exemple) ;

- n nombre de répétitions de mesures ($n = 2$ dans l'exemple) ;

- Y_{ijk} représente la mesure de l'opérateur i, sur la pièce j, pour la k^{ieme} répétition ;

- $Y_{...} = moyenne\ générale = \dfrac{1}{abn} \sum\limits_{i=1}^{a} \sum\limits_{j=1}^{b} \sum\limits_{k=1}^{r} Y_{ijk}$;

- $\overline{Y}_{ij\bullet}$ représente la notation abrégée de $\dfrac{1}{n} \sum\limits_{k=1}^{n} y_{ijk}$;

- $\overline{Y}_{\bullet j\bullet}$ représente la notation abrégée de $\dfrac{1}{an} \sum\limits_{i=1}^{a} \sum\limits_{k=1}^{r} y_{ijk}$.

Rappelons que l'analyse de la variance part de la décomposition de la somme totale des carrés des écarts de toutes les observations :

$$SS_T = SS_O + SS_P + SS_{OP} + SS_R$$

avec :

- Somme des carrés totale :

$$SS_T = \sum_{i=1}^{a} \sum_{j=1}^{b} \sum_{k=1}^{n} \left[Y_{ijk} - \overline{Y}_{\bullet\bullet\bullet} \right]^2$$

- Somme des carrés opérateurs :

$$SS_O = bn \sum_{i=1}^{a} \left[\overline{y}_{i\bullet\bullet} - \overline{y}_{\bullet\bullet\bullet} \right]^2$$

- Somme des carrés pièces :

$$SS_P = an \sum_{j=1}^{b} \left[\overline{y}_{\bullet j\bullet} - \overline{y}_{\bullet\bullet\bullet} \right]^2$$

- Somme des carrés interactions

$$SS_{OP} = n \sum_{i=1}^{a} \sum_{j=1}^{b} \left[\overline{y}_{ij\bullet} - \overline{y}_{i\bullet\bullet} - \overline{y}_{\bullet j\bullet} + \overline{y}_{\bullet\bullet\bullet} \right]^2$$

Le tableau d'analyse de la variance s'écrit de la façon suivante :

Source	SS^2	ddl	Moyenne des carrés	Test stat
Pièces	SS_P	$\nu_P = b - 1$	$MS_P = \dfrac{SS_P}{b-1}$	$F_0 = \dfrac{MS_P}{MS_{OP}}$
Opérateurs (reproductibilité)	SS_O	$\nu_O = a - 1$	$MS_O = \dfrac{SS_O}{a-1}$	$F_1 = \dfrac{MS_O}{MS_{OP}}$
Interaction	SS_{OP}	$\nu_{OP} = (a-1)(b-1)$	$MS_{OP} = \dfrac{SS_{OP}}{(a-1)(b-1)}$	$F_2 = \dfrac{MS_{OP}}{MS_R}$
Résidus (répétabilité)	SS_R	$\nu_R = ab(n-1)$	$MS_R = \dfrac{SS_R}{ab(n-1)}$	
Totale	SST	$\nu_T = abn - 1$	σ^2_{N-1}	

Figure 18 – Tableau d'analyse de la variance

En cas d'interaction non significative, on fusionne l'interaction avec la dispersion résiduelle, les ratios MS_R, F_0 et F_1 se calculent alors par la relation :

$$MS_R = \frac{SS_R + SS_{OP}}{ab(n-1) + (a-1)(b-1)} \qquad F_0 = \frac{MS_P}{MS_R} \qquad F_1 = \frac{MS_O}{MS_R}$$

L'analyse du tableau d'ANAVAR nous permet de dissocier les différentes sources de variabilité :

Source	Variance	Interprétation
$\sigma_{répétabilité}$ Dispersion du moyen (répétabilité)	$\sigma_{Répé} = \sqrt{MS_R}$	La dispersion de répétabilité représente l'importance des variations observées lors de mesures par un même opérateur sur une même pièce.
$\sigma_{opérateurs}$ Estimateur de la dispersion opérateur	$\sigma_{Opé} = \sqrt{\dfrac{MS_O - MS_{OP}}{bn}}$	Cette dispersion représente l'importance des variations observées par le même opérateur sur plusieurs pièces.

Source	Variance	Interprétation
$\sigma_{interaction}$ Dispersion de l'interaction	$\sigma_{inter} = \sqrt{\dfrac{MS_{OP} - MS_R}{n}}$	Cette dispersion représente l'importance des différences observées sur les moyennes de plusieurs mesures par différents opérateurs sur différentes pièces.
$\sigma_{reproductibilité}$ Dispersion de reproductibilité	$\sigma_{repro} = \sqrt{\sigma_{opé}^2 + \sigma_{inter}^2}$	Cette dispersion représente la reproductibilité qui est le cumul de la dispersion des opérateurs et de l'interaction.
$\sigma_{pièces}$ Dispersion sur les pièces	$\sigma_{Pièces} = \sqrt{\dfrac{MS_P - MS_{OP}}{an}}$	Cette dispersion représente l'importance des variations observées sur une même pièce par plusieurs opérateurs.
$\sigma_{instrument}$ Dispersion de l'instrument	$\sigma_{instrum} = \sqrt{\sigma_{Répé}^2 + \sigma_{Re\,pro}^2}$	Représente la somme de toutes les dispersions indésirables.

Figure 19 – Décomposition des dispersions

On calcule ainsi le Cpc : $\quad Cpc = \dfrac{Intervalle\ de\ tolérance}{6\sigma_{instrument}}$

3.4.2. Application sur notre exemple

Dans notre exemple nous aurions :

Source	Somme des carrés	ddl	Moyenne des carrés	F	F limite	Sign	Risque
Pièces	$SS_P = 424,06$	9	$MS_P = 47,11$	46,51	2,46	OUI	0.000
Opérateurs	$SS_O = 2,433$	1	$MS_O = 1,217$	1,20	3,55	NON	0.324
Opé*Pièces	$SS_{OP} = 18,23$	18	$MS_{OP} = 1,01$	2,34	1,96	OUI	0.019
Résidus (répétabilité)	$SS_R = 13$	30	$MS_R = 0,433$				
Totale	457,73	59	7,758				

Figure 20 – ANAVAR en tenant compte de l'interaction

L'analyse des sources de dispersion donne :

Source de dispersion	MSA % de la dispersion totale	Capabilité Cpc
Répétabilité – Équipment Variation (EV) $\sigma_{répétabilité} = \sqrt{MS_R} = 0,658$	$\%EV = 100\dfrac{\sigma_{répé}}{\sigma_{Total}}$ $= 100\dfrac{0.658}{3,333} = 19,7\%$	*Part répétabilité* $= 100\dfrac{\sigma^2_{Répé}}{\sigma^2_{instrument}} = 59,1\%$
Reproductibilité – Appraiser Variation (AV) $\sigma_{repro} = \sqrt{\dfrac{MS_O - MS_{OP}}{bn} + \dfrac{MS_{OP} - MS_R}{n}}$ $\sigma_{repro} = \sqrt{\dfrac{1.217 - 1.01}{2 \times 10} + \dfrac{1.01 - 0.433}{2}} = 0,5477$ b = nb pièces n = nb répétitions	$\%AV = 100\dfrac{\sigma_{Repro}}{\sigma_{Total}}$ $= 100\dfrac{0,5477}{3,333} = 16,4\%$	*Part reproductibilité* $= 100\dfrac{\sigma^2_{Re\,pro}}{\sigma^2_{instrument}} = 40,9\%$
Instrument – Gage R&R (GRR) $\sigma_{instrument} = \sqrt{\sigma^2_{Répé} + \sigma^2_{Re\,pro}}$ $\sigma_{instrument} = \sqrt{0,658^2 + 0,5477^2} = 0,8563$	$\%GRR = 100\dfrac{\sigma_{Instrument}}{\sigma_{Total}}$ $= 100\dfrac{0,8563}{3,3333} = 25,7\%$ *GRR % > 25 % Non capable*	$Cpc = \dfrac{IT}{6\sigma_{Instrument}}$ $Cpc = \dfrac{20}{6 \times 0,8563} = 3,89$ *Cpc < 4 Non Capable*
Pièces – Part Variation (PV) $\sigma_{pièces} = \sqrt{\dfrac{MS_P - MS_{OP}}{an}}$ $\sigma_{pièces} = \sqrt{\dfrac{47,11 - 1,01}{3 \times 2}} = 2,772$ a = nb opérateurs n = nb répétitions	$\%PV = 100\dfrac{\sigma_{Pièces}}{\sigma_{Total}}$ $= 100\dfrac{2,772}{3,333} = 83,2\%$	
Total – Total Variation (TV) $\sigma_{Total} = \sqrt{\sigma^2_{instrument} + \sigma^2_{pièces}}$ $\sigma_{Total} = \sqrt{0,68563^2 + 2,772^2} = 2,901$ **Ou** $\sigma_{Total\_estimé} = \dfrac{Intervalle\_de\_tolérance}{6}$ $\sigma_{Total\_estimé} = \dfrac{20}{6} = 3,333$	$ndc = 1.41\left(\dfrac{\sigma_{pièces}}{\sigma_{Instrument}}\right)$ $= 1.41\left(\dfrac{2,772}{0,8563}\right) = 4,84$ *ndc tronqué à 4 (< 5 ➜ Non Capable)*	

On note que le processus de mesure qui avait été déclaré capable avec la méthode des étendues est déclaré pas capable avec la méthode de l'ANAVAR. Cela vient du fait que dans cet exemple il y a interaction pièces/opérateurs comme on le voit sur la Figure 15. La méthode des étendues ne tient pas compte des interactions, il est donc vraiment préférable d'utiliser la méthode de l'analyse de la variance.

L'analyse de la variance nous fournit également de précieux renseignements notamment grâce aux représentations graphiques (Figure 21) :

- La contribution à la somme des carrés nous donne une information précieuse sur le ratio entre la part prise par les pièces (idéalement 100 % ici 83,2 %) et les parts respectives des opérateurs et de la répétabilité.
- La contribution à la variance de l'instrument nous donne la part de l'opérateur (reproductibilité) et de la variance résiduelle (répétabilité) dans $\sigma^2_{instrument}$, variance de l'instrument.
- Le graphe des effets (Figure 21) nous indique graphiquement les effets respectifs des opérateurs et de la pièce.
- Le graphe des interactions montre la moyenne des mesures que chaque opérateur a trouvé sur les *10* pièces. S'il n'y a qu'un effet de l'opérateur (pas d'interaction), on devrait trouver des courbes parallèles.
- Le graphe des étendues nous indique éventuellement une mesure aberrante (étendue hors des limites de contrôle). Dans ce cas, il faudrait recommencer la mesure.

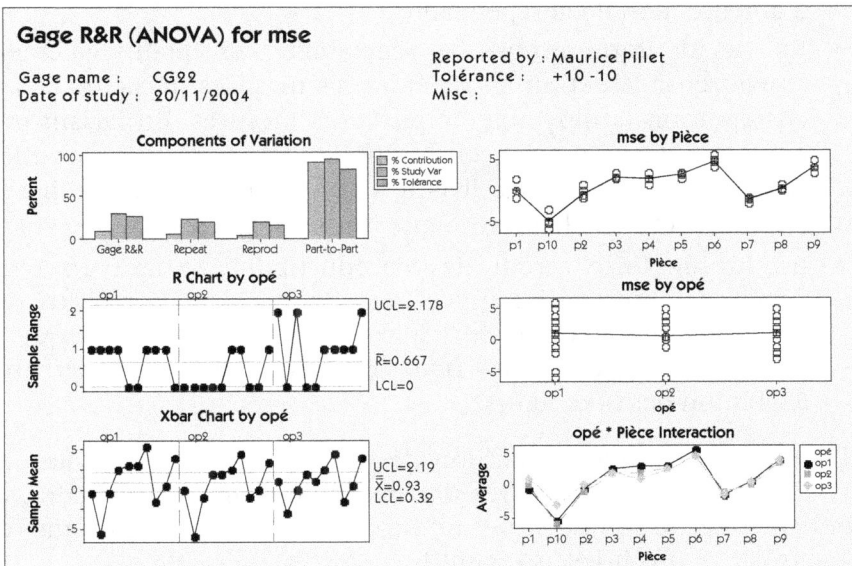

Figure 21 – Résultat d'une analyse R&R[3]

3. Les graphiques et analyses sont réalisés avec Minitab – Logiciel d'analyse statistique www.minitab.com

3.5. Que faire en cas de mauvais *Cpc*

Le *Cpc* est la base de toute démarche d'amélioration. Il est bien difficile de travailler à partir de mesures si ces mesures ne signifient pas grand chose ! Mais lorsque l'on pratique la méthode *R&R*, il n'est pas rare de tomber sur un *Cpc* inacceptable. Comment doit-on réagir dans ces conditions ?

- La première démarche à conduire est de valider la façon dont le test a été réalisé. Il faut en effet vérifier qu'il n'y a pas de valeurs aberrantes, que les opérateurs étaient les opérateurs qualifiés, que l'on n'a pas inclut des défauts de forme dans la répétabilité…

- Si la source principale de dispersion est la répétabilité, il faut chercher à partir d'un arbre des causes toutes les sources de cette variabilité autour des 5M du processus de mesure (Mesurande, Milieu, Méthode, Moyen, Main d'œuvre). On cherchera ensuite à figer le maximum de paramètres tels que le lieu de mesure sur le produit, les conditions d'environnement…L'exemple que nous avons donné au paragraphe 1.2 est un exemple d'amélioration de la répétabilité.

- En cas de forte erreur de répétabilité, on peut également améliorer la situation en répétant les mesures plusieurs fois et en reportant la moyenne de plusieurs mesures. En faisant une moyenne de *n* mesures, on multiplie le *Cpc* par $\sqrt{n}$. Attention cependant, dans ce cas, il faut qu'en production on utilise la même procédure de mesure que lors du test *R&R*.

- En cas de forte erreur de reproductibilité, il faut en règle générale, observer les différences de manipulation entre les différents opérateurs et formaliser de façon non équivoque la procédure de contrôle. Dans ce cas, il faut prévoir une formation des opérateurs.

Enfin, il faut se poser la question des tolérances. Les tolérances ne sont-elles pas trop serrées ? Très souvent, un dialogue constructif avec le bureau d'étude suffit à régler un problème de capabilité du moyen de contrôle … sans investissement !

Après avoir passé en revue l'ensemble des points précédents, il arrive néanmoins que l'on soit dans l'incapacité de rendre le processus de mesure capable. Deux cas sont alors à prendre en compte :

- La performance du processus Pp est suffisante ($Pp > 1,33$) dans ce cas, le mauvais Cpc n'est pas forcément rédhibitoire, et on peut accepter de continuer à travailler avec cet instrument ponctuellement, tout en recherchant pour le long terme à améliorer cette situation et supprimer cette anomalie.

- La performance du processus est insuffisante ($Pp < 1,33$). Dans ce cas, on calcule alors le vrai Pp par la formule $Pp_{vrai}^2 = \dfrac{Pp_{Observé}^2 Cpc^2}{(Cpc^2 - Pp_{observé}^2)}$. Si la différence est très significative entre le Pp_{vrai} et le $Pp_{observé}$, il est impératif de trouver une solution pour améliorer le Cpc. Si la différence est faible et que le Cp_{vrai} n'est de toute façon pas suffisant, il faut ouvrir deux chantiers en parallèle : l'amélioration du procédé et l'amélioration du Cpc.

3.6. Calcul du *Cpc* dans les cas non standard

Les procédures que nous avons indiquées précédemment sont bien adaptées dans la plupart des cas de figure. Il existe cependant un certain nombre de cas où il faut adapter la méthode. Nous illustrerons ces cas par quatre exemples, le cas des tolérances unilatérales, le cas des contrôles destructifs, le cas des mesures de concentration de bain et le cas des mesures qui dérivent.

3.6.1. Cas des tolérances unilatérales

Dans ce cas, le problème est de déterminer quelle est la tolérance. Pour résoudre ce problème, on considère que le rôle de l'instrument de mesure est de faire la différence entre une production jugée excellente, et une production jugée mauvaise. Deux méthodes peuvent alors être utilisée :

- A partir de l'expérience, ou à partir d'un tri de plusieurs lots de production, il est assez facile de déterminer deux limites qui ne sont pas des tolérances, mais qui déterminent un intervalle dans lequel on veut être capable de dissocier les produits. On prend alors cet intervalle pour déterminer le Cpc.

- On peut prendre arbitrairement un intervalle égal à 6 sigma de la production habituellement produite.

Pour le calcul avec l'approche MSA, cela ne pose pas de problème, il suffit de prendre comme définition de la variation totale, la variation calculée à partir des données de l'étude *R&R* plutôt que de prendre la tolérance/6 comme nous avons pris dans nos exemple.

3.6.2. Cas des contrôles destructifs

Dans ce cas, il est bien entendu impossible de répéter les essais !

Méthode 1 : Valider le *Cpc* par le *Cp*

On peut alors se passer de calculer le *Cpc* si le *Cp* est suffisant. En effet, avoir un bon *Cp* nécessite d'avoir un *Cpc* suffisant. On ne connaît pas le *Cpc*, mais on sait qu'il est bon !

En appliquant ce principe, on peut réaliser un test sur 30 produits par exemple, issus d'une population la plus homogène possible. On utilise pour cela plusieurs opérateurs, et on calcule un *Cp*. Si le *Cp* est bon, on accepte le *Cpc* par dérogation, si le *Cp* n'est pas bon il faut appliquer la seconde procédure.

Méthode 2 : Réaliser des échantillons similaires

Pour réaliser le R&R, il faut être capable d'obtenir des pièces tests les plus homogènes possibles. Par exemple dans le cas d'un collage, on réalise des tests de décollage sur des échantillons très proches, réalisés dans les mêmes conditions, avec la même préparation de surface, les mêmes lots de matière... On cherche par exemple à avoir dix échantillons de quatre produits tests homogènes. On réalise alors sur chaque échantillon de quatre produits la mesure par deux opérateurs qui réalisent chacun deux mesures. On traite alors les données de façon traditionnelle.

3.6.3. Cas des mesures de concentration de bain

Dans ce cas on retrouve un peu l'exemple des mesures destructives. On cherchera pour réaliser l'analyse R&R à isoler une partie de la solution la plus homogène en quantité suffisante pour réaliser quatre analyses. Dans le délai le plus court possible, on fera analyser ces quatre échantillons par deux opérateurs réalisant chacun deux analyses.

On répète ainsi dix fois cette procédure et on utilise la démarche classique pour calculer le *Cpc*.

3.6.4. Cas des mesures avec dérive (couple de serrage)

Dans le cas de la vérification d'un couple de desserrage, il est possible que la mesure évolue au fur et à mesure que l'on recommence l'essai. Pour ne pas prendre en compte cette dérive dans l'étude R&R, il faut réaliser les essais de telle sorte que l'ordre des essais soit « orthogonal » à l'effet de l'opérateur. On réalise donc un plan d'expériences avec 8 pièces qui s'écrit tel que sur la Figure 22.

Ainsi, la pièce 1 sera mesurée deux fois par l'opérateur 1, puis par l'opérateur 2. La pièce 8 par contre sera mesurée d'abord deux fois par l'opérateur 2 avant d'être mesurée par l'opérateur 1.

Chaque produit sera mesuré au total 4 fois, mais il est important de bien respecter l'ordre des essais afin de pouvoir déduire la dérive de la mesure de la répétabilité.

Pour traiter ce type de cas, on aura intérêt à utiliser l'analyse de la variance que nous décrivons au paragraphe 3.4. En effet, il faut calculer l'effet de la séquence de mesure (essai 1, 2, 3, 4) et tenir compte de cet effet dans l'analyse de la variance, afin de ne retenir que l'effet de l'opérateur (reproductibilité) et la variance résiduelle (répétabilité) dans le calcul de la dispersion de l'instrument.

Pièce	Opérateur 1		Opérateur 2	
	Mesure 1	*Mesure 2*	*Mesure 1*	*Mesure 2*
1	Essai 1	Essai 2	Essai 3	Essai 4
2	Essai 1	Essai 2	Essai 4	Essai 3
3	Essai 2	Essai 1	Essai 3	Essai 4
4	Essai 2	Essai 1	Essai 4	Essai 3
5	Essai 3	Essai 4	Essai 1	Essai 2
6	Essai 4	Essai 3	Essai 1	Essai 2
7	Essai 3	Essai 4	Essai 2	Essai 1
8	Essai 4	Essai 3	Essai 2	Essai 1

Figure 22 – Tableau R&R dans le cas où la mesure influence la réponse

4. Évaluer le biais et la linéarité

4.1. Évaluer le Biais

Pour évaluer le biais, on choisit une pièce (si possible la plus proche possible de la référence) dont la mesure est connue à partir d'un moyen de contrôle de métrologie. Cette pièce est alors mesurée au moins 10 fois en utilisant le processus de mesure.

Tolérance : 7.7 ± 0.01 soit 0.02 (on note les écarts en microns) 30 mesures consécutives									
1	0	0	-1	-1	0	0	1	1	0
1	2	0	0	0	0	1	1	0	-1
0	0	1	0	0	0	0	0	0	0

Figure 23 – Données pour l'étude du biais

- **Tracer l'histogramme des mesures**

Vérifier si l'histogramme vérifie l'hypothèse d'absence de causes spéciales. (Test de normalité par exemple)

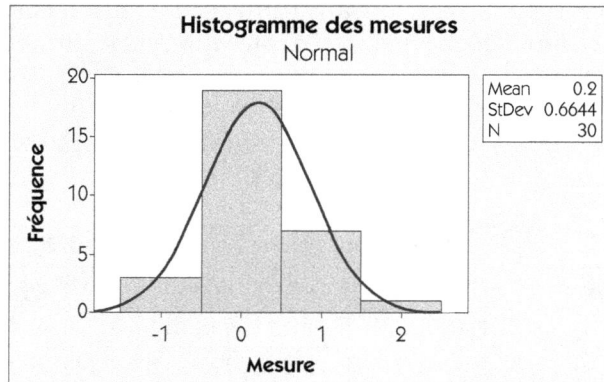

Figure 24 – Histogramme des mesures

Dans notre exemple la distribution est normale, on peut donc continuer la procédure.

- **Calculer la moyenne et l'écart type**

$$\overline{X} = 0{,}2 \qquad \sigma_r = 0{,}664$$

Lorsqu'une étude R&R a été conduite, on peut utiliser l'écart type de répétabilité.

- **Réaliser le test d'hypothèse[4] t pour vérifier l'absence de biais au risque de 5 %**

On calcule la statistique $t = \dfrac{Biais}{\sigma_r/\sqrt{n}} = \dfrac{0,2}{0,664/\sqrt{30}} = 1,64$

Déterminer la valeur limite de t pour $n\text{-}1$ degrés de liberté et un risque $\alpha/2 = 2,5$ % dans la table de Student.

$t_{limite}(2,5 \text{ \%}, 29 \text{ } ddl) = 2,36$

Si $t > t_{limite}$ il existe un biais dans la mesure.

Dans notre exemple il n'y a pas d'écart significatif, on conclut à l'absence de biais.

4.2. Évaluer la linéarité

Évaluer la linéarité consiste à évaluer le biais sur toute la plage de mesure. On prendra pour cela au moins 5 pièces disposées régulièrement dans la tolérance dont on connaît la vraie valeur par un moyen de métrologie. Chaque pièce est mesurée au moins 10 fois pour donner le tableau

	Tolérance : 7.7 ± 0.01 soit 0.02 (on note les écarts en microns) 10 mesures consécutives									
	Pièce 1		**Pièce 2**		**Pièce 3**		**Pièce 4**		**Pièce 5**	
Mesure	-10		-5		0		5		10	
	Mes	ecart	Mes	ecart	Mes	ecart	Mes	ecart	Mes	ecart
1	-9	1	-4	1	0	0	6	1	11	1
2	-10	0	-5	0	0	0	6	1	9	-1
3	-10	0	-5	0	1	1	6	1	9	-1
4	-10	0	-4	1	0	0	5	0	10	0
5	-9	1	-4	1	0	0	6	1	11	1
6	-10	0	-5	0	-1	-1	7	2	9	-1
7	-9	1	-5	0	0	0	6	1	11	1
8	-11	-1	-5	0	0	0	7	2	10	0
9	-10	0	-4	1	1	1	5	0	11	1
10	-9	1	-5	0	1	1	6	1	10	0
Moyenne		0.3		0.4		0.2		1.0		0.1

Figure 25 – Évaluation de la linéarité

---

4. Remarque : Le lecteur pourra consulter l'ouvrage *Six Sgma – Comment l'appliquer*, éditions d'orgnaisation, pour plus de détails sur ce test.

- **Faire le diagramme de corrélation entre les écarts et la valeur vraie**

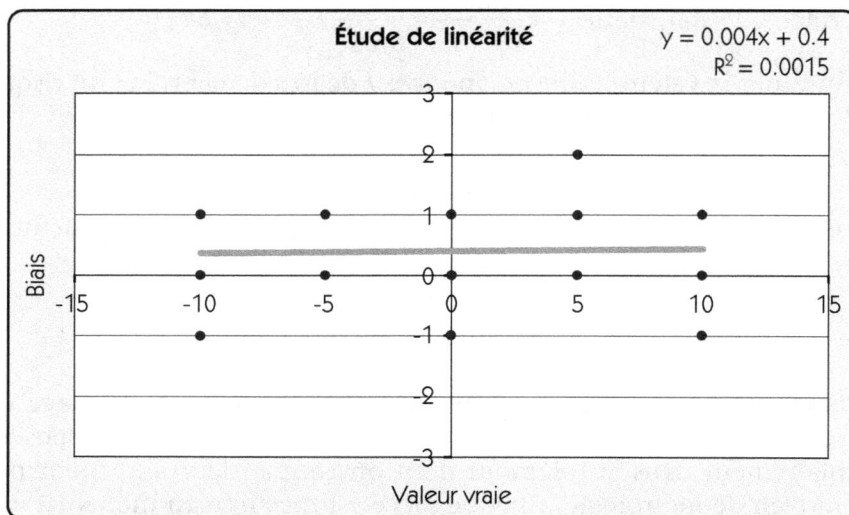

Étude de linéarité

$y = 0.004x + 0.4$
$R^2 = 0.0015$

Biais

Valeur vraie

Figure 26 – Étude de linéarité

En l'absence de problème de linéarité, le biais doit être nul sur toute la plage de mesure. Cela se traduit par une équation théorique $y = 0x + 0$ et un coefficient $R^2 = 0$.

- **Test de Student sur les coefficients**

Pour savoir si on s'éloigne de cette hypothèse on réalise un test de Student sur les coefficients de la droite :

	Coefficients	σ	Stat t	Probabilité	Conclusion
Ordonnée à l'origine	0.4	0.10400	3.84	0.00035	$p < 0,05$ Significatif
Pente	0.004	0.01471	0.27	0.78682	$p > 0,05$ Non significatif

Dans cet exemple, la pente de la droite n'est pas significative, mais l'ordonnée à l'origine est significative, cela signifie qu'il existe un biais constant sur la plage de mesure de 0.4 microns.

On peut compléter cette étude par une étude de biais pour chaque position de mesure.

5. Évaluer la stabilité

Les précédents tests ont pour objet de définir la capabilité court terme du processus de mesure. Reste maintenant à garantir que cette capabilité ne se dégrade pas dans le temps. Il faut vérifier la stabilité en suivant la procédure suivante :

- On prend une pièce si possible proche de la valeur cible, dont on connaît la valeur.
- De façon régulière – par exemple une fois par semaine – on mesure 3 fois cette pièce.
- On reporte les valeurs dans une carte de contrôle moyennes-étendues dont les limites ont été calculées à partir de l'écart type de l'instrument (Procédure R&R) par les formules suivantes :

$$LIC_{\overline{X}} = Cible - 1{,}732.\sigma_{instrument} \qquad LIC_R = -$$
$$LSC_{\overline{X}} = Cible + 1{,}732.\sigma_{instrument} \qquad LSC_R = 4{,}358.\sigma$$

- Interprétation : Tant que les points restent sous contrôle, la stabilité du processus est vérifiée.

Exemple

Dans l'exemple que nous avons pris pour le calcul R&R, nous avons trouvé un $\sigma_{instrument} = 0{,}8563$
Pour faire le suivi de stabilité, on choisit une pièce dont on a mesuré la vraie valeur : 2,5.

Cela nous permet de calculer les limites de contrôle :

$$LIC_{\overline{X}} = 2{,}5 - 1{,}732 x 0{,}8569 = 1{,}01 \qquad LIC_R = -$$
$$LSC_{\overline{X}} = 2{,}5 + 1{,}732 x 0{,}8569 = 3{,}98 \qquad LSC_R = 4{,}358.x 0{,}856 = 3{,}73$$

Le suivi sur 15 semaines a donné le graphique suivant :

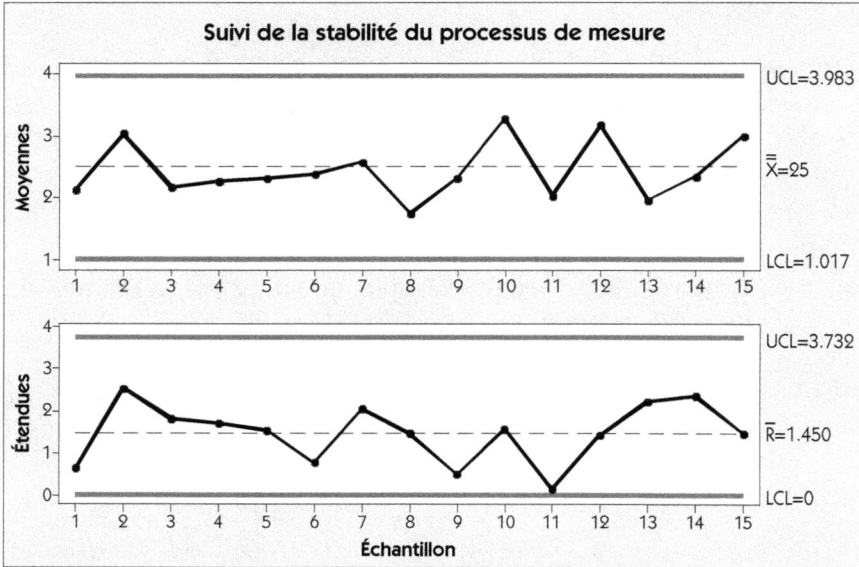

Suivi de la stabilité du processus de mesure

Interprétation : Le graphique est sous contrôle, le processus est stable.

6. Méthode proposée par CNOMO

6.1. Le principe de calcul du CMC

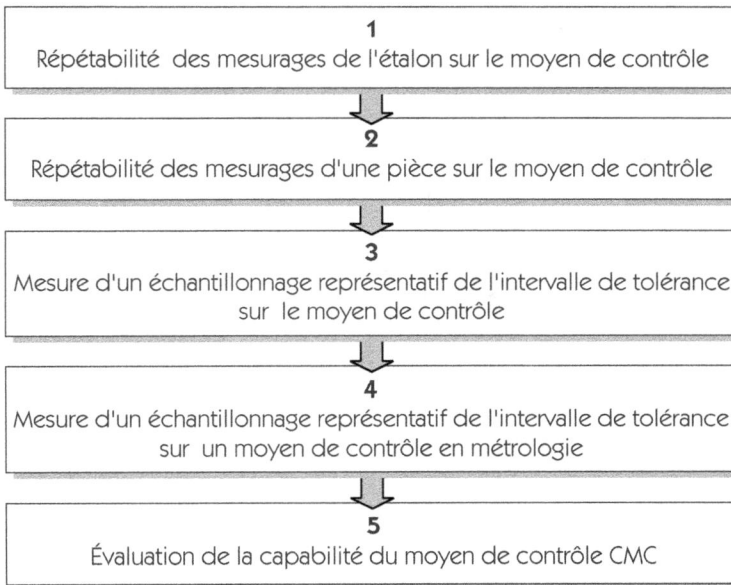

Figure 27 – procédure CNOMO

Les méthodes d'évaluation de la capabilité des moyens de mesures développées au paragraphe 2 permettent d'évaluer la reproductibilité, la répétabilité mais pas la justesse de l'instrument de contrôle.

CNOMO[5] propose une autre méthode de contrôle qui permet d'évaluer la justesse de l'instrument. Par contre, elle ne permet pas d'évaluer la reproductibilité due à différents opérateurs.

La procédure de contrôle est plus longue que les procédures précédentes. On peut la schématiser par la Figure 27. Cette procédure est réalisée en 5 étapes.

---

5. CNOMO – Agrément capabilité des moyens de mesure – Moyens de contrôle spécifique – E41.36.110.N – Octobre 1991 – 8p

6.2. Les étapes du calcul

Répétabilité des mesurages de l'étalon sur le moyen de contrôle

On utilise pour cette étape une pièce étalon dont la valeur conventionnellement vraie est connue. Le moyen de contrôle est calibré conformément à son mode d'emploi.

L'étalon est mesuré 5 fois sur le moyen de contrôle sans recalibrer. Entre chaque mesure, l'étalon est enlevé, puis remis sur le moyen de contrôle.

On calcule alors la dispersion de répétabilité sur l'étalon :

$$\text{Répétabilité des mesurages} = \pm I_e = \pm 2S_e$$
$$\text{avec } S_e = \text{écart type } \sigma_{n-1} \text{ des 5 mesures}$$

Si I_e est supérieur à une valeur limite (paragraphe 3.3), le moyen n'est pas accepté.

Répétabilité des mesurages d'une pièce sur le moyen de contrôle

On utilise pour cette étape une pièce représentative des pièces de séries.

L'étalon est mesuré 5 fois sur le moyen de contrôle sans recalibrer. Entre chaque mesure, la pièce est enlevée, puis remis sur le moyen de contrôle.

On calcule alors la dispersion de répétabilité sur la pièce :

$$\text{Répétabilité des mesurages} = \pm I_r = \pm 2S_r$$
$$\text{avec } S_r = \text{écart type } \sigma_{n-1} \text{ des 5 mesures}$$

Si I_r est supérieur à une valeur limite (paragraphe 6.3) le moyen n'est pas accepté.

Mesure d'un échantillon représentatif de l'IT sur le moyen de contrôle

On utilise pour cette étape au minimum 5 pièces, représentatives des pièces de séries, ayant des caractéristiques réparties sur au moins *0,6 IT.*

On mesure alors les pièces sur le moyen de contrôle par permutation circulaire jusqu'à ce que chaque pièce ait été mesurée 5 fois, sans recalibrer et dans une courte période de temps.

Mesure d'un échantillon représentatif de l'IT en métrologie

Les pièces utilisées pour la troisième étape sont mesurées en métrologie pour obtenir la valeur conventionnellement vraie.

Pour diminuer la dispersion de répétabilité de l'appareil de métrologie, il est conseillé dans la norme de répéter plusieurs fois les mesures.

On calcule alors :

- la moyenne des différences entre la valeur vraie et la valeur donnée par le moyen de contrôle : J,
- l'écart type des différences Sg.

Calcul du CMC – Capabilité du moyen de Mesure

L'incertitude de mesure est calculée à partir :

- de l'erreur de justesse : J,
- de l'erreur de répétabilité : S_e,
- de l'écart type global des différences : Sg.

$$\text{Incertitude de mesure : } I_g = |J| + 2\sqrt{S_e^2 + S_g^2}$$

La capabilité du moyen de contrôle est alors définie comme :

$$CMC = \frac{IT}{2.I_g}$$

Le moyen de contrôle est accepté si CMC est supérieur au CMC du cahier des charges.

En général, on choisit CMC tel que :

$IT \leq 16mm$ ou $Q \leq 5$	$CMC \geq 2$
$IT > 16mm$ ou $Q > 5$	$CMC \geq 4$

6.3. Limite d'agrément de la capabilité du moyen

Pour accepter un moyen de capabilité, on se rapporte au tableau ci-dessous qui donne les limites d'acceptation en fonction de l'IT et de Q, l'indice de qualité des tolérances fondamentales.

IT	> 16μm et Q > 5	≤ 16 μm ou Q ≤ 5
Résolution	≤ IT/20	≤ IT/10
$\pm l_e$	≤± IT/20	≤± IT/10
$\pm l_r$	≤± IT/8	≤± IT/4
$\pm l_{métro}$	≤± IT/16	≤± IT/8
CMC	≥ 4	≥ 2

6.4. Exemple de calcul

Intervalle de tolérance : *10,025 ± 0,02* Moyen de contrôle : *Palpeur inductif – Résolution 1 μm*				
Phase préliminaire – Répétabilité des mesurages de l'étalon sur le moyen				
Mesure N°	1	2	3	4	5
Valeur	*10,025*	*10,025*	*10,026*	*10,026*	*10,025*

$S_e = 0,000548$
Répétabilité des mesurages = $\pm l_e = \pm 2S_e = \pm 0,0011$

≤ IT/20 – la répétabilité est acceptable

Phase préliminaire – Répétabilité des mesurages d'une pièce sur le moyen				
Mesure N°	1	2	3	4	5
Valeur	*10,028*	*10,028*	*10,027*	*10,028*	*10,027*
Mesure N°	6	7	8	9	10
Valeur	*10,027*	*10,028*	*10,029*	*10,028*	*10,028*

$S_r = 0,000632$
Répétabilité des mesurages $= \pm l_r = \pm 2S_r = \pm 0,0013$

$\leq$ *IT/8 – la répétabilité est acceptable*

Mesure de 5 pièces sur le moyen de contrôle					
Mesure N°	Pièce N° 1	Pièce N° 2	Pièce N° 3	Pièce N° 4	Pièce N° 5
Y_{i1}	10,008	10,017	10,028	10,032	10,039
Y_{i2}	10,009	10,018	10,025	10,032	10,039
Y_{i3}	10,009	10,016	10,026	10,031	10,039
Y_{i4}	10,008	10,017	10,026	10,031	10,039
Y_{i5}	10,010	10,017	10,027	10,033	10,040
Mesure de 5 pièces en métrologie					
X_i	10,010	10,018	10,027	10,033	10,040
Différences entre la vraie valeur et le mesurage par le moyen					
$d_{i1}=Y_{i1}-X_i$	-0,002	-0,001	0,001	-0,001	-0,001
$d_{i2}=Y_{i2}-X_i$	-0,001	0,000	-0,002	-0,001	-0,001
$d_{i3}=Y_{i3}-X_i$	-0,001	-0,002	-0,001	-0,002	-0,001
$d_{i4}=Y_{i4}-X_i$	-0,002	-0,001	-0,001	-0,002	-0,001
$d_{i5}=Y_{i5}-X_i$	0,000	-0,001	0,000	0,000	0,000

Moyenne des différences : $J = -0,00096$
Écart type des différences : $Sg = 0,00079$

Calcul du CMC

Incertitude de mesure : $l_g = 0,00096 + 2\sqrt{0,0011^2 + 0,00079^2} = 0,0036$

$$CMC = \frac{IT}{2.lg} = \frac{0,04}{2 \times 0,0036} = 5,55 > 4$$

Moyen déclaré capable

Figure 28 – Exemple de procédure CNOMO

7. Comparaison des différentes méthodes

Nous avons présenté dans ce chapitre, quatre méthodes pour établir une capabilité d'un processus de mesure.

La première (paragraphe 2.2) est rapide, mais ne prend pas en compte l'erreur de justesse. Elle ne dissocie pas également l'erreur de reproductibilité et l'erreur de répétabilité.

La seconde méthode (paragraphe 2.3) est plus complète, elle dissocie le défaut de répétabilité et de reproductibilité.
La méthode par l'analyse de la variance bien qu'un peu plus complexe à mettre en œuvre à la main donne de meilleurs résultats que la méthode des étendues car elle tient compte de l'interaction entre les opérateurs et les pièces.

La dernière méthode prend en compte l'erreur de justesse, le défaut de répétabilité, mais ne prend pas en compte l'erreur de reproductibilité. Ce n'est pas une méthode R&R et elle mélange les aspects « Gestion des moyens de mesure » et « Répétabilité Reproductibilité du moyen en production ».

Le tableau ci-dessous établit une synthèse entre les différentes méthodes.

Méthode	Avantages	Inconvénients
Méthode rapide de Charbonneau	Rapide et facile à mettre en œuvre. Donne un ordre de grandeur de la capabilité souvent suffisant.	Ne prend pas en compte l'erreur de justesse. Ne dissocie pas la répétabilité et la reproductibilité.
R&R complet Méthode des étendues	Dissocie la répétabilité et la reproductibilité. Rapide à mettre en œuvre.	Ne prend pas en compte la justesse réputée être assurée par la gestion des moyens de mesure.
R&R complet Méthode de l'analyse de la variance	Prend en compte l'interaction entre les pièces et les opérateurs. Plus précise que la méthode des étendues.	Nécessite l'utilisation d'un tableur ou d'un logiciel spécialisé.
Méthode CNOMO	Prend en compte la justesse et la répétabilité.	Ne prend pas en compte la reproductibilité. Plus lourde à mettre en œuvre.

8. Capabilité des moyens de contrôle pour le contrôle aux attributs

8.1. La méthode

Dans le cas des contrôles par attribut, il est également souhaitable de définir une capabilité des moyens de contrôle. Le but de cette capabilité est de vérifier la constance et l'uniformité des conclusions de plusieurs opérateurs sur un lot test. Dans ce type de contrôle, on ne définit pas d'indice de capabilité, mais simplement un indicateur d'homogénéité. Etudions le cas sur un exemple.

	Expert	Opérateur 1		Opérateur 2		Répé 1	Répé 2	Répé	entre opérateurs	Opérateurs/Expert	Repro
1	C	C	C	C	C	1	1	1	1	1	1
2	C	C	C	C	C	1	1	1	1	1	1
3	C	NC	C	C	C	0	1	0	1	1	1
4	C	C	C	C	C	1	1	1	1	1	1
5	NC	C	C	C	C	1	1	1	1	0	0
6	C	C	C	C	C	1	1	1	1	1	1
7	NC	NC	NC	NC	NC	1	1	1	1	1	1
8	C	C	C	C	C	1	1	1	1	1	1
9	C	C	C	C	C	1	1	1	1	1	1
10	C	C	C	C	C	1	1	1	1	1	1
11	NC	NC	NC	C	C	1	1	1	0	1	0
12	C	C	C	C	C	1	1	1	1	1	1
13	C	C	NC	C	C	0	1	0	1	1	1
14	C	C	C	C	C	1	1	1	1	1	1
15	C	C	C	C	C	1	1	1	1	1	1
16	C	NC	NC	NC	NC	1	1	1	1	0	0
17	C	C	C	C	C	1	1	1	1	1	1
18	C	C	C	C	C	1	1	1	1	1	1
19	C	C	C	C	C	1	1	1	1	1	1
20	C	C	C	C	C	1	1	1	1	1	1
						18	20	18	19	18	17

Figure 29 – Capabilité dans le cas d'un contrôle par attribut

Une entreprise de fabrique de skis souhaite mettre en place un contrôle final visuel. Afin de contrôler la capabilité du moyen de contrôle, on retient 20 skis comportant un certain nombre de non-conformités déterminés par un expert. Dans certains cas, l'expert est le client des produits, dans d'autres cas, on ne donne pas de valeurs d'expert. Le nombre de 20 est un minimum pour la réalisation de ce test, 40 est préférable. Le lot retenu sera représentatif de la qualité des lots à examiner en production. Il doit comporter des conformes et des non conformes. En cas de non connaissance de la qualité de la production, on pourra constituer un échantillon type de façon à avoir :

- 80 % de conformes ;
- 20 % de non conformes ;

La Figure 27 donne un exemple d'étude de capabilité. Le résultat de l'évaluation est noté *C* pour Conforme, *NC* pour Non Conforme.

Le test consiste à faire évaluer chaque ski par deux opérateurs (au moins) et chaque opérateur doit évaluer deux fois (à des périodes différentes) le même lot. Le principe du test est donc le même que dans le cas d'un R&R aux mesures. Chaque case grisée indique un problème d'homogénéité dans le contrôle.

Interprétation

- La répétabilité est bonne si le même opérateur évalue toujours le produit de la même manière. Dans l'exemple précédent, le ski n° 3 a été évalué de façon différente par l'opérateur 1 lors des deux contrôles. Dans la colonne « Répé », on note 1 si la ligne ne comporte pas de problème de répétabilité et 0 dans le cas contraire.

- La reproductibilité est bonne si les deux opérateurs évaluent toujours le produit de la même manière. Dans l'exemple précédent, le ski n° 11 a été évalué de façon différente par les deux contrôleurs. Dans la colonne « Repro », on note 1 si la ligne ne comporte pas de problème de reproductibilité et 0 si elle en comporte.

- Dans la colonne **« entre opérateurs »** on ne tient pas compte de l'évaluation de l'expert. La reproductibilité n'est évaluée que s'il n'y a pas de problème de répétabilité

- Dans la colonne **« Opérateurs/expert »** on inclut les problèmes de reproductibilité entre les opérateurs et l'expert. Ainsi le ski n° 5 note une contradiction entre le jugement unanime des opérateurs et le jugement de l'expert

Le tableau Figure 30 indique le score des opérateurs. Bien que 100 % soit le score idéal, nous avons fixé le score minimum à 90 % qui n'est déjà pas facile à atteindre. Ce tableau permet d'identifier avec précision les travaux qu'il convient de faire pour améliorer la situation notamment en fonction du sens plus ou moins sévère qui domine.

	Opérateur 1	Opérateur 2
Total inspecté	20	20
Problèmes répétabilité	2	0
Problèmes vs expert	2	3
➜ Plus sévère	1	1
➜ Moins sévère	1	2
Total Problèmes	4	3
95 % LIC	56,3 %	62,1 %
Score %	16/20 = 80 %	17/20 = 85 %
95 % LSC	94,3 %	96,8 %
Conclusion	**< 90 % insatisfaisant**	**< 90 % insatisfaisant**

Figure 30 – Score des opérateurs

	Entre opérateurs	Avec l'expert
Total inspecté TI	20	20
Problèmes répétabilité	2	2
Problèmes reproductibilité	1	3
Total problèmes TP	3	5
95 % LIC	62,11 %	50,9 %
Score s %	17/20 = 85 %	15/20 = 75 %
95 % LSC	96,79 %	91,34 %
Conclusion	**< 80 % insatisfaisant**	**< 80 % insatisfaisant**

Figure 31 – Score global

Les limites à 95 % étant calculées par approximation à partir de la loi beta.

$$95\%LSC = Beta.inverse\left(\frac{1+0.95}{2};TI-TP+1;TP\right)$$

$$95\%LIC = 1- Beta.inverse\left(\frac{1+0.95}{2};TP+1;TI-TP\right)$$

Le tableau Figure 31 permet de calculer le score global. Nous avons fixé à *80* % le niveau minimal à atteindre pour valider la mesure. Cette limite de *20* % est fixée par analogie avec le *Cpc* dans le cas des mesures. Dans le cas d'une répartition uniforme dans les tolérances et d'un *Cpc* de *5* la zone d'incertitude correspond à *20* % de la tolérance (Figure 32).

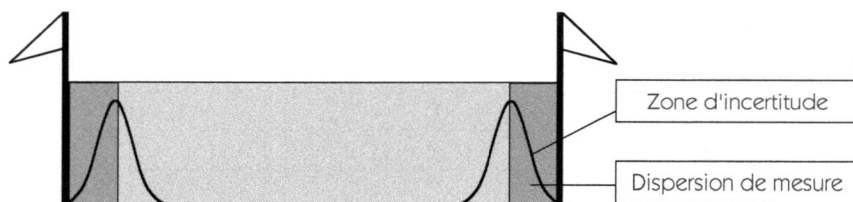

Figure 32 – Zone d'incertitude dans le cas des mesures

Décision	Situation	Situation
Capabilité excellente	Score = 100 %	Score = 100 %
Capabilité bonne	Score > 90 %	Score > 90 %
Capabilité acceptable Chercher à améliorer la performance du contrôle	Score > 80 %	Score > 80 %
Capabilité inacceptable	Score < 80 %	Score < 80 %

Figure 33 – Tableau d'acceptation

Les limites supérieures et inférieures sont calculées par l'intervalle de confiance à *95* %. Lorsque ces limites montrent une grande incertitude dans les résultats, il est préférable d'augmenter la taille de l'échantillon afin de confirmer ou d'infirmer les conclusions du test R&R.

8.2. Que faire en cas de mauvais score ?

Comme dans le cas d'un R&R aux mesures, les décisions à prendre dépendent de l'origine du mauvais score.

Lorsque l'on a une mauvaise répétabilité d'un opérateur

Ce cas est sans doute expliqué par un sens mal adapté de l'opérateur (mauvaise vue par exemple). On peut améliorer l'environnement de travail pour faciliter l'évaluation, mais il faut surtout inciter l'opérateur à se faire corriger le défaut de vue par exemple.

Lorsque l'on a une mauvaise répétabilité de tous les opérateurs

Cela provient soit de l'environnement de la tâche (éclairage insuffisant, couleur de la table mal adaptée...) soit d'une mauvaise définition des défauts. Dans ce cas la réalisation d'une palette de défauts de référence peut grandement améliorer le score.

Lorsque l'on a une mauvaise reproductibilité entre les opérateurs

C'est principalement un problème de formation. Là aussi, la réalisation d'aides au diagnostic (palette de référence, photos, descriptif précis du défaut et des conditions d'examen du défaut) peuvent améliorer grandement le score.

Chapitre 4

Les études de capabilité (d'aptitude)

Dans le chapitre 2, nous avons présenté les concepts de base de la notion de capabilité. Ce chapitre nous permettra d'approfondir ces notions et d'aborder l'aspect calcul de ces capabilités dans les différentes situations. Nous aborderons également les différentes normes en vigueur en précisant bien les différences entre celles-ci.

Mais auparavant, nous devons définir le vocabulaire que nous emploierons. La norme française a normalisé le terme « Aptitude » pour traduire le terme anglais « *Capability* ». Nous avons remarqué cependant que le terme « capabilité » semblait être bien passé dans les entreprises même s'il ne figure pas au « Petit Robert ». Il est même – nous semble t-il – mieux perçu par les opérateurs que le terme « aptitude ». Nous avons donc choisi de préférer le terme « capabilité » en espérant son entrée prochaine dans le fameux ouvrage de référence !

1. Les différentes normes de capabilité

Un des problèmes auxquels se confrontent les industriels est la multiplicité des normes de calcul des capabilités. Bien que les calculs soient toujours les mêmes, chaque constructeur, chaque norme a cherché à recréer sa propre notation. Cela n'a pas simplifié la diffusion de cet extraordinaire outil qu'est l'analyse des capabilités, surtout que parfois plusieurs normes ont les mêmes symboles pour des significations différentes. Le tableau (figure 1) fait le point sur les différents indicateurs de capabilité couramment rencontrés. Heureusement on assiste enfin à une convergence des points de vue avec notamment l'abandon des normes de capabilité CNOMO en Juin 2004.

		Norme	**Court Terme**	**Long Terme**
Capabilité intrinsèque $$\frac{Tolérance}{6\sigma}$$		Norme Française	Cam (ou Cm)	Cap (ou Cp)
		QS9000/ASQ	Cp	Pp
Vraie capabilité « Centrage » $$min(\frac{TS-\overline{X}}{3\sigma}, \frac{\overline{X}-TI}{3\sigma})$$		Norme Française	Cmk	Cpk
		QS9000/ASQ	Cpk	Ppk
Vraie capabilité « Perte » $$\frac{Tolérance}{6\sqrt{\sigma^2+(\overline{x}-cible)^2}}$$		Norme Française	n'existe pas	n'existe pas
		QS9000/ASQ	Cpm	Ppm (pas défini)

Figure 1 – Récapitulatif des principales normes

Les principales normes actuellement rencontrées sont principalement :

- La norme NFX 06030:92 (Guide pour la mise en place de la maîtrise statistique des processus) qui ne parle pas de capabilité mais d'aptitude et NF X06-033 Octobre 1995 Aptitude des moyens de production et des processus de fabrication – Généralités. Les normes NF X06-034:2000 (Aptitude des processus de production – Application lors de la réception de nouveaux processus de production ou du démarrage d'une nouvelle production) et NF E60-181 : 2001 (Moyens de production – Conditions de réception – Méthode d'évaluation de l'aptitude à réaliser des pièces)

- Les normes CNOMO[1] E41.32.110.N, E41.32.110.R, E41.32.112.R qui ont été conçues par les constructeurs automobiles français en 1990. Depuis 2004, ces normes n'existent plus, elles sont remplacées par les normes NF E 60-181 ou NF x 06-034.

- La norme QS9000 qui s'appuie sur le document *Statistical Process Control (SPC) – First edition, 1992 (second printing March 1995 ; nouvelle couverture)* des constructeurs automobiles Ford, Chrisler et General Motors. Ce document a servi de base aux recommandations de l'ASQ (American Society for Quality) et s'impose désormais dans la plupart des publications internationales traitant des capabilités. Elle est désormais remplacée par la norme ISO/TS16949

- L'ISO/TS16949 : 2002 qui regroupe désormais les spécifications des normes américaines (QS-9000), allemandes (VDA6.1), françaises (EAQF) et italiennes (AVSQ). Cette norme ne précise pas quels indices de capabilité il faut utiliser, mais demande un management des capabilités de processus.

- Le référentiel de calcul pour la démarche *Six Sigma* fondé également sur le document « *Statistical Process Control* » mais dont rien n'est normalisé.

1.1. L'importance de la référence *QS9000*

Le constructeur automobile Ford a sans doute été, et reste encore, un des leaders dans la promotion de la MSP. L'ouvrage interne « *Statistical Process Control* » du début des années 1980 a été un des premiers ouvrages de synthèse à vocation didactique et industrielle sur la *MSP*. Les méthodes de calculs préconisées par Ford ont longtemps été une référence mondiale en matière de calcul de capabilité.

En 1992, Ford, Chrysler et General Motors uniformisaient les méthodes de calculs de capabilité au sein du référentiel qualité QS9000. Ce nouveau référentiel introduisait alors des changements assez importants dans les intitulés des indicateurs de capabilité par rapport aux anciennes références Ford. Depuis la plupart des entreprises mondiales se sont alignées sur ces définitions. De même l'ASQ a préconisé l'utilisation de ces indicateurs.

---

1. http://www.cnomo.com

Aujourd'hui la tendance générale, au travers des logiciels sur le marché et des nouveaux standard qualité tels que la « méthode six sigma », est de converger vers cette normalisation de fait.

La norme Française reste encore sur les notations qui avaient été proposées par Ford avant 1992. On notera par exemple que le Cp qui est l'indicateur de capabilité long terme dans la norme française devient l'indicateur de capabilité court terme dans la norme $QS9000$. Actuellement la notation Cm, Cmk également présente dans la norme Française disparaît progressivement. Cette appellation *Capabilité machine* pour traduire la capabilité court terme induit en effet souvent en erreur les responsables de production. Ce n'est pas parce qu'une capabilité court terme n'est pas suffisante qu'il faut changer de moyen de production. Il suffit peut être simplement de modifier les paramètres du processus.

C'est pourquoi nous préconisons l'utilisation des indicateurs Cp, Cpk pour le court terme et Pp, Ppk pour le long terme conformément aux recommandations de l'*ASQ*.

1.2. Les indicateurs de capabilité QS9000

Dans cette référence, on dissocie deux types de capabilité.
- La capabilité **court terme** (capabilité procédé) avec les indicateurs **Cp** et **Cpk**, **Cpm**.
- La capabilité **long terme** (performance du procédé) avec les indicateurs **Pp** et **Ppk**.

Bien sûr, les indicateurs les plus importants sont les indicateurs Pp et Ppk car ils reflètent la qualité des pièces livrées chez le client. Nous avons vu au chapitre 2 qu'il était possible d'avoir une bonne capabilité court terme, tout en ayant une mauvaise capabilité long terme si le procédé n'est pas stabilisé.

De manière plus symbolique (il est pourtant sans doute plus important !), on parle dans la norme de l'indicateur de capabilité lié à la perte pour la société et qui est dénommé **Cpm**. Cet indicateur peut être calculé sur une dispersion court terme et long terme, on parlera donc de **Cpm** (court terme – capabilité) et de **Ppm** (long terme – performance).

Nota – la notation Ppm n'apparaît pas dans les documents QS9000

Le tableau figure 2 résume les différents indicateurs et leur intérêt.

	Intérêt	**Symboles**
Capabilité long terme **P**erformance du **p**rocédé	Traduit la qualité des pièces livrées au client	*Pp* *Ppk* *Ppm*
Performance **p**réliminaire du **p**rocédé démarrage de série ou réception de machine	Traduit la capabilité attendue du moyen de production dans les conditions de la gamme pendant un temps suffisamment long pour prouver la stabilité du procédé	*PPp* *PPpk* *PPpm*
Capabilité court terme **C**apabilité du **p**rocédé	Traduit la capabilité intrinsèque du moyen de production dans les conditions de la gamme	*Cp* *Cpk* *Cpm*

Figure 2 – Les différents indicateurs

2. Le calcul des capabilités

2.1. Capabilité court terme et long terme

Nous avons vu au chapitre 2, que la capabilité d'un moyen de production est la mesure établissant le rapport entre sa performance réelle et la performance demandée. Rappelons les principaux résultats que nous avons trouvés au chapitre 2. La performance réelle est révélée par la dispersion obtenue sur la production, la performance demandée est précisée par l'intervalle de tolérance. On exprime donc la capabilité par le rapport entre ces deux éléments, ce qui donne :

$$Capabilité = \frac{Intervalle \; de \; tolérance}{Dispersion}$$

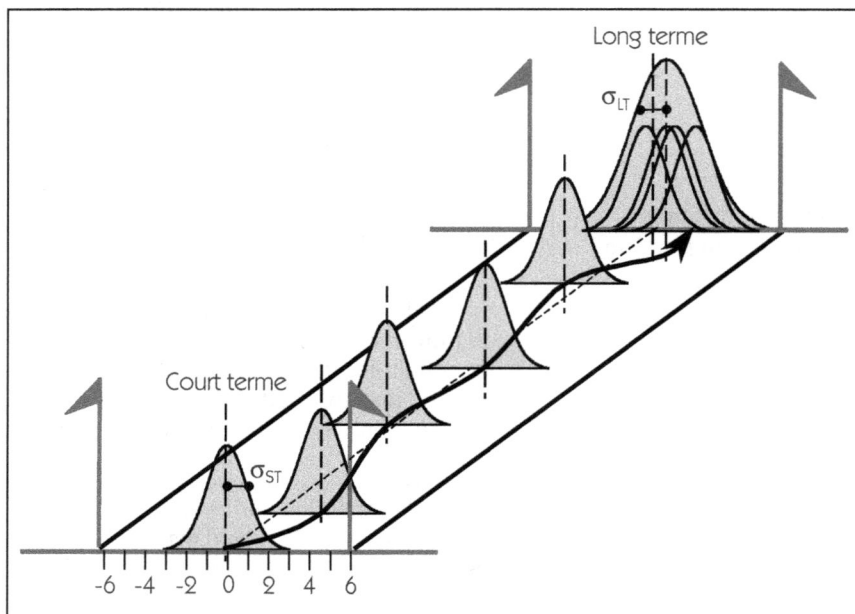

Figure 3 – Évolution d'un processus au court du temps

En fait, lorsque l'on parle de dispersion, il convient de dissocier deux dispersions : la dispersion court terme, et la dispersion long terme. Dans une première approche, on peut dire que la dispersion long terme intéresse le client et la dispersion court terme intéresse le service industrialisation.

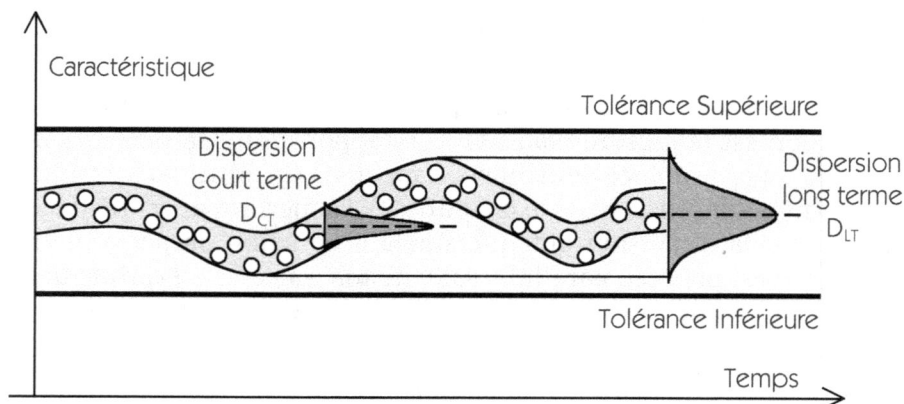

Figure 4 – Film de la production

Lorsqu'on observe le film d'une production, c'est-à-dire l'observation de toutes les pièces produites par le moyen de production sur une semaine par exemple, on obtient un graphique du type de la figure 4.

- **La dispersion court terme** (instantanée), est celle observée sur le procédé pendant un très court instant. On la notera D_{CT} (Court terme). Elle traduit la variabilité intrinsèque du processus. C'est la dispersion du processus en absence de dérive de la position moyenne. Cette dispersion provient de l'ensemble des *5M* du processus, mais plus particulièrement du moyen de production.

- **La dispersion long terme** (globale), est celle observée sur le procédé pendant un temps suffisant pour que les *5M* du procédé (Machine, Main d'œuvre, Milieu, Matière, Méthodes) aient eu une influence. On la notera D_{LT} (Dispersion long terme). Comme la dispersion court terme, cette dispersion provient de l'ensemble des *5M*. La dispersion long terme est la somme de la dispersion court terme et des variations de la position moyenne du processus.

Il est évident que les dispersions D_{LT} et D_{CT} sont telles que D_{LT} est supérieure à D_{CT}. L'indicateur de capabilité défini précédemment dépendra donc du type de dispersion retenue D_{CT} ou D_{LT}. On distingue deux indicateurs de capabilité :

$$Cp : Capabilité\ court\ terme = \frac{I.T.}{D_{CT}} \qquad Pp : Capabilité\ long\ terme = \frac{I.T.}{D_{LT}}$$

avec *I.T.* : Intervalle de Tolérance

La dispersion est généralement définie comme étant égale à 6 écarts types. On aura donc les relations suivantes :

$$Cp = \frac{I.T.}{6\sigma_{CT}} \qquad Pp = \frac{I.T.}{6\sigma_{LT}}$$

Avec

σ_{CT} : écart type court terme

σ_{LT} : écart type long terme

2.2. Les indicateurs liés au décentrage

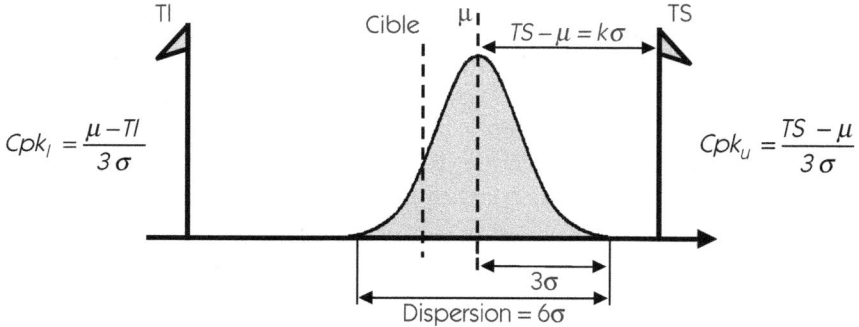

Figure 5 – Les indicateurs *Cpk* et *Cpm*

Les indicateurs de capabilité que nous venons de définir ne sont que des **capabilités potentielles**. Ils ne tiennent pas compte du décentrage. Afin de prendre en compte ces décentrages, deux indicateurs peuvent être calculés en fonction de l'objectif choisi :

- rendre compte du pourcentage hors tolérance ;
- rendre compte de la perte au sens de Taguchi générée par la production.

Pour cela, on calcule deux ratios que nous appellerons *Cpk* et *Cpm*.

$$Cpk = \frac{distance\ mini\ (moyenne\ à\ tolérance)}{3\sigma} = \frac{k\sigma}{3\sigma}$$

$$Cpm = \frac{Tolérance}{6\sqrt{\sigma^2 + (\overline{X} - cible)^2}}$$

Note

Le terme Cpk vient du fait que dans les premières publications sur le Cpk on représentait la distance de la moyenne à la tolérance par k.s d'où le terme Cpk (Capabilité de Processus du côté du k mini).

Comme dans le cas de la capabilité potentielle, ces deux ratios peuvent être calculés sur le court terme ou sur le long terme. Les formules ne changent pas, seul change le type d'échantillon à l'origine du calcul de sigma et de la moyenne. Les mêmes formules permettent donc de calculer *Pp*, *Ppk* et *Ppm* à condition que le sigma soit représentatif d'une dispersion long terme.

2.3. Calcul des capabilités sur un lot

Prenons par exemple une machine qui produirait 50 pièces par minute. En mesurant un lot de 50 pièces réalisées consécutivement, il est clair qu'en une minute, la dispersion mesurée est une dispersion court terme.

Mais sur la même machine, on réalise un prélèvement aléatoire d'un lot de 50 pièces, représentatif de la production d'une semaine, alors la dispersion mesurée sera une dispersion long terme.

2.3.1. Calcul des indicateurs de performance long terme

Un cas classique d'application de ce calcul est le contrôle réception. On veut par exemple calculer sur un lot en réception la capabilité d'un fournisseur sur une caractéristique. Dans ce cas, il est souvent difficile de mettre en place une carte de contrôle chez le fournisseur, on préférera utiliser le calcul sur un lot.

Prélèvement d'un échantillon représentatif

L'échantillon que l'on prélève doit être représentatif de la production. Il ne faut donc pas prendre des pièces consécutives, mais au hasard dans le lot. Il faut au moins cinquante mesures pour que le calcul des capabilités ait un niveau de confiance suffisant.

Calcul de la dispersion long terme D_{LT}

Après avoir mesuré les pièces de l'échantillon, on représente les mesures sous forme d'histogramme.

Il nous reste à estimer σ_{LT}, l'écart type de la dispersion long terme.

Après vérification de la normalité, on peut estimer la dispersion long terme à partir de l'échantillon. L'écart type σ_{LT} sera donc égal à l'estimateur (*S*) calculé à partir de l'échantillon formé par les pièces prélevées (voir annexe statistique).

$$S = \sigma_{n-1} = \sqrt{\frac{\sum (X_i - \overline{X})^2}{N-1}} \ \text{ avec N = Nombre de valeurs}$$

Précautions à prendre pour les calculs

Pour calculer l'écart type σ_{LT}, on vérifiera que les mesures sont correctes, c'est-à-dire :

- que la population de l'échantillon est normale (test du χ^2 par exemple) ;
- qu'il n'y a pas de point aberrant (pas de point à l'extérieur de 8 écarts types ou après un test de Grubb par exemple).

Dans le cas où on trouve des points aberrants, les calculs deviennent fantaisistes. Ces points doivent être éliminés de l'étude après avoir identifié l'origine de cette valeur.

Dans le cas où la loi n'est pas normale, il est absolument nécessaire de déterminer l'origine de cet écart par rapport à la normalité. Certaines normes interdisent alors de calculer un indicateur de capabilité dans ces conditions.

Nous pensons au contraire qu'il est toujours possible de faire ce calcul. Par contre, la dispersion ne représentera plus dans ce cas 99,73 % de la population. Nous reviendrons sur ce point.

Calcul des indicateurs de capabilité long terme

On calcule les indicateurs par les formules :

$$Pp = \frac{Tolérance}{6\sigma_{LT}} \qquad Ppk = min(\frac{TS - \overline{X}}{3\sigma_{LT}} ; \frac{\overline{X} - TI}{3\sigma_{LT}})$$

$$Ppm = \frac{Tolérance}{6\sqrt{\sigma_{LT}^2 + (\overline{X} - cible)^2}}$$

2.3.2. Exemple de calcul

Un donneur d'ordre souhaite connaître la performance d'une caractéristique dimensionnelle de son sous-traitant. La caractéristique a comme limites de tolérance *10 ± 0,05*.

Un prélèvement de *50* pièces est effectué sur l'ensemble de la production d'une semaine qui vient de lui être livrée. La distribution observée suit une courbe de Gauss.

10.004	10.000	10.007	10.020	10.015	10.022	9.982	10.036	9.983	10.001
10.010	10.010	10.006	9.998	10.021	10.016	10.018	9.970	10.014	10.017
9.981	10.026	10.015	10.013	10.007	9.980	9.990	10.021	10.013	10.020
9.990	10.009	10.022	10.020	10.020	10.007	10.03	10.014	10.013	10.032
9.992	10.003	10.006	10.015	10.001	10.039	9.999	10.025	9.999	9.993

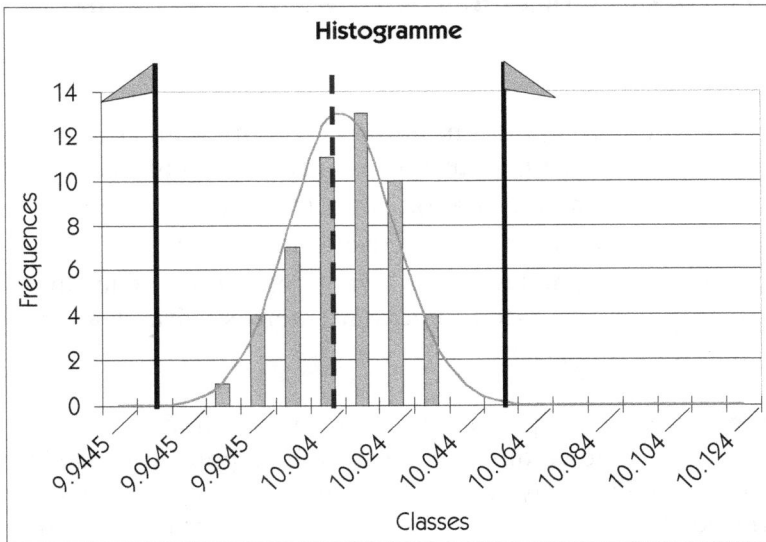

Figure 6 – Histogramme des données

A partir de cet échantillon, on calcule :

- la moyenne de l'échantillon $\overline{X}$: = 10,009

- l'écart type de l'échantillon $\sigma_{n-1} = S = 0,015$

On estime alors les caractéristiques de l'ensemble de la production par :

- moyenne de la production $\mu = \overline{X}$
- dispersion long terme $Dlt = 6 \times \sigma_{LT} = 6 \times S$

Le calcul des indicateurs de performance Pp et Ppk devient :

$$Pp = \frac{IT}{6x\sigma_{LT}} = \frac{0,1}{6x0,015} = 1,11$$

$$Ppk = \frac{TS - \overline{X}}{3x\sigma_{LT}} = \frac{10,05 - 10,009}{3x0,015} = 0,91$$

$$Ppm = \frac{IT}{6\sqrt{\sigma_{LT}^2 + (\overline{X} - cible)^2}} = \frac{0,1}{6\sqrt{0,015^2 + (10,009 - 10,000)^2}} = 0,95$$

2.3.3. Calcul des indicateurs de capabilité court terme

Principe de calcul

Si l'on se réfère à la figure 3 montrant l'évolution au cours du temps d'une caractéristique, on note que la dispersion long terme D_{LT} est toujours supérieure à la dispersion court terme D_{CT}. La dispersion D_{CT} apparaît comme un minorant de la dispersion D_{LT}. Si nous définissons un indicateur de capabilité court terme comme étant le rapport IT/D_{CT}, cet indicateur sera donc nécessairement supérieur à l'indice de capabilité long terme IT/D_{LT}.

Ainsi l'indicateur de capabilité court terme apparaît comme étant la limite supérieure de ce que l'on peut obtenir pour la capabilité long terme. La capabilité long terme Pp ne peut être égale à la capabilité court terme Cp que si l'on est capable de maîtriser complètement les instabilités occasionnés par les 5 M.

La capabilité court terme est l'indicateur de performance précisant ce que le procédé est capable de faire pendant un temps très court, c'est-à-dire lorsque les variations de consigne dues au milieu (température, vibrations..), à la main d'œuvre, à la matière (changement de lots..) et aux méthodes sont minimisées ou mieux éliminées. L'estimation de la dispersion court terme devra être effectuée à partir d'un échantillon lui-même fabriqué pendant un temps très court.

S'il est facile sur un processus à cadence élevée (exemple : 1 produit par seconde) de produire ce type d'échantillon (il suffit d'une minute), ce n'est pas le cas des processus à cadence plus faible. Prenons comme exemple un processus dont la cadence de production est d'un produit toutes les 5 minutes. Un échantillon représentatif comportant 30 produits consécutifs représenterait près de trois heures de production. Il est difficile de dire que la dispersion observée pendant ces trois heures est une dispersion « court terme ».

Nous dissocierons donc deux cas pour le calcul de la dispersion court terme :

- le cas des productions rapides,
- le cas des productions lentes.

Cas des productions rapides

Ce cas est très simple, il suffit de prélever un échantillon représentatif de la dispersion court terme c'est-à-dire au moins 30 pièces et mieux 50 pièces consécutives et sans réglage. On vérifie ensuite la normalité de la population, pour vérifier l'absence de causes spéciales.

En cas de non-normalité, on cherchera les causes de cette distribution singulière. Normalement un prélèvement dans un temps très court se fait en l'absence de cause spéciale, la distribution doit donc suivre une loi normale. En cas de non-normalité avéré, plusieurs solutions peuvent être apportées, nous reviendrons sur ce point en détail au chapitre 9.

En cas de normalité, comme pour le cas du calcul de la dispersion long terme D_{LT}, nous pouvons calculer la dispersion D_{CT} à partir de l'écart type court terme de l'échantillon :

$$D_{CT} = 6 \times \sigma_{CT}$$

On utilisera pour σ_{CT} l'estimateur de l'écart type, c'est-à-dire $\sigma_{n-1} = S$.

Le calcul des indicateurs de capabilité court terme se calcule par les formules classiques :

$$Cp = \frac{Tolérance}{6\sigma_{CT}} \qquad Cpk = min(\frac{TS - \overline{X}}{3\sigma_{CT}} ; \frac{\overline{X} - TI}{3\sigma_{CT}})$$

$$Cpm = \frac{Tolérance}{6\sqrt{\sigma_{CT}^2 + (\overline{X} - cible)^2}}$$

Règles à respecter pour le calcul des capabilités

Une étude de capabilité doit s'effectuer sur un processus stabilisé. Les règles de bases sont les suivantes :

- la machine est en état de fonctionnement ;
- la gamme de fabrication est figée ;
- le matériau doit être homogène et conforme à la définition ;
- la cadence de la production doit être la cadence série ;
- les outils employés seront ceux retenus pour la fabrication ;
- le fonctionnement de la machine doit être stabilisé.

Le plus simple pour respecter l'ensemble de ces règles est de prélever un lot en cours de journée, lorsque le processus est stabilisé.

Cas des productions lentes

Dans le cas d'une production lente (par exemple plus de *1* minute de production par pièce), il n'est souvent pas possible de prélever 50 pièces consécutives sans observer des variations de consigne sur le procédé. La procédure retenue dans le cas des productions rapides ne peut pas s'appliquer, il faut donc trouver une procédure qui élimine les fluctuations de la consigne.

Dans ce cas, les échantillons devront être plus petits pour limiter l'influence du temps – 2 pièces par exemple – ce qui correspond à 4 minutes de production dans le cas d'un cycle de 2 minutes.

Bien sûr, on ne peut pas estimer la dispersion court terme sur 2 pièces, il faudra donc prendre plusieurs échantillons pour avoir un nombre de mesures significatif – une centaine au moins – ce qui correspond à 50 échantillons au moins. La dispersion court terme sera alors estimée à partir de la moyenne des dispersions observées à l'intérieur des échantillons.

Une méthode très pratique consiste à calculer σ_{CT} à partir de la moyenne des étendues glissante sur deux valeurs consécutives en utilisant la relation :

$$\sigma_{CT} = \overline{R}/d_2$$

Avec

- $\overline{R}$: La moyenne des étendues glissantes
- d_2 : un coefficient qui dépend de la taille des échantillons ($d_2 = 1.128$ pour des étendues calculées sur 2 valeurs)

Le lecteur pourra se reporter utilement au chapitre 9, consacré aux petites séries, pour plus de détails sur ce point.

La méthode utilisée est alors la même que pour calculer la capabilité court terme dans le cas des cartes de contrôle. Nous invitons donc le lecteur à se reporter au paragraphe 2.4 pour le détail des calculs.

Notons que lorsque le cycle de production est particulièrement long, 15 minutes par exemple, le calcul de la capabilité court terme n'a plus vraiment de signification. On peut cependant réaliser des pièces spéciales avec un temps de cycle plus court, mais ce procédé reste souvent coûteux par rapport aux informations qu'il apporte. Nous préférons – de loin – les calculs de capabilité court terme effectués directement à partir des informations recueillies en autocontrôle par rapport aux procédures qui consistent à faire des essais spéciaux pour évaluer les capabilités court terme. Outre le fait que ces essais sont coûteux, ils nécessitent un suivi difficile à maintenir au fil des ans. Nous invitons donc le lecteur à appliquer de préférence les calculs de capabilité à partir des cartes de contrôle.

2.4. Calcul des capabilités à partir d'une carte de contrôle

Le calcul des indicateurs de capabilité se réalise très facilement à partir des données d'une carte de contrôle. C'est d'ailleurs la meilleure façon de calculer ces indicateurs. En effet, les données d'une carte de contrôle contiennent à la fois la dispersion court terme et la dispersion long terme. Il sera donc possible de calculer les trois indicateurs long terme (*Pp, Ppk, Ppm*) et les trois indicateurs court terme (*Cp, Cpk, Cpm*).

La dispersion court terme : elle représente la dispersion intrinsèque du processus de production. C'est la dispersion qui restera lorsqu'on sera capable d'éliminer toutes les causes spéciales sur le procédé afin d'assurer sa stabilité.

Dans une carte de contrôle, la dispersion des mesures dans un échantillon représente bien cette dispersion. On utilisera donc la moyenne des étendues de la carte de contrôle pour calculer cette dispersion

La dispersion long terme : elle doit traduire la qualité des pièces qui sont livrées au client. Dans une carte de contrôle, les prélèvements sont réguliers tout au long de la production. Ainsi, l'échantillon construit à partir de l'ensemble des valeurs individuelles de la carte est bien représentatif de l'ensemble de la production. On utilisera donc ces valeurs pour calculer la dispersion long terme.

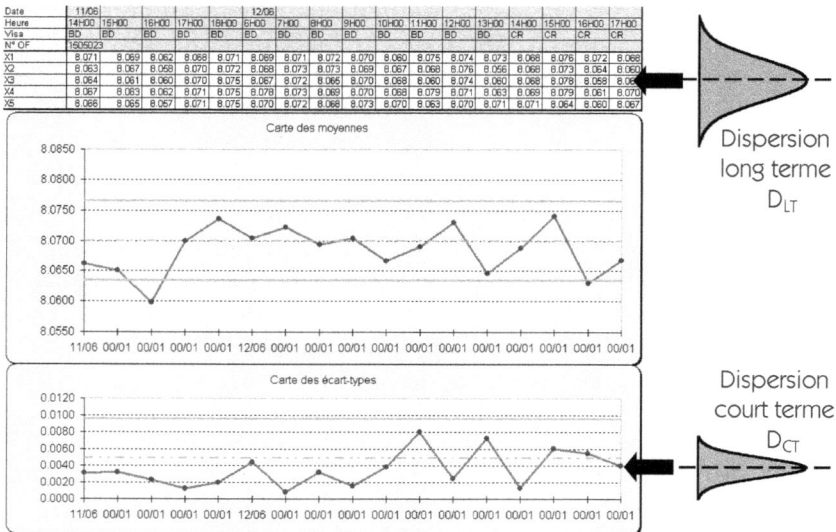

Figure 7 – Dispersion long terme et court terme sur une carte X/R

2.4.1. Calcul des indicateurs de capabilité *Cp, Cpk, Cpm*

Estimation de l'écart type court terme

Dans le cas de petits échantillons (*k* échantillons de *n* pièces), l'écart type court terme peut être estimé à partir de la moyenne des estimateurs $S(\sigma_{n-1})$ de chacun des échantillons en appliquant la formule :

$$\sigma_{CT} = \frac{\overline{S}}{c_4} \text{ avec } \overline{S} \text{ moyenne des } S \text{ sur chaque échantillon.}$$

Cet écart type court terme peut également être calculé à partir des cartes de contrôle Moyenne/Etendue en utilisant le coefficient d_2 de la loi de l'étendue réduite. Ce coefficient permet de passer de la moyenne des étendues observées, à l'écart type instantané σ_{CT} par la formule :

$$\sigma_{CT} = \frac{\overline{R}}{d_2} \text{ avec moyenne } \overline{R} \text{ des étendues sur chaque échantillon.}$$

Les coefficients d_2 et c_4 sont fonction de la taille des échantillons (*n*), leurs valeurs sont données en annexe.

On peut encore de façon plus exacte calculer cet écart type en passant par le calcul des variances et on aurait :

$$\sigma_{CT} = \sqrt{\frac{\sum S_i^2}{k}} \text{ avec } k \text{ le nombre d'échantillon}$$

Dans le cas des cartes de contrôle ne comportant pas le même nombre de pièces dans chaque échantillon (cas des petites séries), on peut également calculer cet écart type court terme en calculant la moyenne pondérée des variances.

$$\sigma_{CT} = \sqrt{\frac{\sum v_i S_i^2}{\sum v_i}} \text{ avec } v_i \text{ le nombre de degrés de liberté de l'échantillon } i$$

Appliquer la maîtrise statistique des processus (MSP/SPC)

Calcul des indicateurs de capabilité

Connaissant l'écart type court terme, il est facile de calculer les différents indicateurs.

$$Cp = \frac{Tol\acute{e}rance}{6\sigma_{CT}} \qquad Cpk = min(\frac{TS - \overline{X}}{3\sigma_{CT}}; \frac{\overline{X} - TI}{3\sigma_{CT}})$$

$$Cpm = \frac{Tol\acute{e}rance}{6\sqrt{\sigma_{CT}^2 + (\overline{X} - cible)^2}}$$

2.4.2. Calcul des indicateurs de performance *Pp, Ppk, Ppm*

Estimation de l'écart type long terme

L'ensemble des valeurs relevées dans la carte est représentatif de la production qui a été réalisée pendant un temps relativement long (la durée de remplissage de la carte). En effet, le principe même de remplissage de la carte est de prélever, de façon régulière, un petit échantillon de pièces.

L'écart type long terme est donc égal à l'écart type de l'échantillon formé par l'ensemble des mesures individuelles de la carte de contrôle.

$$\sigma_{LT} = \sqrt{\frac{\sum (x_i - \overline{X})^2}{n - 1}}$$

Calcul des indicateurs de performance

$$Pp = \frac{Tol\acute{e}rance}{6\sigma_{LT}} \qquad Ppk = min(\frac{TS - \overline{X}}{3\sigma_{LT}}; \frac{\overline{X} - TI}{3\sigma_{LT}})$$

$$Ppm = \frac{Tol\acute{e}rance}{6\sqrt{\sigma_{LT}^2 + (\overline{X} - cible)^2}}$$

2.4.3. Application sur un exemple

Cahier des charges : Cote 10 ± 0,07. Les cotes relevées sur la carte sont des écarts en centièmes par rapport à la cote nominale.

Les relevés ont lieu toutes les heures. Le tableau des résultats de la carte de contrôle est donné en figure 8.

	1	2	3	4	5	6	7	8	9	10
1	-2	-4	-1	0	4	0	3	0	1	-1
2	0	-3	0	-2	1	-2	0	1	-1	2
3	-1	0	-3	-1	0	0	-1	-1	3	1
4	1	1	-2	2	2	0	1	0	4	0
5	-1	-1	-3	0	0	3	3	2	1	0
Total	-3	-7	-9	-1	7	1	6	2	8	2
Moyenne	-0,6	-1,4	-1,8	-0,2	1,4	0,2	1,2	0,4	1,6	0,4
Étendue	3	5	3	4	4	5	4	3	5	3
Écart type	1,14	2,07	1,30	1,48	1,67	1,79	1,79	1,14	1,95	1,14

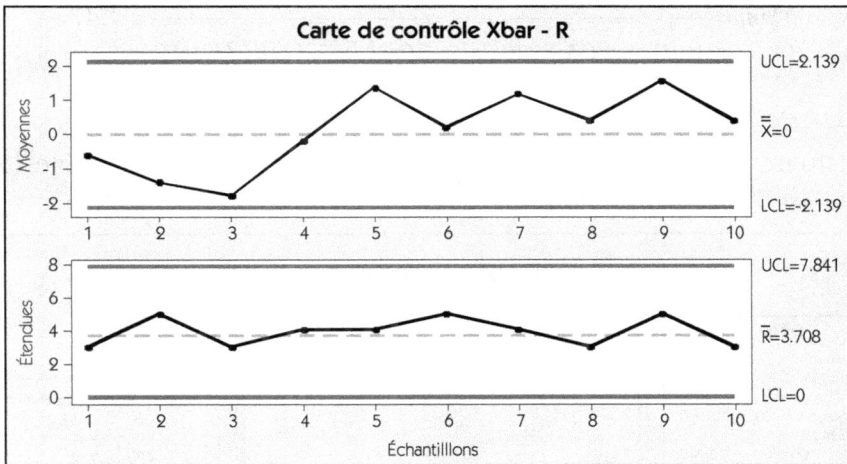

Figure 8 – Données d'une carte de contrôle

Calcul de Cp et de Cpk

De ce tableau nous pouvons tirer la moyenne des moyennes $(\overline{\overline{X}})$ et la moyenne des étendues $(\overline{R})$ ou des écarts types $(\overline{S})$ (selon que l'on travaille avec une carte Moyennes/Étendues ou Moyennes/Écarts types).

$$\overline{\overline{X}} = 0{,}12 \quad \overline{R} = 3{,}9 \quad et \quad \overline{S} = 1{,}548$$

Ces valeurs nous permettent de calculer la dispersion court terme du procédé : $D_{CT} = 6 \times \sigma_{CT}$

$$\text{A partir de } \overline{S} : \quad \sigma_{CT} = \frac{\overline{S}}{c_4} = \frac{1,548}{0,94} = 1,64$$

$$\text{A partir de } \overline{R} : \quad \sigma_{CT} = \frac{\overline{R}}{d_2} = \frac{3,9}{2,326} = 1,67$$

$$\text{A partir des variances : } \quad \sigma_{CT} = \sqrt{\frac{\sum S_i^2}{k}} = 1.58$$

Nous avons la relation $D_{CT} = 6 \ x \ \sigma_{CT} = 9,51$
Nous pouvons donc calculer :

$$Cp = \frac{IT}{6x\sigma_{CT}} = \frac{14}{9,51} = 1,47 \qquad Cpk = \frac{7-0,12}{3x1,58} = 1,44$$

$$Cpm = \frac{IT}{6\sqrt{\sigma_{CT}^2 + (\overline{X} - cible)^2}} = \frac{14}{6\sqrt{1.58^2 + (0.12 - 0)^2}} = 1.47$$

Calcul de *Pp* et *Ppk*

L'histogramme de l'ensemble des valeurs de la carte de contrôle (50 valeurs) est donné en figure 9.

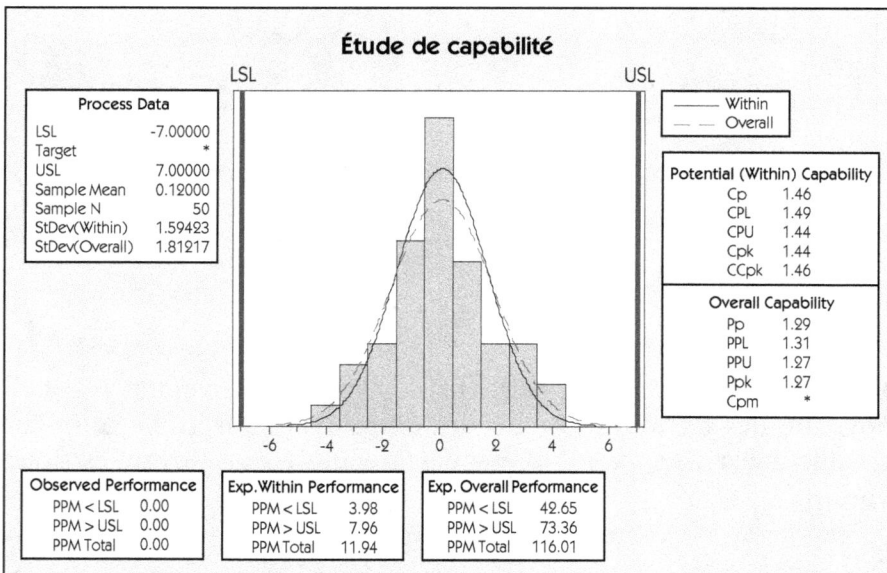

Figure 9 – Étude de capabilité (ex : minitab)

L'écart type et la moyenne de l'ensemble des valeurs individuelles sont :

$$\sigma_{LT} = 1,80 \quad et \quad \overline{\overline{X}} = 0,12$$

Nous avons la relation $D_{LT} = 6 \times \sigma_{LT} = 10,8$
Nous pouvons donc calculer :

$$Pp = \frac{IT}{6x\sigma_{LT}} = \frac{14}{10,8} = 1,29 \qquad Ppk = \frac{TS - \overline{\overline{X}}}{3x\sigma_{LT}} = \frac{6,88}{5,4} = 1,27$$

$$Ppm = \frac{IT}{6\sqrt{\sigma_{LT}^2 + (\overline{X} - cible)^2}} = \frac{14}{6\sqrt{1.80^2 + (0.12 - 0)^2}} = 1.29$$

2.4.4. Calcul du *Pp* et du *Ppk* lorsqu'on ne connaît pas les valeurs individuelles

Méthode de calcul

Pour estimer cette dispersion, lorsque le procédé n'est pas parfaitement sous contrôle, nous avons vu qu'il était nécessaire de disposer des valeurs individuelles de la carte de contrôle. Le calcul de la dispersion long terme est alors assez long car il faut ressaisir l'ensemble des valeurs individuelles.

Le problème se pose également lors de l'informatisation des cartes de contrôle. Pour pouvoir calculer les indicateurs *Pp*, *Ppk*, il faut pouvoir conserver l'ensemble des valeurs individuelles sur de nombreuses années. Cela prend beaucoup de place mémoire. Il est cependant possible d'estimer la dispersion long terme même si l'on ne dispose pas des valeurs individuelles en considérant la somme des variances sur les moyennes et sur les étendues.

En effet, la variance observée sur la production livrée au client (V_{LT}) est la somme de la variance à l'intérieur des échantillons (V_R), et de la variance entre les échantillons ($V_{\overline{X}}$) due aux fluctuations de réglage.

V_R peut être estimée à partir de la carte des étendues ou des écarts types.

$V_{\overline{X}}$ peut être estimée à partir de la carte des moyennes.

La variance long terme est telle que : $v_{LT}.V_{LT} = v_R.V_R + v_{\overline{X}}.V_{\overline{X}}$

avec : v_{LT} : Nombre de degrés de liberté de la variance long terme

v_R : Nombre de degrés de liberté de la variance résiduelle

$v_{\overline{X}}$: Nombre de degrés de liberté de la variance entre échantillons

Estimation de V_R

Dans le cas de la carte présentée en exemple, V_R peut être facilement calculée à partir de la carte des écarts types ou de la carte des étendues :

$$
\begin{vmatrix}
V_R = \left(\overline{S}/c_4 \right)^2 \\
V_R = \left(\overline{R}/d_2 \right)^2 \\
V_R = \sqrt{\overline{S^2}}
\end{vmatrix}
$$

Soit n, la taille d'un échantillon dans la carte de contrôle, le nombre de degré de liberté v_R est de *(n-1)* par échantillon. Il est égal à *k(n-1)* pour l'ensemble de la carte de contrôle, si *k* est le nombre d'échantillons de la carte.

Estimation de $V_{\overline{X}}$

Pour estimer $V_{\overline{X}}$, la variance entre échantillons pour une valeur de l'échantillon, il suffit de calculer le carré de l'écart type de la population des moyennes de la carte de contrôle ($S_{\overline{X}}$). Cette variance étant la même pour l'ensemble des valeurs de l'échantillon, nous trouvons pour l'ensemble de la carte :

$$
V_X = n.S_{\overline{X}}^2
$$

Le nombre de degré de liberté $v_{\overline{X}}$ est égal au nombre d'échantillons moins un, soit $v_{\overline{X}} = k\text{-}1$.

Estimation de V_{LT}

Nous tirons en appliquant l'additivité des variances :

$$
V_{LT} = \frac{k(n-1).V_R + n(k-1).S_{\overline{X}}^2}{(kn-1)}
$$

Il est alors facile de calculer les indicateurs Pp et Ppk à partir de σ_{LT}.

Notation

- k : nombre d'échantillons
- n : nombre de valeurs par échantillon
- $S_{\overline{X}}$: écart type de la population des moyennes
- V_R : Variance intra échantillon

Application

Dans le cas de la carte présentée en figure 8 on peut calculer σ_{LT} à partir de la moyenne des écarts types ou de la moyenne des étendues.

On trouve :

$S_{\overline{X}}^2 = 1.31$
$V_R = 2.51$

$$V_{LT} = \frac{k(n-1).V_R + n(k-1).S_{\overline{X}}^2}{(kn-1)}$$

$$V_{LT} = \frac{10(5-1).2.51 + 5(10-1).1.31}{(5x10-1)} = 1.84$$

On note la très bonne estimation de σ_{LT} et des indicateurs Pp et Ppk par cette méthode. De plus, elle possède le très grand avantage de ne pas nécessiter la saisie des valeurs individuelles de la carte.

3. Intervalle de confiance sur les capabilités

Lorsqu'on calcule des capabilités, la taille des échantillons est très importante. En effet, il est toujours possible de calculer un Cp sur un échantillon de 10 pièces, mais quelle est la confiance que l'on peut avoir dans ce calcul ?

3.1. Intervalle de confiance sur le Cp (ou Pp)

Si l'on veut tenir compte de la taille des échantillons dans le calcul, il faut tenir compte de l'incertitude liée à celle-ci. Dans le cas de Cp (ou Pp) le calcul est assez simple, il suffit de tenir compte de la loi de distribution des écarts types (le lecteur pourra se reporter à l'annexe statistique). On obtient donc la relation suivante dans le cas bilatéral :

$$\hat{C}p\sqrt{\frac{F_{\chi^2}^{-1}(\alpha/2,N-1)}{N-1}} < Cp < \hat{C}p\sqrt{\frac{F_{\chi^2}^{-1}(1-\alpha/2,N-1)}{N-1}}$$

Ou dans le cas où on ne s'intéresse qu'au cas unilatéral :

$$Cp > \hat{C}p\sqrt{\frac{F_{\chi^2}^{-1}(\alpha,N-1)}{N-1}}$$

Cette relation donne le tableau suivant :

$\hat{C}p$	Nombre de valeurs dans l'échantillon											
	5	10	20	30	40	50	75	100	125	150	250	500
0.60	0.39	0.44	0.48	0.50	0.51	0.52	0.53	0.54	0.54	0.55	0.56	0.57
0.80	0.52	0.58	0.64	0.66	0.68	0.69	0.71	0.72	0.72	0.73	0.75	0.76
1.00	0.65	0.73	0.79	0.83	0.85	0.86	0.88	0.90	0.91	0.91	0.93	0.95
1.20	0.78	0.88	0.95	0.99	1.01	1.03	1.06	1.08	1.09	1.10	1.12	1.14
1.40	0.91	1.02	1.11	1.16	1.18	1.20	1.24	1.25	1.27	1.28	1.30	**1.33**
1.50	0.97	1.09	1.19	1.24	1.27	1.29	1.32	**1.34**	**1.36**	**1.37**	**1.40**	1.43
1.60	1.04	1.17	1.27	1.32	**1.35**	**1.38**	**1.41**	1.43	1.45	1.46	1.49	1.52
1.70	1.10	1.24	**1.35**	**1.40**	1.44	1.46	1.50	1.52	1.54	1.55	1.58	1.62
1.80	1.17	1.31	**1.43**	1.49	1.52	1.55	1.59	1.61	1.63	1.64	1.68	1.71
2.00	1.30	**1.46**	1.59	1.65	1.69	1.72	1.76	1.79	1.81	1.83	1.86	1.90
2.50	**1.62**	1.82	1.98	2.06	2.11	2.15	2.21	2.24	2.27	2.28	2.33	2.38
3.00	1.95	2.19	2.38	2.48	2.54	2.58	2.65	2.69	2.72	2.74	2.80	2.85

Figure 10 – Valeur mini de *Cp* pour un *Cp* calculé (risque 5 %)

Dans le tableau figure 10, on trouve pour un *Cp* calculé, la borne mini de l'intervalle de confiance dans lequel se trouve *Cp* (Le tableau est également valable pour *Pp*).

Exemple 1 : À partir de *20* données, on a calculé un *Cp* de *1.4*. En prenant 1.4 dans la colonne $\hat{C}p$ et en se déplaçant dans la colonne *20*, on peut donc garantir (au risque de 5 %) que le vrai *Cp* est supérieur à *1.11*.

Exemple 2 : On veut calculer un *Pp* sur *20* valeurs et garantir que le vrai *Pp* est supérieur à *1.33*. On choisit dans la colonne 20 la première ligne qui donne un Cp > 1.33 et on lit dans la première colonne le $\hat{C}p$ correspondant (ici *1.7*).

3.2. Intervalle de confiance sur le *Cpk* (ou *Ppk*)

Dans le cas des *Cpk* (ou *Ppk*) le calcul est un peu plus complexe il fait intervenir à la fois l'intervalle de confiance sur les moyennes et sur les écarts types. De nombreux auteurs ont proposé des formules permettant de donner une très bonne approximation de l'intervalle de confiance sur le *Cpk*[2]. Kushler et Hurley[3] ont proposé une relation assez simple de l'intervalle bilatéral :

$$\hat{C}pk\left(\frac{1-\phi^{-1}(1-\alpha/2)}{\sqrt{2N-2}}\right) < Cpk < \hat{C}pk\left(\frac{1+\phi^{-1}(1-\alpha/2)}{\sqrt{2N-2}}\right)$$

avec $\phi^{-1}(1-\alpha/2)$ loi normale standard inverse pour un risque de *1-α/2*

Si on ne s'intéresse qu'au cas unilatéral, on peut utiliser la relation suivante :

$$Cpk > \hat{C}pk - \phi^{-1}(1-\alpha)\sqrt{\frac{1}{9N}+\frac{\hat{C}pk^2}{2(N-1)}}$$

qui donne le tableau suivant :

---

2. Youn-Min Chou, D.B. Owen, S.A. Borrego, « Lower Confidence Limits on process Capability Indices » – Journal of Quality Technologie, Vol 22, N° 3, July 1990
Nagata Y. and Nagahata H. (1994). Approximation formulas for the lower confidence limits of process capability indices. Okayama Economic Review, 25(4), 301-314.
3. R.H. Kushler ; P. Hutley. Confidence bounds for capability indices. Journal of Quality Technology, 24(4):188-195, 1992

Cpk	Nombre de valeurs dans l'échantillon											
	5	10	20	30	40	50	75	100	125	150	250	500
0.60	0.17	0.31	0.40	0.44	0.46	0.47	0.50	0.51	0.52	0.53	0.54	0.56
0.80	0.27	0.44	0.55	0.60	0.63	0.65	0.67	0.69	0.70	0.71	0.73	0.75
1.00	0.37	0.58	0.71	0.76	0.79	0.82	0.85	0.87	0.88	0.89	0.92	0.94
1.20	0.46	0.70	0.86	0.92	0.96	0.99	1.03	1.05	1.07	1.08	1.10	1.13
1.33	0.52	0.79	0.95	1.03	1.07	1.10	1.14	1.17	1.18	1.20	1.23	1.26
1.40	0.55	0.83	1.01	1.08	1.13	1.15	1.20	1.23	1.25	1.26	1.29	1.32
1.50	0.59	0.89	1.08	1.16	1.21	1.24	1.29	1.32	**1.34**	**1.35**	**1.38**	**1.42**
1.60	0.64	0.96	1.16	1.24	1.29	1.32	**1.37**	**1.41**	1.43	1.44	1.48	1.51
1.70	0.68	1.02	1.23	1.32	**1.37**	**1.41**	1.46	1.49	1.52	1.53	1.57	1.61
1.80	0.72	1.08	1.30	**1.40**	1.45	1.49	1.55	1.58	1.61	1.62	1.66	1.70
2.00	0.81	1.21	**1.45**	1.56	1.62	1.66	1.72	1.76	1.79	1.80	1.85	1.89
2.50	1.03	**1.52**	1.82	1.95	2.03	2.08	2.16	2.20	2.23	2.26	2.31	2.37
3.00	1.24	1.82	2.19	2.34	2.43	2.50	2.59	2.65	2.68	2.71	2.78	2.84

Figure 11 – Tableau de confiance pour *Cpk*

Dans le tableau figure 11, on trouve pour un *Cpk* calculé, la borne mini de l'intervalle de confiance dans lequel se trouve le vrai *Cpk*.

Exemple 1 : À partir de *20* données, on a calculé un *Cpk* de *1.4*. En prenant *1.4* dans la colonne $\hat{C}pk$ et en se déplaçant dans la colonne *20*, on peut donc garantir (au risque de 5 %) que le vrai *Cpk* est supérieur à *1.01*.

Exemple 2 : On veut calculer un *Ppk* sur *20* valeurs et garantir que le vrai *Ppk* est supérieur à *1.33*. On choisit dans la colonne 20 la première ligne qui donne un *Ppk > 1.33* et on lit dans la première colonne le $\hat{C}pk$ correspondant (ici *2.0*).

Une relation remarquable est à retenir : un *Ppk* de *1.33* calculé sur *30* valeurs garantit (au risque unilatéral de 5 %) un vrai *Ppk* supérieur à *1.03*.

4. L'interprétation et le suivi de la chute des capabilités

Le suivi et l'interprétation des chutes de capabilités est certainement un des points essentiels de la maîtrise des procédés. Trop d'entreprises se contentent de mettre en place des cartes de contrôle sans exploiter cette formidable source d'informations pour calculer les capabilités.

L'exploitation des capabilités doit commencer par la parfaite connaissance dans toute l'entreprise du schéma de chute de capabilité donné en figure 12.

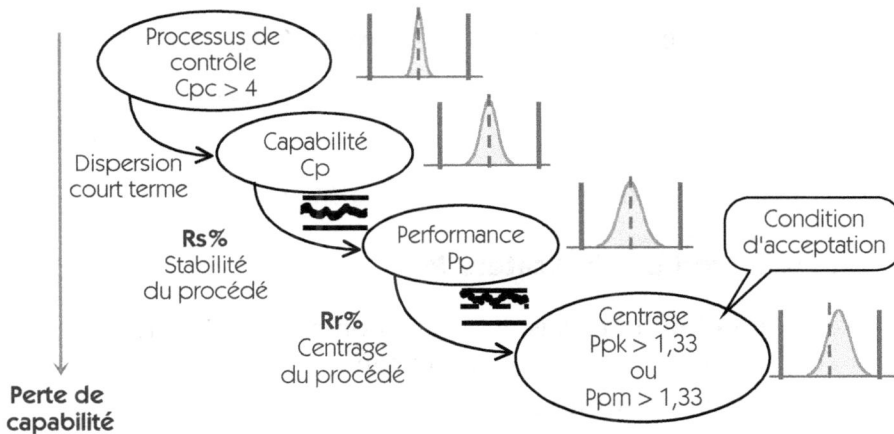

Figure 12 – Les chutes de capabilité

Comme nous l'avons vu précédemment, il est très facile de calculer à partir de cartes de contrôle les deux types de capabilités : court terme (*Cp, Cpk, Cpm*) et long terme (*Pp, Ppk, Ppm*). Il est nécessaire de recalculer régulièrement ces indicateurs afin de les suivre sur un graphique tel que celui donné en figure 13.

Ce type de graphique permet de faire directement l'interprétation des chutes de capabilité, ce qui est toujours très riche. Il permet en outre de visualiser la progression.

Nous noterons une fois de plus que le « tracteur des capabilités » est le *Cpc*. Si le processus de mesure n'est pas capable, il est inutile de vouloir évaluer le procédé avec ce processus. La validation d'un *Cpc* supérieur à 4 est donc un préalable indispensable.

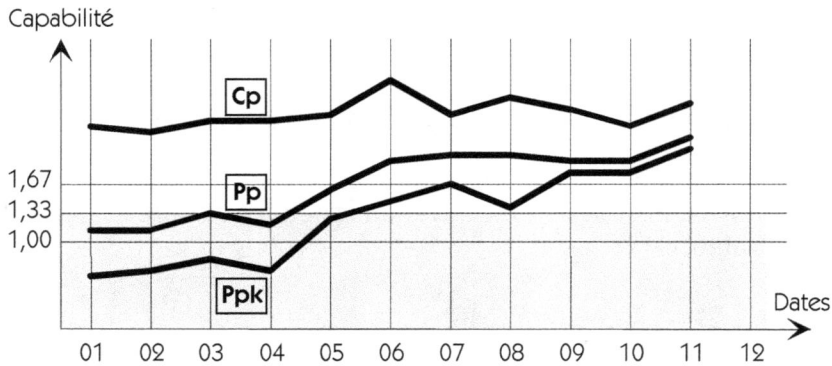

Figure 13 – Suivi des indicateurs de capabilité

4.1. Définition du rendement de stabilité *Rs*

4.1.1. Définition de l'indicateur *Rs*

L'observation d'un processus de production au cours du temps nous permet de définir deux types de dispersion :

- la dispersion court terme ;
- la dispersion long terme.

La différence entre la dispersion court terme et la dispersion long terme provient des variations de consigne qui auront lieu au cours de la production. Plus le procédé est stabilisé, plus ces variations de consigne seront faibles. En effet, un écart important entre la dispersion court terme et la dispersion long terme indique que la machine n'est pas stable, et que nous ne sommes pas capables de maintenir la consigne sur la valeur cible (figure 14).

Nous avons vu que la capabilité court terme (*Cp*) établissait le rapport entre la tolérance et la dispersion court terme alors que la capabilité long terme (*Pp*) établissait le rapport entre la tolérance et la dispersion long terme. La chute de capabilité entre la capabilité court terme et la capabilité long terme est donc imputable à la stabilité du procédé.

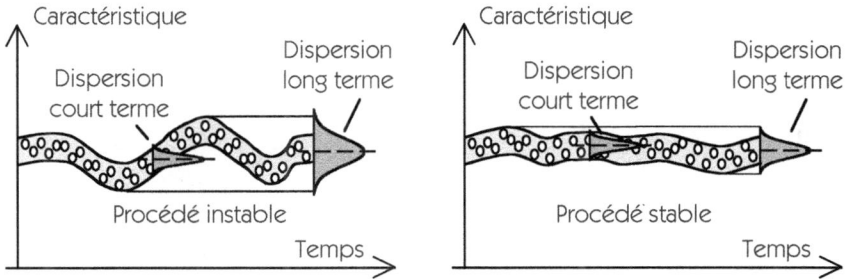

Figure 14 – Procédé instable et stable

Pour refléter cette chute de capabilité, nous proposons de définir un rendement de stabilité du procédé, que nous appelons *Rs*, et qui a pour définition :

$$\text{Rendement de stabilité} \quad Rs\% = \frac{Pp}{Cp} x100$$

4.1.2. Interprétation de l'indicateur *Rs*

Le rendement *Rs* est calculé en établissant le rapport entre *Pp* et *Cp*. Ce rendement est très instructif sur la maîtrise que nous avons du procédé. En effet, en MSP, maîtriser un procédé revient à éliminer le plus possible les causes spéciales qui agissent sur les variations de consigne. Si les grandes variations de consigne sont évitées, alors la perte de capabilité entre le court terme et le long terme sera minime et le rendement de stabilité du procédé sera bon. En revanche, si le procédé n'est pas maîtrisé, la position moyenne prise par le procédé variera largement au cours de la production et le rendement de stabilité du procédé sera médiocre.

L'expérience montre qu'un procédé sous contrôle possède un rendement de stabilité du procédé supérieur à 75 %. Cependant, il est difficile de fixer une limite pour ce rendement de stabilité. Un procédé simple comme un usinage mécanique d'une seule caractéristique pourra satisfaire un rendement de stabilité de 75 % alors qu'un procédé complexe comportant de nombreuses caractéristiques aura du mal à satisfaire un rendement de 60 %.

Exemple : *Cp = 2,5 et Pp = 2*

Nous avons un rendement de stabilité $Rs\% = \dfrac{2}{2,5} x100 = 80\%$

Exemple : *Cp = 2,5 et Pp = 1*

Nous avons un rendement de stabilité $Rs\% = \dfrac{1}{2,5} x100 = 40\%$

Un rendement inférieur à 70 % est révélateur de l'existence de grandes variations sur la moyenne du procédé qui ne sont pas corrigées par l'opérateur.

4.1.3. Les causes d'un mauvais *Rs*

En cas de mauvais *Rs*, il est absolument indispensable de créer un groupe de travail pour analyser cette chute de capabilité. L'analyse devra balayer les *5 M* afin de déterminer les causes les plus probables. La vérification de ces causes doit se faire à partir d'essais en utilisant les tests de comparaison, de moyenne et de variance (test *t*, test *F* et Analyse de la variance) ou en réalisant un plan d'expériences. La figure 15 montre le résultat de l'analyse des *5 M* sur la chute de capabilité entre le *Cp* et le *Pp* sur une machine mécanique.

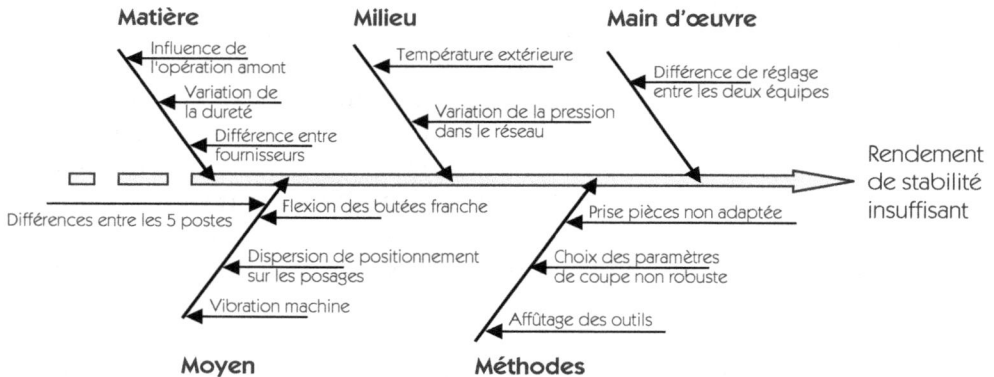

Figure 15 – Diagramme cause-effet sur le *Rs*

4.2. Définition du Rendement de Réglage *Rr*

4.2.1. Présentation du rendement *Rr*

L'objectif de ce calcul de rendement est d'établir un lien entre l'indicateur *Pp* et l'indicateur *Ppk*. Pour exprimer le rapport entre *Ppk* et *Pp*, nous avons défini un rendement de réglage *Rr* qui exprime la perte de capabilité suite au déréglage.

$$\text{Rendement de réglage} \quad Rr\% = \frac{Ppk}{Pp} \times 100$$

En effet, lorsqu'un procédé est parfaitement centré, nous avons la relation *Ppk = Pp* et donc *Rr % = 100 %*.

Lorsque le procédé est largement décentré, *Ppk* est alors très inférieur à *Pp*. Ainsi nous avons, pour *Pp = 3* et *Ppk = 1,2* un rendement de réglage *Rr % = 40 %*.

4.2.2. Les causes d'un mauvais *Rr*

En principe, le réglage est de la responsabilité des opérateurs. Il serait ainsi facile de croire qu'un mauvais *Rr* provient simplement des opérateurs. En effet, pour pouvoir assurer un bon centrage, il faut que les opérateurs disposent des moyens de régler, ce qui n'est pas toujours le cas.

D'une façon générale, nous avons observé que la chute entre le Pp et le Ppk provient principalement :

- De l'acceptation de la part de l'opérateur d'une situation décentrée (problème de culture). C'est le cas des entreprises qui n'ont pas la culture de l'objectif cible et qui se contentent de « mettre les pièces dans la tolérance ». Il a la possibilité de se centrer mais n'en ressent pas le besoin.

- De l'acceptation de la part de l'opérateur du fait d'un compromis entre deux critères. Par exemple, le même outil réalise deux cotes, et le recentrage d'une cote dérègle la seconde.

- De l'impossibilité pour l'opérateur de détecter cette situation. Cela provient principalement d'une fréquence de contrôle ou d'une taille d'échantillon mal adaptée. C'est également le cas lorsqu'on travaille en contrôlant des caractéristiques mesurables par des contrôles par attribut (bon/pas bon).

- De l'impossibilité pour l'opérateur de remédier à une situation détectée (réglage difficile ou impossible).

Il est très important de parfaitement déterminer l'origine d'un mauvais *Rr* afin d'apporter les actions correctives et de satisfaire le centrage sur la cible.

4.3. La chute des capabilités

L'analyse des chutes de capabilité pour un procédé est souvent très intéressante. En effet, nous partons d'un procédé avec un potentiel de capabilité *Cp* pour arriver à un produit livré au client avec une capabilité *Ppk*. L'important est bien entendu d'avoir un *Ppk* supérieur à *1,33*. Si ce n'est pas le cas, il est fondamental pour résoudre le problème de déterminer l'origine de ce manque de capabilité.

La chute de capabilité entre *Cp* et *Pp* traduit la stabilité du procédé. Nous avons traduit cette chute de capabilité par le rendement *Rs* %. La chute de capabilité entre *Cp* et *Cpk* était due au déréglage. Nous avons traduit cette chute de capabilité par le rendement *Rr* %.

L'objectif de la maîtrise des procédés est donc de disposer au départ d'une capabilité procédé suffisante et de tout mettre en œuvre pour conserver des rendements *Rs* et *Rr* supérieurs au minimum exigible en fonction du procédé. Dans le cas où les deux rendements sont à *82* %, l'exigence minimale pour la capabilité court terme est alors de :

$$Cp_{mini} = \frac{1,33}{0,82^2} = 2,0$$

Ce calcul dépend bien sûr du type de procédé en fonction de sa facilité de recentrage et de sa facilité de stabilisation. Notons qu'un *Cp* (capabilité court terme) de 2 est le minimum exigé dans le cas de l'approche six sigma.

4.4. Le tableau des capabilités et son interprétation

La synthèse des capabilités peut être résumée dans un tableau des capabilités très utile pour orienter les actions de progrès. Supposons que nous travaillons sur un produit pour lequel nous surveillons cinq caractéristiques. Pour préparer une réunion sur ce produit, l'animateur établit le tableau des capabilités que nous trouvons en figure 16.

Ce tableau permet une appréhension immédiate des problèmes de capabilité lors de la réunion pour peu que l'ensemble des personnes concernées ait été formé à ces notions. Nous avons grisé dans le tableau tous les cas de figure où :

- les indicateurs de rendement sont inférieurs à 75 % ;
- le *Ppk* est inférieur à 1,33 ;
- le *Ppm* est inférieur à 1,33.

Caractéristiques	Cp	Pp	Ppk	Rs	Rr	*Ppm*
1 – Ø 10±0,05	2,5	2,2	1,9	0,88	0,86	1,86
2 – Ø 12±0,05	2,5	1,1	**1,0**	**0,44**	0,91	**1,05**
3 – Ø 8±0,02	1,1	0,9	**0,8**	0,81	0,88	**0,86**
4 – L 20±0,06	3,2	2,5	**1,1**	0,78	**0,44**	**0,87**
5 – L 10±0,04	2,5	2,2	1,6	0,88	**0,72**	**1,07**

Figure 16 – Tableau des capabilités

Chaque caractéristique ayant une case grisée doit être discutée pour permettre une amélioration. On note l'intérêt du *Ppm* qui globalise l'ensemble de la chute de capabilité. L'interprétation du tableau figure 16 est la suivante :

Caractéristique 1 : aucun problème, *Ppm* est supérieur à *1,33*. Le *Ppk* est supérieur à *1,33* et les rendements de réglage et de stabilité sont excellents.

Caractéristique 2 : *Ppm* est inférieur à *1,33*. Le rendement de stabilité du procédé est très mauvais, mais le procédé est capable sur le court terme. Il faut stabiliser les variations de consigne au cours du temps. Une surveillance du procédé par cartes de contrôle s'impose.

Caractéristique 3 : *Ppm* est inférieur à *1,33*. Le *Ppk* est médiocre et pourtant les rendements ne sont pas mauvais. Cela signifie que l'on part d'une capabilité court terme insuffisante. Une action méthode ou maintenance s'impose. Nous ne pouvons probablement pas résoudre le problème dans l'atelier. Il faut, soit modifier la gamme de fabrication, soit réparer la machine dans le cas d'une détérioration de la capabilité court terme par rapport à la capabilité court terme historique.

Caractéristique 4 : *Ppm* est inférieur à *1,33*. Le mauvais rendement de réglage se traduit par un *Ppk* inférieur à *1,33*. Il est souvent aisé de remédier à ce type de problème en maîtrisant mieux le centrage de la caractéristique. Une surveillance par cartes de contrôle s'impose.

Caractéristique 5 : *Ppm* est inférieur à *1,33*. Une amélioration est encore possible. Le rendement de réglage est inférieur à 75 % bien que le *Ppk* soit supérieur à *1,33*. Ce cas de figure génère une perte supérieure au cas *Pp = 1,33* et *Ppk = 1,33*. Cette situation bien qu'acceptable d'un point de vue « pourcentage de pièces hors tolérances » peut ne pas être acceptable si la cote surveillée a fait l'objet d'un tolérancement statistique.

Le tableau des capabilités est donc très simple à interpréter. Nous avons participé à la mise en place de procédures incluant l'utilisation systématique du tableau des capabilités dans de nombreuses entreprises. Notre expérience nous permet de penser que son utilisation systématique est très riche. L'interprétation des chutes de capabilité avec les rendements *Rs* et *Rr* est facilement assimilée par la maîtrise et par les opérateurs, ce qui permet un débat riche en conclusions pratiques.

5. L'indicateur *z* de Six Sigma

L'approche Six Sigma utilise largement les indicateurs de capabilité *Cp*, *Pp*, *Ppk* ainsi que l'interprétation de la chute des capabilités. Cependant, si ces indicateurs sont extrêmement utiles pour l'analyse d'un processus, ils sont sans doute trop complexes comme outil de communication. Pour pouvoir communiquer sur la qualité d'un processus, il faut un seul indicateur global, le *z* du processus.

5.1. L'indicateur de capabilité *z*

Le *z* d'un processus doit être un indicateur global de qualité. Plus le *z* augmente, moins le processus générera d'insatisfaction chez les clients.

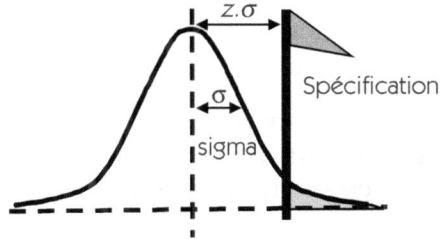

Figure 17 – L'indicateur de capabilité *z*

L'indicateur de capabilité *z* représente la distance entre la spécification et la moyenne de la production exprimée en nombre d'écarts types. Plus cette distance est grande, moins il y aura de produits non-conformes. On calcule *z* par la relation :

$$\text{Capabilité du procédé} \quad z = \frac{\text{Spécification} - \text{moyenne}}{\sigma}$$

L'objectif d'une démarche **Six** Sigma étant d'obtenir un *z* = **6** *sigma* ce qui donne 0,001 pièces par million (ppm) hors tolérance.

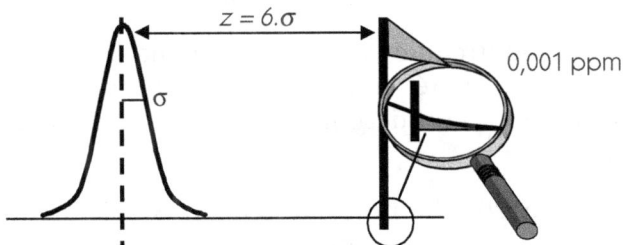

Figure 18 – Objectif six sigma

Remarque : Le calcul du *z* ne s'effectue qu'à partir de la dispersion court terme.

5.2. Relation entre le *z* et la proportion de défauts

Un z de 6 correspond à 0.001 ppm dans le cas d'une distribution centrée sur la cible. Cependant, on ne peut pas garantir un centrage parfait. Il faut nécessairement accepter un décentrage minimum afin de pouvoir le détecter. En effet, on verra dans le chapitre consacré aux cartes de contrôle que si l'on veut pouvoir piloter un processus à partir de tailles d'échantillons raisonnables (< 8) on ne peut pas facilement détecter des décentrages inférieurs à 1.5 sigma.

Pour calculer le pourcentage de produits non conformes, on se place donc dans cette situation particulière d'un décentrage de *1,5* écarts types. La figure 19 représente un processus avec un *z* de *6* dans cette situation.

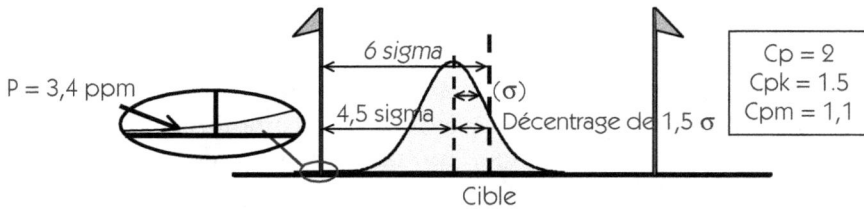

Figure 19 – Objectif six sigma dans le cas bilatéral

Les indicateurs *Cp* et *z* étant calculés à partir de l'écart type court terme, ils sont liés par la relation :

$$Cp = \frac{Tolérance}{6\sigma} = \frac{2(z\sigma)}{6\sigma} = \frac{z}{3}$$

Un rapide calcul montre que l'objectif Six Sigma (z = 6) correspond à rechercher une capabilité court terme telle que *Cp = 2*. Si l'on considère la situation d'un décentrage de *1.5σ*, cela correspond à un objectif *Cpk > 1,5*.

Le tableau (figure 20) donne pour différents *z* le pourcentage de défauts en considérant un décentrage de *1,5σ*.

Niveau de qualité zσ	ppm centré dans les tolérances	ppm avec un décalage de 1.5	Cp équivalent	Cpk équivalent
1	317310.52	697672	0.33	-0.17
1.5	133614.46	501350	0.50	0.00
2	45500.12	308770	0.67	0.17
2.5	12419.36	158687	0.83	0.33
3	2699.93	66811	1.00	0.50
3.5	465.35	22750	1.17	0.67
4	63.37	6210	1.33	0.83
4.5	6.80	1350	1.50	1.00
5	0.574	233	1.67	1.17
5.5	0.03807	32	1.83	1.33
6	0.00198	3.4	2.00	1.50
6.5	0.00008	0.29	2.17	1.67
7	0.00000	0.019	2.33	1.83
7.5	0.00000	0.0010	2.50	2.00
8	0.00000	0.000040	2.67	2.17

Figure 20 – Défauts par million en fonction du niveau de qualité z

Exemple de calcul :

Un processus génère 2327 ppm de produits non-conformes, quel est son z ?

La première solution consiste à regarder dans le tableau figure 20 le niveau de z qui donne cette proportion de non-conformes. On trouve que z est compris entre 4 et 4.5.

La seconde solution consiste à utiliser la fonction de distribution de la loi normale. Dans le cas d'une loi normale, on trouve dans la table de Gauss (voir annexe statistique) que cela correspond à un $z_{équivalent}$ de 2,83. Cependant, pour trouver le z du processus, il faut ajouter le décentrage de 1.5 de qui donne :

$$Z_{process} = 2.83 + 1.5 = 4.33$$

6. Le démarrage d'une série ou la réception d'une machine

Le démarrage d'une série ou la réception d'une nouvelle machine nécessite d'évaluer la capabilité court terme et la capabilité long terme que l'on est en droit d'attendre.

Comme il n'est pas possible de suivre pendant un temps suffisamment long le procédé pour évaluer la capabilité long terme, on cherchera à estimer cette capabilité long terme par une nouvelle capabilité : la capabilité préliminaire.

Les formules de calculs seront les mêmes que pour *Cp* et *Cpk*, *Pp* et *Ppk* et on les notera *PPp* et *PPpk* (**P**reliminary **P**rocess **p**erformance). On notera qu'il n'était sans doute pas nécessaire de définir de nouveau indices de capabilité, on peut tout à fait calculer un *Pp* et un *Ppk* préliminaire.

6.1. Comment déterminer *PPp* et *PPpk* ?

Afin de déterminer *PPp* et *PPpk*, il faut prélever des échantillons (5 pièces par exemple) avec une fréquence relativement élevée (1/4 heure par exemple) pendant un temps de production suffisamment long pour s'assurer de la stabilité du procédé (8 heures par exemple).

En fait, la méthode de détermination des capabilités préliminaires est très proche de la méthode de mise en place d'une carte de contrôle. On part dans les deux cas d'une carte d'analyse en respectant les points suivants :

- Les prélèvements sont marqués sur une carte d'analyse $\overline{X}$ /R ou $\overline{X}$ /S.

- Durant l'ensemble de l'essai, un journal de bord est soigneusement tenu pour noter toutes les interventions sur le procédé.

- La taille des échantillons est celle pressentie pour le pilotage du procédé dans les conditions de série.

- La fréquence de prélèvement est suffisamment élevée pour suivre le plus finement possible les variations du procédé.

- La durée totale de l'essai doit comporter au moins 20 échantillons.

6.2. Étude de la carte d'analyse

6.2.1. Vérification de la normalité

Les indicateurs *PPp* et *PPpk* sont calculés à partir de l'ensemble des valeurs individuelles de la carte d'analyse comme dans le cas des indicateurs *Pp*, *Ppk* (voir paragraphe 2.4.2).

Il est nécessaire de vérifier la normalité de la distribution par un test statistique ou graphique. En cas de non-normalité, il faudra en déterminer l'origine. Cette non-normalité peut être attendue dans le cas des caractéristiques de forme ou de position, ou encore des caractéristiques uni limite. Dans ce cas, on appliquera les méthodes de calcul adaptées.

Au cas où cette non-normalité n'est pas attendue, il faudra en déterminer la cause, l'éliminer et recommencer l'essai.

6.2.2. Vérification de la stabilité du processus

A partir de la carte de contrôle, il est possible de vérifier la stabilité du processus. Pour cela, on calcule les limites de contrôle par la méthode traditionnelle, que l'on reporte sur la carte d'analyse.

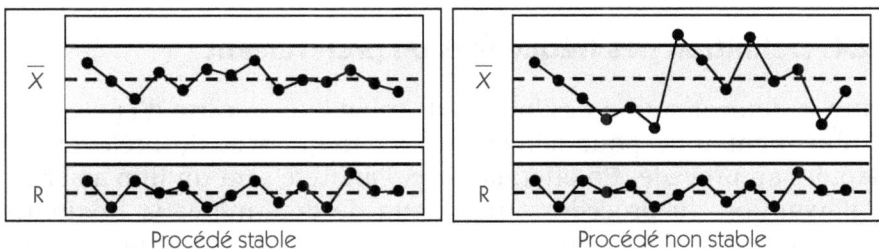

Procédé stable — Procédé non stable

Figure 21 – Vérification de la stabilité

La carte des étendues doit impérativement être sous contrôle. Si ce n'est pas le cas, cela indique des variations importantes de capabilité court terme qu'il faut expliquer.

Le procédé sera dit stable si les points sur la carte des moyennes peuvent être facilement maintenus dans les limites de contrôle moyennant éventuellement quelques réglages simples dont la fréquence est compatible avec les cadences de production. En cas de non-stabilité, il faut mettre en place les actions correctives qui s'imposent, et recommencer une nouvelle carte d'analyse.

6.2.3. Calcul des indicateurs *PPp* et *PPpk*

Le calcul des indicateurs de capabilité *PPp* et *PPpk* est identique au calcul des indicateurs *Pp* et *Ppk* dans le cas des cartes de contrôle que nous avons vues au paragraphe 2.4.2.

$$PPp = \frac{IT}{6\sigma_{n-1}} \qquad PPpk = Min\left(\frac{TS - \overline{X}}{3\sigma_{n-1}}, \frac{\overline{X} - TI}{3\sigma_{n-1}}\right)$$

En fait *PPp* et *PPpk* donnent une première approche des indicateurs *Pp* et *Ppk* susceptibles d'être obtenus à partir d'une présérie. Bien sûr, comme dans le cas des cartes de contrôle classiques, il est possible à partir de la carte d'analyse de calculer les capabilités court terme *Cp* et *Cpk* par les formules classiques :

$$Cp = \frac{IT}{6\sigma_{\overline{R}/d2}} \qquad Cpk = Min\left(\frac{TS - \overline{X}}{3\sigma_{\overline{R}/d2}}, \frac{\overline{X} - TI}{3\sigma_{\overline{R}/d2}}\right)$$

6.2.4. Définition des fréquences de prélèvement

Outre la détermination des indices de capabilité, la carte d'analyse est extrêmement utile pour déterminer les fréquences de prélèvement adaptées au procédé. En effet, la carte d'analyse sera un film assez fin de l'évolution du procédé et permettra de déterminer la fréquence minimum de prélèvements qui permettra de piloter le procédé en fonction de sa rapidité d'évolution.

On rappelle la règle que nous retenons pour la détermination de la fréquence de contrôle : « **La fréquence des actions correctives sur un procédé doit être au moins quatre fois plus faible que la fréquence de prélèvement** ».

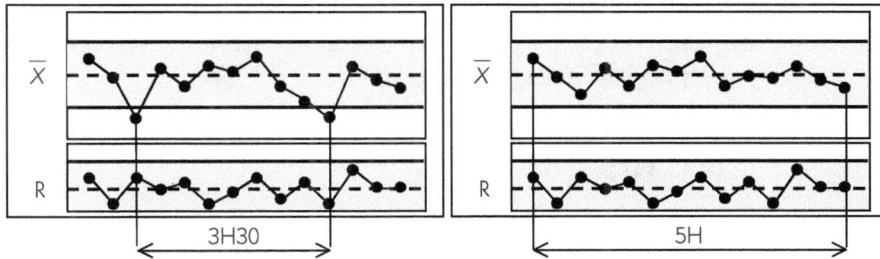

Figure 22 – Détermination des fréquences

Dans le cas de la première carte (figure 22), le procédé demande une intervention toutes les 3h30, la fréquence de contrôle doit être fixée dans un premier temps à un prélèvement par demi-heure.

Dans le cas de la seconde, le procédé demande une intervention toutes les cinq heures. La fréquence de contrôle doit être fixée dans un premier temps à un prélèvement par heure.

6.3. Mise en place d'une production

La procédure de détermination des capabilités préliminaires lors d'une réception machine que nous venons de décrire permet également de valider un démarrage de série.

La mise en place d'une production (figure 23) doit permettre de vérifier le plus en amont possible l'aptitude d'un procédé à produire des produits conformes.

Pour l'industrialisation d'un procédé, on réalise une carte d'analyse lorsque le procédé est stabilisé. Après calcul des capabilités, on analyse la capabilité court terme. Si *Cp* est inférieur à 2 (capabilité court terme exigé dans une démarche 6 Sigma), Il faut travailler pour diminuer cette dispersion court terme. Quitte parfois à modifier en profondeur le processus.

Si *Cp* est supérieur à *2*, mais *PPp* inférieur à *1,33*, cela provient des variations de consigne subies par le procédé au cours de la carte d'analyse. Il faut retourner à la phase de mise au point pour identifier les causes de ces dérives et les éliminer.

Si *PPp* est supérieur à *1,33* mais *PPpk* inférieur à *1,33*, l'origine de la non-capabilité est un déréglage. Il faut donc être capable de recentrer le procédé pour pouvoir accepter celui-ci.

Lorsque *PPpk* est supérieur à *1,33*, le procédé est déclaré capable, il est apte à fonctionner en production.

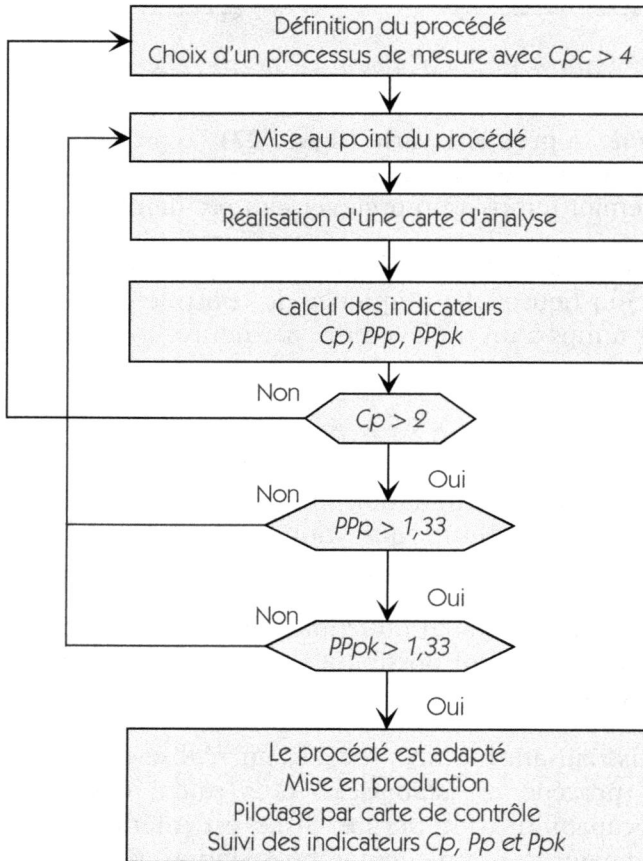

```
┌────────────────────────────────────────────┐
│         Définition du procédé              │
│ Choix d'un processus de mesure avec Cpc > 4│
└────────────────────────────────────────────┘
              │
┌────────────────────────────────────────────┐
│         Mise au point du procédé           │
└────────────────────────────────────────────┘
              │
┌────────────────────────────────────────────┐
│      Réalisation d'une carte d'analyse     │
└────────────────────────────────────────────┘
              │
┌────────────────────────────────────────────┐
│         Calcul des indicateurs             │
│            Cp, PPp, PPpk                    │
└────────────────────────────────────────────┘
              │
    Non    ◇ Cp > 2 ◇   Oui
              │
    Non    ◇ PPp > 1,33 ◇   Oui
              │
    Non    ◇ PPpk > 1,33 ◇   Oui
              │
┌────────────────────────────────────────────┐
│         Le procédé est adapté              │
│           Mise en production               │
│        Pilotage par carte de contrôle      │
│     Suivi des indicateurs Cp, Pp et Ppk    │
└────────────────────────────────────────────┘
```

Figure 23 – Mise en place d'une production

7. Cas des caractéristiques non mesurables

Préalablement à ce paragraphe, le lecteur trouvera intérêt à avoir assimilé les principes des cartes de contrôle aux attributs présentées au chapitre 7.

Dans le cas des caractéristiques non mesurables, il est également possible de calculer des capabilités par équivalence avec le cas d'une répartition normale. On détermine donc un indicateur de capabilité nommé *Ppk* %.

La dénomination *Ppk* % est utilisée pour rappeler que dans le cas d'attribut on ne peut établir qu'une capabilité long terme.

Le calcul de cette capabilité repose sur le principe suivant : le *Ppk* % est calculé de telle sorte qu'il soit équivalent en terme de pourcentage hors tolérance au *Ppk* calculé dans le cas d'une loi normale.

Comme pour les cartes de contrôle aux attributs, nous dissocierons deux cas :

- le cas des produits conformes ou non conformes ;
- le cas des non conformités.

7.1. Cas des produits non-conformes, étude sur un exemple

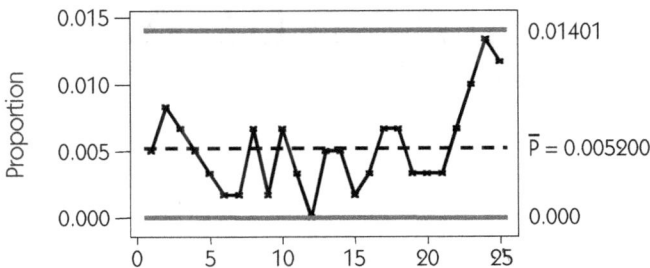

Figure 24 – Carte *p* par attribut

Une carte de contrôle *p* par attribut a été mise en place pour suivre le nombre de fuites sur un produit. La taille des lots de production est constante et égale à 600 unités. La carte de contrôle est donnée en figure 24. La proportion moyenne de non conformes est égale à 0,0052.

Dans la table de la loi normale, on cherche la valeur de *z* qui donne la même proportion de défauts. On trouve :

$$z_{équivalent} = 2,56$$

Connaissant le $z_{équivalent}$ il est facile de calculer le Ppk % par la formule :

$$Ppk\,\% = \frac{z_{équivalent}}{3} = \frac{2,56}{3} = 0,85$$

Pour trouver le *z* du processus pour une approche Six Sigma, on ajoute le décalage de *1.5* au $z_{équivalent}$ et on a :

$$z_{processus} = z_{équivalent} + 1.5 = 4.06$$

7.2. Cas des non-conformités, étude sur un exemple

Sur une machine à tisser, une carte de contrôle *u* permet de suivre le nombre de non-conformités détectées par unité de tissu.

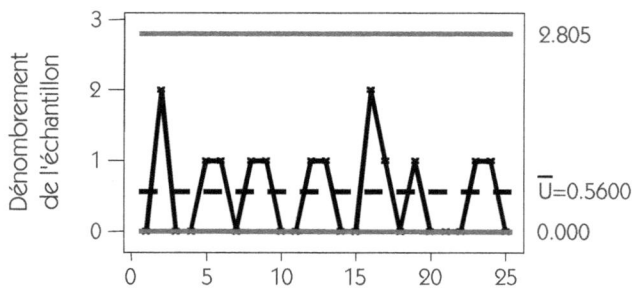

Figure 25 – Carte *u* par attribut

On rappelle que les non-conformités sont suivies par les cartes de type *u* et *c*. La loi qui modélise ce type de comportement est la loi de Poisson (voir annexe statistique).

La distribution de Poisson est telle que $P(x) = \dfrac{e^{-\lambda} . \lambda^x}{x!}$

avec

- x : le nombre de non-conformités
- λ : le paramètre de la loi qui est le nombre moyen de non-conformités
- e : une constante $= 2,718$
- $x!$: factoriel $x = (1).(2).(3)...(x-1).x$

Pour calculer la probabilité d'avoir zéro non-conformité, il suffit de calculer $P(0)$. La probabilité d'avoir une ou plusieurs non-conformités sera donc nécessairement $p' = 1-P(0)$. On a donc :

$$P(0) = \frac{e^{-\lambda} . \lambda^0}{0!} = e^{-\lambda} \quad \text{et} \quad p' = 1 - e^{-\lambda}$$

Connaissant p', on calcule $Ppk\%$ de la même manière que précédemment.

Dans notre exemple

Le paramètre λ est estimé par le nombre moyen de non-conformités, on en déduit immédiatement p'

$$\lambda = \overline{u} = 0,56 \qquad p' = 1 - e^{-\lambda} = 1 - e^{-0,56} = 0,429$$

Dans la table de la loi normale, on cherche la valeur de z qui donne le même pourcentage de défauts. On trouve : $z_{équivalent} = 0,18$

Connaissant le $z_{équivalent}$ il est facile de calculer le $Ppk\%$ par la formule :

$$Ppk\% = \frac{z_{équivalent}}{3} = \frac{0,18}{3} = 0,06$$

ou le $z_{process}$ par la relation

$$z_{processus} = z_{équivalent} + 1.5 = 1.68$$

Dans ce cas le $Ppk\%$ est extrêmement faible car on considère que la moindre non-conformité n'est pas acceptable. Si on considère qu'une non-conformité par unité est acceptable alors on a la probabilité d'avoir zéro ou une non-conformité $P = P(0) + P(1)$

$$P(0) = \frac{e^{-\lambda}.\lambda^0}{0!} = e^{-\lambda} = 0,571 \qquad P(1) = \frac{e^{-\lambda}.\lambda^1}{1!} = \lambda e^{-\lambda} = 0,32$$

$$p' = 1 - [P(0) + P(1)] = 0,11 \qquad z_{\text{équivalent}} = 1,22$$

$$\text{Soit} \quad Ppk\% = \frac{z_{\text{équivalent}}}{3} = \frac{1,22}{3} = 0,41$$

$$\text{Et } z_{Process} = z_{\text{équivalent}} + 1.5 = 2.72$$

7.3. Cas des non-conformités, utilisation des DPO

La notion de *DPO* (Défaut par Opportunités) a été introduite pour tenir compte de la complexité des produits à réaliser. En effet, dans le cas d'un suivi des non-conformités, la performance n'est pas la même si on travaille sur un produit très simple n'ayant qu'une seule opportunité de défaut ou si on travaille sur un produit complexe comprenant 10 opportunités de défaut.

L'opportunité de défaut est le défaut potentiel sur le produit. Par exemple, lors de la fabrication d'une chaussure, on relève 15 types de défauts potentiels : défaut de collage semelle, défaut de couture, positionnement de la doublure…

Supposons que sur un lot de *3 000* chaussures on ait détecté *25* défauts. Un premier calcul de *Ppk %* donnerait :

$$\lambda = \frac{25}{3000} = 0,00833 \qquad p' = 1 - e^{-\lambda} = 1 - e^{-0,00833} = 0,0083$$

$$\text{soit } z = 2,40 \text{ et donc un } Ppk\% = \frac{2,40}{3} = 0,8$$

Mais ce calcul ne tient pas compte de la complexité de l'assemblage. Pour en tenir compte, on calcule le nombre de *DPO* :

$$DPO = \frac{Défauts}{Nb\ Produits \times nb\ opportunités} = \frac{25}{3000 \times 15} = 0,00055$$

$$p' = 1 - e^{-\lambda} = 1 - e^{-0,00055} = 0,00055$$

$$\text{soit } z_{\text{équivalent}} = 3,26 \text{ et donc un } Ppk\% = \frac{3,26}{3} = 1,08$$

$$\text{et } z_{process} = z_{\text{équivalent}} + 1.5 = 4.76$$

Si on prend maintenant l'exemple du tableau figure 26 d'un service fabriquant 5 produits (*A, B, C, D, E*). Le produit *A* est très complexe avec *25* opportunités de défaut, le produit *B* est très simple avec une seule opportunité de défaut.

Produit	Nb de produits	Nb de défauts	Nb opportunités	U %	DPO	p'	$Z_{équiv}$	Ppk %	$z_{process}$
A	500	14	25	2.80 %	0.00112	0.00112	3.06	1.02	4.56
B	2563	25	1	0.97 %	0.00975	0.00971	2.34	0.78	2.28
C	1462	1	5	0.068 %	0.00014	0.00014	3.64	1.21	2.71
D	250	4	1	1.60 %	0.01600	0.01587	2.15	0.72	2.22
E	120000	12	5	0.010 %	0.00002	0.00002	4.11	1.37	2.87

Figure 26 – *Ppk* % en fonction des DPO

Bien que le produit *A* a *14* défauts sur *500* produits (*2.8 %*) et que le produit *B* a *25* défauts sur *2563* produits (*0.97 %*), le *Ppk* % du produit *A* est meilleur que celui du produit *B*. Cela vient du fait qu'il est plus complexe avec davantage d'opportunités de défauts.

8. Les cas particuliers

8.1. Cas des répartitions non normales

Dans toutes les procédures que nous avons décrites, nous avons bien précisé de vérifier la normalité de la répartition avant de faire le calcul. En effet, les indicateurs de capabilité étant pour la plupart liés à un pourcentage hors tolérance, nous avons besoin de connaître la répartition des pièces afin de faire le lien entre le pourcentage et l'indicateur de capabilité. Le chapitre 10 est entièrement consacré à l'étude des distributions non normales. Nous pouvons néanmoins aborder brièvement ce cas.

Une question qui est souvent posée est : « Que fait-on lorsque la loi n'est pas normale ? ». Nous dissocierons deux cas de figure :

- Le cas où la non-normalité est attendue. C'est le cas notamment des défauts de forme, des écarts de position pour lesquels la loi de distribution est connue. Le chapitre 10 traite de ces cas. Nous invitons le lecteur à s'y reporter.

- Le cas où la normalité est attendue mais n'est pas au rendez-vous.

Prenons un exemple : on a mesuré une hauteur entre l'axe de bielle et le sommet d'un piston dans un ensemble bielle manivelle et on a trouvé l'histogramme suivant :

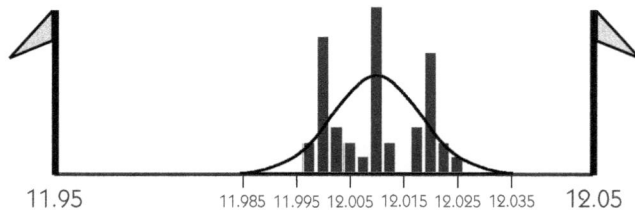

11.95   11.985 11.995 12.005 12.015 12.025 12.035   12.05

Figure 27 – Histogramme de la hauteur de piston

- La spécification est : *12 ± 0,05*
- La moyenne = *12,009*
- L'écart type = *0,00839*
- *Pp = 1,99* et *Ppk = 1,60*
- Normalité : Non

L'exemple de la figure 27 est assez significatif de l'importance de la non-normalité. Bien évidemment la production est tout à fait acceptable quand bien même on est en présence d'une population mélangée.

Pour bien comprendre l'intérêt de la normalité, il faut se poser la question : « A quoi sert la normalité ? »

- La normalité sert à estimer le pourcentage hors tolérance dans le cas d'une loi normale. En effet, connaissant le *Cpk*, on a directement le pourcentage hors tolérance en se reportant aux tables de la loi normale.
- La normalité sert à montrer l'absence de cause spéciale et donc la stabilité du procédé. En effet, si on se réfère au théorème central limite (voir annexe statistique) l'influence d'un facteur très important met à mal la normalité de la répartition.

En l'absence de normalité nous pouvons donc dire :

- il y a présence de cause spéciale ;
- on ne peut pas facilement estimer le pourcentage hors tolérance.

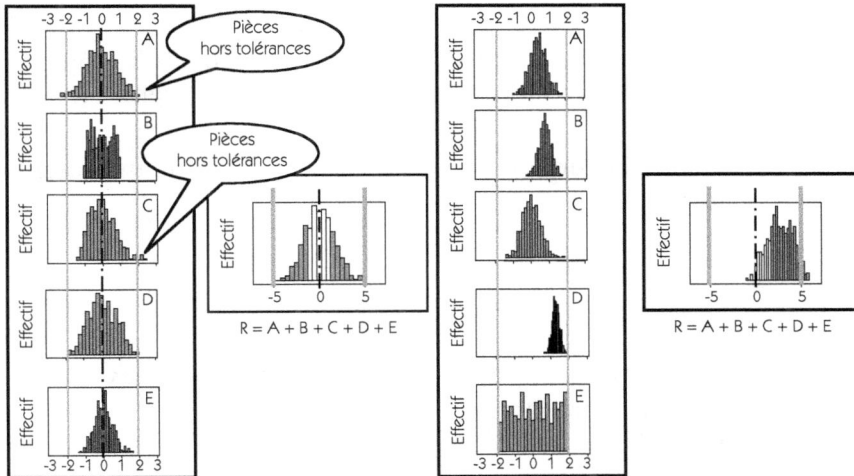

Figure 28 – La qualité du produit et pourcentage hors tolérance

Mais cela est-il gênant ? Si on se réfère au chapitre 1 dans lequel nous avons développé la notion de « conformité du produit » et de « conformité des caractéristiques », nous avons montré que la normalité n'est pas nécessaire dans le cas d'une combinatoire de plusieurs caractéristiques.

En effet, lorsqu'une caractéristique produit (bon fonctionnement) est liée à plusieurs caractéristiques élémentaires, par la relation :

$$y = \beta_0 + \beta_1 C_1 + \beta_2 C_2 + ... + \beta_k C_k$$

Même si les répartitions ne sont pas normales, lorsque les variables sont indépendantes, on a malgré tout additivité des moyennes et des variances. Nous avons même montré (voir figure 28) que le pourcentage hors tolérance n'est pas le bon critère pour évaluer la qualité du produit fini. Ce qui est important c'est le centrage et la dispersion du procédé. Nous invitons le lecteur à se reporter au chapitre 1 pour bien comprendre ce point essentiel.

Dès lors, nous estimons dans le cas de caractéristiques élémentaires :

- Qu'il est souvent pertinent de calculer les indicateurs par les relations classiques même lorsque la loi n'est pas normale !

- Que l'interprétation de ces indicateurs est pertinente pour estimer l'impact de la caractéristique sur la qualité du produit fini !

- Que même si on ne connaît pas le pourcentage hors tolérance ce n'est pas cela qui est important, c'est le centrage et la dispersion !

- Que dans ce cas, on a des causes spéciales et donc un potentiel d'amélioration.

8.2. Le cas des processus multi-générateurs

Ce cas est un cas particulier des répartitions non normales. En effet les systèmes multi-générateurs tels que les presses à injecter (plusieurs empreintes) produisent rarement des lois normales, mais plutôt des mélanges de loi.

Dès lors, comment calculer la capabilité ? Cela dépend de l'objectif que l'on se fixe qui peut être de garantir la qualité et la fiabilité du produit fini ou simplement de garantir les tolérances.

Objectif « impact sur le produit fini ».

Si l'on veut estimer la répercussion de cette pièce sur la qualité des produits finis, il faut utiliser le calcul *Pp*, *Ppk* et *Ppm* sur l'ensemble des pièces en mélangeant les générateurs puisque c'est ainsi qu'ils seront montés sur le produit fini. Si la qualité est acceptable, il n'est pas utile d'aller plus loin. Si la capabilité n'est pas acceptable, on peut également calculer pour chaque empreinte la capabilité *Pp*, *Ppk* afin de connaître l'origine de cette non-qualité.

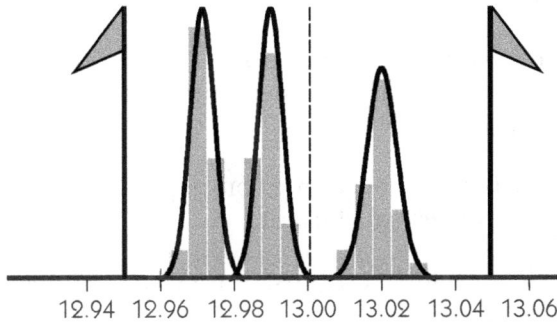

12.94 12.96 12.98 13.00 13.02 13.04 13.06

Figure 29 – Production à trois empreintes

Par exemple dans le cas de la figure 29 où il y a trois empreintes, on a calculé :

Calcul global sur la production

$$\overline{X} = 12,993$$

$$S = 0,0205$$

$$Pp = \frac{0,10}{6 \times 0,0205} = 0,81$$

$$Ppk = \frac{12,993 - 12,95}{3 \times 0,0205} = 0,70$$

$$Ppm = \frac{0,08}{6\sqrt{0,0205^2 + (12,993 - 13)^2}} = 0,77$$

Calcul par empreintes

	Empreinte 1	Empreinte 2	Empreinte 3
Moyenne	12,971	12,989	13,0195
Écart type	0,0030	0,0029	0,0039
Pp	5,56	5,75	4,24
Ppk	2,31	4,49	2,58

Dans ce cas de figure, le *Ppk* et le *Ppm* global ne sont pas acceptable cela signifie que les coûts de non-qualité seront trop importants si on utilise cette production. Pourtant aucune pièce n'est hors tolérance et les *Pp Ppk* de chaque empreinte sont acceptables.

Objectif « assurer les pièces dans les tolérances ».

Dans ce cas le calcul du *Pp, Ppk* global n'est pas le bon calcul et il est préférable de calculer pour chaque empreinte un *Pp, Ppk* afin de valider la production.

Dans le cas de la figure précédente, on accepterait le lot car chaque *Pp, Ppk* par empreinte est satisfaisant.

Remarque : si le *Ppk* global est satisfaisant cela suffit bien évidemment pour valider chaque empreinte.

8.3. Calcul de la capabilité globale sur plusieurs critères

Considérons désormais le cas d'une pièce qui aurait plusieurs caractéristiques **indépendantes**. Peut-on définir un *Cpk (ou Ppk)* pour la pièce faisant la synthèse des 4 capabilités des caractéristiques individuelles ?

Bothe[4] a proposé une approche extrêmement simple qui consiste à calculer la proportion de produits non-conformes (au moins une caractéristique) et à calculer un *Cpk* équivalent.

Exemple de calcul

Caractéristique	*Cp*	*Cpk*	*z*	proportion de non-conformes	Proportion de conformes
C1	2	1.5	4.5	3.40E-06	0.999997
C2	1.2	0.9	2.7	3.47E-03	0.996533
C3	2.5	1.9	5.7	5.99E-09	0.99999999
C4	1.6	1.2	3.6	1.59E-04	0.999841

A partir de ce tableau on calcule la proportion de produits conformes en multipliant les proportions de conformes pour chaque caractéristique :

$$P = 0.999997 \times 0.996533 \times 0.99999999 \times 0.999841 = 0.996371$$

---

4. D. R. Bothe. Composite Capability Index for multiple Product Characteristics – Quality engineering, 12(2) : 253-258, 1999.

On en déduit le $z_{équivalent}$ en utilisant la loi de Gauss : $z_{équivalent} = 2.68$

Et le $Cpk = z/3 = 0.89$

Cette méthode qui a le grand avantage de la simplicité, suppose l'indépendance des caractéristiques. En cas de caractéristiques dépendantes on sous estime assez fortement la capabilité en utilisant cette approche. Plusieurs approches ont été proposées[5] pour éviter cet écueil, mais restent relativement compliquées et sortent du cadre de cet ouvrage.

---

5. Alan Veevers – Capability Indices for Multiresponse Processes – Statistical Process Monitoring and optimization – pp241-256 – ISBN: 0-8247-6007-7

Chapitre 5

Les cartes de contrôle

Ce chapitre complète le chapitre 2 sur les concepts de base. Nous aborderons dans ce chapitre les calculs des cartes de contrôle aux mesures. Nous détaillerons également les principales cartes de contrôle utilisées pour les processus discrets ainsi que l'analyse des conditions de mise en place des cartes de contrôle. Nous attirons l'attention du lecteur sur le fait qu'il ne doit pas aborder ce chapitre sans avoir compris l'essentiel des concepts de base développés dans le chapitre 2. De même, nous utilisons dans ce chapitre de nombreux résultats statistiques que le lecteur pourra trouver dans l'annexe statistique.

1. Cartes de contrôle pour le suivi des valeurs individuelles

Dans le chapitre 2, nous avons détaillé le principe de la carte de contrôle Moyennes/Etendues. Dans certains cas, il n'est pas possible de prélever plusieurs valeurs consécutives, on dispose seulement d'une grandeur mesurée périodiquement.

Un exemple de ce type est la surveillance des paramètres processus tels que pression, température ou dans le cas de contrôles destructifs pour lesquels on évite de prélever un échantillon. Le cas peut également se produire lorsque la capabilité court terme est excellente ($Cp > 4$). Dans ce cas, le prélèvement d'un échantillon est inutile pour le pilotage. Il reste néanmoins que le prélèvement de deux produits consécutifs reste utile pour suivre l'évolution de la dispersion.

1.1. Cartes Valeurs individuelles / Étendues glissantes

Dans le cas de suivi de valeurs individuelles, la taille de l'échantillon étant ramenée à 1, il devient impossible de mesurer une étendue ou un écart type tel que nous l'avions fait pour les autres cartes. Afin d'estimer la variabilité intrinsèque du processus, on calcule alors une étendue glissante sur les valeurs observées.

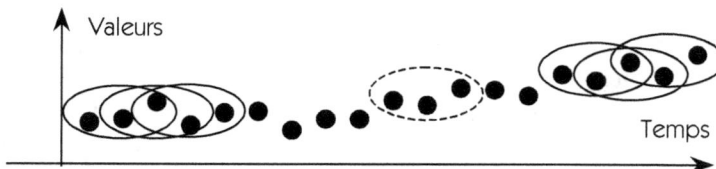

Figure 1 – Principe de l'étendue glissante

Exemple n=3

1ère mesure -1 Pas de calcul d'étendue
2ème mesure   0 Pas de calcul d'étendue
3ème mesure -1 R = 1 (calculée sur les trois dernières valeurs -1 0 -1)
4ème mesure   1 R = 2 (calculée sur les trois dernières valeurs 0 -1 1)
5ème mesure   2 R = 3 (calculée sur les trois dernières valeurs -1 1 2)
6ème mesure   2 R = 1 (calculée sur les trois dernières valeurs 1 2 2)

La surveillance de ce type de paramètre s'effectue en remplissant une carte des valeurs individuelles et une carte des étendues.

Pour les valeurs individuelles, les limites sont fixées à $\pm 3\sigma_{CT}$. Le calcul des limites s'effectue à partir des formules suivantes :

$$LIC_X = Cible - 3.\sigma_{CT} = Cible - 3\frac{\overline{R}}{d_2} = Cible - A_4.\overline{R}$$

$$LSC_X = Cible + 3.\sigma_{CT} = Cible + 3\frac{\overline{R}}{d_2} = Cible + A_4.\overline{R}$$

L'écart type court terme (σ_{CT}) est estimé à partir de la loi de l'étendue réduite qui exprime la relation de proportionnalité entre l'étendue moyenne sur n pièces et l'écart type court terme : $\sigma_{CT} = \overline{R}/d_2$ (voir annexe statistique)

n	2	3	4	5
A_4	2,660	1,772	1,457	1,290
D_3	-	-	-	-
D_4	3,267	2,574	2,282	2,114

Pour les étendues mobiles, on retrouve les relations utilisées dans le cas de la carte : $\overline{X}/R$

$$LIC_R = D_3.\overline{R}$$
$$LSC_R = D_4.\overline{R}$$

Application :

Un coureur de fond qui veut maintenir une performance sur les temps qu'il réalise sur un marathon veut suivre les paramètres processus corrélés avec son état de forme. Les principaux paramètres facilement accessibles sont : son poids, sa masse grasse (mesurée avec une balance Body Master de Tefal), son pouls. Nous reproduisons ici uniquement le suivi de sa masse totale. Une observation sur une période de 20 jours a donné :

Jour	Poids	R	Jour	Poids	R	Jour	Poids	R	Jour	Poids	R
J1	70.4		J6	70.1	0.8	J11	70.2	0.2	J16	70	0.2
J2	70.8	0.4	J7	69.8	0.3	J12	70.1	0.1	J17	71.3	1.3
J3	70.4	0.4	J8	69.9	0.1	J13	70.8	0.7	J18	70.4	0.9
J4	70.2	0.2	J9	69.7	0.2	J14	70.5	0.3	J19	70.9	0.5
J5	70.9	0.7	J10	70	0.3	J15	70.2	0.3	J20	70.6	0.3

Les étendues R sont mesurées sur deux jours consécutifs. On obtient sur la période d'observation les valeurs moyennes $\overline{X} = 70.36$: et $\overline{R} = 0.432$

Dans ce type de processus où le réglage de la valeur n'est pas facile, la cible est fixée sur la valeur moyenne de la période d'observation.

$$LIC_X = Cible - A_4.\overline{R} = 70.36 - 2.66 * 0.432 = 69.212$$

$$LSC_X = Cible + A_4.\overline{R} = 70.36 + 2.66 * 0.432 = 71.508$$

$$LIC_R = D_3.\overline{R} = -$$

$$LSC_R = D_4.\overline{R} = 3.267x0.432 = 1.41$$

La figure 2 donne le tracé de la carte de contrôle aux mesures individuelles. Les points sont tous sous contrôle, le « processus » était donc stable pendant cette période.

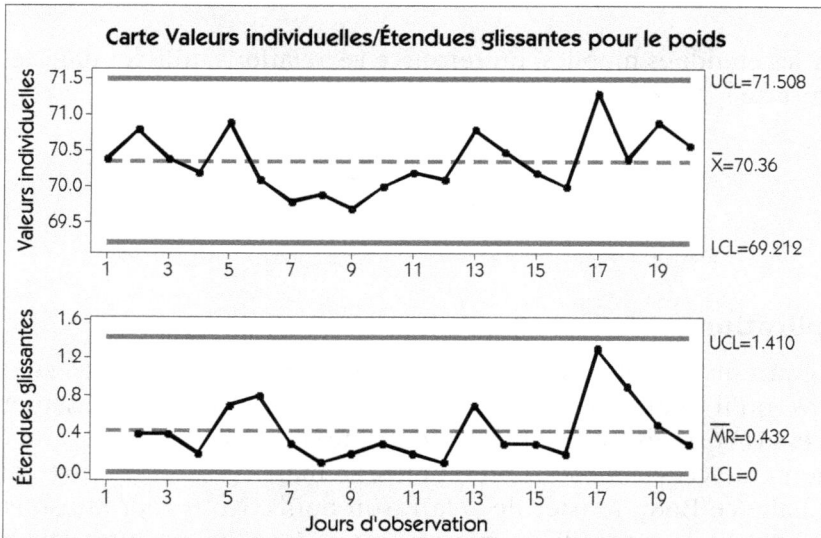

Figure 2 – Carte de contrôle aux mesures individuelles

1.2. Cartes de contrôle aux valeurs individuelles Moyennes glissantes/Étendues glissantes

Dans ce type de cartes, on prélève des valeurs individuelles, mais on représente sur la carte de contrôle la **moyenne glissante** des n dernières mesures. La carte des étendues est traitée comme dans le cas précédent.

Le calcul de ce type de carte de contrôle est identique au calcul classique des cartes $(\overline{X}/R)$ présentées au chapitre 2.

Les cartes « Moyennes glissantes/Etendues glissantes » sont plus efficaces pour détecter de petits décentrages que les cartes « Valeurs individuelles/Etendues glissantes ». En effet, on raisonne sur une moyenne et donc on s'affranchit un peu de la dispersion. Cependant, le fait de faire une moyenne glissante rend ce type de cartes moins efficace pour détecter des dérives rapides. On réservera donc :

- les cartes Valeurs/Etendues glissantes pour les procédés à dérives rapides.
- les cartes Moyennes glissantes/Etendues glissantes pour les procédés à petites dérives lentes.

Nous verrons dans les chapitres suivants d'autres types de cartes telles que les cartes CUSUM ou EWMA qui sont plus efficaces pour détecter de toutes petites dérives.

Exemple d'application :

Un processus de fabrication utilise un four dont la température doit atteindre impérativement la cible de *1400 °C*. Le four est piloté par son propre automatisme et lorsqu'il indique que la température est atteinte, un opérateur vient contrôler avec un appareil indépendant la température du four. En cas d'écart significatif (processus hors contrôle) l'opérateur réajuste la température du four et éventuellement préconise une maintenance du système de contrôle de la température du four. Afin de déterminer les règles de réajustement et de maintenance, nous avons utilisé une carte de contrôle en moyenne glissante sur les trois dernières mesures.

L'observation sur une période de référence « sous contrôle » a donné une étendue moyenne $\overline{R} = 8,5$.

On calcule les limites de contrôle en utilisant les formules classiques :

$$LIC_{\overline{X}} = Cible - A_2.\overline{R} = 1400 - 1,023 \times 8,5 = 1391$$

$$LSC_{\overline{X}} = Cible + A_2.\overline{R} = 1400 + 1,023 \times 8,5 = 1409$$

$$LSC_R = D_4\overline{R} = 2,574 \times 8,5 = 22$$

Produit	Référence :	Désignation :								N° de carte
Moyen	Machine : Four pyro	Section :								
Lot	O.F. :	Lot :	Cm	Cp	Cpk		Cm	Cp	Cpk	5
Caractéristique	Caractéristique : Température									
Contrôle SPC	Cible :1400 LSC : 1409 LIC : 1391 $\overline{R}$: 8,5 LSCr : 22									

Valeur	1396	1406	1398	1411	1402	1402	1400	1408	1393	1390	1405	1403	1399	1413	1410	1410	1398	1402	1405	1398	1400
Moyenne			1400	1405	1404	1405	1401	1403	1400	1397	1396	1399	1402	1405	1407	1411			1402	1402	1399
Étendue			10	13	13	10	2	8	15	18	15	15	6	14	14	3			7	7	10

Figure 3 – Exemple de carte de suivi moyenne glissante

Dans cet exemple, le premier calcul de la moyenne donne :
(1396 + 1406 + 1398)/3 = 1400
L'étendue sur les trois premières mesures = *1406 - 1396 = 10*

Lorsque le point sort des limites naturelles, il faut une intervention de maintenance, les deux points suivants ne sont pas calculés afin de ne pas tenir compte de l'intervention dans les calculs.

Dans l'exemple précédent, on a calculé les moyennes glissantes sur 3 valeurs. La première moyenne calculée est donc la troisième. On ne trace pas de point pour les deux premières valeurs. Il est néanmoins possible de tracer le point pour la première valeur, la moyenne des deux points sur la seconde et ainsi de suite. Les limites de contrôle évoluent en fonction de la taille de l'échantillon considéré.

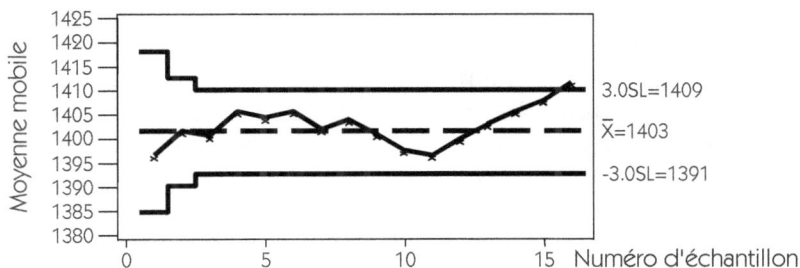

Figure 4 – Moyenne mobile évolutive

Influence de la taille de l'échantillon considéré

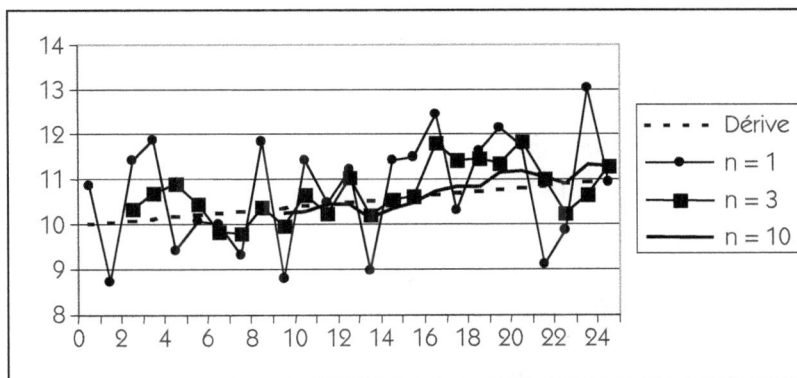

Figure 5 – Influence de la taille des échantillons

Lorsque l'on choisit une carte aux moyennes glissantes, on doit choisir la taille des échantillons de regroupement. Pour une première approche, nous dirons :

- Plus la taille de l'échantillon est grande, plus on est capable de détecter de petits décentrages (voir le paragraphe sur l'efficacité des cartes de contrôle)
- Plus la taille des échantillons est petite, plus on est capable de détecter des décentrages rapides de la production.

Le bon choix est le bon compromis entre ces deux propriétés.

La figure 5 montre l'influence de la taille de l'échantillon sur le filtrage de la dispersion dans le cas d'une dérive constante. Avec une taille *n = 3*, la courbe est encore très influencée par les fluctuations aléatoires des valeurs. Avec *n = 10*, la courbe suit de très près la dérive réelle du process. Un exemple bien connu de ce « filtrage des variations » est l'indice Insee du coût de la construction pour les loyers d'habitation et les loyers commerciaux. Il est calculé sur la moyenne mobile des quatre derniers trimestres.

2. Les cartes de contrôle par échantillons

Nous avons développé au chapitre 2 la carte de contrôle $\overline{X} / R$ car c'est probablement la carte la plus utilisée. Il existe cependant d'autres façons de suivre ou de piloter un procédé à partir d'un échantillon. Rappelons que le but des cartes de contrôle est de suivre les deux aspects de l'évolution d'un procédé :

- les dérives en position ;
- les dérives en dispersion.

Dans le chapitre 2, nous avons étudié les deux cartes les plus communes : la carte des moyennes et la carte des étendues. Outre ces deux cartes, on peut utiliser la carte des médianes pour suivre les dérives en position. De même, il est parfois avantageux de remplacer la carte des étendues par un suivi de l'écart type.

2.1. Carte de contrôle de la médiane (carte $\tilde{X}$)

La médiane est la valeur telle qu'il y a autant de valeurs d'un côté que de l'autre (figure 6). Le symbole représentant la médiane est $\tilde{X}$. Le rang de la valeur médiane se calcule par : *rang = (n + 1)/2*

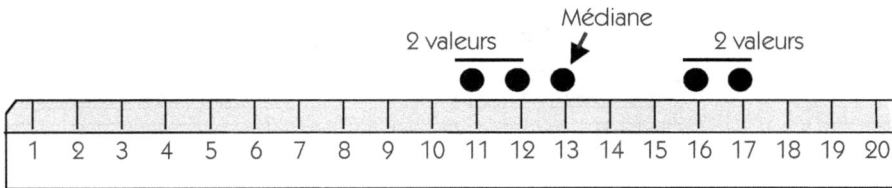

Figure 6 – La médiane

Exemple : Soit *5* valeurs (*11, 12, 13, 16, 17*) arrangées dans l'ordre croissant, la médiane est la valeur telle qu'il y ait *2* valeurs de part et d'autre, c'est donc *13* dans ce cas (*rang = (5 + 1)/2 = 3ème valeur*).

Avantage de la carte des médianes

La figure 7 donne un exemple de carte aux médianes associée à une carte aux étendues. Par exemple, le premier échantillon a donné comme valeurs (*0, 6, 12, 14, 20*). L'opérateur reporte sur la carte les *5* valeurs et repère la valeur médiane. Il reporte ensuite l'écart entre la plus forte et la plus faible valeur sur la carte des étendues. Cette carte ne nécessite aucun calcul, contrairement aux cartes aux moyennes. Ainsi, dans le cas de cartes de contrôle tenues manuellement, cela peut être très intéressant. De plus, le fait de reporter les valeurs individuelles et de repérer la médiane permet à l'opérateur de bien dissocier les deux aspects du pilotage des procédés :

- l'action sur les produits (bon / pas bon) fondée sur les valeurs mesurées ;
- l'action sur le procédé (réglage) fondée sur la médiane.

Dans les cas où l'opérateur a des difficultés à calculer l'étendue, on peut simplifier ce problème en utilisant un gabarit. Celui-ci lui permettra de mesurer l'étendue à partir des points repérés sur la carte des médianes, et de la reporter sur la carte des étendues.

Inconvénient de la carte aux médianes

Bien que plus facile d'utilisation, elle ne donne pas une aussi bonne finesse d'analyse que la carte des moyennes. Son efficacité est un peu moins bonne.

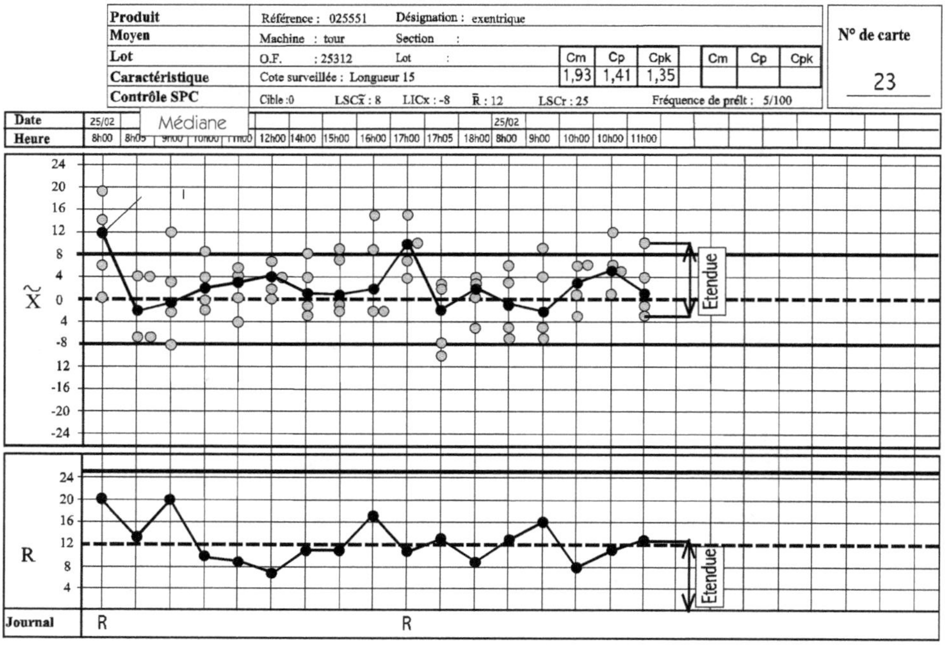

Figure 7 – Exemple de carte aux médianes

Compte tenu de la facilité de mise en œuvre de cette carte, nous conseillons néanmoins de l'utiliser au détriment de la carte de contrôle des moyennes dans le cas d'un suivi manuel.

Interprétation d'une carte aux médianes : cette carte fonctionne de la même manière que la carte aux moyennes. Toutes les règles que nous avons évoquées dans le chapitre 2 sur le pilotage par la carte aux moyennes restent donc valables.

Calcul des limites : les limites se calculent de la même façon qu'une carte aux moyennes seul le coefficient A_2 est remplacé par le coefficient $\tilde{A}_2$.

Carte des médianes

Limite de contrôle inférieure : $LIC_{\overline{X}} = Cible - \tilde{A}_2 . \overline{R}$

Limite de contrôle supérieure : $LSC_{\overline{X}} = Cible + \tilde{A}_2 . \overline{R}$

Carte des étendues

Limite de contrôle inférieure : $LIC_R = D_3 . \overline{R}$

Limite de contrôle supérieure : $LSC_R = D_4 . \overline{R}$

n	2	3	4	5	6	7	8	9	10
$\tilde{A}_2$	1,880	1,187	0,796	0,691	0,548	0,508	0,433	0,412	0,362

2.2. Carte de contrôle des écarts types (carte S)

La carte des écarts types joue le même rôle que la carte de contrôle des étendues. Au lieu de porter sur la carte l'étendue de l'échantillon *(R = Maxi – Mini)*, on porte l'écart type estimé *S* calculé avec la formule suivante :

$$S = \sqrt{\frac{\sum (X_i - \overline{X})^2}{n-1}}$$

Son utilisation ne se justifie que dans le cas de cartes de contrôle automatisées. La difficulté de calcul de l'écart type rend très difficile son application dans le cas de cartes manuelles. L'avantage d'utiliser la carte « *S* » plutôt que la carte *R* réside dans le fait que l'écart type est plus efficace que l'étendue pour détecter une détérioration de la capabilité. Cet avantage est d'autant plus grand que la taille des échantillons est importante. En effet, le calcul de l'étendue ne tient compte que des deux valeurs extrêmes alors que le calcul de l'écart type tient compte de l'ensemble des valeurs.

Fonctionnement des cartes moyennes/écarts types

Le fonctionnement des cartes moyennes/écarts types est identique au fonctionnement des cartes moyennes/étendues.

- On prélève *n* pièces, on calcule la moyenne de l'échantillon et son écart type.
- Les points sont relevés sur la carte des moyennes et des écarts types.
- L'interprétation de la carte des écarts types est identique à l'interprétation de la carte des étendues.

Calcul des limites

Limite de contrôle inférieure : $LIC_S = B_3 . \overline{R}$

Limite de contrôle supérieure : $LSC_S = B_4 . \overline{R}$

n	2	3	4	5	6	7	8	9	10
B_3	-	-	-	-	0,030	0,118	0,185	0,239	0,284
B_4	3,267	2,568	2,266	2,089	1,970	1,882	1,815	1,761	1,716

2.3. Les cartes de Shewhart pour le suivi par échantillons

Pour piloter un procédé à partir d'échantillons, nous disposons donc de différentes cartes que nous pouvons classer de la façon suivante :

	Suivi de la position	Suivi de la dispersion
Utilisation conseillée en manuel	1. Carte aux médianes 2. Carte aux moyennes si justifiée	Cartes aux étendues
Utilisation conseillée en automatique (informatique)	1. Carte aux moyennes 2. Cartes aux médianes si justifiée	1. Cartes aux écarts types 2. Cartes aux étendues dans le cas de taille d'échantillon faible

2.4. Les cartes de Shainin « *precontrol* » – cartes couleurs

Les cartes « precontrol » ont particulièrement été développées par Dorian Shainin[1]. On les appelle également les cartes couleurs. Ces cartes ne sont pas fondées sur une approche de limites naturelles comme les cartes de Shewhart, mais sont déterminées à partir des tolérances. D'une certaine mesure, ces cartes peuvent être assimilées

---

1. Keki R. Bhote, Adi K. Bhote, Dorain Shainin – World Class Quality: Using Design of Experiments to Make It Happen – second edition – American Management Association – 2000

à des cartes aux limites élargies que nous présentons plus loin dans ce chapitre.

Outre l'aspect calcul des limites, les cartes de Shainin offrent l'avantage de la simplicité d'utilisation pour les opérateurs.

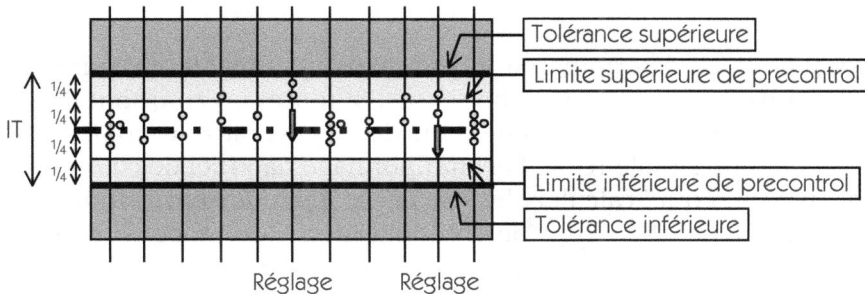

Figure 8 – Carte « *precontrol* » de Shainin

La figure 8 illustre le fonctionnement d'une carte de Shainin. Le principe consiste à partager la tolérance par deux afin de définir trois zones :

- la zone verte (la moitié de la tolérance) ;
- la zone orange (les deux quarts extérieurs de la tolérance) ;
- la zone rouge (hors tolérance).

On prélève cinq pièces en début de production. Pour accepter le réglage, les cinq pièces doivent se situer dans la zone verte. Après ce réglage initial, on réalise un suivi de la production par le prélèvement de deux pièces consécutives. Tant que les deux pièces se situent dans la zone verte, on continue la production. Si les deux pièces sont dans la zone orange ou si deux fois de suite on a une pièce dans la zone orange, on règle le procédé.

Le pilotage se résume par l'application des quatre règles suivantes :

Règle 1 : Diviser la spécification en 4, la zone située dans la moitié de la spécification est appelée zone verte. Les limites sont appelées lignes de pré-contrôle (*PC lines*). Les deux zones situées de chaque côté des lignes de pré-contrôle sont appelées zone jaune.

Règle 2 : Pour déterminer si le processus est capable, prendre cinq pièces consécutives issues du processus. Si toutes les cinq sont dans la zone verte, conclure à ce moment que le process est sous-contrôle. En fait, avec cette simple règle, l'échantillonnage habituel de cinquante à cent pièces pour calculer le *Cp* et le *Cpk* devient inutile. Par l'application du théorème de multiplication des probabilités ou la distribution binomiale, il peut être prouvé qu'un minimum de *Cpk* de *1,33* sera automatiquement obtenu. La production peut alors commencer.

Si une pièce tombe en dehors de la zone verte, le procédé est hors contrôle. Pour déterminer la cause de la dispersion, conduire une investigation.

Règle 3 : Une fois la production démarrée, prendre deux pièces consécutives de façon périodique. La figure 9 récapitule les règles de pilotage à appliquer. Lorsque le process a été stoppé (3, 4 et 5) recommencer l'étape 2 de validation de la capabilité.

Règle 4 : La fréquence de prélèvement est déterminée en divisant le temps moyen entre deux interventions par six.

Ces cartes sont très simples à utiliser, mais il faut faire très attention dans leur emploi. On fait l'hypothèse dans ces cartes que la capabilité court terme est bonne. Il est assez facile à démontrer que la méthode ne donne une bonne production **que si la capabilité court terme est supérieure à 2.**

Dans les cas où la capabilité court terme est inférieure à deux, il faut proscrire cette méthode.

N°	Schéma	Description	Action
1		Les deux pièces sont dans la zone verte	continuer la production
2		Une pièce est dans la zone verte, une autre dans la zone jaune	continuer la production
3		Sur deux prélèvements consécutifs, on trouve une pièce dans la zone jaune	régler le procédé
4		Si les 2 unités sont dans la même zone jaune	régler le procédé
5		Si les 2 unités sont dans des zones jaunes différentes	arrêter le procédé et conduire une investigation sur la cause de la dispersion
6		Si une pièce est dans la zone rouge	il y a un défectueux connu, il faut arrêter le process pour trouver la cause.

Figure 9 – Règle de pilotage d'une carte Shainin

Cas des contrôles aux calibres entre/n'entre pas

On peut utiliser ce type de carte de manière fort intéressante dans le cas d'un contrôle aux calibres entre/n'entre pas. Prenons le cas du perçage d'un trou de diamètre 0,8 mm dans l'industrie horlogère. Pour assurer la qualité de l'assemblage, il faut garantir le centrage sur la cible, mais il est très difficile de disposer sur le poste de travail d'un système de mesure pour un petit diamètre permettant la mise en place d'une carte de Shewhart.

Pour assurer la qualité, on réalise deux tampons : un aux tolérances (classique) et un aux demi-tolérances. Nous pouvons ainsi utiliser la carte de Shainin avec toutes les règles que nous avons évoquées.

3. Le calcul des limites de contrôle

3.1. Les limites de contrôle traditionnelles

Le pilotage d'un procédé consiste à répondre aux deux questions suivantes :
1. Faut-il intervenir sur le procédé ?
2. Si oui, quelle est l'importance de la correction à apporter ?

La première question trouvera une réponse si nous sommes capables de différencier les variations qui méritent une correction, de l'ensemble des variations aléatoires qui ne peuvent être corrigées. Pour cela, nous avons vu au chapitre 2 qu'il fallait calculer les « limites naturelles » du procédé.

Nous devons donc dissocier deux types de causes : les causes communes et les causes spéciales (figure 10).

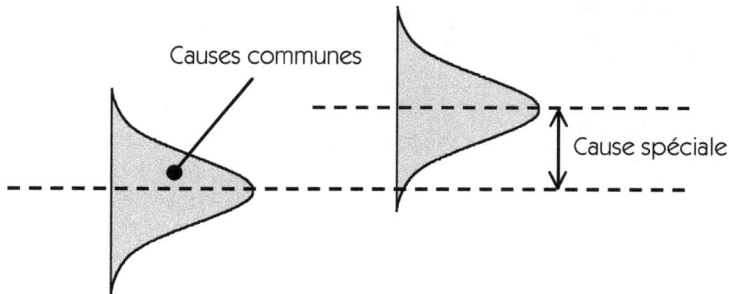

Figure 10 – Causes communes et causes spéciales

Les causes communes représentent la variabilité imputable au hasard. Si elles sont indépendantes les unes des autres et d'un ordre de grandeur équivalent, le théorème central limite nous permet de prévoir que la fonction de répartition des pièces suivra une loi normale.

Les causes spéciales représentent les causes de variabilité importantes qu'il faut corriger. Lorsque les seules causes agissant sur le procédé sont les causes communes, le procédé est dit « sous-contrôle ». Le principe des cartes de contrôle est de détecter par un outil graphique simple les cas où le procédé n'est plus sous-contrôle et où il faut réagir.

Le principe de base du calcul des cartes de contrôles est le suivant :

- On considère que lorsque le procédé est sur la cible, il est naturel de trouver des valeurs entre ± 3 σ de l'estimateur considéré. On fixe donc les limites « naturelles » à cette limite de ± 3 σ.

- Lorsque l'on trouve un point au-delà de cette limite, cela signifie que le processus n'est probablement plus centré sur sa cible.

Dans le cas d'une carte aux moyennes par exemple, on calcule les limites par la relation : *Cible ± 3 $\sigma_{moyenne}$ = Cible ± 3 $\sigma_{CT}/\sqrt{n}$* .

avec :
σ_{CT} : écart type court terme du procédé
n : taille de l'échantillon

Les limites naturelles du procédé peuvent être calculées pour les cartes moyennes, médianes, étendues, écarts types à partir des formules du tableau figure 12. Nous détaillerons plus loin l'origine de ces calculs.

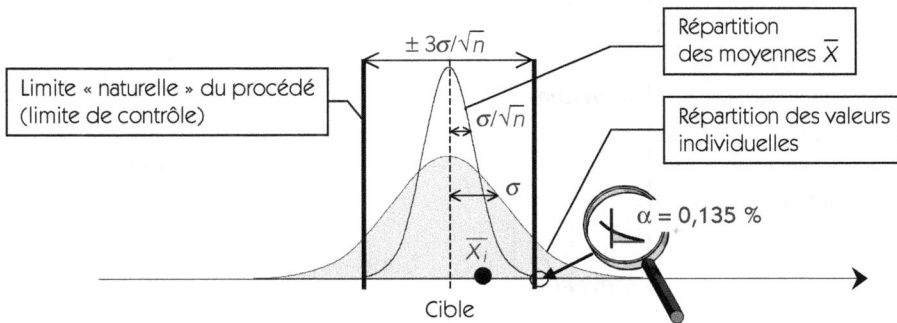

Figure 11 – Le risque α

En fixant les limites à ± *3σ*, on prend le risque de conclure parfois à tord que le procédé est décentré. On appelle ce risque le risque de première espèce ou encore le risque α. Dans le cas d'une carte aux moyennes, ce risque est de *0,27 %* (*0,135 % de chaque côté*) car nous sommes dans le cas d'une population normale (voir nos rappels dans l'annexe statistique).

Les calculs traditionnels des cartes de contrôle sont toujours faits à $\pm\,3\,\sigma$, quelle que soit la carte considérée (moyenne, médiane, étendue…). Comme tous ces estimateurs ne suivent pas une loi normale, le risque α sera sensiblement différent d'une carte à l'autre, mais restera toujours petit. Nous verrons au paragraphe 4.3 une méthode de calcul fondée sur les risques α et β. Les coefficients sont donnés dans la figure 13.

	Situation	Position Cartes	Calcul des limites de la carte de position	Dispersion Cartes	Calcul des limites de la carte d'échelle
Quelle que soit la taille des échantillons	Calculs à partir de l'écart type de la population totale σ	**Médianes**	$LIC_{\tilde{X}} = Cible - \tilde{A}\sigma$ $LSC_{\tilde{X}} = Cible + \tilde{A}\sigma$	**Étendues**	$LIC_R = D_5.\sigma$ $LSC_R = D_6.\sigma$
		Moyennes	$LIC_{\overline{X}} = Cible - A\sigma$ $LSC_{\overline{X}} = Cible + A\sigma$	**Écarts types**	$LIC_S = B_5.\sigma$ $LSC_S = B_6.\sigma$
La taille des échantillons doit rester identique à celle de la carte d'observation	Calculs à partir de l'étendue moyenne $\overline{R}$ (on a fait une carte d'observation $\overline{X}/R$ ou $\tilde{X}/R$)	**Moyennes**	$LIC_{\overline{X}} = Cible - A_2.\overline{R}$ $LSC_{\overline{X}} = Cible + A_2.\overline{R}$	**Étendues**	$LIC_R = D_3.\overline{R}$ $LSC_R = D_4.\overline{R}$
		Médianes	$LIC_{\tilde{X}} = Cible - \tilde{A}_2.\overline{R}$ $LSC_{\tilde{X}} = Cible + \tilde{A}_2.\overline{R}$		
	Calculs à partir de l'écart type moyen $\overline{S}$ (on a fait une carte d'observation) $\overline{X}/S$	**Moyennes**	$LIC_{\overline{X}} = Cible - A_3.\overline{S}$ $LSC_{\overline{X}} = Cible + A_3.\overline{S}$	**Écarts types**	$LIC_S = B_3.\overline{S}$ $LSC_S = B_4.\overline{S}$

Figure 12 – Formules de calcul des limites

	Pour le calcul de la carte $\bar{X}$			Carte Médiane		Pour le calcul de la carte des S				Pour le calcul de la carte des R				Coefts	
n	A	A_2	A_3	$\tilde{A}$	$\tilde{A}_2$	B_3	B_4	B_5	B_6	D_3	D_4	D_5	D_6	c_4	d_2
2	2,121	1,880	2,659	2.121	1,880	-	3,267	-	2,606	-	3,267	-	3,686	0,798	1,128
3	1,732	1,023	1,954	2.010	1,187	-	2,568	-	2,276	-	2,574	-	4,358	0,886	1,693
4	1,500	0,729	1,628	1.639	0,796	-	2,266	-	2,088	-	2,282	-	4,698	0,921	2,059
5	1,342	0,577	1,427	1.607	0,691	-	2,089	-	1,964	-	2,114	-	4,918	0,940	2,326
6	1,225	0,483	1,287	1.389	0,548	0,030	1,970	0,029	1,874	-	2,004	-	5,078	0,951	2,534
7	1,134	0,419	1,182	1.374	0,508	0,118	1,882	0,113	1,806	0,076	1,924	0,205	5,203	0,959	2,704
8	1,061	0,373	1,099	1.233	0,433	0,185	1,815	0,178	1,752	0,136	1,864	0,387	5,307	0,965	2,847
9	1,000	0,337	1,032	1.224	0,412	0,239	1,761	0,232	1,707	0,184	1,816	0,546	5,394	0,969	2,970
10	0,949	0,308	0,975	1.114	0,362	0,284	1,716	0,277	1,669	0,223	1,777	0,687	5,469	0,973	3,078

Figure 13 – Coefficients pour le calcul des limites

3.2. Exemple de calculs des limites

On désire installer une carte de contrôle sur une presse à injecter. La caractéristique suivie est un entraxe de *25 ± 0,1*. La taille de l'échantillon retenue est de 3 pièces.

Une étude de capabilité court terme sur 100 pièces consécutives a donné un écart type *S = 0,02*.

Calcul des limites de contrôle pour une carte $\tilde{X}/R$
(Médianes/Etendues)

L'étude de la capabilité court terme nous donne une estimation de l'écart type de la population. On suppose donc connaître $\sigma \approx S$ (voir l'annexe sur les bases statistiques).

$$LIC_{\tilde{X}} = Cible - \tilde{A}.\sigma = 25 - 2,01 x 0,02 = 24,96$$

$$LSC_{\tilde{X}} = Cible + \tilde{A}.\sigma = 25 + 2,01 x 0,02 = 25,04$$

$$LIC_R = D_5.\sigma = -$$
$$LSC_R = D_6.\sigma = 4,358 x 0,02 = 0,087$$

Calcul pour une carte $\bar{X}/S$ (Moyennes/écart type)

Pour la même caractéristique, on désire recalculer une carte de contrôle $\bar{X}/S$ à partir des données d'une carte d'observation établie sur des échantillons de 3 pièces. Sur la carte d'observation, $\bar{S} = 0,015$. On conserve la taille de 3 pièces.

Dans ces conditions, on connaît l'écart type moyen $\overline{S}$

$LIC_{\overline{X}} = Cible - A_3.\overline{S} = 25 - 1,954x0,015 = 24,9707$

$LSC_{\overline{X}} = Cible + A_3.\overline{S} = 25 + 1,954x0,015 = 25,0293$

$LIC_S = B_3.\overline{S} = -$

$LSC_S = B_4.\overline{S} = 2,568x0,015 = 0,0385$

Changement de type de carte ou de taille d'échantillon

Lorsque l'on change de type de carte ou de taille d'échantillon, il est nécessaire de se ramener au cas où l'écart type est connu. En effet, les calculs à partir de l'étendue moyenne ou de l'écart type moyen ne sont valables que si la taille d'échantillon reste la même. Pour cela on utilise les formule d'estimation de l'écart type dans le cas de petits échantillons (Voir Annexe sur les bases statistiques)

Estimation à partir de la moyenne des étendues $\sigma = \dfrac{\overline{R}}{d_2}$

Estimation à partir de la moyenne des écarts types $\sigma = \dfrac{\overline{S}}{c_4}$

Exemple : À partir de l'exemple précédent, on souhaite augmenter la taille des échantillons et passer de 3 à 5 pièces par prélèvement avec une carte $\tilde{X}/R$. La moyenne des écarts types $\overline{S}$ de la carte $\overline{X}/S$ actuelle est de $0,015$ (calculé avec $n = 3$).

Pour pouvoir calculer la carte, il faut d'abord estimer l'écart type de la population :

$\sigma = \dfrac{\overline{S}}{c_4} = \dfrac{0,015}{0,886} = 0,1693$ Le coefficient $c4$ est pris pour $n = 3$

On connaît alors l'écart type de la population, on en déduit facilement les limites de contrôle.

$$LIC_{\tilde{X}} = Cible - \tilde{A}.\sigma = 25 - 1{,}607x0{,}01693 = 24{,}977$$

$$LSC_{\tilde{X}} = Cible + \tilde{A}.\sigma = 25 + 1{,}607x0{,}01693 = 25{,}027$$

$$LIC_R = D_5.\sigma = -$$

$$LSC_R = D_6.\sigma = 4{,}918x0{,}01693 = 0{,}083$$

Les coefficients sont pris pour $n = 5$

3.3. Origine des calculs de limites

Les coefficients que nous donnons dans cet ouvrage sont calculés systématiquement à ± 3 écarts types du paramètre suivi. Ainsi, pour la carte de contrôle des moyennes, les limites sont calculées de la façon suivante :

$$LC_{\overline{X}} = Cible \pm 3\sigma_{\overline{X}}$$

De même, pour la carte des étendues par exemple, les calculs des limites sont :

$$LC_R = \overline{R} \pm 3\sigma_R$$

Dans une première lecture, il n'est pas nécessaire de passer trop de temps sur le détail des calculs des limites. On réservera ce paragraphe pour une lecture plus approfondie.

3.3.1. Le calcul de la carte des moyennes à partir de l'écart type de la population totale

Le principe de la carte de contrôle de Shewhart, qui reste largement utilisée, repose sur une représentation graphique du test de comparaison de moyenne par rapport à une valeur théorique dans le cas d'une répartition normale.

Etant donné un échantillon de taille n, dont les valeurs observées ont pour moyenne $\overline{Xi}$. Peut-il être considéré comme représentatif d'une population centrée sur la cible C et d'écart type σ ?

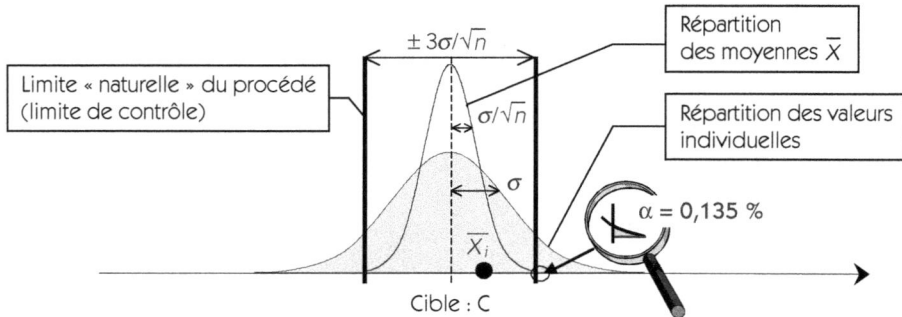

Figure 14 – Limites de contrôle de la carte des moyennes

Dans le cas de la carte de contrôle de Shewhart, nous considérons que l'écart type de la population totale est connue. Comme σ est connu, les lois de l'échantillonnage (développées dans l'annexe statistique) nous disent que $\overline{Xi}$ doit être compris dans une répartition normale de moyenne C et d'écart type $\sigma/\sqrt{n}$.

Nous rappelons que la loi de répartition des moyennes est une loi normale **même** si la répartition de la population n'est pas tout à fait normale. La normalité de la répartition des moyennes est très robuste aux écarts de normalité sur la distribution de la population de départ.

Nous devons vérifier que l'écart entre $\overline{Xi}$ et C est suffisamment faible pour vérifier l'hypothèse que l'échantillon appartient à une population centrée sur la cible C. Si cet écart est supérieur à l'écart maximal admis pour un seuil de confiance donné, nous repousserons l'hypothèse d'appartenance. S'il est inférieur, nous l'accepterons.

Calcul de l'écart z0

$$z0 = \frac{\left|\overline{X_i} - Cible\right|}{\sigma/\sqrt{n}}$$

avec

$\overline{Xi}$: moyenne de l'échantillon

σ : écart type historique de la population

n : taille de l'échantillon

Détermination de z_{limite} (zl)

zl est déterminé pour un seuil de confiance donné à partir de la table de la loi normale pour le risque α. En règle générale, on retient $zl = 3$ pour un risque $\alpha/2 = 0,00135$ de chaque côté soit un risque $\alpha = 0,0027$.

Conclusion sur l'appartenance

- Si $z0 > z1$, nous refusons l'hypothèse d'appartenance.
- Si $z0 < z1$, nous ne pouvons pas refuser l'hypothèse d'appartenance.

En prenant $zl = 3$, les limites se calculent donc par les formules suivantes :

$$LIC_{\overline{X}} = Cible - 3\frac{\sigma}{\sqrt{n}} = Cible - A.\sigma$$

$$LSC_{\overline{X}} = Cible + 3\frac{\sigma}{\sqrt{n}} = Cible + A.\sigma$$

σ étant l'écart type historique de la population totale (écart type court terme). A une constante qui dépend du nombre de valeurs dans l'échantillon. A est donnée dans le tableau figure 13.

3.3.2. Le calcul de la carte des moyennes à partir de la moyenne des écarts types *S* d'échantillons de petite taille

Lorsque σ est inconnu, on peut l'estimer à partir de la moyenne des écarts types $S\,(\sigma_{n-1})$ de plusieurs échantillons de petite taille (voir Annexe sur les bases statistiques).

$$\sigma_{estimé} = \frac{\overline{S}}{c_4}$$

Les formules de calcul deviennent alors :

$$LIC_{\overline{X}} = Cible - 3\frac{\overline{S}}{c_4\sqrt{n}} = Cible - A_3.\overline{S}$$

$$LSC_{\overline{X}} = Cible + 3\frac{\overline{S}}{c_4\sqrt{n}} = Cible + A_3.\overline{S}$$

Le coefficient A_3 est fonction de n. On trouvera ce coefficient dans le tableau figure 13.

3.3.3. Le calcul de la carte des moyennes à partir de la moyenne des étendues d'échantillons de petite taille

Le principe de la carte de contrôle $(\overline{X}/S)$ est souvent difficile à mettre en œuvre dans les ateliers de production du fait de la difficulté de calcul de l'écart type. On lui préfère souvent la carte $(\overline{X}/R)$ où le test de comparaison des variances n'est pas réalisé à partir de l'écart type estimé de l'échantillon mais à partir de l'étendue.

Lorsque σ est inconnu, on peut l'estimer à partir de la moyenne des étendues de plusieurs échantillons de petite taille (Voir annexe statistique).

$$\sigma_{estimé} = \frac{\overline{R}}{d_2}$$

Les formules de calcul deviennent alors :

$$LIC_{\overline{X}} = Cible - 3\frac{\overline{R}}{d_2\sqrt{n}} = Cible - A_2.\overline{R}$$

$$LSC_{\overline{X}} = Cible + 3\frac{\overline{R}}{d_2\sqrt{n}} = Cible + A_2.\overline{R}$$

Le coefficient A_2 est fonction de n. On trouvera ce coefficient dans le tableau figure 13.

3.3.4. Le calcul de la carte des écarts types à partir de l'écart type de la population totale

Le test précédent (paragraphe 3.3.1) de comparaison des moyennes n'est valable **que dans le cas où l'hypothèse « σ connu et constant » peut être validée**. Pour vérifier cette hypothèse, il faut faire un test de comparaison de la variance de l'échantillon par rapport à la variance de la population totale. Ce test est en fait réalisé par la carte de contrôle des écarts types ou des étendues.

On peut montrer que si la population est normale, l'estimation de l'écart type par S est un facteur biaisé de l'écart type σ. L'estimation non biaisée de σ fait intervenir un coefficient c_4 et on a :

$$\sigma_{estimé} = \hat{\sigma} = \frac{\overline{S}}{c_4}$$

L'écart type de la distribution de S est égal à $\sigma\sqrt{1-c_4^2}$

Les limites de variation acceptable de S sont généralement fixées à ± 3 écarts types de la distribution, ce qui donne :

$$LIC_S = c_4\sigma - 3\sigma\sqrt{1-c_4^2} = \left(c_4 - 3\sqrt{1-c_4^2}\right).\sigma = B_5.\sigma$$

$$LSC_S = c_4\sigma + 3\sigma\sqrt{1-c_4^2} = \left(c_4 + 3\sqrt{1-c_4^2}\right).\sigma = B_6.\sigma$$

Les coefficients B_5 et B_6 sont donnés dans le tableau figure 13.

La carte de contrôle des moyennes et des écarts types notée $(\overline{X}/S)$ réalise en fait deux tests de comparaison de variances et de comparaison de moyennes par le simple fait de placer les points sur le graphique.

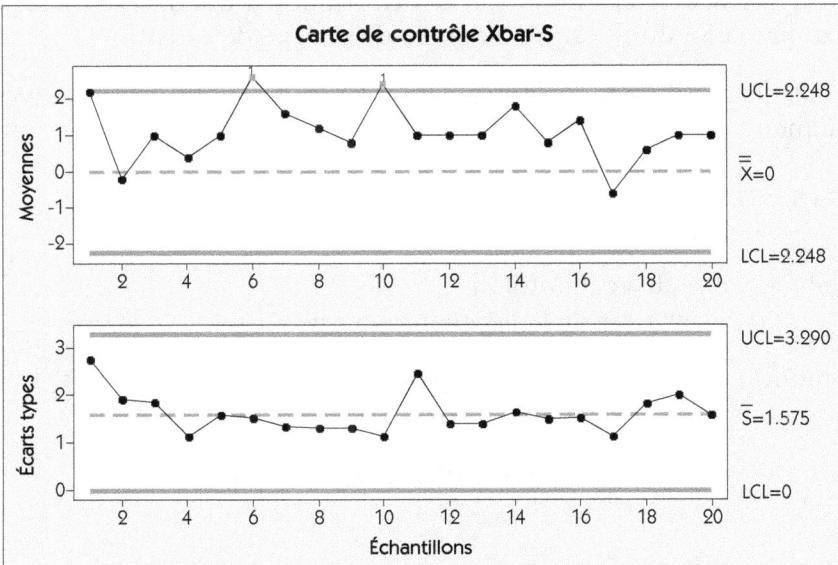

Figure 15 – Carte de contrôle de Shewhart

Les limites de contrôle sur les écarts types représentent les limites du test de comparaison des variances. Les limites de contrôle sur la carte des moyennes représentent les limites d'acceptation sur le test de comparaison des moyennes.

Lorsque le point sur la carte des écarts types est à l'intérieur des limites de contrôle, on peut accepter l'hypothèse de stabilité de l'écart type de la population totale, donc la stabilité des capabilités. Dans ce cas, le test de comparaison des moyennes peut être exécuté. Ce point montre l'importance de la carte de suivi des écarts types (ou des étendues). Elle doit être sous contrôle pour pouvoir interpréter correctement la carte des moyennes.

Lorsque le point sur la carte des moyennes est à l'intérieur des limites de contrôle, on ne peut pas conclure à un déréglage. Par contre, lorsque le point sort des limites (point 6 de l'exemple), on a une forte probabilité d'un décentrage, il faut donc réagir par un réglage.

3.3.5. Calcul de la carte des écarts types à partir de la loi du χ^2

Les calculs que nous avons présentés précédemment sont calculés à $\pm\,3\sigma$ du paramètre. Il s'ensuit que les risques α (risque de fausses alarmes) ne sont pas équivalents pour toutes les cartes. Certains préfèrent calculer des limites avec des risques α mieux maîtrisés. Le calcul par la loi du χ^2 est un exemple de ce type de calcul.

Les calculs des limites de contrôle de la carte des écarts types peuvent également être réalisés à partir de la loi de distribution du ratio

$$V = (n-1)\frac{S^2}{\sigma^2}$$

Soient $S : \sigma_{n-1}$ de l'échantillon

σ : écart type de la population totale

On montre que les variables indépendantes

$$V = (n-1)\frac{S^2}{\sigma^2} \quad \text{sont distribuées suivant une loi du } \chi^2.$$

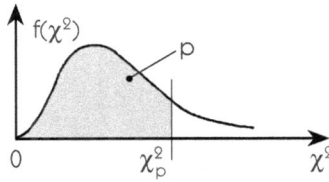

Figure 16 – Loi du χ^2

Nous voulons savoir s'il est vraisemblable avec un risque α de ne pas se tromper si l'échantillon d'écart type (Si) appartient ou non à la population totale d'écart type σ.

En fonction du risque α, on détermine les limites $\chi^2_{(\alpha/2)}$ et $\chi^2_{(1-\alpha/2)}$ d'appartenance à la population d'écart type σ.

L'hypothèse d'appartenance sera donc acceptée si :

$$\chi^2_{(\alpha/2)} < (n-1)\frac{S_i^2}{\sigma^2} < \chi^2_{(1-\alpha/2)}$$

Il faut donc que S_i soit compris dans l'intervalle :

$$\sqrt{\frac{\chi^2_{(\alpha/2)}}{(n-1)}}.\sigma < S_i < \sqrt{\frac{\chi^2_{(1-\alpha/2)}}{(n-1)}}.\sigma$$

Le risque α est alors souvent pris égal à 0,1 %. Cependant les coefficients retenus dans la plupart des procédures MSP sont plus souvent basés sur le calcul développé en 2.3.4. Remarquons cependant que les écarts entre les deux méthodes sont mineurs.

3.3.6. Le calcul de la carte des écarts types à partir des écarts types *S* de petits échantillons

Lorsque σ est inconnu, on l'estime à partir de la moyenne des écarts types S (σ_{n-1}) de plusieurs échantillons de petite taille $\hat{\sigma} = \overline{S}/c_4$.

Les formules de calcul deviennent alors :

$$LIC_S = \left(c_4 - 3\sqrt{1 - c_4^2} \right) . \frac{\overline{S}}{c_4} = B_3 . \overline{S}$$

$$LSC_S = \left(c_4 + 3\sqrt{1 - c_4^2} \right) . \frac{\overline{S}}{c_4} = B_4 . \overline{S}$$

Les coefficients B_3 et B_4 sont donnés dans le tableau figure 13.

3.3.7. Le calcul de la carte des étendues à partir des étendues *R* de petits échantillons

L'étendue R (Range) est définie comme étant l'écart entre la valeur maxi et mini. On peut montrer que le ratio R/σ est distribué de telle sorte que :

$$Moyenne(R/\sigma) = d_2$$
$$Ecart\ type(R/\sigma) = d_3$$

avec :

- σ écart type court terme de la population
- d_2 et d_3 étant fonction de la taille de l'échantillon.

Les limites de contrôle des étendues à $\pm 3\sigma$ sont donc :

$$LIC_R = \overline{R} - 3\sigma_R = \overline{R} - 3 d_3 . \hat{\sigma} = \overline{R} - 3.d_3 . \frac{\overline{R}}{d_2} = D_3 . \overline{R}$$

$$LSC_R = \overline{R} + 3\sigma_R = \overline{R} + 3 d_3 . \hat{\sigma} = \overline{R} + 3.d_3 . \frac{\overline{R}}{d_2} = D_4 . \overline{R}$$

avec $D_3 = 1 - 3.(d_3/d_2)$ et $D_4 = 1 + 3(d_3/d_2)$.

Les limites de contrôle des étendues peuvent également se calculer à partir de l'écart type de la population totale :

$$LIC_R = \overline{R} - 3\sigma_R = d_2 . \sigma - 3.d_3 . \sigma = D_5 . \sigma$$

$$LSC_R = \overline{R} + 3\sigma_R = d_2 . \sigma + 3.d_3 . \sigma = D_6 . \sigma$$

4. Efficacité des cartes de contrôle

Jusqu'à ce point, nous n'avons pas trop insisté sur la taille des échantillons. C'est pourtant un point essentiel dans le choix d'une carte de contrôle. Choisir la taille d'un échantillon consiste à trouver le meilleur compromis entre le coût du contrôle et la meilleure **efficacité** à détecter de petits décentrages. Cette étude de l'efficacité des cartes et du choix de la taille des échantillons fait l'objet de ce paragraphe.

4.1. Courbe d'efficacité d'une carte de contrôle

L'efficacité d'une carte de contrôle est en fait l'efficacité à détecter un déréglage. En effet, lorsqu'on pilote un procédé avec des méthodes statistiques, on a toujours deux risques décisionnels :

- le risque de première espèce α de conclure à un déréglage alors qu'il n'y en a pas,
- le risque de seconde espèce β de ne pas déceler un déréglage alors que celui-ci existe.

La figure 17 montre le risque α dans le cas d'un réglage parfait et le risque β dans le cas d'un décentrage.

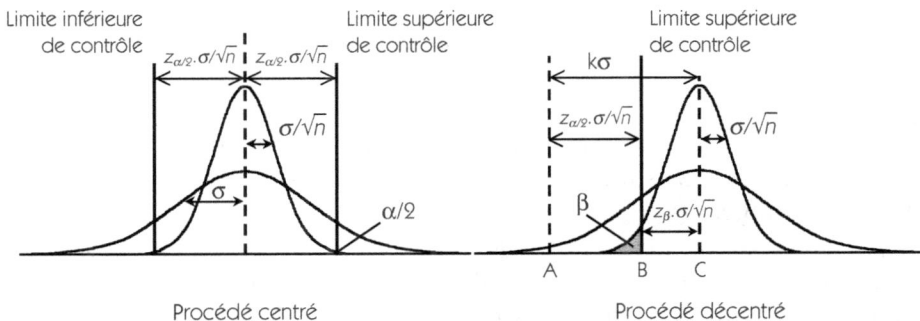

Figure 17 – Les risques α et β

Soient :

A : la valeur cible recherchée (nominale)

B : la limite de contrôle des moyennes éloignées de la valeur cible de

$$z_{\alpha/2} \times \frac{\sigma}{\sqrt{n}}$$

C : la position du centrage de la machine. Le décentrage supposé est exprimé dans la variable réduite. Il est égal à $k.\sigma$.

La répartition des moyennes d'un échantillon de n pièces suit une loi normale d'écart type $\sigma/\sqrt{n}$. Dans le cas d'un procédé décentré, la probabilité de ne pas détecter le déréglage $k.\sigma$ (risque β) est égale à la surface hachurée.

Pour calculer la probabilité de détecter un déréglage $k.\sigma$, il faut calculer z_β en fonction du déréglage k, du nombre de valeurs dans l'échantillon et de $z_{\alpha/2}$ retenu pour le calcul des limites.

On peut écrire $AC = AB + BC$ soit $k.\sigma = z_{\alpha/2} \cdot \frac{\sigma}{\sqrt{n}} + z_\beta \cdot \frac{\sigma}{\sqrt{n}}$

d'où $z_\beta = k.\sqrt{n} - z_{\alpha/2}$

$$\boxed{z_\beta = k.\sqrt{n} - z_{\alpha/2}}$$

qui représente l'équation de la courbe d'efficacité. Cette équation peut également s'écrire :

$$\boxed{n = \left[\frac{z_\beta + z_{\alpha/2}}{k} \right]^2 \quad \text{qui devient avec } z_{\alpha/2} = 3 \quad n = \left[\frac{z_\beta + 3}{k} \right]^2}$$

Qui permet de calculer la taille d'un échantillon en fonction d'un décentrage que l'on souhaite détecter (k) et du risque β correspondant à ce décentrage.

La figure 18 donne la courbe d'efficacité du contrôle en fonction de la taille de l'échantillon. En abscisse, on trouve le décentrage en nombre d'écarts types et en ordonnée, la probabilité de ne pas détecter ce décentrage.

214

Exemple d'utilisation :

Une production a un écart type historique de *2*. On veut détecter dans 90 % des cas un décentrage de *4* (*2* écarts types). Quelle taille de l'échantillon faut-il choisir ?

Sur la figure 18 on prend la première courbe qui passe sous le point d'abscisse *2* et d'ordonnée *10* qui est la courbe *n = 5*.

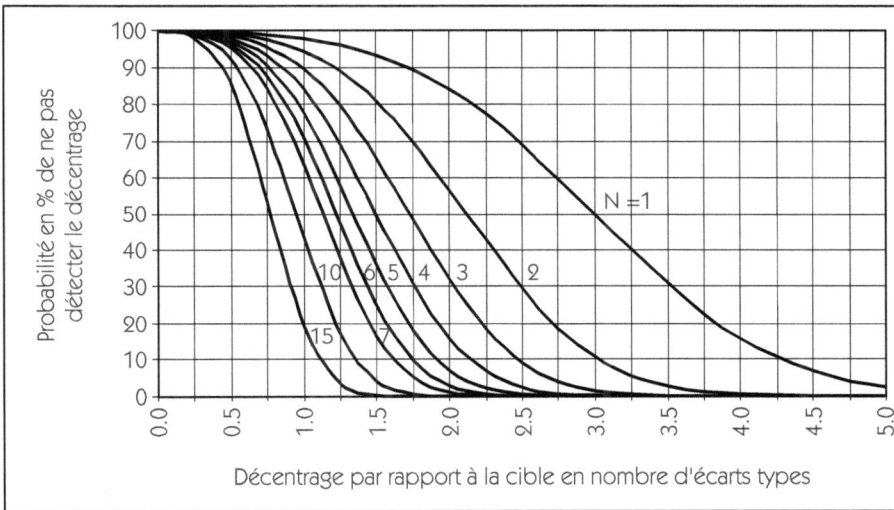

Figure 18 – Courbe d'efficacité des cartes de contrôle

On note sur ce graphique tout l'intérêt de travailler avec une carte de contrôle plutôt que de travailler de façon traditionnelle en raisonnant sur la dernière pièce. Le raisonnement traditionnel a pour efficacité la courbe *n = 1*. Dès que le raisonnement a lieu sur deux pièces plutôt que sur une pièce, la courbe d'efficacité s'incline de façon importante.

4.2. POM d'une carte de contrôle

POM signifie Période Opérationnelle Moyenne. C'est la traduction proposée par l'AFNOR pour ARL Average Run Length. La POM est un excellent indicateur de l'efficacité d'une carte de contrôle. Elle indique le nombre moyen de prélèvements nécessaires pour détecter une situation hors limite de contrôle.

La valeur moyenne espérée pour *n* (POM) est *1/p*, où *p* est la probabilité de détecter une situation hors contrôle associée à un sous-groupe. Dans le cas d'une carte Shewhart, nous connaissons la probabilité associée à un sous groupe, nous sommes donc capables de calculer la POM pour les différents cas de figure sur la taille des échantillons.

Exemple de calcul avec

- *n = 3*,
- décalage de *1,5 σ*
- *p = 0,345* (voir figure 18)

$$POM = \frac{1}{p} = 2,9$$

Nous avons établi en figure 19 un tableau comparatif pour un décalage de la population de différents écarts types **de la population totale**.

taille sous-groupe	1	2	3	4	5	6	7
Décalage = *1 σ*	43,5	17,5	9,8	6,3	4,5	3,4	2,8
Décalage = *1,5 σ*	14,9	5,3	2,9	2,0	1,6	1,3	1,2
Décalage = *2 σ*	6,3	2,3	1,5	1,2	1,1	1,0	1,0
Décalage = *2,5 σ*	3,2	1,4	1,1	1,0	1,0	1,0	1,0

Figure 19 – POM de la procédure des moyennes

Les parties grisées sur le tableau représentent les cas de figure où le décalage est détecté en un ou deux échantillonnages par la carte de contrôle.

4.3. Établissement d'une carte de contrôle à partir des risques α et β

Le calcul « classique » des limites de contrôle (vu au paragraphe 3) ne tient pas compte des tolérances. Les limites sont placées à ± *3σ* de la cible. Ce choix de ± *3σ* est lié au risque de fausse alarme α de *0,3 %* (risque de détecter à tord une cause spéciale).

Dans cette approche « classique », le choix de la taille des échantillons se fait en fonction de l'écart à la cible que l'on veut être capable de détecter. Comme on ne tient pas compte des tolérances, on ne connaît pas les risques client β (risque de ne pas détecter une production qui produit p % de non conformes).

La méthode présentée dans ce paragraphe se propose de calculer :

- la taille des échantillons n
- la position des limites de contrôle
- en fonction :
- des tolérances
- de l'écart type historique de la production
- du risque de fausses alarmes que l'on choisit α
- du risque de ne pas détecter une situation extrême β comportant p % de non conformes.

Le but de ce calcul est de garantir un taux de non-conformité inférieur à une certaine limite.

4.3.1. Les moyennes refusables

Lorsque la capabilité court terme est bonne, on peut tolérer un décentrage de la production par rapport à la valeur cible. Ce décentrage ne doit pas excéder une certaine limite sous peine de produire un nombre de produits non conformes trop important.

La « moyenne refusable »[2] correspond à la situation extrême que l'on peut tolérer et qui génère p % de produits hors tolérance. Les moyennes refusables peuvent être établies par un consensus entre fournisseurs et client. On note δ l'écart maximal autorisé de la moyenne par rapport à la cible (en nombre d'écart type).

---

2. Norme NFX 06-031

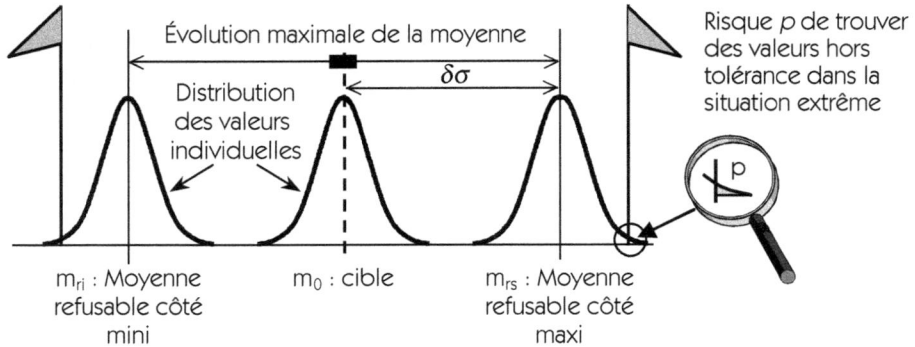

Évolution maximale de la moyenne

$\delta\sigma$

Distribution des valeurs individuelles

Risque *p* de trouver des valeurs hors tolérance dans la situation extrême

m_{ri} : Moyenne refusable côté mini

m_0 : cible

m_{rs} : Moyenne refusable côté maxi

Figure 20 – Notion de moyennes refusables

On calcule les moyennes refusables par les formules :

$$m_{ri} = tolérance\ inférieure + z_p.\sigma$$
$$m_{rs} = tolérance\ supérieure - z_p.\sigma$$

exemple :

- Pour un risque *p* de *0,135 %*, on a $z_p = 3$
- Pour un risque *p* correspondant au cas *Cpk = 1,33 (32ppm)*, $z_p = 4$

Le calcul de δ est alors : $\delta = min\left[\dfrac{m_{rs} - cible}{\sigma} ; \dfrac{cible - m_{ri}}{\sigma}\right]$

4.3.2. Calculs de la taille des échantillons

Dans ce cas de figure, on se propose de calculer les limites de contrôle à partir de l'intervalle de tolérance en fonction du risque β. Soit p la proportion de pièces défectueuses pour une position extrême de la moyenne de la production (moyenne refusable). On souhaite que cette position extrême soit détectée par la carte de contrôle avec un risque β de ne pas détecter ce décentrage. La figure 21 indique ce risque β, qui est fonction :

- de l'écart type historique de la production
- du risque α choisi pour établir les limites de contrôle
- du choix de *p* pour calculer la moyenne refusable

On peut établir la relation suivante : $z_{\alpha/2}\dfrac{\sigma}{\sqrt{n}} + z_\beta\dfrac{\sigma}{\sqrt{n}} = \delta\sigma$

soit n la taille de l'échantillon :

$$n = \left[\frac{z_{\alpha/2} + z_\beta}{\delta} \right]^2$$

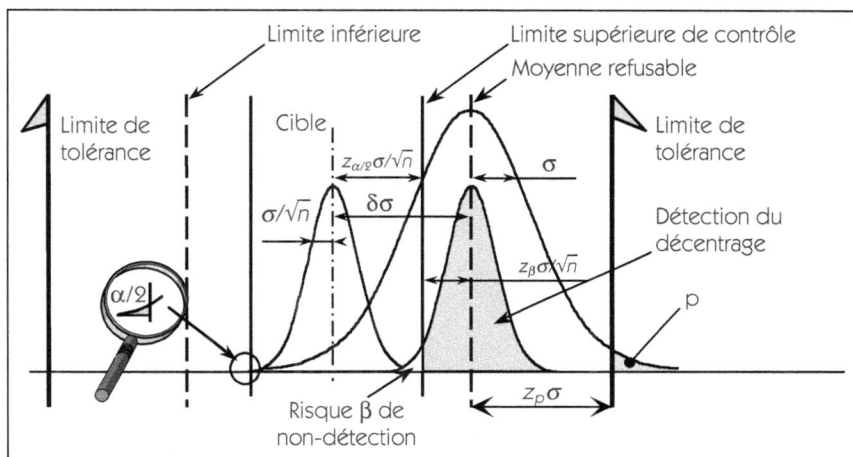

Figure 21 – Calcul des limites en fonction des risques α et β

Application

Une entreprise met en place une carte d'observation pour surveiller la position d'un trou d'axe par rapport à un plan de référence. La cote est *4,5 ± 0,015*.

On souhaite mettre en place une carte moyenne/étendue, mais on ne sait pas quelle taille d'échantillon prendre. La carte d'observation est réalisée avec *n = 4* et donne :

	1	2	3	4	5	6	7	8	9	10	11
x1	4,5	4,502	4,507	4,502	4,505	4,502	4,502	4,502	4,504	4,499	4,502
x2	4,502	4,504	4,503	4,505	4,502	4,501	4,501	4,497	4,501	4,5	4,5
x3	4,505	4,505	4,502	4,498	4,502	4,502	4,501	4,503	4,5	4,506	4,503
x4	4,506	4,504	4,504	4,5	4,5	4,504	4,5	4,503	4,504	4,504	4,504
xb	4,5033	4,5038	4,5040	4,5013	4,5023	4,5023	4,5010	4,5013	4,5023	4,5023	4,5023
S	0,0028	0,0013	0,0022	0,0030	0,0021	0,0013	0,0008	0,0029	0,0021	0,0033	0,0017

On en déduit l'écart type historique : $\sigma = \sqrt{\dfrac{\sum S_i^2}{11}} = 0,0022$

On veut un risque β de 5 % correspondant à un *Cpk* de *1,33* soit $z_p = 4$

➔ Calculons m_{rs} = *tolérance sup* - $z_p.\sigma = 4,515 - 4 \times 0,0022 = 4,5062$

➔ Calculons $\delta = min\left[\dfrac{m_{rs} - cible}{\sigma} ; \dfrac{cible - m_{ri}}{\sigma}\right] = \dfrac{4,5062 - 4,5}{0,0022} = 2,81$

➔ Calculons la taille des échantillons

- Prenons un risque α correspondant à des limites classiques $\pm\ 3\ \sigma$. Dans ce cas $z_{a/2} = 3$.

- pour $\beta = 5$ %, on trouve dans la table de Gauss $z_\beta = 1,645$

$n = \left[\dfrac{z_{\alpha/2} + z_\beta}{\delta}\right]^2 = \left[\dfrac{3 + 1,645}{2,81}\right]^2 = 2,73$ soit $n = 3$ pièces

On retrouve facilement ce résultat à partir de la courbe d'efficacité (voir figure 18). Pour un décalage de *2,81* écarts types (abscisse) et un risque β de 10 % (ordonnée), la première courbe qui passe en dessous de ce point est la courbe *n = 3*.

Le calcul des limites est alors réalisé par les formules classiques que nous avons vues en début de chapitre.

Carte des moyennes

$LSC_{\overline{X}} = Cible + \dfrac{3\sigma}{\sqrt{n}} = 4,5 + \dfrac{3 \times 0,0022}{\sqrt{3}} = 4,5038$

$LIC_{\overline{X}} = Cible - \dfrac{3\sigma}{\sqrt{n}} = 4,5 - \dfrac{3 \times 0,0022}{\sqrt{3}} = 4,4962$

Carte des étendues

$LIC_R = D_5.\sigma = -$ (*pas de limite pour n = 3*)

$LSC_R = D_6.\sigma = 0,0096$

4.3.3. Calcul de limites élargies

Nous venons de voir qu'il est possible de calculer la taille des échantillons en connaissant les risques α et β que l'on souhaite prendre. On peut également facilement calculer des « limites élargies » à partir des mêmes calculs.

Ces limites élargies correspondent à un risque α plus faible que le traditionnel *0,3 %* des cartes à ± *3 σ*.

En reprenant la relation $z_{\alpha/2} \dfrac{\sigma}{\sqrt{n}} + z_\beta \dfrac{\sigma}{\sqrt{n}} = \delta\sigma$

On peut calculer :

$$\boxed{z_{\alpha/2} = \delta\sqrt{n} - z_\beta}$$

Application

Reprenons l'application du paragraphe 4.3.2.

On veut garder le même risque β, mais augmenter la taille d'échantillon afin de pouvoir « élargir les limites ». On choisit de prendre *n = 5*.

$z_{\alpha/2} = \delta\sqrt{n} - z_\beta = 2,81 x\sqrt{5} - 1,645 = 4,64$

On en déduit le calcul des « limites élargies » pour la carte des moyennes :

$$LSC_{\overline{X}} = Cible + \frac{4,64\sigma}{\sqrt{n}} = 4,5 + \frac{4,64 x 0,0022}{\sqrt{5}} = 4,5046$$

$$LIC_{\overline{X}} = Cible - \frac{4,64\sigma}{\sqrt{n}} = 4,5 - \frac{4,64 x 0,0022}{\sqrt{5}} = 4,4954$$

Le calcul traditionnel (± *3σ*) pour *n = 5* donnerait comme limites :

$$LSC_{\overline{X}} = Cible + \frac{3\sigma}{\sqrt{n}} = 4,5 + \frac{3 x 0,0022}{\sqrt{5}} = 4,503$$

$$LIC_{\overline{X}} = Cible - \frac{3\sigma}{\sqrt{n}} = 4,5 - \frac{3 x 0,0022}{\sqrt{5}} = 4,497$$

Les limites de contrôles restent les mêmes pour les cartes de contrôle aux étendues.

5. L'application de limites élargies

L'application du calcul de limites élargies telles que nous venons de la voir au paragraphe 4.3.3 diffère du calcul classique au niveau du concept.

Les calculs classiques des cartes de contrôle testent s'il existe un écart entre la cible et la valeur actuelle de centrage du procédé. Le but est de détecter le plus rapidement possible le moindre écart entre la valeur réelle et la cible. Il existe cependant des cas où on ne souhaite pas réagir au moindre écart entre la moyenne du procédé et la valeur cible.

On veut par exemple simplement garantir que le produit se situe dans les tolérances. Bien que cela soit contraire aux objectifs « cotes cibles » que nous avons développés dans le premier chapitre, il existe de nombreux procédés difficilement réglables ou dont le réglage est coûteux qui nécessitent d'utiliser ces règles de calcul des limites.

Dans ces conditions, on souhaite accepter dans le calcul des cartes de contrôle une certaine « évolution » de la moyenne du procédé.

5.1. Domaine d'application

5.1.1. Procédés à dérive

C'est le cas notamment des rectifieuses où l'usure de la meule oblige l'opérateur à laisser évoluer la moyenne. C'est également le cas de certains processus très capables, pour lesquelles l'opérateur laisse évoluer la moyenne sans risque de pièce mauvaise afin de diminuer le nombre d'intervention.

La figure 22 montre un procédé avec évolution de la moyenne. A 10h15, la courbe de GAUSS se situait vers le mini de l'intervalle de tolérance. A 10h45, la courbe se situe au sommet de l'intervalle de tolérance. La moyenne a évolué, sans qu'il y ait de mauvaises pièces, il suffit de ramener le procédé vers le mini de la tolérance.

Les cartes de contrôle, telles que nous les avons vues jusqu'à présent, ne permettent pas ce type de procédé. Dès que la moyenne évolue, un point sort sur la carte des moyennes. Il est donc nécessaire dans ce cas, d'utiliser une carte de contrôle aux limites élargies.

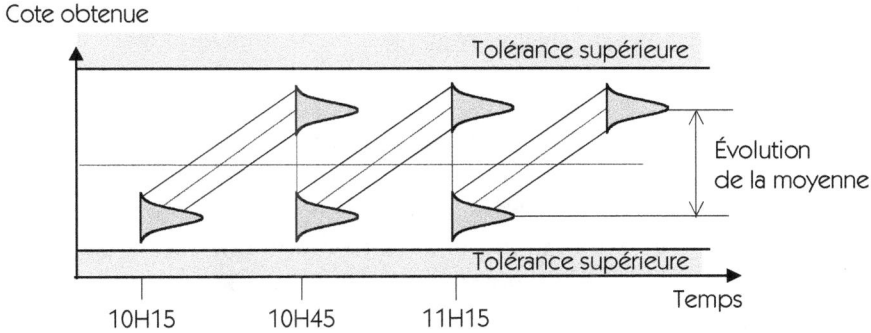

Figure 22 – Procédé avec évolution de la moyenne

Notons que la meilleure façon de régler ce problème avec la philosophie cote cible n'est pas d'élargir les limites, mais plutôt de compenser la dérive systématique de l'outil par un correcteur dynamique lorsque cela est possible.

Avant de rentrer dans le détail des calculs, il faut tout de suite préciser que seuls les procédés qui disposent d'une très bonne capabilité court terme, peuvent utiliser ce type de carte.

5.1.2. Procédé à réglage par seuil

Pour illustrer ce point, nous prendrons comme exemple l'usinage d'une surface par une fraise. La position de la fraise se réglait en interposant entre la fraise et son support une bague. Les bagues disponibles ne permettaient des réglages que par pas de *0,01* mm.

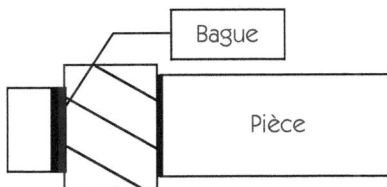

Figure 23 – Cas des réglages par seuil

Si on calcule des limites à ± *0,005*, il est bien sûr impossible de respecter ces limites puisque l'unité de réglage est de *0,01* mm. Il faut dans ce cas travailler avec des limites élargies en tenant compte du procédé de réglage. Dans ce cas, l'idéal consiste à élargir les limites de contrôle de la valeur du pas de réglage.

5.2. Calcul des limites élargies pour un Cpk objectif

La figure 22 montrait le schéma d'un procédé avec évolution de la moyenne. Sur ce schéma, on voit clairement que pour avoir une évolution de la moyenne possible, il faut que la dispersion court terme soit très inférieure à la tolérance.

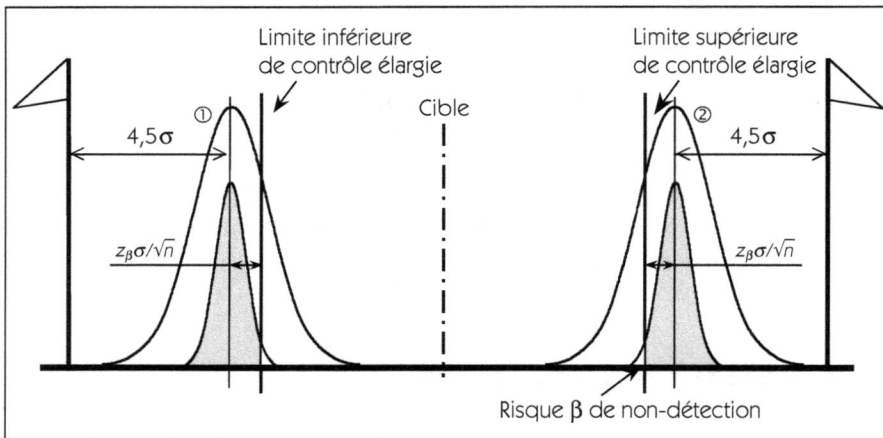

Figure 24 – Calcul d'une carte aux limites élargies avec Cpk objectif = 1,33

Considérons la figure 24 dessinée avec un cas extrême à *4,5* sigma de la tolérance (*Cpk = 1,5*). La courbe 1 modélisant la dispersion court terme est placée le plus possible vers le mini de la tolérance. La courbe 2 est placée le plus possible vers le maxi.

Dans ce cas, on calcule les limites de contrôle par les formules :

$$LSC_{\overline{X}} = Tol\ sup\ -z_{cpk}\sigma - z_\beta \frac{\sigma}{\sqrt{n}} = Tol\ sup\ -(z_{cpk} + \frac{z_\beta}{\sqrt{n}})\sigma$$

$$LIC_{\overline{X}} = Tol\ inf\ +z_{cpk}\sigma - z_\beta \frac{\sigma}{\sqrt{n}} = Tol\ inf\ +(z_{cpk} + \frac{z_\beta}{\sqrt{n}})\sigma$$

Dans le cas d'une recherche d'un *Cpk* de *1,5*, on prendra $z_{cpk} = 4,5$

En posant $(z_{cpk} + \frac{z_\beta}{\sqrt{n}}) = A_6$, ces formules se simplifient et deviennent :

$$LSC_{\overline{X}} = Tol\ sup\ -A_6\sigma$$
$$LIC_{\overline{X}} = Tol\ inf\ +A_6\sigma$$

En posant $(z_{cpk} + \frac{z_\beta}{\sqrt{n}})\frac{1}{d_2} = A_5$, on peut calculer ces limites à partir de $\overline{R}$

$$LSC_{\overline{X}} = Tol\ sup\ -A_5\overline{R}$$
$$LIC_{\overline{X}} = Tol\ inf\ +A_5\overline{R}$$

Les tableaux (figure 25 et figure 26) donnent les coefficients A_5 et A_6 pour un risque β de 5 % et en fonction d'un *Cpk* objectif.

n	A_6 pour un Cpk objectif (risque β = 5 %)				
	1	1.33	1.5	1.66	2
1	4.645	5.645	6.145	6.645	7.645
2	4.163	5.163	5.663	6.163	7.163
3	3.950	4.950	5.450	5.950	6.950
4	3.822	4.822	5.322	5.822	6.822
5	3.736	4.736	5.236	5.736	6.736
6	3.672	4.672	5.172	5.672	6.672
10	3.520	4.520	5.020	5.520	6.520

Figure 25 – Coefficient A_6 pour le calcul
des limites élargies

n	A₅ pour un Cpk objectif (risque β = 5 %)				
	1	**1.33**	**1.5**	**1.66**	**2**
2	**3.691**	**4.577**	**5.020**	**5.464**	**6.350**
3	**2.333**	2.924	3.219	3.514	4.105
4	**1.856**	2.342	2.585	2.828	3.313
5	**1.606**	2.036	2.251	2.466	2.896
6	**1.449**	1.844	2.041	2.238	2.633
10	**1.144**	1.469	1.631	1.793	2.118

Figure 26 – Coefficient A₅ pour le calcul des limites élargies

5.2.1. Application

Sur un poste de reprise, on veut mettre en place une carte de contrôle. Après la période d'observation, on obtient la carte suivante (taille d'échantillon $n = 5$).

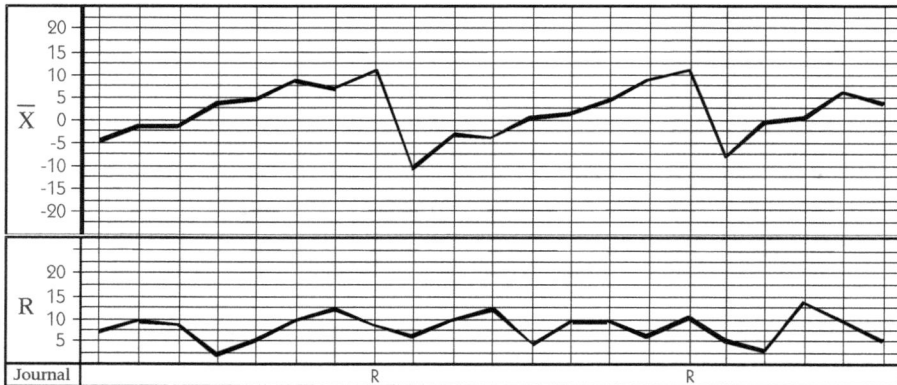

La moyenne des étendues est $\overline{R} = 8\mu$. L'intervalle de tolérance est de $70\,\mu$ ($\pm\,35\mu$ par rapport à la nominale).

On note que le procédé est visiblement un procédé à dérive. Le premier réflexe consiste à savoir si l'on peut compenser ou éliminer la dérive. Dans ce cas, il semblait impossible de faire cette compensation.

Calcul de la capabilité court terme

Pour obtenir *Cp*, il faut calculer la dispersion court terme $D_{CT} = 6 \times \sigma_{CT}$ (le chapitre 4 donnera plus de détails sur les calculs de capabilité). σ_{CT} dans ce cas sera estimé par $\overline{R}/d_2 = 8/2,326 = 3,44$

On en déduit $Cp = \dfrac{IT}{Di} = \dfrac{IT}{6.\sigma_i} = \dfrac{70}{6 \times 3,44} = 3,39$

Le *Cp* étant très supérieur à *2*, on peut permettre une évolution de la moyenne et donc utiliser les limites élargies.

Calcul des limites normales

Cartes des moyennes

$LIC_{\overline{X}} = Cible - A_2.\overline{R} = 0 - 0,577 \times 8 = -4,6$

$LSC_{\overline{X}} = Cible + A_2\overline{R} = 0 + 0,577 \times 8 = 4,6$

Cartes des étendues

$LSCR = 2,111 \times \overline{R} = 2,111 \times 8 = 16,8$

Calcul des cartes de contrôle élargies pour un objectif *Cpk = 1,5*

Cartes des moyennes

$LIC_{\overline{X}} = Tol \inf + A_5.\overline{R} = -35 + 2,251 \times 8 = -17$

$LSC_{\overline{X}} = Tol \sup - A_5\overline{R} = 35 + 2,251 \times 8 = 17$

Cartes des étendues
Pas de changement par rapport au cas normal

Dans ce cas de figure, les limites élargies sont plus grandes que les limites normales, il est donc possible de les utiliser. Bien entendu, on n'est pas obligé d'utiliser des limites aussi larges, parfois le bon compromis se situe entre les limites « normales » et les limites « élargies » sachant que :

- mettre des limites plus serrées que les limites normales est dangereux, on risque de dérégler une machine bien réglée ;
- mettre des limites plus larges que les limites élargies est dangereux, on risque de produire un nombre significatif de non conformes.

Dans l'exemple cité, l'observation de la carte d'observation montre qu'un bon compromis entre la qualité et la productivité peut être trouvé en plaçant les limites à ± *15 µm*.

5.3. La carte à doubles limites

Un des problèmes souvent rencontré dans l'application des cartes de contrôle reste la décision d'acceptation d'un lot lorsqu'un point hors contrôle a été détecté. La question est la suivante : à partir de quand nous prenons des risques de produire hors tolérance ?

Les deux principes de cartes de contrôle que nous avons exposé répondent à cette question. En effet le calcul de Shewhart a pour objectif de détecter tout écart de réglage par rapport à la cible. Les limites de Shewhart sont donc des limites qui permettent de « piloter » le procédé.

D'un autre côté, les limites élargies telles que nous venons de les calculer n'ont pas le même objectif. Elles garantissent que la production ne génère pas plus de *p* % hors tolérance.

Les cartes à doubles limites[3] associent donc ces deux calculs des limites en associant un code de couleur.

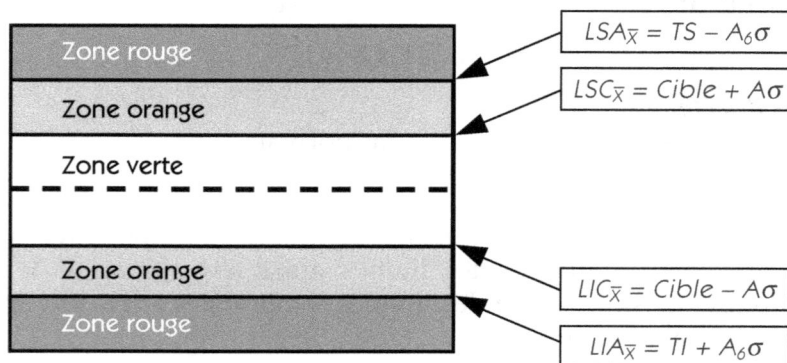

Zone rouge	$LSA_{\overline{X}} = TS - A_6\sigma$
Zone orange	$LSC_{\overline{X}} = Cible + A\sigma$
Zone verte	
Zone orange	$LIC_{\overline{X}} = Cible - A\sigma$
Zone rouge	$LIA_{\overline{X}} = TI + A_6\sigma$

Figure 27 – Carte de contrôle à double limites

---

3. C. Revy – Mémoire DRT « Déploiement de la MSP dans l'industrie automobile » – Janvier 2000 – Université de Besançon

- La zone verte est délimitée par les calculs classiques des cartes de contrôle. C'est la zone « procédé sous contrôle »
- La zone orange est délimitée par les calculs des limites élargies. Lorsqu'un point se trouve dans la zone orange, le procédé est hors contrôle, il faut le recentrer, mais il ne génère pas plus de p % de non-conformes. Il n'est pas nécessaire de trier.
- La zone rouge représente l'extérieur des limites d'acceptation. Lorsqu'on est dans la zone rouge, non seulement il faut régler le procédé, mais en plus il est nécessaire de trier les pièces qui viennent d'être produites.

6. Quelques cas particuliers

6.1. Les cas des processus multi-générateurs

Dans les entreprises manufacturières, on rencontre souvent des moyens de production qui combinent en fait plusieurs « sous-machines » élémentaires. Par souci de productivité, on cherche à fabriquer plusieurs produits simultanément par la même machine. C'est le cas notamment des presses à injecter pour lesquelles chaque empreinte permet de produire une pièce par cycle d'injection. C'est aussi le cas des carrousels, multibroches…

Nous appellerons « système multi-générateur » un système dont la production est le résultat de plusieurs productions élémentaires. La production totale est alors la somme de toutes les répartitions élémentaires comme le montre la figure 28.

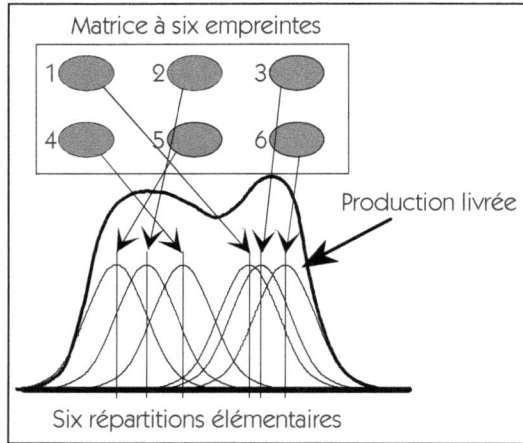

Figure 28 – Système multi-générateur

Nous ferons l'hypothèse dans ce paragraphe que les répartitions élémentaires suivent une loi normale. Cependant, comme le montre la figure 28, même si les répartitions élémentaires suivent une loi normale, il n'en est pas de même pour la courbe résultante traduisant la population livrée.

Le suivi SPC de ce type de production

Le but du suivi SPC est de vérifier si le processus de fabrication est sous-contrôle ou hors-contrôle. On cherche par ce suivi à savoir si le processus est toujours centré sur la même moyenne et si sa dispersion reste conforme à la dispersion habituellement constatée sur ce moyen de production.

Le suivi est réalisé la plupart du temps par carte de Shewhart. Pour cela, on prélève régulièrement un échantillon **de taille n** dans la production et on estime les deux paramètres de la courbe de Gauss par la moyenne et l'étendue de l'échantillon.

L'objectif est de déterminer avec la plus petite incertitude possible et avec le coût de prélèvement le plus faible possible où se trouve le processus de fabrication au moment du prélèvement.

Dans le cas des répartitions uni modales et dont la répartition suit une loi normale, on montre que la carte de Shewhart donne de bons résultats avec des échantillons de petite taille pour peu que la capabilité court terme soit bonne. Mais qu'en est-il dans le cas des systèmes multi-générateurs ? Plusieurs questions se posent :

- Quelle est la taille optimale du prélèvement ?
- Faut-il systématiquement prélever une pièce par générateur ?
- Est-il possible de travailler avec la carte de Shewhart et ses limites traditionnelles ?
- Ne peut-on pas améliorer l'efficacité du contrôle tout en diminuant la taille du prélèvement ?

C'est à toutes ces questions que nous tenterons de répondre dans ce paragraphe.

Les différentes techniques de prélèvement

Pour prélever un échantillon d'une production de ce type, plusieurs méthodes d'échantillonnage sont généralement retenues par les industriels. Les deux méthodes les plus couramment retenues sont les suivantes :

- **Prélèvement aléatoire** de n pièces dans la production totale. Dans ce cas de figure, n est généralement inférieur au nombre de générateur.
- **Prélèvement systématique** d'une pièce par générateur.

D'autres méthodes se retrouvent de façon moins classique :

- Prélèvement de **n pièces provenant toujours des mêmes générateurs**. On prélève par exemple systématiquement les générateurs extrêmes (*1* et *6* dans le cas de la figure 28 plus une pièce provenant d'un générateur médian.
- Prélèvement d'un échantillon **dans un ordre séquentiel**. Le premier générateur est tiré au hasard, mais les autres sont systématiquement les générateurs suivants. On aura alors comme type de prélèvement [*2, 3, 4*] - [*5, 6, 1*] - [*6, 1, 2*] - [*4, 5, 6*] etc. On remarque que le prélèvement systématique de chaque générateur est un cas particulier de ce type de prélèvement.

On a donc quatre méthodes d'échantillonnage distinctes :

- prélèvement systématique de tous les générateurs.

- prélèvement systématique d'un sous-ensemble.
- prélèvement séquentiel ;
- prélèvement aléatoire ;

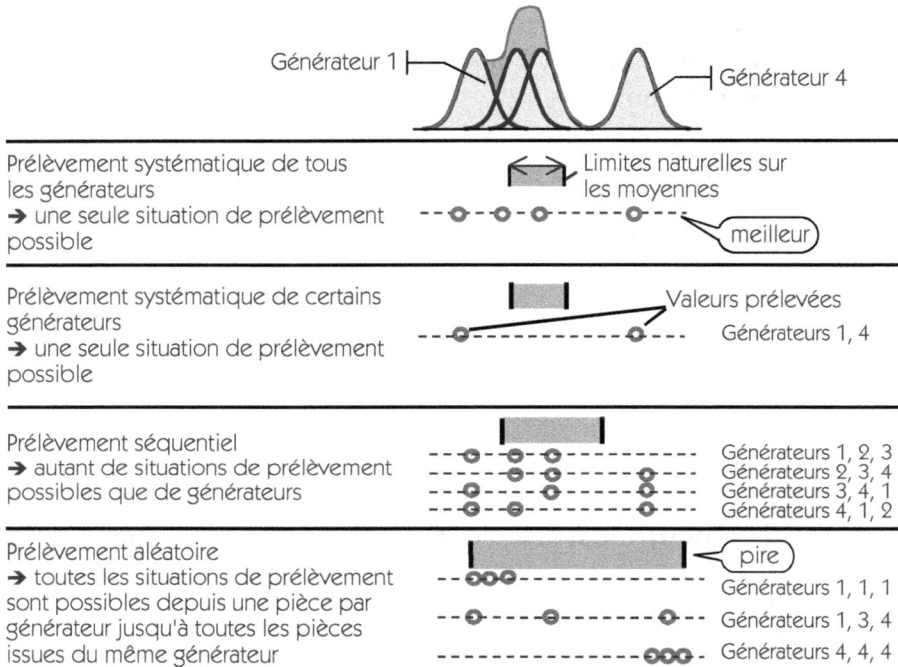

Figure 29 – Le cas des procédés multigénérateurs

Chacune de ces méthodes donne des résultats fort différents en terme d'efficacité du contrôle. Certaines sont excellentes, d'autres sont médiocres. Aussi, chaque responsable d'une fabrication de ce type doit connaître les résultats généraux pour optimiser le coût et l'efficacité de son contrôle. Pour bien comprendre l'efficacité des différents types de prélèvement, il suffit d'observer ce qui se passe sur l'exemple de la figure 29.

Prélèvement de tous les générateurs

Le cas le plus favorable est le prélèvement systématique de tous les générateurs. Ainsi dans la figure précédente, on prélèvera 4 pièces (une par générateur). On peut montrer que dans ce cas, la moyenne des quatre pièces suit une loi normale, et que l'on a la meilleure efficacité possible pour la détection des causes spéciales. On peut le sentir intuitivement en remarquant que la moyenne des mesures sera toujours dans la même « zone ».

Pour calculer les limites de contrôle, il faut connaître l'écart type de la dispersion des moyennes, ce qui est assez difficile à calculer car il dépend de la moyenne et de la dispersion de chaque générateur.

Le plus simple consiste à observer le procédé sur une trentaine d'échantillons et à calculer à partir des observations l'écart type de la distribution des moyennes. Les limites de contrôle pour les moyennes se calculent alors à partir des formules :

$$LIC_{\overline{X}} = Cible - 3\sigma_{\overline{X}}$$
$$LSC_{\overline{X}} = Cible + 3\sigma_{\overline{X}}$$

Prélèvement systématique de certains générateurs

Dans certains cas, il n'est pas possible pour des raisons économiques de prélever systématiquement tous les générateurs. C'est le cas d'une presse à injecter qui aurait *64* empreintes par exemple. Dans ce cas, on réduit la taille de l'échantillon, **mais en prélevant toujours les même empreintes**. Cela n'empêche pas de mettre en gamme de contrôle un prélèvement complet de toutes les empreintes une fois par jour par exemple. Mais pour le suivi des dérives, il est préférable de se limiter à certains générateurs.

Pour le calcul des limites, cela revient au cas précédent, mais avec une nuance concernant la cible. Il n'est pas certain que la moyenne des générateurs choisis soit sur la cible, il convient donc de remplacer la cible par la moyenne des valeurs prélevées lors d'une période de stabilité. Pour l'estimation de l'écart type, on procédera de manière identique au cas précédent.

Prélèvement séquentiel

Dans certains processus, il est facile de contrôler plusieurs produits réalisés par des générateurs successifs, mais sans identifier quel est le premier générateur contrôlé. C'est le cas des tours multibroches par exemple. Si la taille de prélèvement est égale au nombre de générateurs, on se retrouve dans le premier cas. Si la taille est inférieure on a alors une forte variabilité de la position de la moyenne en fonction des générateurs choisis (voir figure 29). Ce type de prélèvement n'est donc pas conseillé, sauf si l'on a montré par une analyse de la variance qu'il n'y a pas de différence significative entre les générateurs.

Prélèvement aléatoire

Ce prélèvement consiste à prélever aléatoirement des pièces en sortie de machine. Comme le montre la figure 29, en fonction du choix (aléatoire) des générateurs, il y aura une très forte variabilité de la moyenne. Ce type de prélèvement est à proscrire.

Conclusion

Nous pouvons hiérarchiser dans un ordre décroissant les méthodes d'échantillonnage en terme de coût de prélèvement et de performance :

1. Prélèvement systématique de tous les générateurs ;
2. Prélèvement systématique d'une sélection de n générateurs ;
3. Prélèvement séquentiel de n générateurs avec choix aléatoire du premier ;
4. Prélèvement aléatoire dans la production.

Le premier devant être retenu dans les cas où le nombre de générateurs est faible, le second et le troisième dans les autres cas. Le dernier est à proscrire pour faire une production de qualité à moindre coût.

6.2. Le cas des processus gigognes

Un processus gigogne est un processus dans lequel plusieurs variances s'imbriquent de manière hiérarchique. C'est le cas en électronique du gravage de cartes de circuits imprimés. Prenons l'exemple du suivi des largeurs de gravure sur une carte. Les cartes sont réalisées par lot de trois cartes. Dans cet exemple, on retrouve plusieurs sources de variabilité :

- Sur une même carte, on peut mesurer plusieurs gravures. On a donc une première variabilité « intra-carte » : V_1.

- Dans un lot de production, on peut surveiller la variabilité au sein d'un même lot de traitement V_2.

- Enfin, d'un lot de production à l'autre, on a également une variabilité V_3.

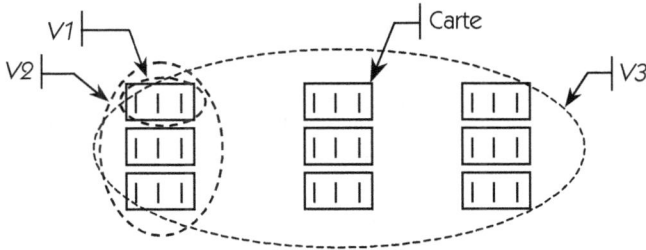

Figure 30 – Exemple de construction de cartes

Le problème lorsque l'on construit une carte de contrôle est de ne pas se tromper d'écart type. Quel écart type doit-on utiliser pour calculer la carte de contrôle ?

La réponse à cette question dépend de ce que l'on souhaite piloter ou suivre.

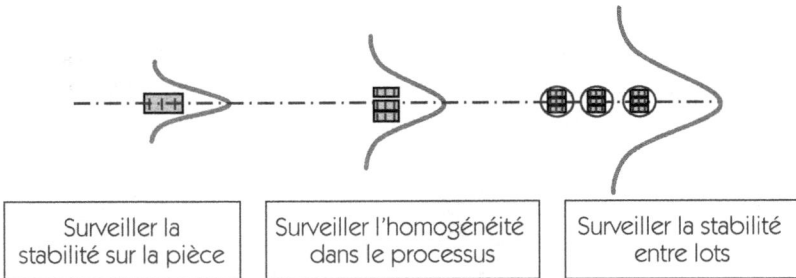

Figure 31 – Exemple de construction de cartes

Dans ce processus, nous avons choisi de mesurer une fois tous les 25 lots, deux largeurs de gravure sur les trois cartes du lot. Le danger consiste par exemple à utiliser l'écart type de la dispersion **sur une carte** pour piloter la stabilité entre lots. Pour éviter ce danger, il faut se souvenir de la relation de calcul des limites naturelles :

Limites de contrôle : *cible* $\pm$ *3* σ (de ce que je veux surveiller)

Ainsi, à partir de ces données, nous pouvons suivre plusieurs sources de variation.

- La stabilité des largeurs de gravure sur une même carte en établissant une carte aux étendues sur les différences mesurées sur chaque carte. À chaque prélèvement, on aura trois points sur cette carte. Le calcul des limites se faisant de manière classique par les formules :

$$LIC_R = D_3.\overline{R_1}$$
$$LSC_R = D_4.\overline{R_1}$$

avec $\overline{R_1}$: *Moyenne des étendues de mesure sur une carte*

- L'homogénéité de la machine en établissant une carte aux étendues sur les différences mesurées entre les moyennes de chaque carte. À chaque prélèvement, on aura un point sur cette carte. Le calcul des limites se faisant de manière classique :

$$LIC_R = D_3.\overline{R_2}$$
$$LSC_R = D_4.\overline{R_2}$$

avec $\overline{R_2}$: *Moyenne des étendues de mesure entre les trois cartes du lot*

- La stabilité entre lots en suivant la moyenne des six mesures du lot par une carte valeur individuelle et étendue glissante (on utiliserait de préférence une carte EWMA qui sera vue au chapitre 6). Pour calculer ces cartes, on utilise les relations :

$$LIC_X = Cible - 3.\sigma = Cible - 3\frac{\overline{R_3}}{d_2} = Cible - A_4.\overline{R_3}$$

$$LSC_X = Cible + 3.\sigma = Cible + 3\frac{\overline{R_3}}{d_2} = Cible + A_4.\overline{R_3}$$

$$LIC_R = D_3.\overline{R_3}$$
$$LSC_R = D_4.\overline{R_3}$$

avec $\overline{R_3}$: *étendue glissante sur les moyennes des six points de mesure*

Application : suivi d'une résistance électrique d'un circuit après ajustement laser

L'application concerne un processus qui doit ajuster *6* résistances (X1...X6) par carte électronique sur une valeur cible. On veut dissocier la dispersion observée à l'intérieur d'une même carte de la dispersion entre cartes.

Les données relevées sont sous forme du tableau de la figure 32.

Carte	X1	X2	X3	X4	X5	X6	Moyenne	R	R glissant
1	2.49	2.42	2.44	2.42	2.50	2.45	2.45	0.08	
2	2.42	2.29	2.24	2.24	2.20	2.33	2.29	0.22	0.167
3	2.30	2.28	2.27	2.29	2.30	2.40	2.31	0.13	0.020
4	2.33	2.35	2.29	2.30	2.20	2.32	2.30	0.15	0.008
5	2.27	2.26	2.31	2.24	2.20	2.31	2.27	0.11	0.033
6	2.19	2.32	2.27	2.22	2.26	2.19	2.24	0.13	0.023
7	2.30	2.19	2.26	2.32	2.21	2.32	2.27	0.13	0.025
8	2.20	2.31	2.32	2.32	2.20	2.33	2.28	0.13	0.013
9	2.33	2.29	2.21	2.27	2.29	2.24	2.27	0.12	0.008
10	2.47	2.46	2.43	2.57	2.42	2.46	2.47	0.15	0.197
11	2.36	2.35	2.26	2.25	2.27	2.36	2.31	0.11	0.160
12	2.33	2.26	2.19	2.32	2.34	2.25	2.28	0.15	0.027
13	2.46	2.45	2.49	2.33	2.38	2.52	2.44	0.19	0.157
...									
Moyennes								0.1381	0.1075

Figure 32 – Données de suivi des résistances

Pour chaque carte mesurée, on calcule :

- la moyenne des *6* résistances ;
- l'étendue sur les *6* résistances de la carte ;
- l'étendue glissante sur deux moyennes consécutives.

Calcul de la carte des moyennes

Les limites de contrôles de la carte de contrôle des moyennes se calculent comme pour une carte aux valeurs individuelles à partir de la moyenne des étendues glissantes.

Étendue glissante sur les moyennes : *0.1075*

$$LIC_{\overline{X}} = Cible - 3\frac{\overline{R}}{d_2} = Cible - A_4.\overline{R} = 2.3 - 2.66 * 0.1075 = 2.014$$

$$LSC_X = Cible + 3\frac{\overline{R}}{d_2} = Cible + A_4.\overline{R} = 2.3 + 2.66 * 0.1075 = 2.5858$$

Les coefficients sont pris pour $n = 2$.

Calcul de la carte des étendues glissantes

$$LIC_R = D_3.\overline{R} = -$$
$$LSC_R = D_4.\overline{R} = 3.267 * 0.1075 = 0.3512$$

Les coefficients sont pris pour $n = 2$.

Calcul de la carte des étendues

L'étendue moyenne sur les 5 valeurs d'une carte est 0.1381

$$LIC_R = D_3.\overline{R} = -$$
$$LSC_R = D_4.\overline{R} = 2.004 * 0.1381 = 0.2767$$

Les coefficients sont pris pour $n = 5$.

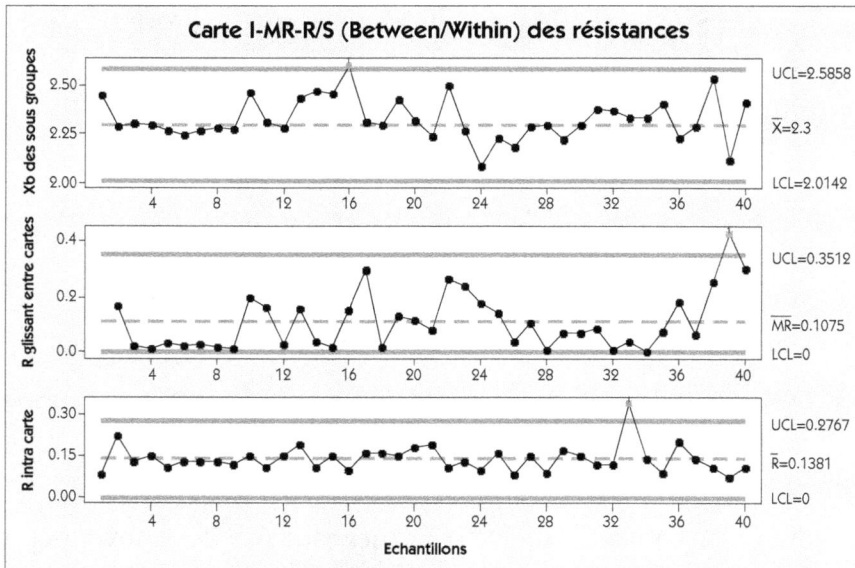

Figure 33 – Carte de contrôle de processus gigognes

Interprétation de la carte de contrôle

Sur cette carte de contrôle, on peut voir plusieurs situations caractéristiques :

- Le point *16* dénote une situation hors contrôle sur la carte des moyennes. Il s'agit d'une dérive du processus de production sur l'ensemble des résistances.

- Le point *33* montre une augmentation de la dispersion intra-échantillon. La variance des résistances sur la même carte a augmenté de façon significative.

- Le point *39* montre une augmentation de la dispersion inter-échantillons. Il s'agit dans ce cas d'une dispersion importante entre plusieurs cartes consécutives.

6.3. Les cartes à caractéristiques multiples

Un des problèmes qui se posent souvent en MSP consiste à suivre simultanément deux caractéristiques sur le même élément. Par exemple, on veut suivre un diamètre, mais ce diamètre possède un défaut non négligeable en circularité.

Une des solutions consiste à utiliser une carte à caractéristiques regroupées. Dans ce type de carte, on suivra simultanément le diamètre et la circularité.

Pour cela sur chaque pièce de l'échantillon, on notera par exemple le mini et le maxi trouvés sur le comparateur (voir figure 34).

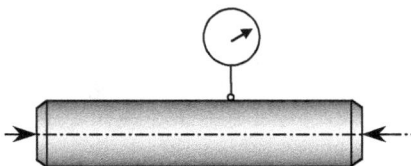

	Mini	Maxi
Pièce 1	-12	+26
Pièce 2	-25	+3
Pièce 3	-14	+7
$\bar{X}$	-17	12
R	13	23

Figure 34 – Mesure simultanée de la circularité et du diamètre

On note sur le graphique les deux moyennes mini et maxi rencontrées comme l'indique la figure 35.

Date	22-nov	22-nov	22-nov	22-nov	22-nov	22-nov	23-nov	23-nov	23-nov	23-nov
Heure	8H	10H15	10H10	12H	13H55	14H15	16H	8H10	11H55	14H05
$\bar{X}$ Maxi	11.33	9.67	11.67	10.33	10.00	7.67	6.00	10.00	8.67	13.33
$\bar{X}$ Mini	-9.00	-11.00	-9.00	-10.67	-11.33	-11.67	-11.33	-9.67	-11.00	-6.33
R1	9	6	13	6	10	10	3	5	10	10
R2	3	7	5	8	4	2	5	5	6	7

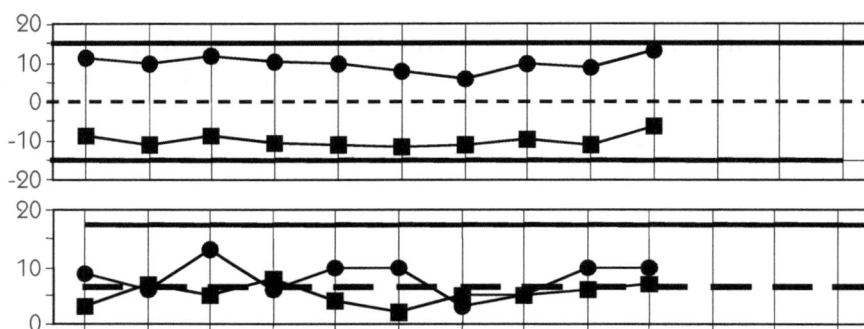

Figure 35 – Carte de contrôle à caractéristiques multiples

Le calcul des cartes se fait en tenant compte de l'écart moyen qui existe entre la valeur maxi et la valeur mini.

Soit
$$E = \overline{\overline{X\,maxi}} - \overline{\overline{X\,mini}}$$

On a
$$LSC_{\overline{X}} = Cible + A_2\overline{R} + E/2$$
$$LIC_{\overline{X}} = Cible - A_2\overline{R} - E/2$$

Pour la carte des étendues, il n'y a pas de différence avec le cas classique.

7. Quelques conseils pour une bonne application des cartes de contrôle

7.1. Carte de contrôle et maîtrise des processus

De nombreuses entreprises confondent Maîtrise Statistique des Processus et cartes de contrôle. Les cartes de contrôle ne sont que la face émergée de l'iceberg. Ce n'est qu'un outil pour atteindre l'objectif de mettre sous contrôle le processus, maîtriser les sources de variabilités pour avoir une meilleure qualité à un meilleur prix. La mise en place d'une carte de contrôle doit s'inscrire dans un processus que nous avons largement décrit au paragraphe 4 du chapitre 2. Nous invitons également le lecteur à se référer à notre ouvrage « Six Sigma comment l'appliquer » pour bien saisir la place de la carte de contrôle dans une démarche de maîtrise de la variabilité.

La maîtrise de la variabilité est un combat de tous les jours et le respect des règles de pilotage est la base du succès. C'est pourquoi, une fois mise en place, toute carte de contrôle doit faire l'objet d'un suivi rigoureux avec suivi des capabilités, audit, formation des opérateurs…qui garantira que le processus mis sous contrôle restera sous contrôle.

7.2. Critère de choix d'un paramètre à surveiller

Une pièce fabriquée dans un atelier comporte généralement de nombreux critères à surveiller. Pour des raisons évidentes, et surtout lorsqu'on utilise les cartes de contrôle manuelles, il est impensable de placer tous les critères sous cartes de contrôle. Dans ces conditions, se pose alors le problème du choix des critères à surveiller.

Les règles de base pour le choix d'un critère à suivre par carte de contrôle manuelle sont les suivantes :

- Le critère doit être révélateur de la qualité du produit. La carte de contrôle est le thermomètre qui permet de savoir si le processus est « bien portant ». Tout le problème consiste à trouver où mettre le thermomètre pour avoir une bonne idée de l'état de santé du processus !

- Pour une efficacité maximale, les cartes devraient être le seul moyen de pilotage du procédé et ne pas se superposer à un autre système. La fréquence de prélèvement demandée par le critère doit donc être compatible avec le remplissage des cartes de contrôle.

- Le critère choisi doit être de préférence pilotable, c'est-à-dire qu'en cas de dérive, l'opérateur (ou l'encadrement) doit être capable de ramener le critère dans les limites admissibles. Cependant, même si la caractéristique n'est pas pilotable, il peut être utile de la placer sous surveillance par carte de contrôle afin de valider la stabilité du processus. Dans ces conditions, lorsque la carte devient hors contrôle, l'action n'est pas du ressort de l'opérateur, mais de l'encadrement qui doit mettre en place une recherche de la cause de cette non stabilité.

Attention, outre le pilotage par cartes, il peut subsister un système de surveillance, comme un contrôle visuel régulier, la prise d'une cote de temps en temps pour éviter les problèmes du type « copeau sur une butée ». Mais l'action de réglage doit être pilotée par la carte.

7.3. Lorsque les fréquences de prélèvement sont trop élevées

Lorsqu'on met en place une carte de contrôle, ces cartes doivent devenir le seul moyen de pilotage de ce procédé. Un problème pratique se pose lorsque la fréquence de contrôle devient importante, et difficilement compatible avec un remplissage manuel de la carte. Bien sûr l'automatisation de la saisie et du traitement doit alors être le premier réflexe, mais parfois, cela n'est pas suffisant. Les progiciels de suivi MSP sont de mieux en mieux conçus, mais il faut encore plusieurs manipulations de clavier pour saisir et visualiser les cartes de contrôle.

Une simple amélioration des logiciels consisterait à n'utiliser qu'un seul écran pour afficher l'ensemble des cartes de contrôle. Il n'est en effet pas nécessaire à l'interprétation d'avoir les 25 derniers points systématiquement, et on peut facilement imaginer un écran de synthèse affichant uniquement les 3 derniers points de chacune des cartes.

Exemple

Un procédé demande un suivi très fréquent (un prélèvement toutes les 5 minutes) et il a été démontré que même avec une automatisation des cartes, il était impossible de le réaliser sans une perte importante de productivité.

Dans ce cas, une solution consiste à mixer le suivi par carte avec une fréquence plus faible (une fois par heure par exemple) avec un suivi en cote cible tel que nous l'avons montré dans le premier chapitre. Les contrôles intermédiaires ne donneront pas lieu à un point sur la carte, mais devront suivre la logique de la démarche MSP c'est-à-dire :

- prélever plusieurs pièces ;
- vérifier la position de la médiane par rapport aux limites de contrôle calculées grâce par exemple à une carte aimantée ;
- agir ou continuer en appliquant des règles de décision écrites dans une instruction de poste.

Cette méthode possède plusieurs avantages :

- elle permet d'appliquer la méthode MSP même si tous les points n'apparaissent pas sur la carte ;
- elle allège le travail du régleur en ne l'obligeant pas à remplir une carte tous les quarts d'heure ;
- elle permet de laisser une trace de la capabilité du procédé grâce aux points qui sont notés sur la carte.

7.4. L'informatisation des cartes de contrôle

Notre expérience en matière de mise en œuvre de la MSP nous amène à beaucoup de prudence dans l'informatisation des cartes de contrôle. L'écriture sur un papier garde quelques vertus pédagogiques qu'il serait imprudent de balayer par trop d'informatique. Cependant avec les progrès tant au niveau des logiciels que de l'appréhension des outils informatiques dans les milieux de production et de leur coût, la très grande majorité des applications de carte de contrôle devraient désormais être informatisées.

Les raisons objectives qui conduisent à l'informatisation sont à notre avis de trois types :

- Le suivi par cartes de contrôle est intégré dans une gestion globale des moyens de production. Outre le suivi des cartes de contrôle et des capabilités, il faut suivre pour chaque machine tous les paramètres de gestion de production (ordre de fabrication, suivi...), de productivité (saisi des temps, calcul du Taux de Rendement Synthétique...), de maintenance (changement d'outillage, entretien préventif...)... S'il est sans doute trop cher de mettre un ordinateur sur chaque machine pour faire du SPC, cela est sans aucun doute rentable si on intègre cela dans un projet cohérent d'informatisation global de la production.

- La fréquence de contrôle nécessaire au pilotage est trop élevée pour être gérée manuellement. Dans ce cas l'informatique apporte réellement un plus par rapport au tracé manuel. C'est le cas des procédés de grandes séries comme les tours multibroches, les rectifieuses...

- Le nombre de paramètres à surveiller est trop important. En effet, il est difficile de demander à un opérateur de suivre manuellement plus de deux cartes de contrôle sauf si la fréquence de prélèvement est très faible. Là encore, l'informatique offre une aide réelle. Cela permet également dans ce cas de mettre en place des moyens plus sophistiqués tels que les cartes de contrôle multidimensionnelles que nous développerons plus loin dans cet ouvrage.

7.5. La réactualisation des cartes de contrôle

Un problème souvent posé lors de la mise en application des cartes de contrôle concerne le recalcul des limites. Quand doit-on recalculer les limites ?

Pour répondre à cette question, il faut rappeler que les limites de contrôle dépendent seulement de la dispersion court terme du processus. Ainsi, un processus stabilisé, dont la dispersion n'évolue pas dans le temps donnera toujours les mêmes limites.

Le recalcul des limites doit se faire lorsqu'on a la certitude que la dispersion court terme a évolué. Lorsque c'est le cas, cela se traduit sur la carte des étendues par une augmentation ou une diminution de la moyenne des étendues.

En cas d'augmentation de l'étendue moyenne, cela signifie que le processus s'est dégradé. Les limites de contrôle recalculées se trouveront plus écartées. Dans ce cas il est bien sûr urgent d'identifier la cause spéciale pour revenir à la situation normale. En cas de diminution de l'étendue moyenne, cela signifie que la dispersion court terme s'améliore. Les limites de contrôle se resserreront. Là encore, il est indispensable d'identifier la cause pour être capable de la maintenir dans le temps.

7.6. Le suivi d'un projet MSP

Au cours de notre carrière, nous avons suivi de nombreuses entreprises qui ont mis en place la démarche MSP. Nous avons appris une chose essentielle : autant il est facile de mettre en place la démarche, autant il est difficile de la faire vivre de nombreuses années sans perte d'efficacité.

En effet, quand bien même on a montré de manière flagrante les gains fantastiques que l'on peut avoir par cette méthode, il y a toujours à un moment ou à un autre un certain relâchement dans la mise en œuvre. Certaines entreprises en arrivent même à un point où plusieurs années après, il faut redémarrer une nouvelle fois l'ensemble de la démarche.

Ce cycle « mise en place » puis « essoufflement » puis à nouveau « mise en place » est inacceptable. Il est coûteux pour l'entreprise et fait perdre de la crédibilité à la méthode. Ce processus d'usure n'est pas irrémédiable si on suit les points essentiels suivants :

1. Mise en place d'un comité de pilotage et d'une personne dédiée au suivi de la démarche. Les gains d'une démarche MSP sont tels qu'ils justifient de nommer une personne responsable de sa bonne application et de lui donner les moyens d'assumer cette responsabilité.

2. Formation du personnel non seulement aux outils de la MSP, mais aussi et surtout aux principes et à la culture de la maîtrise des processus sous jacente.

3. Respect de la méthode. La MSP est une démarche, chaque fois que l'on saute une étape (par exemple la capabilité des moyens de contrôle) on va au devant d'un échec.

4. Suivi rigoureux des capabilités. Chaque caractéristique essentielle doit faire l'objet de suivi des *Cp*, *Pp* et *Ppk*.

5. Mise en place d'un plan d'action lorsque les capabilités démontrées sont insuffisantes.

6. Mise en place d'un système d'audit, seule façon de garantir qu'il n'y a pas de dérive dans le temps.

7. Diffusion régulière des « *success story* ».

Chapitre 6

Les cartes EWMA et CUSUM

Nous avons abordé dans les chapitres précédents, les cartes de contrôle basées sur le principe de Shewhart. Cependant, l'efficacité dans la détection d'un décentrage des cartes de contrôle, basée sur la moyenne d'un sous-groupe, peut être largement améliorée en utilisant d'autres cartes de contrôle : les cartes EWMA (Exponentially Weighted Moving Averages) ou les cartes CUSUM (Cumulative Sum).

Les cartes de contrôle EWMA commencent à être très utilisées dans les entreprises car elles sont – pour les faibles dérives – beaucoup plus performantes que les cartes de contrôle de Shewhart de type X/R. L'interprétation d'une carte EWMA est assez facile pour l'opérateur, elle remplace donc efficacement les cartes de Shewhart.

Les cartes CUSUM sont encore plus performantes que les cartes EWMA, mais cette performance se paye par une plus grande complexité dans la mise en œuvre et dans l'interprétation des cartes. Nous réserverons donc leur application aux cas délicats.

Le but de ce chapitre est de détailler ce type de carte particulièrement bien adapté au suivi des processus continus pour lesquels une faible dérive doit être détectée.

1. Les cartes EWMA

EWMA représente les initiales de Exponentially Weighted Moving-Average qui peut se traduire par moyenne mobile à pondération exponentielle. Ces cartes sont très adaptées dans les cas suivants :

- détection de petits écarts par rapport à la cible ;
- suivi des valeurs individuelles.

1.1. Principe de la carte EWMA

Considérons la carte de contrôle de Shewhart aux valeurs individuelles de la figure 1. Dans cet exemple, la moyenne historique est de *10,00* et l'écart type de *1*.

1	9,60	6	9,67	11	10,16	16	11,74	21	9,98	26	11,61	31	9,60
2	9,22	7	9,41	12	10,24	17	9,72	22	10,76	27	9,85	32	11,28
3	8,56	8	11,35	13	9,87	18	10,40	23	11,95	28	10,59	33	12,32
4	9,90	9	8,11	14	11,01	19	11,45	24	11,56	29	12,06	34	
5	10,11	10	10,19	15	10,55	20	10,91	25	10,88	30	11,21	35	

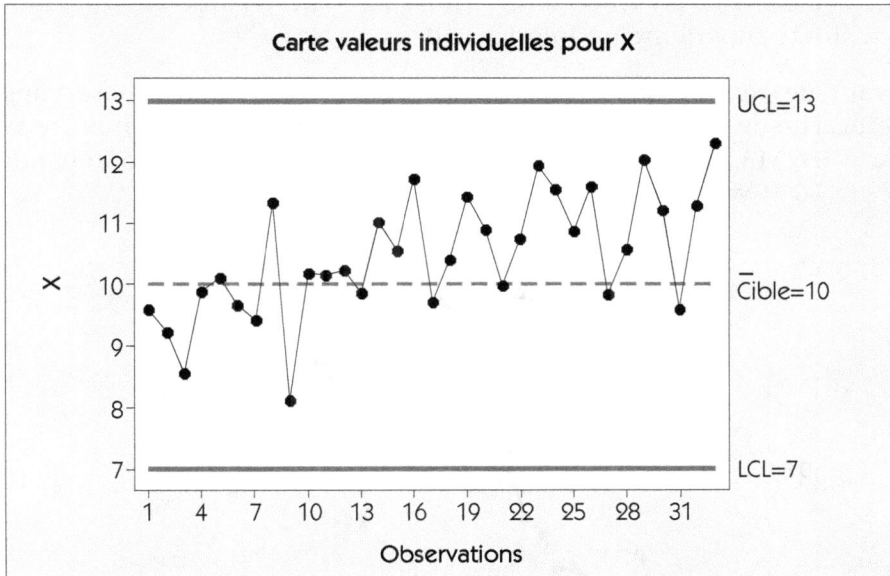

Figure 1 – Exemple de dérive non détectée

La carte aux valeurs individuelles ne détecte pas le décentrage obtenu à partir de la 10ème valeur. La raison de cette non-détection est que l'on ne tient pas compte de l'historique dans la détermination d'un point hors contrôle.

Dans la carte EWMA, pour chaque point, on va tenir compte de l'historique des valeurs mesurées. Pour chaque échantillon, on calcule une moyenne pondérée par un coefficient λ telle que :

$$M_i = \lambda \overline{x}_i + (1 - \lambda) M_{i-1} \qquad \textit{Équation 1}$$

avec

- $\lambda \leq 1$ une constante (on prend souvent $\lambda = 0,2$)
- M_0 valeur initiale = cible

Par exemple ($M_0 = 10$) :

- pour le point 1 : $M_1 = 0,2 \times 9,60 + 0,8 \times 10 = 9,84$
- pour le point 2 : $M_2 = 0,2 \times 9,22 + 0,8 \times 9,84 = 9,72$
- ....

On détectera la présence d'une cause spéciale lorsque M_i franchira une limite supérieure ou inférieure de contrôle.

Avant de rentrer dans le détail des calculs des limites, observons l'efficacité de cette carte sur l'exemple proposé. La figure 2 montre la carte EWMA pour les données de la figure 1. La détection apparaît dès la 26ème valeur.

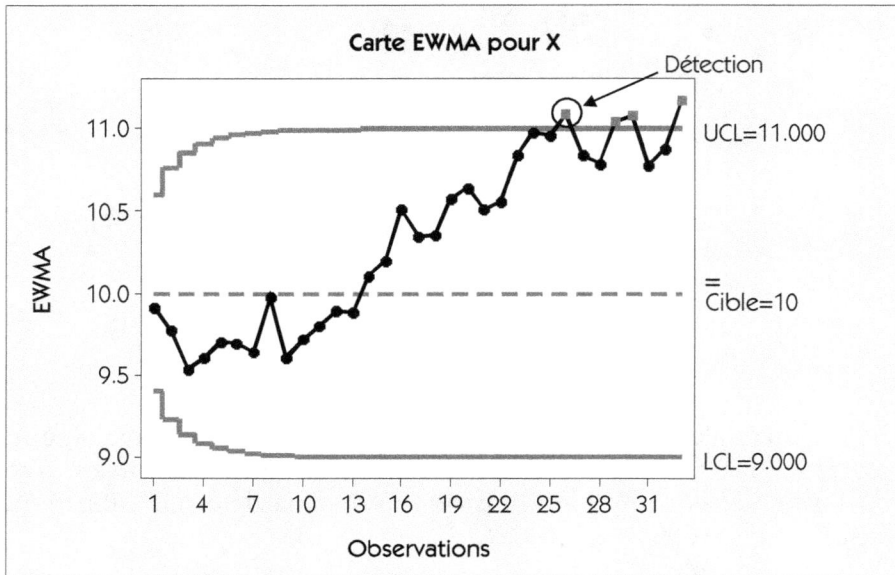

Figure 2 – Carte EWMA avec les données de la figure 1

L'interprétation de la carte est immédiate. La valeur indiquée sur la carte donne l'estimation de la valeur du procédé. Dans notre cas, la carte EWMA a détecté un décentrage de *1*. Le franchissement des limites indique la présence d'une cause spéciale.

A partir de l'équation 1, on constate que M_i apparaît comme une pondération entre la moyenne des valeurs précédentes et la dernière valeur mesurée. Plus λ est important, plus on donne du poids à la dernière valeur.

En développant l'équation précédente, on montre que l'on donne d'autant moins d'importance que la valeur est ancienne. En effet, on a :

$$M_i = \lambda \overline{X}_i + (1-\lambda) M_{i-1}$$

$$M_i = \lambda \overline{X}_i + (1-\lambda) \lambda \overline{X}_{i-1} + (1-\lambda)^2 M_{i-2}$$

$$M_i = \lambda \sum_{j=0}^{i-1} (1-\lambda)^j \overline{X}_{i-j} + (1-\lambda)^i M_0$$

Les valeurs $\overline{X}_{i-j}$ apparaissent avec un poids $(1-\lambda)^j$

Dans le cas où $\lambda = 0{,}2$, on trouve :

$$M_i = 0{,}2\overline{X}_i + 0{,}16\overline{X}_{i-1} + 0{,}128\overline{X}_{i-2} + 0{,}1024\overline{X}_{i-3+...}$$

En fait, M_i apparaît comme étant une prévision de la valeur de $\overline{X}_{i+1}$. L'utilisation de cette moyenne pondérée est d'ailleurs largement utilisée comme instrument de prévision des ventes en gestion de production.

1.2. Calcul des limites

Comme dans tous les cas précédents, on fixe généralement les limites de contrôle à $\pm\,3\,\sigma$. D'une manière générale, on peut fixer les limites à $\pm\,L\sigma$ afin d'optimiser le risque α.

Prenons le cas d'un suivi d'une moyenne calculée sur n mesures. Le cas où on suit des valeurs individuelles est un cas particulier avec $n = 1$.

On montre que si les moyennes $\overline{X}_i$ sont distribuées de façon aléatoire avec comme écart type $\sigma/\sqrt{n}$, l'écart type de la répartition des M_i est alors de :

$$\sigma_{M_i} = \sigma \sqrt{\frac{\lambda\left[1-(1-\lambda)^{2i}\right]}{n(2-\lambda)}}$$

Avec i le numéro de l'échantillon. Les limites sont alors égales à :

$$LSC_{M_i} = Cible + L\sigma\sqrt{\frac{\lambda\left[1-(1-\lambda)^{2i}\right]}{n(2-\lambda)}}$$

$$LIC_{M_i} = Cible - L\sigma\sqrt{\frac{\lambda\left[1-(1-\lambda)^{2i}\right]}{n(2-\lambda)}}$$

Les limites dépendent donc du numéro de l'échantillon, mais elles convergent très vite vers une droite comme le montre la figure 2. Lorsque i augmente, le terme $\left[1-(1-\lambda)^{2i}\right]$ tend vers 1, les limites deviennent donc :

$$LSC_{M_i} = Cible + L\sigma\sqrt{\frac{\lambda}{n(2-\lambda)}}$$

$$LIC_{M_i} = Cible - L\sigma\sqrt{\frac{\lambda}{n(2-\lambda)}}$$

Ces limites sont deux droites qui dépendent du coefficient λ, de la taille des échantillons n et bien sûr de l'écart type σ. Dans les exemples qui suivent, nous prendrons $L = 3$.

1.3. Exemples d'application

1.3.1. Premier exemple

Pour illustrer l'application des cartes EWMA, nous allons reprendre l'exemple traité en figure 1 et figure 2.

Condition de la carte EWMA

- La cible est égale à 10
- L'écart type σ est égal à 1
- La taille des échantillons $n = 1$
- Le coefficient λ est pris égal à $0,2$
- Les limites sont fixées à $\pm 3\ \sigma$

Calcul des limites de contrôle

Calcul des limites pour $i = 2$ (la seconde valeur)

$$LSC_{M_i} = Cible + 3\sigma \sqrt{\frac{\lambda\left[1-(1-\lambda)^{2i}\right]}{n(2-\lambda)}} = 10 + 3x1 \sqrt{\frac{0,2\left[1-\left(1-0,2\right)^4\right]}{1(2-0,2)}} = 10,77$$

$$LIC_{M_i} = Cible - 3\sigma \sqrt{\frac{\lambda\left[1-(1-\lambda)^{2i}\right]}{n(2-\lambda)}} = 10 - 3x1 \sqrt{\frac{0,2\left[1-\left(1-0,2\right)^4\right]}{1(2-0,2)}} = 9,23$$

Lorsque i est grand on trouve :

$$LSC_{M_i} = Cible + 3\sigma \sqrt{\frac{\lambda}{n(2-\lambda)}} = 10 + 3x1x \sqrt{\frac{0,2}{1x(2-0,2)}} = 11$$

$$LIC_{M_i} = Cible - 3\sigma \sqrt{\frac{\lambda}{n(2-\lambda)}} = 10 - 3x1x \sqrt{\frac{0,2}{1x(2-0,2)}} = 9$$

Compte tenu de la rapidité de la convergence vers cette valeur, on utilise en pratique que cette dernière limite, surtout dans le cas de carte de contrôle tenue manuellement.

1.3.2. Second exemple

Prenons le cas d'un suivi de procédé de dépôt catalytique. On suit l'épaisseur de dépôt à partir d'un prélèvement de trois pièces par lot. La caractéristique est suivie par carte EWMA sur les moyennes de ces trois valeurs.

Le tableau suivant donne le relevé observé :

N°	1	2	3	4	5	6	7	8	9	10	11	12	13
X1	29.7	27.3	20.9	23.4	23.6	26.4	25.8	29.0	26.5	17.3	26.1	22.7	21.3
X2	24.2	27.7	23.2	28.5	28.3	26.0	24.7	25.1	23.0	27.2	24.2	20.3	19.8
X3	23.8	26.5	21.4	25.8	23.2	22.2	23.1	24.6	26.1	26.3	24.3	23.2	25.1
Moyenne	25.9	27.2	21.8	25.9	25.0	24.9	24.5	26.2	25.2	23.6	24.8	22.0	22.0
Étendue	5.9	1.2	2.3	5.1	5.1	4.3	2.7	4.4	3.5	9.9	1.9	2.9	5.3
Mi (25)	25.2	25.6	24.8	25.0	25.0	25.0	24.9	25.2	25.2	24.9	24.9	24.3	23.8

N°	14	15	16	17	18	19	20	21	22	23	24	25	
X1	22.6	22.9	22.0	26.6	19.5	24.0	22.7	19.2	13.8	15.8	22.3	23.8	
X2	24.2	24.7	20.6	30.5	21.3	16.8	17.9	18.4	13.1	22.0	17.7	17.5	
X3	22.8	18.9	26.6	21.3	25.5	18.6	21.4	19.9	21.8	24.4	21.7	18.0	
Moyenne	23.2	22.2	23.1	26.1	22.1	19.8	20.7	19.2	16.2	20.7	20.6	19.8	
Étendue	1.6	5.8	6.1	9.3	6.0	7.2	4.7	1.5	8.8	8.7	4.6	6.3	
Mi (25)	23.7	23.4	23.3	23.9	23.5	22.8	22.4	21.7	20.6	20.6	20.6	20.5	

La carte de contrôle $\overline{X}/R$ donne le résultat suivant :

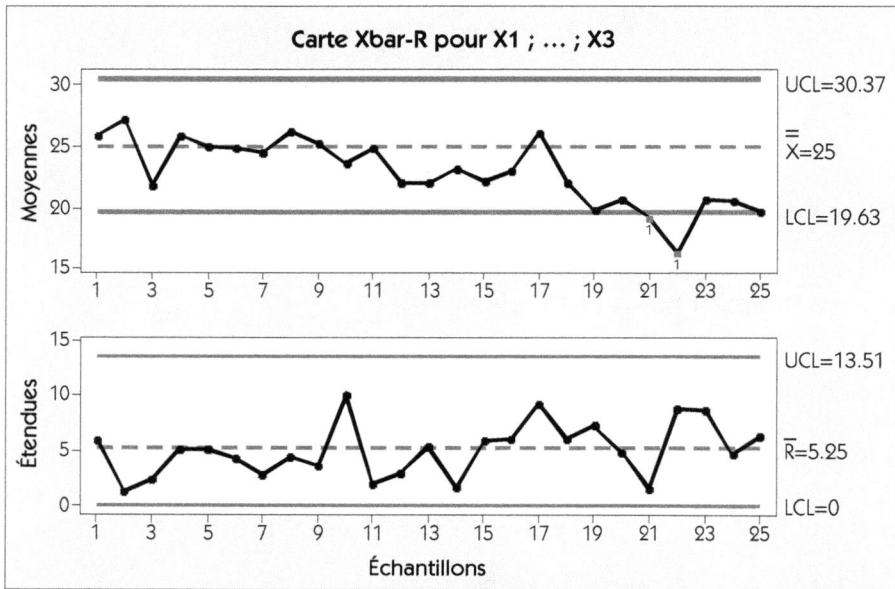

Figure 3 – Carte de Shewhart

Calcul des limites de contrôle pour la carte EWMA

- Cible : *25*
- Écart type historique *3,1*
- Coefficient $\lambda = 0,2$
- Moyenne de 3 mesures ($n = 3$)

$$LC = 25 \pm 3x\,3,1\sqrt{\frac{0,2}{3(2-0,2)}} = \frac{26,79}{23,21}$$

La carte de contrôle EWMA donne :

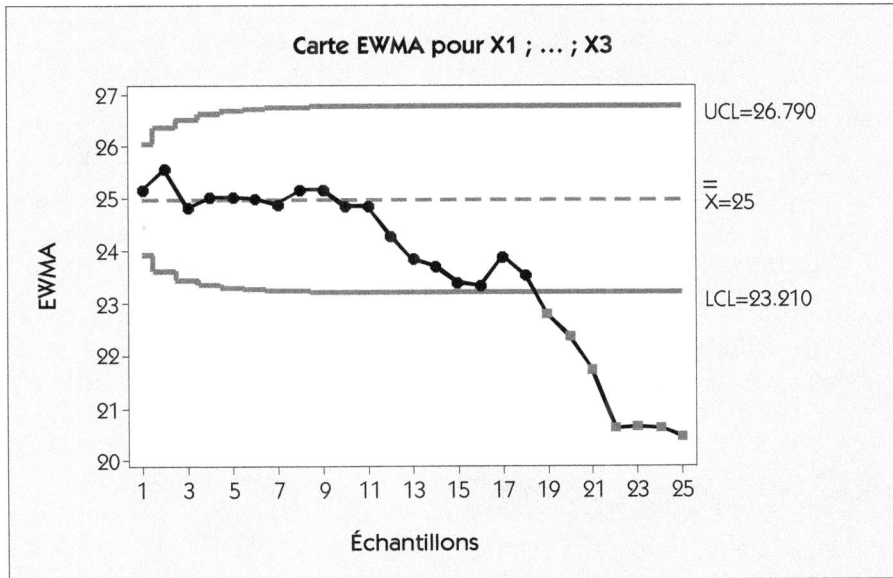

Figure 4 – Carte EWMA

Sur cet exemple également, on note l'efficacité de la détection avec la carte EWMA par rapport à la carte traditionnelle de Shewhart.

1.4. Choix de λ et de L

Du choix de λ et de L dépendent les risques alpha et bêta et le décentrage que l'on sera capable de détecter. Le choix de λ dépend du poids que l'on veut donner aux dernières valeurs par rapport aux valeurs précédentes. Ce choix va influer directement sur la Période Opérationnelle Moyenne (POM ou ARL) de la carte. En général, on choisit λ dans le tableau suivant :

$\lambda = 0,10$	Permet de détecter de petits écarts par rapport à la cible Assez peu efficace pour détecter un décalage rapide et important
$\lambda = 0,2$	Moins sensible au faible décalage de la moyenne Plus efficace pour détecter un décalage rapide et important qu'une carte CUSUM
$\lambda = 0,4$	Donne des résultats sensiblement proches de la carte de Shewhart

Pour compenser les risques alpha et bêta mal adaptés, on compense souvent le coefficient λ en ajustant L afin d'avoir une POM_0 égale à *500* soit un peu plus que la carte de Shewhart traditionnelle (*370,4*).

Le tableau ci-dessous donne les périodes opérationnelles moyennes pour les différents choix de λ et de L. On rappelle que la *POM* représente le nombre moyen d'échantillons nécessaires pour détecter un décentrage. La POM_0 représente donc le risque α de détecter à tord un décentrage.

Décentrage	0	0,25	0,5	0,75	1	1,5	2	2,5	3	4
$\lambda = 0,1$ $L = 2,814$	500	106	31,3	15,9	10,3	6,1	4,4	3,4	2,9	2,2
$\lambda = 0,2$ $L = 2,962$	500	150	41,8	18,2	10,5	5,5	3,7	2,9	2,4	1,9
$\lambda = 0,25$ $L = 2,998$	500	170	48,2	20,1	11,1	5,5	3,6	2,7	2,3	1,7
Référence Shewhart	370,4	281	155	81,2	43,5	14,9	6,3	3,2	2	1,18

On note sur ce tableau la performance des cartes EWMA par rapport aux cartes de Shewhart pour détecter de petites dérives. Pour détecter de grands décalages, les cartes de Shewhart restent cependant supérieures. L'idéal consiste donc à coupler une carte de Shewhart avec une carte EWMA.

2. Les cartes CUSUM

CUSUM vient de l'anglais *CUmulative SUMs* que l'on peut traduire par sommes cumulées. Les cartes CUSUM ont été proposées par Page[1] et développées par plusieurs auteurs dont Jonhson & Leone ainsi que

---

1. E. S. Page – « Continuous Inspection schemes » » – Biometrics – 1954 – Vol 41

Lucas. Nous développerons dans ce chapitre deux types de carte de contrôle CUSUM, les cartes de type « tableau » et les cartes avec masque en V.

2.1. Le principe

En fait, il existe plusieurs sortes de cartes CUSUM. Nous exposerons ci-dessous la méthode proposée par Lucas[2][3][4].

Le principe de la carte de contrôle CUSUM est de sommer le cumul des écarts par rapport à la valeur cible. Si le procédé s'éloigne de cette valeur cible, le cumul des écarts va croître et dépasser une limite H qui permettra de détecter ce décentrage.

Pour détecter le décentrage pour une suite d'échantillons, on forme la suite des sommes cumulées suivantes :

$$S_{H_i} = Max\left[0, \overline{X}_i - (Cible + K) + S_{H_{i-1}}\right]$$

$$S_{L_i} = Max\left[0, (Cible - K) - \overline{X}_i + S_{L_{i-1}}\right]$$

Avec $K = k.\sigma_{\overline{X}}$ et $H = h.\sigma_{\overline{X}}$

La première somme (S_{Hi}) sert à détecter un décalage du côté positif de la moyenne, la seconde (S_{Li}) du côté négatif.

Le signal « hors contrôle » est détecté chaque fois qu'une des deux sommes excède une valeur limite, notée H. H est calculé à partir de h par la relation $H = h.\sigma_{\overline{X}}$. h est choisi entre 4 et 5 en fonction de l'efficacité souhaitée de la carte de contrôle. Avec $h = 4$ on augmente

---

2. J. M. Lucas – « The design and use of V-mask control schemes » – Journal of quality Technologie 8 (1) – 1973 – 1:12 – January

3. J. M. Lucas – « Combined Shewhart-CUSUM quality control shemes » – Journal of Quality Technologie 14(2) –1982 – 51:59 – April

4. J. M. Lucas – R. B. Croisier – « Fast initial response for CUSUM quality control schemes : Give your CUSUM a head start » – Technoometrics 24(3) – 1982 – 199:215 – August

le risque alpha (fausse alarme). Avec $h = 5$ on augmente le risque beta (détection tardive).

K joue le rôle de filtre. La somme haute par exemple, ne commencera à cumuler des écarts que lorsque la différence par rapport à la cible sera supérieure à K. La valeur k est souvent choisie comme étant la moitié du décalage de la moyenne que l'on souhaite détecter. k est généralement fixé à **0,5** pour détecter un décentrage de **1** écart type.

Notons que les deux sommes sont toujours positives et ne peuvent jamais être négatives car on prend le maximum entre *0* et la valeur calculée. Les deux sommes sont initialisées à *0* en début de procédure et chaque fois qu'un procédé hors contrôle est détecté.

On a donc trois zones différentes pour lesquelles les sommes S_L et S_H évoluent de façon différente.

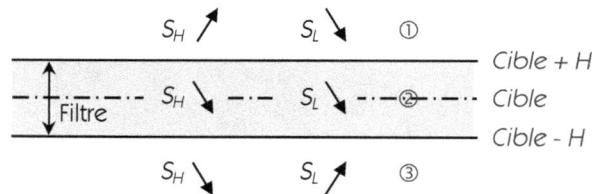

Figure 5 – Les trois zones de la carte CUSUM

- Lorsque la valeur se trouve dans la zone ①, il y a potentiellement dérive vers le haut, la somme S_H augmente, la somme S_L diminue.

- Lorsque la valeur se trouve dans la zone ②, on se trouve très proche de la cible, il n'y a donc – a priori – pas de décentrage, les deux sommes diminuent.

- Lorsque la valeur se trouve dans la zone ③, il y a potentiellement dérive vers le bas, la somme S_L augmente, la somme S_H diminue.

Dans le cas des suivis de valeurs individuelles, c'est le même principe avec le cas particulier de $n = 1$.

2.2. Exemple d'application

Exemple 1 : CUSUM sur valeurs individuelles

Pour illustrer le principe d'une carte CUSUM, nous allons nous appuyer sur l'exemple de la figure 1 que nous avons déjà traité avec une carte EWMA.

Condition de la carte CUSUM

- La cible est égale à *10*
- L'écart type σ est égal à *1*
- La taille des échantillons $n = 1$
- L'écart que l'on veut détecter est de un écart type, on prendra donc $k = 0,5$
- Les limites sont fixées avec $h = 5$

On a donc $H = h\,\sigma = 5$ et $K = k\,\sigma = 0,5$
Au départ, on initialise les sommes à *0*

N°	1	2	3	4	5	6	7	8	9	10	11
x	9.6	9.22	8.56	9.9	10.11	9.67	9.41	11.35	8.11	10.19	10.16
S_H	0	0	0	0	0	0	0	0.85	0	0	0
S_L	0	0.28	1.22	0.82	0.21	0.04	0.13	0	1.39	0.7	0.04
N°	12	13	14	15	16	17	18	19	20	21	22
x	10.24	9.87	11.01	10.55	11.74	9.72	10.4	11.45	10.91	9.98	10.76
S_H	0	0	0.51	0.56	1.8	1.02	0.92	1.87	2.28	1.76	2.02
S_L	0	0	0	0	0	0	0	0	0	0	0
N°	23	24	25	26	27	28	29	30	31	32	33
x	11.95	11.56	10.88	11.61	9.85	10.59	12.06	11.21	9.6	11.28	12.32
S_H	3.47	4.53	4.91	6.02	5.37	5.46	7.02	7.73	6.83	7.61	9.43
S_L	0	0	0	0	0	0	0	0	0	0	0

Figure 6 – Tableau CUSUM

Calcul de $S_{H1} = Max(\,0;\, X_1 - (Cible + K) + S_{H0}\,)$
$\qquad\qquad = Max(\,0;\, 9,6 - (10 + 0,5) + 0\,) = 0$

Calcul de $S_{L1} = Max(\,0;\, (Cible - K) - X_1 + S_{L0}\,)$
$\qquad\qquad = Max(\,0;\, (10 - 0,5) - 9,6 + 0\,) = 0$

Calcul de $\quad S_{H2} = Max(\ 0;\ X_2 - (Cible + K) + S_{H1}\ )$
$\qquad\qquad = Max(\ 0;\ 9,22\ \text{-}\ (10 + 0,5) + 0\ ) = 0$

Calcul de $\quad S_{L2} = Max(\ 0;\ (Cible - K) - X_2 + S_{L1}\ )$
$\qquad\qquad = Max(\ 0;\ (10 \text{-} 0,5) - 9,22 + 0\ ) = 0,28$

Calcul de $\quad S_{L3} = Max(\ 0;\ (Cible - K) - X_3 + S_{L2}\ )$
$\qquad\qquad = Max(\ 0;\ (10 \text{-} 0,5) - 8,56 + 0,22\ ) = 1,22$

...

Nous avons grisé les cases lorsque la somme S_H dépasse la limite $H = 5$, ce qui correspond à dépasser la limite $h = 5$ ($\sigma = 1$ dans ce cas).

Comme H a été dépassée, il y a une très forte probabilité d'un décentrage côté positif. Ce décentrage n'était pas détecté par la carte de Shewhart car en aucun cas la valeur z dépasse la limite 3. Ce déréglage faible est détecté par la carte CUSUM à la 26ème valeur, comme dans le cas de la carte EWMA.

Cet exemple peut se placer sous forme graphique. Différentes formes de graphiques de cartes CUSUM ont été proposées, nous avons retenu celle qui rappelle le plus les cartes de contrôle de Shewhart. La figure 7 illustre le graphique de la carte CUSUM.

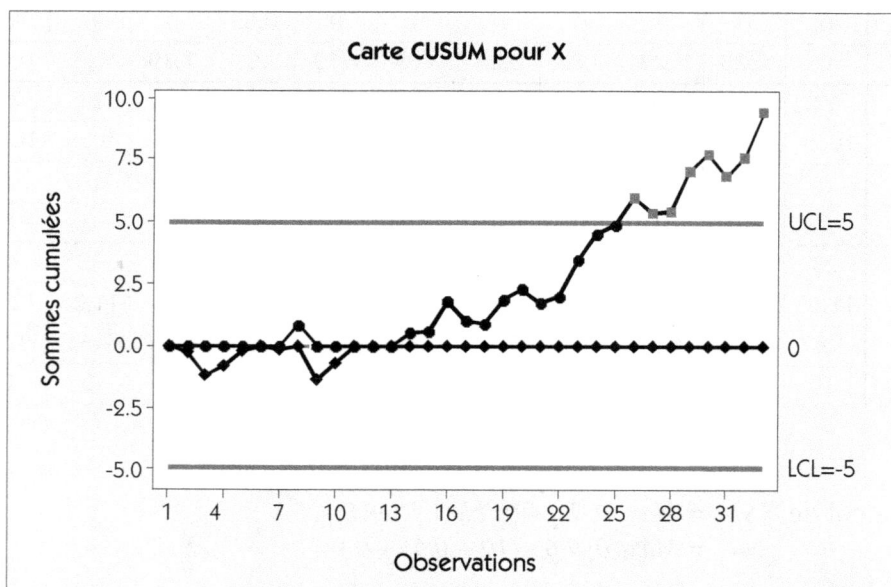

Figure 7 – Graphique de la carte CUSUM

L'exemple que nous venons de traiter illustre la rapidité de détection d'une tendance avec la carte CUSUM. Cependant, dans le cas d'un déréglage important, mais rapide dès le premier point, il ne serait pas détecté par la carte CUSUM alors qu'il serait détecté par la carte Shewhart. La carte CUSUM est donc particulièrement adaptée pour détecter des tendances dans le cas des procédés à petite dérive lente. Elle n'est pas adaptée à des déréglages importants et brutaux. Pour annuler cet inconvénient, il faut utiliser la méthode FIR CUSUM (*Fast Initial Response*) que nous développerons au paragraphe 2.2.1. ou coupler la carte CUSUM avec une carte de Shewhart.

Exemple 2 : CUSUM sur moyenne

Conditions

- La cible est égale à *10*
- L'écart type σ est égal à *1*
- La taille des échantillons *n = 4*
- L'écart que l'on veut détecter est de un écart type, on prendra donc *k = 0,5*
- Les limites sont fixées avec *h = 5*

Comme on raisonne sur *n = 4*, on a $\sigma_{\overline{X}} = \dfrac{\sigma}{\sqrt{4}} = 0,5$

On a donc $H = h\,\sigma_{\overline{X}} = 2,5$ et $K = k\sigma_{\overline{x}} = 0.5 \times 0.5 = 0.25$

Au départ, on initialise les sommes à *0*.

N°	1	2	3	4	5	6	7	8	9	10
x1	9,8	10,7	10,7	10,6	9,7	10,8	12,4	13,2	11	12,2
x2	9,6	10,6	11,4	12,6	10,4	11	12,3	10,3	11	11,4
x3	11,3	9,4	8,2	12,3	11,4	9,7	9,1	11,5	10,9	10,8
x4	7,9	11,7	9,5	9,8	13	11,7	9,5	11	12,4	12,2
Moy	9,65	10,6	9,95	11,325	11,125	10,8	10,825	11,5	11,325	11,65
Écart	-0,35	0,6	-0,05	1,325	1,125	0,8	0,825	1,5	1,325	1,65
S$_H$	0	0,35	0,05	1,125	2	2,55	3,125	4,375	5,45	6,85
S$_L$	0.1	0	0	0	0	0	0	0	0	0

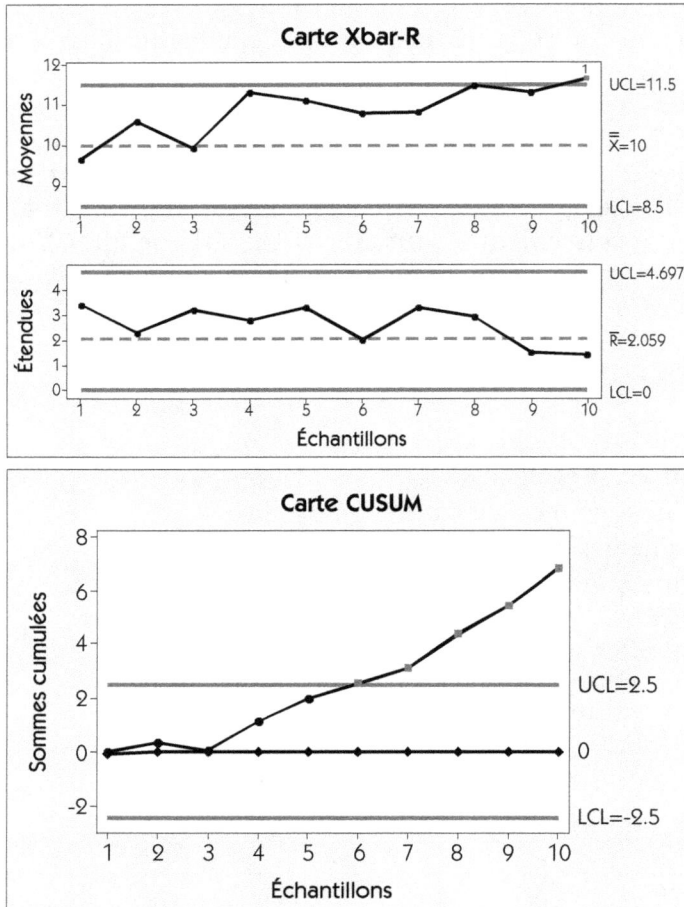

Figure 8 – Carte des moyennes et carte CUSUM

Calcul de $S_{H5} = Max(0; \overline{X}_5 - (Cible + K) + S_{H4})$
$$= Max(\,0;\, 11,125 - (10 + 0,25) + 1,125\,) = 2,00$$

On note l'efficacité de la carte CUSUM pour détecter un petit écart.

2.2.1. Carte FIR CUSUM

Lucas propose d'améliorer la réponse des cartes CUSUM en initialisant les sommes par une valeur *h/2* plutôt que d'initialiser à *0*. Dans le cas d'un déréglage rapide, on aurait alors avec *h = 5* :

Initialisation $S_{H_0} = 2,5$

$n = 1$ $\overline{X} = 1,6$ $S_{H_1} = 5,2$ Déréglage détecté

Même dans le cas d'une tendance, la détection est plus rapide. Pour illustrer l'intérêt de la carte FIR CUSUM nous pouvons faire une simulation avec les mêmes données que pour la figure 6 mais avec un décentrage initial de un écart type (les données ont été générées aléatoirement). On initialise les deux sommes à 2,5.

N°		1	2	3	4	5	6	7	8	9
X		11	11,2	10,76	11,86	11,3	10,15	11,31	10,82	10,75
Écart	Init	1	1,2	0,76	1,86	1,3	0,15	1,31	0,82	0,75
S_H	2,5	3	3,7	3,96	5,32	6,12	5,77	6,58	6,9	7,15
S_L	2,5	0	0	0	0	0	0	0	0	0

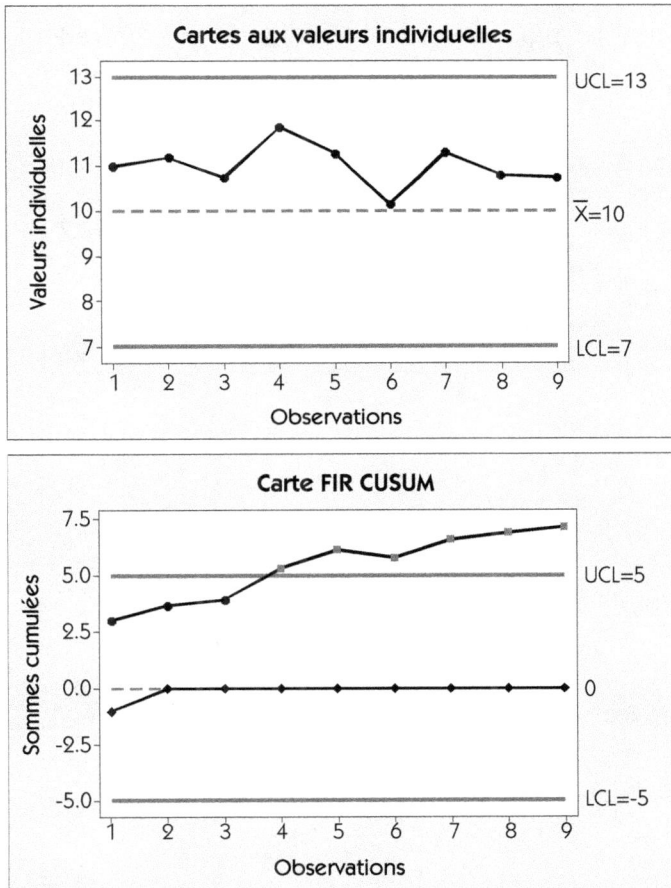

Figure 9 – Carte FIR CUSUM

Nous notons, dans ce cas, que la détection apparaît à partir de la quatrième valeur alors que la carte CUSUM traditionnelle ne détecterait le déréglage qu'à partir de la dixième valeur.

Notons également qu'au bout d'un certain nombre de valeurs, la carte FIR CUSUM converge vers la carte CUSUM.

2.2.2. Combinaison Shewhart/CUSUM

Il reste un cas où la carte CUSUM ne détecterait pas un décentrage alors que la carte Shewhart le détecterait. C'est le cas d'un brusque déréglage de la moyenne du côté négatif alors que la tendance était plutôt du côté positif ou même en l'absence de tendance.

Pour illustrer ce phénomène, reprenons le cas précédent avec un décalage de *2,5* écarts types après la cinquième valeur. Les cinq premières valeurs sont centrées sur la cible. On utilise pour cet exemple la carte FIR CUSUM.

N°		1	2	3	4	5	6	7	8	9	10
X		9.2	10.2	10.7	7.7	8.9	13.9	12.6	12.7	11.9	13.4
Écart	Init	-0.8	0.2	0.7	-2.3	-1.1	3.9	2.6	2.7	1.9	3.4
S_H	2,5	1.2	0.9	1.1	0	0	3.4	5.5	7.7	9.1	12
S_L	-2,5	-2.8	-2.1	-0.9	-2.7	-3.3	0	0	0	0	0

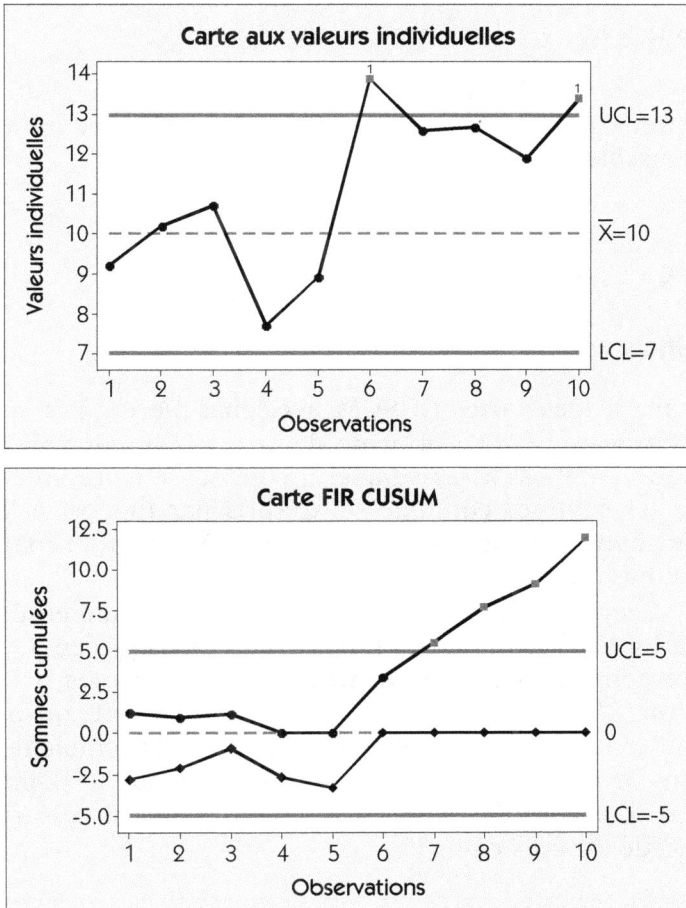

Figure 10 – Les limites de la carte FIR CUSUM

Dans ce cas, dès la sixième valeur, la carte de Shewhart aurait détecté le décentrage, mais pas la carte FIR CUSUM. En fait la carte Shewhart est très performante pour détecter les variations importantes sur la moyenne, alors que les cartes CUSUM sont plus efficaces pour détecter les tendances. Lucas propose d'associer les deux cartes en une seule carte qui serait la combinaison des cartes Shewhart et des cartes CUSUM. Dans ce cas, la détection d'un décentrage peut provenir non seulement d'une des deux sommes S_H ou S_L mais lorsque z dépasse 3. Ainsi, on associe l'efficacité des cartes CUSUM pour les tendances à l'efficacité des cartes de Shewhart pour les variations rapides.

Il est cependant clair que ce type d'association ne peut se faire manuellement. Dans ce cas, l'utilisation d'une assistance informatique est indispensable.

2.3. Les cartes CUSUM avec masque en V

2.3.1. Principes

La construction des cartes CUSUM avec masque en V a suscité de nombreux travaux[5] [6] [7]. Le principe de la carte de contrôle CUSUM avec masque en V est assez simple, il consiste à représenter sur un graphique les sommes cumulées des écarts par rapport à la valeur cible. Pour savoir si le procédé est sous contrôle ou hors contrôle, on plaque un masque en V (figure 11) sur le graphique.
La figure 11 reprend l'exemple de la figure 1 déjà traité en EWMA et avec la carte de Lucas mais ici traité avec le masque en V. La ligne brisée représente **la somme cumulée des moyennes de chaque échantillon**. Chaque fois que l'on dessine un point, on plaque le masque sur le point que l'on vient de tracer. Si l'ensemble des points rentre dans le masque (exemple masque placé sur le point 25), le procédé est sous contrôle, sinon (exemple masque placé sur le point 26) le procédé est hors contrôle.

N°		1	2	3	4	5	6	7	8	9	10
X		9.6	9.22	8.56	9.9	10.11	9.67	9.41	8.11	11.35	...
X-Cible		-0.4	-0.78	-1.44	-0.1	0.11	-0.33	-0.59	-1.89	1.35	...
Cumul	0	-0.4	-1.18	-2.62	-2.72	-2.61	-2.94	-3.53	-4.07	-2.18	...

---

5. N. L. Johnson – F. C. Leone – *Statistics and experimental Design in engineering and the physical Sciences*, Volumes I, 2nd ed – Wiley – 1977
6. - A. F. Bissell – *The performance of control chart and Cusum under linear trend* – Applied statistics 33(2) – 318:335 – 1986
7. Wadsworth – Stephens – Godfrey – *Modern methods for quality control and improvement* – Wiley – 1986

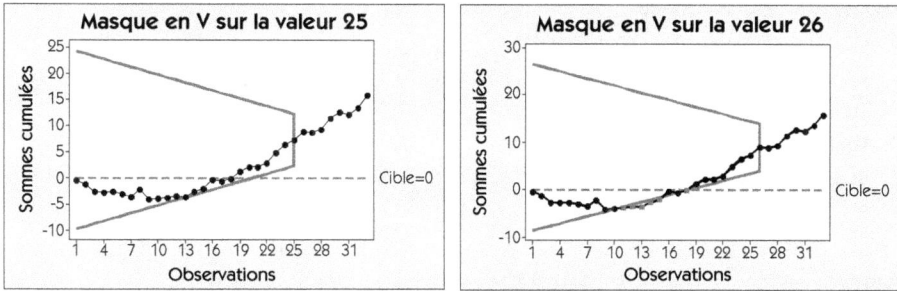

Figure 11 – Application du masque en V
sur les données de la figure 1

Le calcul du masque en V se réalise en fonction du décentrage que l'on veut détecter.

Dans ce type de carte, il ne faut pas calculer des limites, mais le masque en V à utiliser.

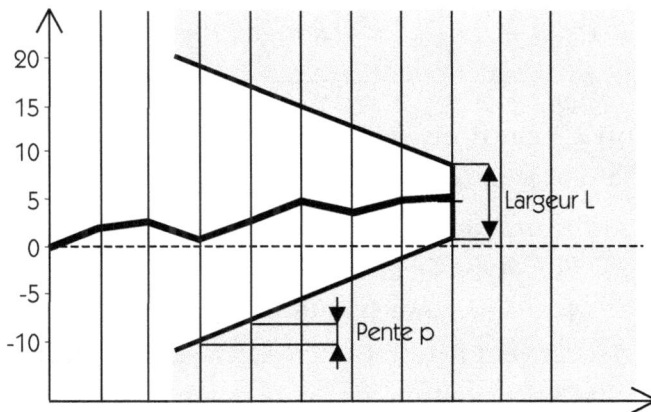

Figure 12 – Masque en V

Le calcul du masque se résume au calcul de la pente p et de la largeur L

$$pente\ p = k\,\frac{\sigma}{\sqrt{n}} \qquad\qquad Largeur\ à\ l'origine\ L = 2h\,\frac{\sigma}{\sqrt{n}}$$

Notations utilisées

σ écart type de la population

h choisi entre *4* et *5* en fonction de l'efficacité souhaitée de la carte de contrôle.

n taille de l'échantillon

k souvent choisi comme étant la moitié du décalage que l'on souhaite détecter

Application 1 – cas d'une observation individuelle

Reprenons l'exemple de la figure 1 et construisons le masque en V utilisé dans la **figure 11**.

Condition sur le masque :

- $\sigma = 1$ Écart type de la population
- $n = 1$ Valeurs individuelles
- $k = 0.5$ On veut détecter un décentrage de 1 écart type
- $h = 5$ Choisi pour minimiser le nombre de fausses alarmes

Les calculs du masque en V donne alors :

$$pente\ p = 0.5\,\frac{1}{\sqrt{1}} = 0.5 \qquad\qquad Largeur\ à\ l'origine\ L = 2 x\,5\,\frac{1}{\sqrt{1}} = 10$$

Application 2 – cas d'un échantillon

Pour illustrer ce calcul, nous allons reprendre les données de la figure 8.

Condition sur le masque :

- $\sigma = 1$ Écart type de la population
- $n = 4$ 4 valeurs par échantillon
- $k = 0.5$ On veut détecter un décentrage de 1 écart type
- $h = 5$ Choisi pour minimiser le nombre de fausses alarmes

Les calculs du masque en V donne alors :

$$pente\ p = 0.5\,\frac{1}{\sqrt{4}} = 0.25 \qquad\qquad Largeur\ à\ l'origine\ L = 2 x\,5\,\frac{1}{\sqrt{4}} = 5$$

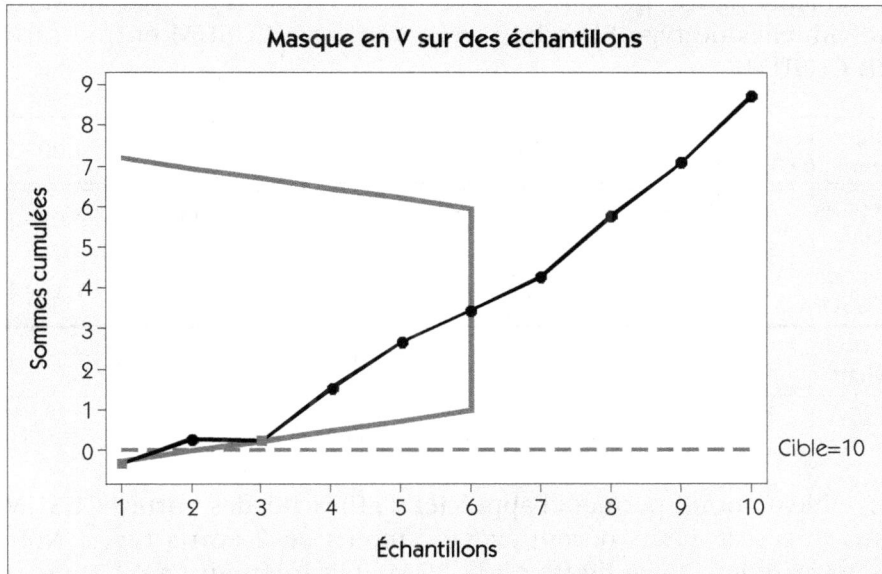

Masque en V sur des échantillons

Figure 13 – Carte CUSUM Masque en V
sur les données de la figure 8

Remarque

Cette carte avec le masque en V est moins efficace que la carte CUSUM de Lucas notamment lorsque la tendance s'inverse brusquement. De plus, elle est plus délicate à mettre en œuvre. Nous déconseillons donc son utilisation.

2.4. Efficacité des cartes CUSUM

L'efficacité des cartes CUSUM n'est pas aussi aisée à calculer que celle des cartes de Shewhart. Une façon simple de procéder consiste à réaliser des simulations informatiques en très grands nombres.

On donne généralement l'efficacité par la Période Opérationnelle Moyenne POM (ARL en Anglais). Cette période donne le nombre moyen d'échantillons nécessaires pour détecter le déréglage. Cette POM nous permet de comparer les différentes cartes de contrôle.

Le tableau figure 14 compare l'efficacité d'une carte aux mesures individuelles de type Shewhart avec une carte CUSUM et une carte FIR CUSUM.

Décalage de la moyenne ($\delta.\sigma$)	0	0,25	0,50	0,75	1,00	1,50	2,00	2,50	3,00	4,00	5,00
POM pour CUSUM	465	139	38,0	17,0	10,4	5,75	4,01	3,11	2,57	2,01	1,69
POM pour FIR CUSUM	430	122	28,7	11,2	6,35	3,37	2,36	1,86	1,54	1,16	1,02
POM pour carte Shewhart	370	281	155	82,0	43,5	14,9	6,33	3,24	2,00	1,19	1,02

Figure 14 – Efficacité des cartes CUSUM

Ce tableau nous permet d'apprécier l'efficacité des cartes CUSUM dans le cas de petits décentrages de moins de *2* écarts types. Nous avons grisé les cas de figure où la POM était inférieure à *10*. Dans ce cas de figure, un décentrage est détecté assez rapidement.

La carte FIR CUSUM est la plus efficace pour détecter rapidement les petits décentrages initiaux. Cependant, la carte CUSUM classique reste supérieure à la carte de Shewhart.

Chapitre 7

Le cas des processus multidimensionnels

De plus en plus les processus de production se complexifient. Il n'est pas rare aujourd'hui d'être obligé de contrôler plusieurs centaines voire plusieurs milliers de paramètres pour garantir la qualité d'un produit. On trouve cela dans l'industrie des semi-conducteurs, mais pas seulement. L'évolution industrielle conduit à trouver de plus en plus d'entreprises confrontées à cette complexification des processus. Dès lors, les techniques multidimensionnelles qui étaient fort peu utilisées prennent aujourd'hui une grande importance. Comment piloter un processus en suivant plusieurs paramètres en même temps ? Comment intégrer des corrélations éventuelles entre ces paramètres ? Ce chapitre a pour objectif de répondre à ces questions.

1. Les cartes multidimensionnelles pour le suivi en position

1.1. Introduction

Dans le cas de procédés complexes qui nécessitent le suivi de plusieurs paramètres, la première idée qui vient à l'esprit consiste à surveiller chaque critère de façon indépendante par une carte de contrôle.

Cette méthode a l'avantage de la simplicité, mais ce n'est pas la méthode la plus efficace. En effet, en suivant de façon indépendante chacun des critères, on ne tient pas compte des corrélations qui existent entre chacun des paramètres. Et pourtant ces corrélations sont sources d'informations. Considérons par exemple un procédé surveillé par deux caractéristiques qui sont corrélées lorsque le processus est sous contrôle.

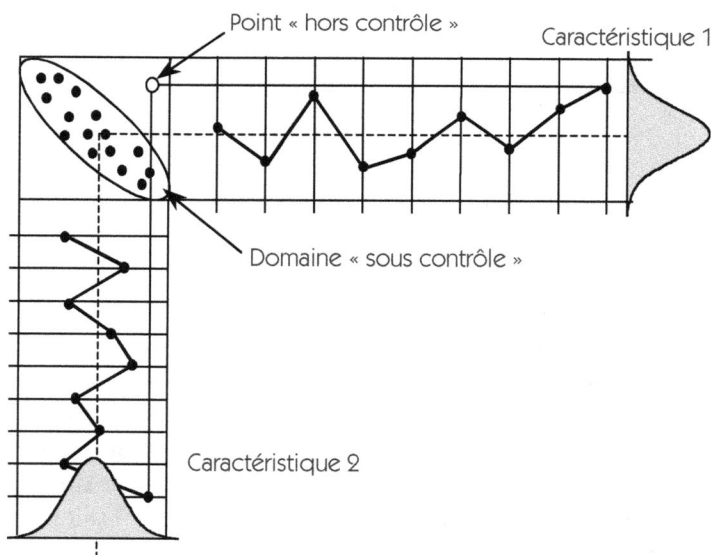

Figure 1 – Le cas multicritère

L'exemple de la figure 1 montre bien les limites du suivi indépendant des deux critères. Cette figure montre deux caractéristiques qui sont corrélées entre elles. Lorsque le processus est sous contrôle, les points se situent dans le domaine « sous contrôle » qui a la forme d'une ellipse. Si on suit un tel processus avec deux cartes de contrôle aux valeurs individuelles par exemple, cela revient à définir le domaine « sous contrôle » par un rectangle englobant l'ellipse. Dans ce cas, le point que nous avons noté « hors contrôle » mais qui est inclus dans le rectangle ne serait détecté ni dans la première carte, ni dans la seconde alors que cette situation traduit une situation hors contrôle par rapport à l'ellipse.

Hotelling[1] a proposé pour la première fois en 1947 une méthode pour solutionner ce problème. Depuis, de nombreuses publications ont été faites sur le sujet. En effet, s'il était difficile en 1947 d'envisager de faire de lourds calculs matriciels pour suivre un procédé, il n'en est plus de même aujourd'hui où nous disposons de tous les moyens informatiques permettant de rendre transparents ces calculs.

1.2. La carte χ^2 pour le suivi de la position

1.2.1. Principe

Considérons un processus dépendant de p caractéristiques. Lorsqu'on prélève un échantillon, on peut calculer la moyenne d'un échantillon de taille n sur chacune des caractéristiques. On dispose alors d'un vecteur des moyennes :

$$\overline{X} = \begin{bmatrix} \overline{x_1} \\ \overline{x_2} \\ . \\ . \\ \overline{x_p} \end{bmatrix}$$

On peut montrer que le scalaire χ^2

$$\chi_0^2 = n\left(\overline{X} - \mu\right)^t \Sigma^{-1}\left(\overline{X} - \mu\right)$$

suit une loi de distribution du χ^2 à p degrés de liberté.

---

1. Hotelling H. *Multivariate Quality Control, Techniques of Statistical Analysis*, Eisenhart, Hastay, and Wallis, Mc Graw-Hill, 1947

Notations

n : taille des échantillons

$\overline{X}$: vecteur « moyenne » des caractéristiques

μ : vecteur « valeurs centrales » des caractéristiques

Σ : matrice de covariance entre les caractéristiques

$\left(\overline{X} - \mu\right)^t$: matrice transposée de $\left(\overline{X} - \mu\right)$

On considère connaître les valeurs centrales du processus μ et la valeur de la matrice de covariance Σ.

En pratique, pour estimer μ et Σ, il faut, comme pour les autres cartes de contrôle, observer le procédé pendant une période « sous contrôle » afin de pouvoir calculer les moyennes historiques et la matrice de covariance. Le nombre minimum de points nécessaires pendant cette phase d'observation est également d'une trentaine d'échantillons.

Soit x_{ijk} la i^{eme} valeur mesurée (i variant de 1 à n) sur le sous-groupe j (j variant de 1 à m) de la variable k (k variant de 1 à p).

Lors de la période d'observation, pour chaque échantillon de taille n on calcule :

- la moyenne pour chaque caractéristique j : $\overline{x_{jk}} = \dfrac{\displaystyle\sum_{i=1}^{n} x_{ijk}}{n}$

- les éléments de la matrice de covariance

$$S_{jkl}^2 = \frac{\displaystyle\sum_{i=1}^{n}\left(x_{ijk} - \overline{x_{jk}}\right)\left(x_{ijk} - \overline{x_{jl}}\right)}{n-1}$$

Lorsque la période d'observation est achevée (m échantillons), on calcule alors facilement le vecteur $\overline{X}$ (estimateur de μ) et la matrice $\hat{\Sigma}$ (estimateur de Σ) en moyennant les termes précédents.

$$\overline{\overline{x_k}} = \frac{\displaystyle\sum_{j=1}^{m} \overline{x_{jk}}}{m} \quad \rightarrow \quad \overline{X} = \begin{bmatrix} \overline{\overline{x_1}} \\ . \\ \overline{\overline{x_p}} \end{bmatrix}$$

$$\overline{S}_{kl}^{2} = \frac{\sum\limits_{j=1}^{m} S_{jkl}^{2}}{m} \quad \rightarrow \quad \hat{\Sigma} = \begin{vmatrix} \overline{S}_{11}^{2} & \overline{S}_{12}^{2} & . & \overline{S}_{1p}^{2} \\ \overline{S}_{12}^{2} & \overline{S}_{22}^{2} & . & \overline{S}_{2p}^{2} \\ . & . & . & . \\ \overline{S}_{1p}^{2} & \overline{S}_{2p}^{2} & . & \overline{S}_{pp}^{2} \end{vmatrix}$$

On rappelle que $\overline{S}_{11}^{2}$ n'est autre que la variance de la caractéristique *1*.

Interprétation

Pour bien comprendre le principe du calcul du χ^2, ramenons nous à un problème où l'on suit des valeurs individuelles ($n = 1$) ne comportant qu'un seul facteur ($p = 1$). Dans ce cas trivial, la matrice $\hat{\Sigma}$ ne comporte qu'un seul terme : S^2 et le terme $\hat{\Sigma}^{-1} = \dfrac{1}{S^2}$. De même on a dans ce cas $\overline{X} = X$.

Le calcul du $T^2 = n\left(\overline{X} - \mu\right)^t \Sigma^{-1}\left(\overline{X} - \mu\right) = \dfrac{\left(X - \mu\right)^2}{\sigma^2}$

Il représente donc la distance standardisée au carré (en nombre d'écart type) entre le point considéré et le centre de l'ellipse.

Lorsque le problème est à plusieurs dimensions, le principe est le même, le calcul du χ^2 représente le carré de la distance standardisée entre le centre de l'ellipse et le point. Si cette distance excède une certaine limite calculée en fonction du risque accepté, on considère le point comme étant hors contrôle.

Limites de contrôle

Les limites de contrôle sont calculées à partir de la loi du χ^2 pour un risque alpha pris généralement à *0.00135* (identique à une carte de Shewhart) et pour p degrés de libertés.

$$LSC = \chi_{\alpha, p}^{2}$$
$$LIC = 0$$

1.2.2. Exemple d'application

Un procédé de fabrication de pièces en carbone dont le coût est très élevé est suivi par deux caractéristiques : une température T et un indicateur de niveau de refroidissement N.

N°	T2	N2	T-T0	N-N0	χ_0^2
1	1202	45	0	-3.3	0.16
2	1189	40	-13	-8.3	1.47
3	1208	55	6	6.7	0.33
4	1211	65	9	16.7	1.86
5	1175	25	-27	-23.3	5.84
6	1186	43	-16	-5.3	3.07
7	1191	44	-11	-4.3	1.35
8	1204	58	2	9.7	0.98
9	1201	56	-1	7.7	1.09
10	1222	70	20	21.7	3.53
11	1190	45	-12	-3.3	1.86
12	1199	42	-3	-6.3	0.28
13	1207	50	5	1.7	0.30
14	1204	52	2	3.7	0.09
15	1207	51	5	2.7	0.24
16	1215	71	13	22.7	3.37
17	1205	46	3	-2.3	0.42
18	1187	18	-15	-30.3	6.37
19	1189	44	-13	-4.3	2.03
20	1215	60	13	11.7	1.36
21	1206	35	4	-13.3	4.25
22	1206	63	4	14.7	2.02
23	1214	58	12	9.7	1.16
24	1189	49	-13	0.7	3.39
25	1220	62	18	13.7	2.63
26	1198	44	-4	-4.3	0.14
27	1215	53	13	4.7	1.95
28	1198	37	-4	-11.3	1.05
29	1201	38	-1	-10.3	1.33
30	1200	30	-2	-18.3	4.11

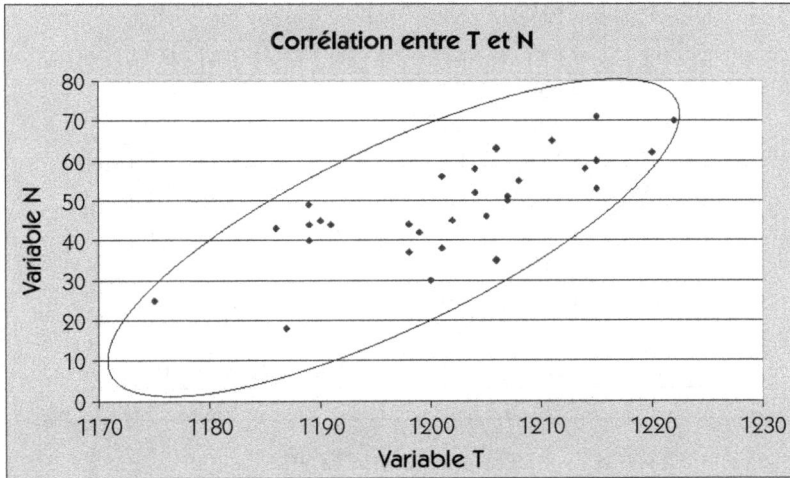

Figure 2 – Corrélation entre T et N

Phase 1

L'étude sur une période de fonctionnement sous contrôle (30 relevés) révèle une corrélation entre les variables T et N (voir figure 2).

A partir de cette observation, on calcule :

$$\overline{X} = \begin{bmatrix} 1202 \\ 48,3 \end{bmatrix} \text{ et } \hat{\Sigma} = \begin{bmatrix} 124,8 & 106,0 \\ 106,0 & 157,6 \end{bmatrix} \text{soit } \sigma_T = 11,20 \text{ et } \sigma_N = 12,55$$

en inversant la matrice $\hat{\Sigma}$ il vient :

$$\sum{}^{-1} = \begin{bmatrix} 0,0187 & -0,0126 \\ -0,0126 & 0,0148 \end{bmatrix}$$

La limite de contrôle sera donc ($p = 2$; $\alpha = 0.00135$).

$$LSC = \chi^2_{\alpha,p} = 13.21$$

$$LIC = 0$$

Phase 2 – Pilotage de la production

Une fois les limites fixées, on pilote la production en réalisant à chaque prélèvement le calcul de la variable χ^2_0. La figure 3 illustre cette carte pour l'ensemble des données de l'exemple précédent (30 observations + 10 du pilotage).

N°	T2	N2	T-T0	N-N0	χ_0^2
31	1195	47	-7	-1.3	0.71
32	1204	53	2	4.7	0.17
33	1196	35	-6	-13.3	1.28
34	1231	83	29	34.7	8.24
35	1215	63	13	14.7	1.55
36	1187	34	-15	-14.3	1.84
37	1216	35	14	-13.3	10.96
38	1220	36	18	-12.3	13.86
39	1215	25	13	-23.3	18.81
40	1222	22	20	-26.3	30.94

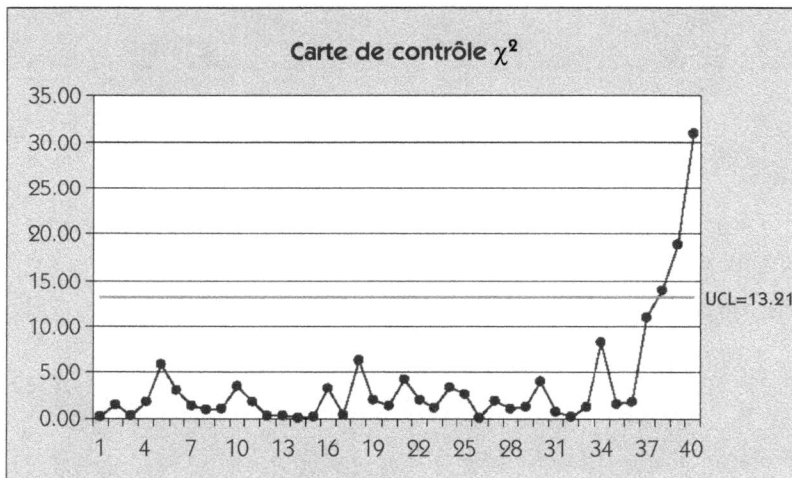

Figure 3 – Carte χ^2

Le calcul du χ^2 pour la valeur 31 se fait de la façon suivante :

$$\begin{bmatrix} -7 & -1.3 \end{bmatrix} \begin{bmatrix} 0,0187 & -0,0126 \\ -0,0126 & 0,0148 \end{bmatrix} \begin{bmatrix} -7 \\ -1.3 \end{bmatrix} = 0.71$$

On note immédiatement que les trois dernières valeurs sont hors des limites de contrôle. Le lecteur pourra vérifier sur la figure 4 qu'effectivement les quatre derniers tirs ne s'effectuaient pas dans des conditions normales (ellipse de corrélation). Ces valeurs sont pourtant largement dans les limites à $\pm 3\sigma$ de chacune de ces caractéristiques prises indépendamment. Cela montre bien l'intérêt de ce type d'approche.

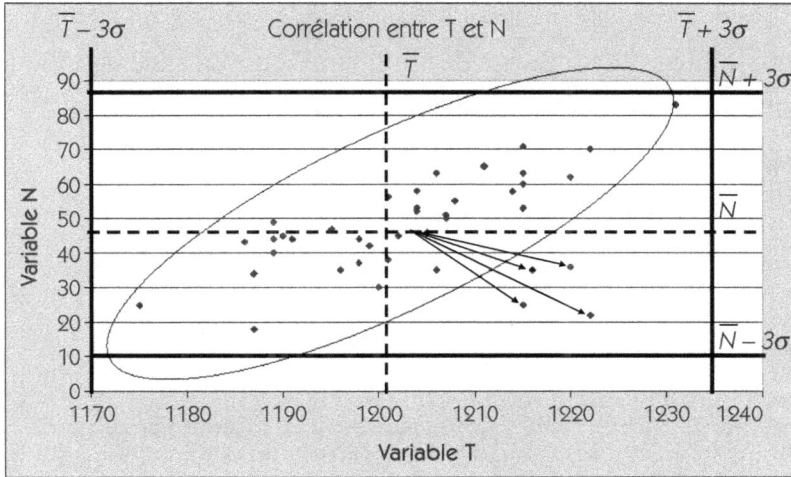

Figure 4 – Ellipse « Sous contrôle »

1.3. La carte T² de Hotelling pour le suivi de la position

1.3.1. Principe

La carte T^2 est très proche de la carte χ^2 La différence réside dans le fait que l'on ne considère pas μ et Σ connus comme dans le cas de la carte χ^2. Elle est donc statistiquement plus correcte.

Considérons un processus dépendant de p caractéristiques. Lorsqu'on prélève un échantillon, on peut calculer la moyenne d'un échantillon de taille n sur chacune des caractéristiques. On dispose alors d'un vecteur des moyennes :

$$\overline{X} = \begin{bmatrix} \overline{x_1} \\ \overline{x_2} \\ . \\ . \\ \overline{x_p} \end{bmatrix}$$

On peut montrer que le scalaire T^2

$$T^2 = n\left(\overline{X} - \overline{\overline{X}}\right)^t \hat{\Sigma}^{-1}\left(\overline{X} - \overline{\overline{X}}\right)$$

suit une loi de distribution de Hotelling qui est liée à la loi de distribution de Fisher Snedecor.

Notations

n : taille des échantillons

$\overline{\overline{X}}$: vecteur « moyenne historique » des caractéristiques

$\hat{\Sigma}$: matrice de covariance entre les caractéristiques

$\left(\overline{X} - \overline{\overline{X}}\right)$: matrice transposée de $\left(\overline{X} - \overline{\overline{X}}\right)$

Le principe de la carte du T^2 consiste donc simplement pour chaque échantillon prélevé à calculer la statistique T^2 et à représenter cette valeur sur une carte de contrôle.

1.3.2. Calcul des limites

Le calcul des limites de la carte T^2 dissocie les deux phases d'utilisation de la carte. La phase 1 d'observation ou la matrice de variances covariances est calculée sur les valeurs de la carte. La phase 2 de pilotage ou on considère avoir figé les limites à partir d'une phase d'observation sur m valeurs sous contrôle.

Phase 1 : Observation du processus

$$LSC = \frac{p(m-1)(n-1)}{nm-m-p+1} F_{\alpha,p,nm-m-p+1}$$

$$LIC = 0$$

Phase 2 : Pilotage du processus

$$LSC = \frac{p(m+1)(n-1)}{nm-m-p+1} F_{\alpha,p,nm-m-p+1}$$

$$LIC = 0$$

avec

m : nombre de sous-groupes

n : nombre de valeurs dans chaque sous groupe

p : le nombre de caractéristiques

F : Loi de Snedecor

Dans le cas où l'observation se fait sur plus de 20 sous-groupes, il n'y a pas lieu de dissocier les deux calculs de limites. On prend alors généralement le calcul de la phase 1.

Cas $n = 1$

Phase 1 : Observation du processus

$$LSC = \frac{(m-1)^2}{m} \beta_{\alpha, p/2, (m-p-1)/2}$$

$$LIC = 0$$

Phase 2 : Pilotage du processus

$$LSC = \frac{p(m+1)(m-1)}{m^2 - mp} F_{\alpha, p, m-p}$$

$$LIC = 0$$

Remarque : Dans le cas $n = 1$, le calcul de la phase 1 se fait à partir de la loi Beta alors que le calcul de la phase 2 se fait à partir de la loi de Snedecor.

1.3.3. Exemple d'application

Reprenons l'exemple qui a servi à illustrer la carte χ^2

Phase 1 : Calcul de $\overline{\overline{X}}$ et $\hat{\Sigma}$

L'estimation de $\overline{\overline{X}}$ et $\hat{\Sigma}$, est identique à la carte χ^2.

A partir de cette observation $m = 30$ valeurs de la figure 2, on calcule :

$$\overline{X} = \begin{bmatrix} 1202 \\ 48,3 \end{bmatrix} \text{ et } \hat{\Sigma} = \begin{bmatrix} 124,8 & 106,0 \\ 106,0 & 157,6 \end{bmatrix} \text{ soit } \sigma_T = 11,20 \text{ et } \sigma_N = 12,55$$

en inversant la matrice $\hat{\Sigma}$ il vient :

$$\hat{\Sigma}^{-1} = \begin{bmatrix} 0,0187 & -0,0126 \\ -0,0126 & 0,0148 \end{bmatrix}$$

Phase 2 : Calcul du T^2

Dans la phase 2, on considère que la matrice de covariance est figée, le T^2 est alors calculée par la relation

$$T^2 = n\left(\overline{X} - \overline{\overline{X_0}}\right)^t \hat{\Sigma}_0^{-1}\left(\overline{X} - \overline{\overline{X_0}}\right)$$

Les valeurs de $\overline{\overline{X}}_0$ et $\hat{\Sigma}_0$ ayant été calculées sur la période d'observation.

Après avoir mis en place la carte du T^2 on observe les valeurs pour les tirs 31 à 40 (figure 3).

Le calcul du T^2 pour la première valeur se fait de la façon suivante :

$$\begin{bmatrix} -7 & -1.3 \end{bmatrix}\begin{bmatrix} 0,0187 & -0,0126 \\ -0,0126 & 0,0148 \end{bmatrix}\begin{bmatrix} -7 \\ -1.3 \end{bmatrix} = 0.71$$

La limite supérieure de contrôle est calculée par la relation dans le cas pour $n = 1$ en phase 2 (avec $m = 30$, $p = 2$ variables, $\alpha = 0.00135$) :

$$LSC = \frac{p(m+1)(m-1)}{m^2 - mp} F_{\alpha, p\, m-p} = \frac{2 x\, 31 x\, 29}{30^2 - 30 x 2} 8.444 = 18.07$$

$$LIC = 0$$

La carte de contrôle est donnée en figure 5.

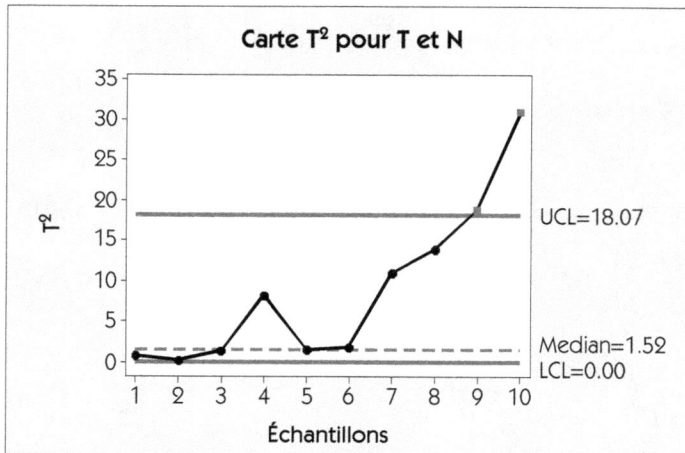

Figure 5 – Carte T^2 en phase 2

1.3.4. Comparaison entre la carte T^2 et la carte χ^2.

Comme on peut le constater, les calculs de la carte T^2 et de la carte χ^2 sont identiques. La différence se situe dans le calcul des limites. La carte χ^2 considère que les caractéristiques de la loi normale multi variée sont connues. En fait lorsque l'on prend m très grand dans la carte du T^2, on retrouve les limites de la carte χ^2.

Exemple m = 10000

$$LSC = \frac{p(m+1)(m-1)}{m^2 - mp} F_{\alpha, p, m-p} = \frac{2 \times 10001 \times 9999}{10000^2 - 10000 \times 2} 6.607 = 13.21$$

$$LIC = 0$$

1.4. Carte EWMA multidimensionnelle

Comme pour les cartes de contrôle traditionnelles, il est possible de définir une carte de contrôle EWMA. Lowry[2] a proposé une méthode très proche de ce qui a été décrit dans le cas unidimensionnel.
Pour chaque échantillon, on calcule la variable

$$Z_i = \lambda X_i + (1 - \lambda) Z_{i-1}$$

avec

λ = coefficient choisi entre 0 et 1

$Z_0 = 0$ moyenne connue du processus – les valeurs doivent être exprimées en écart par rapport à la cible.

La statistique qui est représentée sur la carte est :

$$T_i^2 = Z_i^t \Sigma_{Z_i}^{-1} Z_i$$

La matrice de covariance étant calculée de façon identique au cas unidimensionnel par la relation :

$$\Sigma_{Z_i} = \frac{\lambda}{2 - \lambda} \left[1 - (1 - \lambda)^{2i} \right] \Sigma_X$$

---

2. Lowry, C. A. ; Woodall, W. H. ; Champ, C. W. ; and Rigdon, S. E. (1992). « A Multivariate Exponentially Weighted Moving Average Control Chart » . Technometrics 34, pp. 46–53.

On note que le cas particulier où $\lambda = 1$ correspond à la carte T^2 de Hotelling. Lorsque le nombre d'échantillons (i) augmente, alors la matrice de covariance converge asymptotiquement vers l'expression :

$$\Sigma_{Z_i} = \frac{\lambda}{2-\lambda}\Sigma_X$$

La limite étant déterminée par le tableau figure 6 (Prabhu et al[3]) en fonction du nombre de variables et du coefficient lambda choisi de façon à avoir une POM (Période Opérationnelle Moyenne) de *200* pour un décentrage nul. Ce qui correspond à un risque alpha = *0.005*. Le cas $\lambda = 1$ correspond au calcul de la carte du χ^2.

p	Valeur de λ								
	0.05	0.1	0.2	0.3	0.4	0.5	0.6	0.8	1
2	7.35	8.64	9.65	10.08	10.31	10.44	10.52	10.58	10.60
4	11.22	12.73	13.87	14.34	14.58	14.71	14.78	14.85	14.86
6	14.6	16.27	17.51	18.01	18.26	18.39	18.47	18.54	18.55
10	20.72	22.67	24.07	24.62	24.89	25.03	25.11	25.17	25.19
15	27.82	30.03	31.59	32.19	32.48	32.63	32.71	32.79	32.80

Figure 6 – Choix de la limite supérieure en fonction de λ et n

Application sur notre exemple

Si nous reprenons l'exemple précédent, la figure 7 montre le calcul pour les *10* dernières valeurs avec $\lambda = 0.2$.

A partir de l'observation, on calcule :

$$\overline{X} = \begin{bmatrix} T0 = 1202 \\ N0 = 48,3 \end{bmatrix} \text{ et } \hat{\Sigma}_X = \begin{bmatrix} 124,8 & 106,0 \\ 106,0 & 157,6 \end{bmatrix}$$

soit $\Sigma_{Z_i} = \frac{\lambda}{2-\lambda}\Sigma_X = \begin{bmatrix} 13.86 & 11.78 \\ 11.78 & 17.51 \end{bmatrix}$ et $\Sigma_Z^{-1} = \begin{bmatrix} 0,168 & -0,113 \\ -0,113 & 0,133 \end{bmatrix}$

---

3. Prabhu, Sharad S. ; Runger, George C. ; Designing a Multivariate EWMA Control Chart ; Journal of Quality Technology, Vol. 29, No. 1, January 1997, pp. 8-15

La limite de contrôle sera donc ($p = 2$; $\lambda = 0.2$; $\alpha = 0.005$).

$LSC = 9.65$

$LIC = 0$

On note que la sortie des limites est extrêmement rapide par rapport à la carte T^2

	T	N	T-T0	N-N0	Z (N)	Z(T)	T^2_i
30					1.2	-5.1	
31	1195	47	-7	-1.3	-0.4	-4.4	2.14
32	1204	53	2	4.7	0.0	-2.6	0.90
33	1196	35	-6	-13.3	-1.2	-4.7	1.94
34	1231	83	29	34.7	4.9	3.2	1.83
35	1215	63	13	14.7	6.5	5.5	3.04
36	1187	34	-15	-14.3	2.2	1.5	0.36
37	1216	35	14	-13.3	4.6	-1.4	5.26
38	1220	36	18	-12.3	7.2	-3.6	16.49
39	1215	25	13	-23.3	8.4	-7.5	33.80
40	1222	22	20	-26.3	10.7	-11.3	63.73

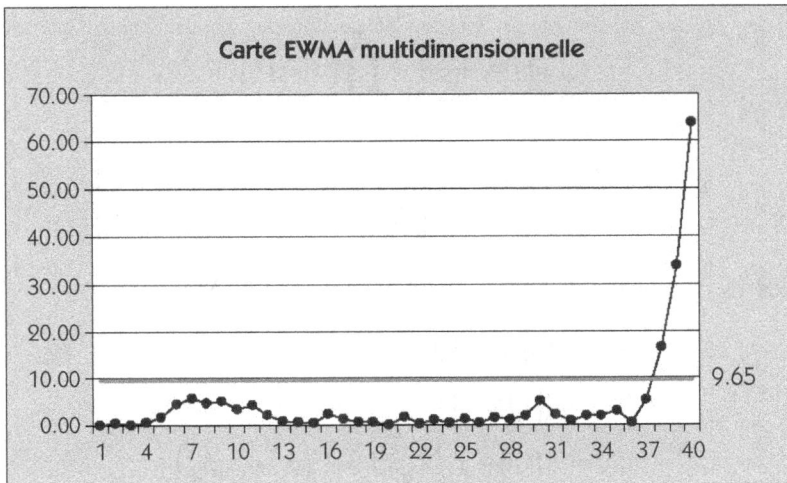

Figure 7 – Carte EWMA multidimensionnelle

2. Carte multidimentionnelle pour le suivi de la variabilité

2.1. Principe

Les cartes que nous avons vues précédemment généralisaient les cartes de contrôle aux moyennes pour permettre de suivre si le processus reste positionné sur le centre de l'ellipse (ou de l'hyper ellipse). Dans le cas multidimensionnel, on peut également généraliser le suivi des cartes aux écarts types pour maîtriser la variabilité du processus. C'est la carte variance généralisée.

L'information de dispersion est contenue dans la matrice de covariance S. On montre que le déterminant de la matrice de covariance (notée $|S|$) peut être interprétée comme une variance généralisée. La loi de distribution des probabilités de $|S|$ est contenue[4] dans l'intervalle

$$E(|S|) \pm 3\sqrt{V(|S|)}$$

avec

$$E(|S|) = b_1 |\Sigma| \quad \text{et} \quad V(|S|) = b_2 |\Sigma|$$

$$b_1 = \frac{1}{(n-1)^p} \prod_{i=1}^{p}(n-i)$$

$$b_2 = \frac{1}{(n-1)^{2p}} \prod_{i=1}^{p}(n-i)\left[\prod_{j=1}^{p}(n-j+2) - \prod_{j=1}^{p}(n-j)\right]$$

Les limites de contrôle sont donc déterminées par les relations :

$$LSC = E(|S|) + 3\sqrt{V(|S|)} = |\Sigma|\left(b_1 + 3\sqrt{b_2}\right)$$

$$LC = E(|S|) = b_1 |\Sigma|$$

$$LIC = E(|S|) - 3\sqrt{V(|S|)} = |\Sigma|\left(b_1 - 3\sqrt{b_2}\right)$$

---

4. Montgomery D. C. ; Wadsworth H. M. – Some techniques for multivariable quality control applications – ASQC Technical Conference transactions Washington, DC – 1972

Remarque : En pratique, on ne connaît pas la matrice Σ, et on doit donc l'estimer à partir d'une matrice de covariance S pendant une phase d'observation. Pour tenir compte de cette estimation, on remplace donc $|\Sigma|$ dans les équations précédentes par $|S|/b_1$.

2.2. Exemple d'application

Pour illustrer l'utilisation de la carte « Variance généralisée », reprenons les données de la figure 4 auxquelles nous avons rajouté 4 valeurs :

N°	T	N
41	1210	22
42	1230	80
43	1190	60
44	1210	80

Les données sont traitées par groupe de 4 ($n = 4$; $p = 2$)

Calcul des limites

$$b_1 = \frac{1}{(n-1)^p} \prod_{i=1}^{p} (n-i) = \frac{1}{3^2} (3 * 2) = 0.667$$

$$b_2 = \frac{1}{(n-1)^{2p}} \prod_{i=1}^{p} (n-i) \left[\prod_{j=1}^{p} (n-j+2) - \prod_{j=1}^{p} (n-j) \right]$$

$$b_2 = \frac{1}{3^4} (3x2) \left[(5x4) - (3x2) \right] = 1.037$$

On estime Σ par $S = \begin{bmatrix} 124,8 & 106,0 \\ 106,0 & 157,6 \end{bmatrix}$ soit $|\Sigma| = \frac{|S|}{b_1} = \frac{8431.36}{0.667} = 12647$

$$LSC = |\Sigma| \left(b_1 + 3\sqrt{b_2} \right) = 12647x(0.667 + 3\sqrt{1.037}) = 47069$$

$$LC = b_1 |\Sigma| = 0.667 * 12647 = 8461$$

$$LIC = |\Sigma| \left(b_1 - 3\sqrt{b_2} \right) = 12647x(0.667 - 3\sqrt{1.037}) = -30205(=0)$$

La figure 8 montre les deux cartes de suivi de position et de dispersion pour les 44 points (regroupés par échantillons de 4).

- Le point 10 montre un écart en position. L'ellipse est visiblement en train de se décaler vers le bas (voir figure 9) sans augmentation de dispersion.

- Le point 11 montre que l'ellipse reste centrée (la carte T^2 est sous contrôle). Par contre les quatre points sont très écartés dans l'ellipse, cela apparaît par un point hors contrôle sur la carte de la variance généralisée.

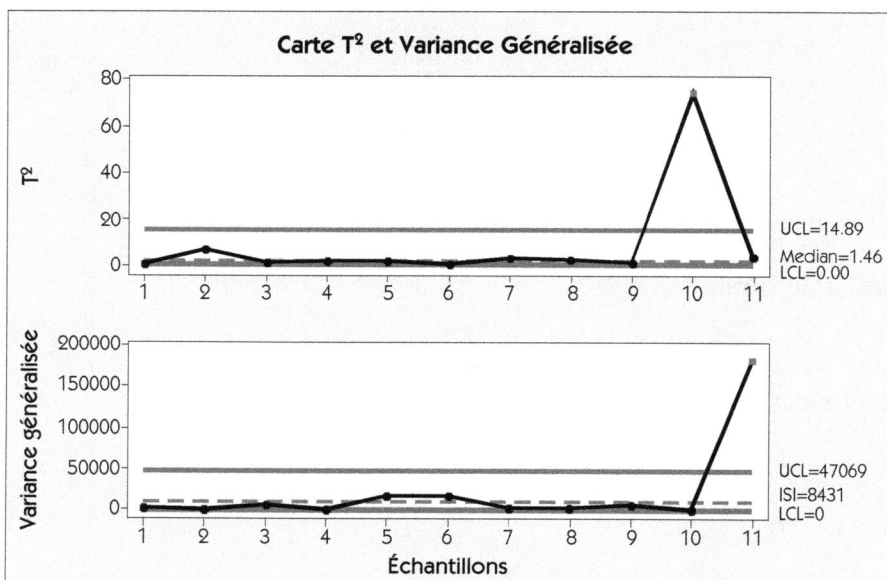

Figure 8 – Carte T^2 et Variance généralisée

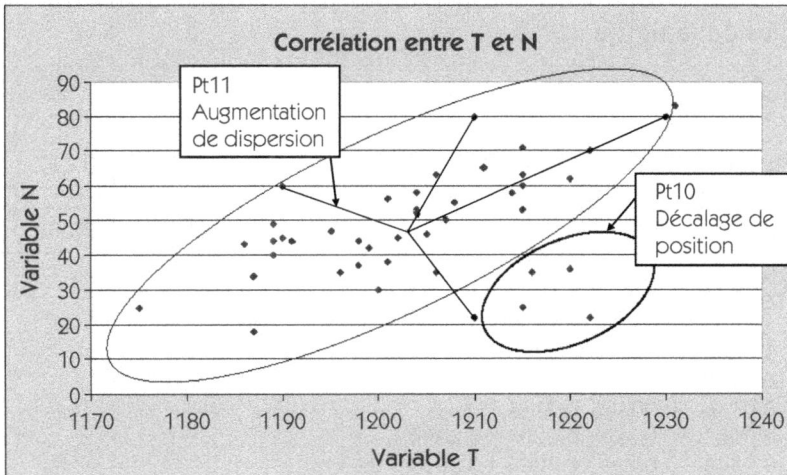

Figure 9 – Origine des écarts

3. Interprétation des cartes multidimentionnelles

3.1. Les difficultés d'interprétation

Dans l'ensemble de ce chapitre, nous avons illustré les cartes présentées par un exemple d'application à deux variables. Dans cette situation, on sait facilement représenter graphiquement le nuage de points, et l'interprétation des points hors contrôle est assez aisée.

Lorsque le nombre de variables augmente, cette représentation devient très vite impossible, et l'interprétation des cartes de contrôle multidimensionnelles devient problématique. Comment interpréter un point hors contrôle ? Quelle est la (ou les) variable à l'origine de cette dérive ?

Une autre difficulté apparaît lorsque le nombre de variables devient très important. Le fait de traiter de façon globale l'ensemble des informations conduit à une dilution de l'importance d'une dérive d'une des variables. Ainsi, un point très largement hors contrôle sur une des variables individuelles ne génère pas forcément un point hors contrôle sur la carte du T^2. Considérons par exemple la structure de 9 variables de la figure 10

	X1	X2	X3	X4	X5	X6	X7	X8	X9
$\overline{x}$	7.05	-0.13	0.31	2.47	2.54	125.65	9.00	199.02	7.07
s	0.996	1.145	0.105	0.097	0.183	3.438	0.308	0.717	1.494
$\overline{x} - 3\sigma$	4.061	-3.565	-0.004	2.183	1.989	115.338	8.075	196.865	2.585
$\overline{x} + 3\sigma$	10.038	3.302	0.628	2.765	3.086	135.967	9.923	201.167	11.552

	X1	X2	X3	X4	X5	X6	X7	X8	X9
X1	1.0262								
X2	-0.1618	1.3318							
X3	0.0146	-0.0036	0.0111						
X4	-0.0082	0.0047	0.0004	0.0094					
X5	0.0548	0.0099	0.0006	-0.0021	0.0336				
X6	-0.7001	0.1775	-0.0240	0.1027	-0.0625	11.8076			
X7	0.0147	0.1176	-0.0044	-0.0008	-0.0001	0.1069	0.0950		
X8	0.0494	-0.0622	-0.0449	-0.0089	0.0039	-0.3481	0.0037	0.5054	
X9	1.2079	-0.3095	0.0060	-0.0209	0.0758	-1.5852	0.0316	0.5191	2.2335

Figure 10 – Structure à 9 variables
(Moyennes, écarts types et covariance)

La structure a été calculée sur 50 points dans une situation sous contrôle. Si nous rajoutons un point hors contrôle sur la variable *X4*. Ce point apparaît clairement hors contrôle sur la carte aux valeurs individuelles de la variable *X4* mais pas du tout sur la carte T^2 (figure 11).

	X1	X2	X3	X4	X5	X6	X7	X8	X9
Pt 51	7.0	0.30	0.27	2.90	2.70	128.0	8.90	199.0	6.75

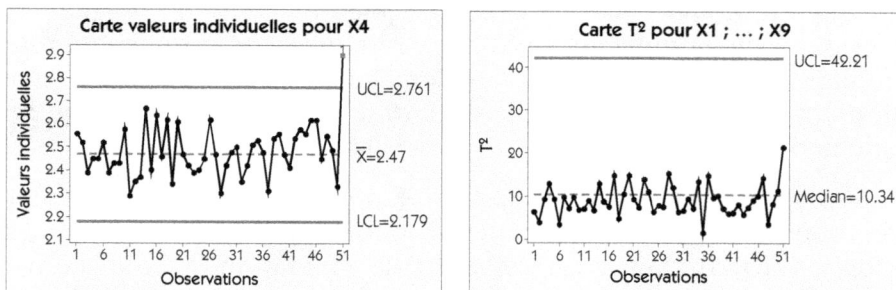

Figure 11 – Dilution des dérives

3.2. Les règles d'interprétation

De nombreuses recherches ont été conduites ces dernières années pour trouver des solutions à ce problème d'interprétation des cartes de contrôle multidimensionnelles. Les solutions n'étant pas triviales, elles passent principalement par des solutions informatiques en donnant lieu parfois à de nouvelles solutions logicielles extrêmement puissantes comme GPC Guard™ [5] capable d'analyser la signature du défaut automatiquement pour signaler de manière préventive l'apparition d'une cause spéciale.

En absence de ce type de logiciel, outre la dissociation entre les problèmes de variabilité et de position évoquée dans ce chapitre, l'interprétation des cartes multidimensionnelles doit suivre les grandes lignes suivantes.

3.2.1. Suivi de chaque caractéristique individuelle

Bien que les cartes multidimensionnelles donnent accès à une information supplémentaire concernant la structure des données, on a vu que parfois elle pouvait masquer certaines dérives. Il est donc vivement conseillé de ne pas considérer les cartes multidimensionnelles comme une alternative aux cartes traditionnelles, mais plutôt comme un complément. Les cartes unidimentionnelles permettent ainsi de surveiller les dérives particulières d'une caractéristique et de fournir, dans certaines circonstances, une explication à la dérive de la carte du T^2.

3.2.2. Réduire le nombre de variables à partir d'une analyse en composantes principales

Lorsque le nombre de variables augmente de façon importante, les difficultés d'interprétation augmentent. Une des solutions consiste à réduire le nombre de variables étudiées en suivant non pas les variables X du système, mais les variables Z des premiers axes principaux d'une décomposition en composantes principales.

---

5. GPC GuardTM est une solution logicielle proposée par la société française GPC-System : http ://www.gpc-system.com

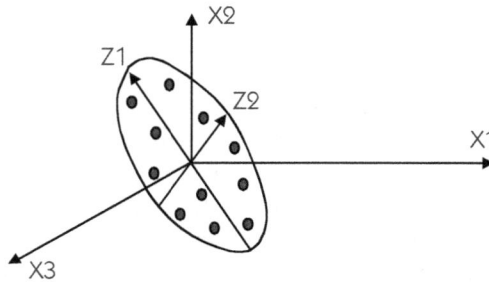

Figure 12 – Principe de la décomposition
en composantes principales

Le principe de la décomposition en composantes principales est de trouver une représentation du nuage de points dans un autre repère tel que le maximum d'informations soit présent dans un nombre réduit de variable. Dans la figure 12 par exemple, la représentation des points dans un repère à deux dimensions *Z1*, *Z2* contiendrait presque autant d'informations que dans le repère à trois dimensions *X1*, *X2*, *X3*.

3.2.3. Analyser la direction du défaut, source d'informations

Lorsqu'une carte T^2 donne un signal hors contrôle, c'est qu'un point sort de l'ellipse « sous contrôle ». Dans le cas multidimensionnel, il y a plusieurs façons de sortir de l'ellipse. Ainsi dans la figure 13, on note 3 petits nuages de points qui ont donné des signaux hors contrôle. Les directions de ces nuages de points sont très différents, et correspondent à des « signatures » de défauts différents. Si on a identifié préalablement à quoi corresponde chaque nuage de points, lorsqu'on rencontre un nouveau point hors contrôle, en fonction de la proximité du point avec un nuage déjà identifié, on peut facilement déterminer le type de cause spéciale présente dans le processus. Là encore, s'il est facile de faire cette analyse avec 2 variables, les choses deviennent plus complexes avec 100 variables, et le recours à une solution informatique de type GPC-Guard™ est indispensable.

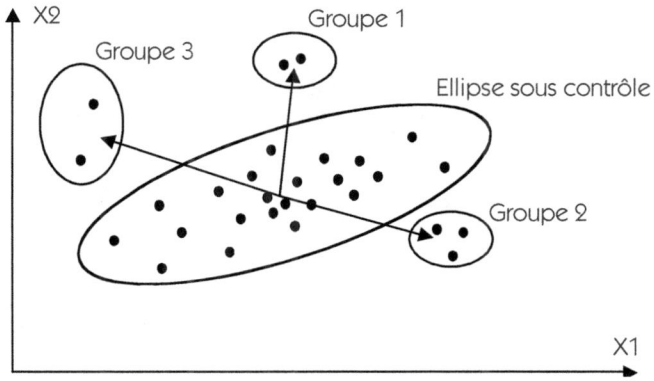

Figure 13 – Interprétation des points hors contrôle

Chapitre 8

Le cas des attributs

1. Les particularités du contrôle par attributs

1.1. La qualification par attributs

Lorsqu'on cherche à caractériser une pièce mécanique par exemple, il n'est pas toujours possible de donner un chiffre comme dans le cas d'un diamètre ou d'une longueur. Il faut parfois qualifier la pièce par un « attribut » comme la présence ou l'absence d'un défaut visuel.

- On parlera de « contrôle aux mesures » pour les critères qui peuvent être quantifiés.
- On parlera de « contrôle aux attributs » pour les critères qui donnent lieu à une classification de type bon/pas bon.

Le contrôle par attributs peut s'appliquer à de nombreux procédés de fabrication ou de montage. La saisie de données est assez simple et peu coûteuse. Cette simplification de la saisie entraîne parfois une transformation des critères mesurables en critères par attributs. C'est le cas notamment du contrôle au calibre d'un diamètre. Ce type de contrôle transforme un critère mesurable (le diamètre) en critère par attribut (entre/entre pas). **La simplification du contrôle sera alors payée par une perte importante d'information.**

Dans le cas de contrôle par attributs, la technique des cartes de contrôle que nous avons vue précédemment peut également s'appliquer. On suivra la performance du procédé par comptage du nombre de produits défectueux, par exemple. Ce chapitre a pour objectif de décrire les cartes de contrôle spécialement destinées à ce type de critère.

1.2. Les différents types de suivi par attributs

Le suivi de la qualité d'un produit sur un critère par attribut peut être fait de plusieurs manières selon que l'on s'intéresse au défaut ou au produit. Dans certains cas, seul le suivi du produit est intéressant. C'est le cas où le produit est déclaré conforme ou non-conforme. Dans le cas d'une machine à souder à la vague pour cartes électroniques, on déclarera une carte non-conforme lorsque celle-ci comportera un ou plusieurs défauts de soudure.

On suivra dans ce cas des **articles non conformes**.

Dans d'autres cas, on cherche plutôt à suivre le nombre de non-conformités. C'est le cas d'un défaut pouvant apparaître plusieurs fois sur un article. Dans l'exemple des cartes électroniques, on suivra, avec ce type de carte, le nombre de courts-circuits réalisés par la machine. Une carte peut comporter plusieurs courts-circuits.

On suivra dans ce cas des **non-conformités**.

On peut également séparer deux cas de figure selon que l'on suive le nombre ou la proportion. Dans le cas de produits non-conformes par exemple, le suivi en nombre sera simple, il suffira de reporter sur la carte le nombre de produits non-conformes que l'on a trouvé. Ce type de suivi nécessite des échantillons de taille constante. Le suivi par proportion (en pourcentage) de produits non-conformes demande un calcul supplémentaire, mais permet de s'accommoder d'échantillons de taille variable.

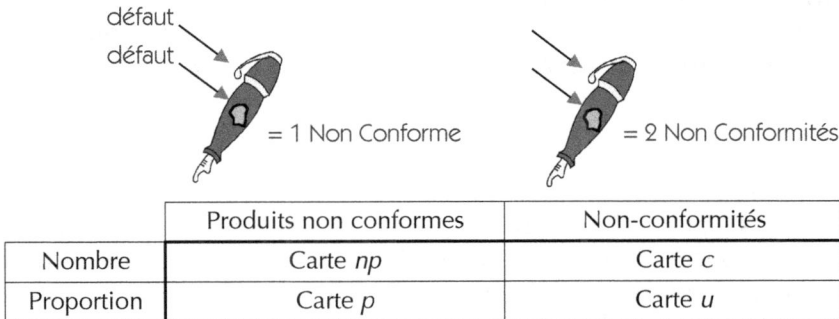

	Produits non conformes	Non-conformités
Nombre	Carte *np*	Carte *c*
Proportion	Carte *p*	Carte *u*

Figure 1 – Les différentes cartes de contrôle par attributs

La double classification (Produits non-conformes/Non-conformités et Nombre/Proportion) se résume donc en quatre situations données dans le tableau figure 1. Chaque situation donne lieu à une carte de contrôle spécifique.

Il existe donc 4 types de carte de contrôle par attribut : *p, np, c, u*

- Carte *np* : Nombre de produits non conformes.
  Échantillons de taille constante)
- Carte *p* : Proportion de produits non conformes.
  Échantillons de taille non nécessairement constante)
- Carte *c* : Nombre de non-conformités.
  Échantillons de taille constante)
- Carte *u* : Nombre de non-conformités par unité.
  Échantillons de taille non nécessairement constante)

Exemples :

Une entreprise de fonderie procède à un tri des pièces comportant un défaut. Chaque pièce défectueuse est placée dans un container spécial. A la fin de la journée, on comptabilise le nombre de pièces défectueuses que l'on rapporte au nombre de pièces fabriquées. Dans ce cas, on suit une **proportion** de **produits non conformes**, on utilisera la carte **p**.

Une entreprise de chaussures suit les défauts sur sa fabrication à l'aide d'un diagramme de concentration de défauts. L'opérateur note une croix sur un croquis représentant la chaussure chaque fois qu'il observe une non-conformité. Il peut y avoir plusieurs non-conformités sur la même chaussure. Chaque soir, on compte le nombre de croix sur la feuille de relevé. Dans ce cas, on suit un **nombre** de **non-conformités**, on utilisera la carte *c*.

1.3. Critères de conformité

Lorsqu'il s'agit de faire un tri (exemple : présence ou absence de défaut d'aspect) le jugement dépend souvent de la personne qui fait le tri. De plus, pour une même personne, le jugement peut évoluer en fonction de son état de fatigue. Si l'on veut établir un système efficace de contrôle par attributs, il est nécessaire de réduire au minimum ces variations de jugement et donc d'établir des critères de conformité.

L'établissement de critères de conformité est souvent difficile. Nous conseillons de valider ces critères par une capabilité de la méthode R&R adaptée au cas des attributs (voir chapitre 3 sur les capabilités des moyens de mesure). Les étapes nécessaires à la mise en place de critères de conformité sont les suivantes :

- Établir une norme de référence en utilisant des échantillons types par exemple.
- Mettre au point les aides visuelles appropriées à la tâche (ex : palette de référence, nuancier, photo, croquis...).
- Faire en sorte que le personnel d'évaluation dispose des capacités et des facultés appropriées (bonne vue par exemple).
- Former le personnel pour développer la technique de détection des défauts et de jugement.
- S'assurer que l'environnement convient à la tâche (éclairage, bruit...).
- Établir la capabilité du moyen de test en réalisant une analyse R&R telle que nous l'avons décrite au chapitre 3 paragraphe 5.

1.4. Causes communes et causes spéciales dans le cas des attributs

1.4.1. Rappels

On sait que dans une production, deux pièces ne sont jamais parfaitement identiques. Une soudure dans un circuit imprimé n'est jamais parfaitement identique à la soudure voisine. Il y a présence de dispersion. Cependant, on sépare deux types de dispersions :

- les dispersions dues à des causes communes ;
- les dispersions dues à des causes spéciales.

Cette dichotomie entre les causes des dispersions est une des bases fondamentales de la méthode MSP. Nous avons déjà largement discuté ces notions dans les paragraphes précédents.

Dans le cas des attributs, les causes communes et spéciales apparaissent également, mais ne s'expriment pas de la même manière. Par exemple, si on surveille le pourcentage de défectueux d'un lot de *500* unités contenant en moyenne *3 %* de défauts de façon régulière, on dira que les *3 %* « habituels » sont le fait des causes communes. Le fait de trouver un jour *10 %* de défauts révèle la présence d'une cause spéciale. Il faut intervenir pour supprimer la cause de cette augmentation de défauts.

De même, si nous trouvons *0 %* de défaut, il y a présence d'une cause spéciale. Dans ce cas, il faut également intervenir, mais pour identifier l'origine de cette amélioration et ainsi, pouvoir la maintenir.

1.4.2. Séparer l'ordinaire de l'extraordinaire

Pour maîtriser un procédé, il faut savoir quand intervenir. Il faut donc dissocier les situations qui nécessitent une intervention des autres. Lorsque les dispersions que l'on observe sont des dispersions dues aux causes communes, il est inutile d'intervenir. Par contre lorsqu'il y a présence d'une cause spéciale il faut intervenir. Les cartes de contrôle du procédé permettent d'avertir les opérateurs de la présence d'une cause spéciale.

Retour de l'information vers la production, importance des termes

Pour comprendre l'importance de l'interprétation des termes lors d'un retour d'information vers la production nous allons étudier un petit exemple :

Votre enfant vous interpelle et vous dit « la voiture de Papy fume ». Que signifie cette phrase ?

- Cela peut signifier qu'il a vu sortir de la fumée du pot d'échappement et il n'y a pas de quoi s'inquiéter.
- Mais cela peut dire également qu'elle fume beaucoup plus que d'ordinaire et qu'il faut la faire rapidement régler.
- Cela peut également signifier que l'enfant a vu de la fumée provenant d'un incendie dans la voiture.

On le voit bien, votre réaction ne doit pas être la même dans les trois cas. Tant que la situation est identique aux situations habituelles, il n'est pas nécessaire d'intervenir, par contre, lorsque la situation est différente des situations habituelles il faut agir.

C'est la même chose en production, il faut être capable de faire le tri entre les situations habituelles et les situations inhabituelles. Les cartes de contrôle nous aideront dans cette tâche. En cas de situation inhabituelle, il faut alors intervenir en informant correctement les personnes concernées. On dira alors « la voiture de Papy fume **beaucoup plus que d'habitude de façon statistiquement significative** ».

2. Le principe d'une carte de contrôle aux attributs

2.1. Identifier les causes spéciales

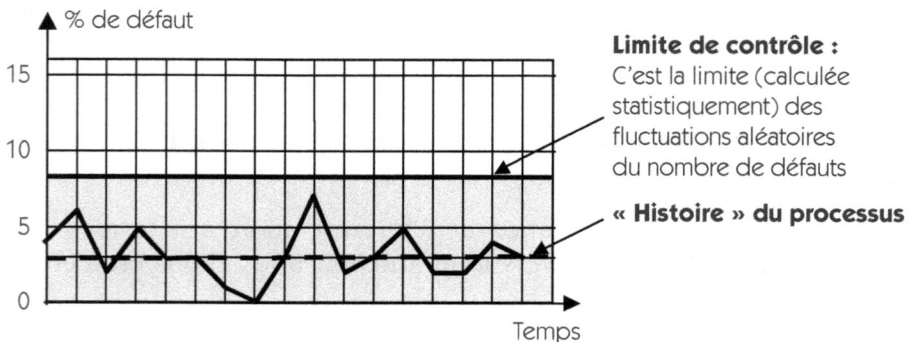

Figure 2 – Le principe d'une carte de contrôle aux attributs

Il est assez habituel de représenter graphiquement le suivi des pourcentages de défauts d'un processus. La carte de contrôle reprend cette représentation en ajoutant deux éléments fondamentaux qui vont aider à l'interprétation du graphique :

- l'histoire du processus, c'est-à-dire le nombre moyen habituel de défauts produits par ce processus ;
- les limites de fluctuation statistiquement acceptables.

Pour illustrer le fonctionnement d'une carte de contrôle aux attributs, nous allons étudier l'exemple d'un suivi de pourcentage de défauts de soudure sur des cartes électroniques (carte *p*).

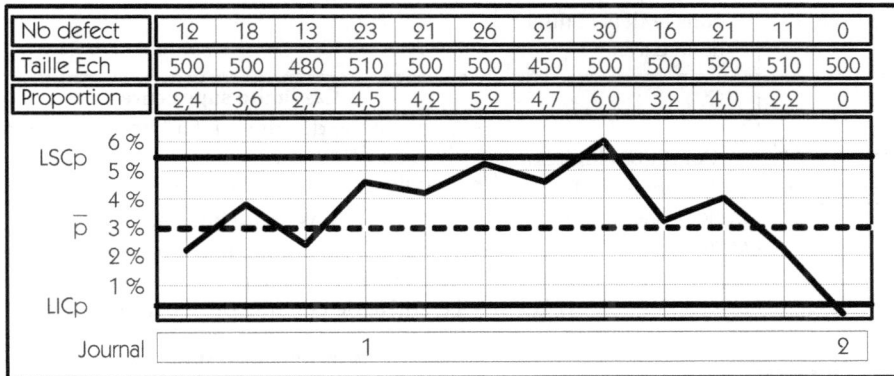

Nb defect	12	18	13	23	21	26	21	30	16	21	11	0
Taille Ech	500	500	480	510	500	500	450	500	500	520	510	500
Proportion	2,4	3,6	2,7	4,5	4,2	5,2	4,7	6,0	3,2	4,0	2,2	0

N° de note	Commentaire
1	Panne du régulateur de température
2	Changement de fournisseur d'étain

Figure 3 – Exemple de carte aux attributs

Étudions la carte donnée en figure 3 avec le journal de bord qui va avec. Le nombre moyen de défauts de ce processus était de *3* %.

Cette carte illustre les deux types de causes spéciales. Elle indique clairement que lorsque le régulateur de température de la machine tombe en panne, le nombre de défectueux augmente de telle sorte que la carte signale cet écart en franchissant la limite supérieure.

Dans le cas du changement de fournisseur d'étain, la carte indique que l'amélioration brutale de la qualité des soudures est due à une cause spéciale qu'il est ici facile d'identifier.

2.2. Interprétation des cartes de contrôle aux attributs

L'interprétation des cartes de contrôle aux attributs peut se résumer par le tableau en figure 4.

Graphique	Description	Décision carte des moyennes
	Procédé sous contrôle • La courbe oscille de chaque côté de la moyenne. • 2/3 des points sont dans le tiers central de la carte.	**Production** La carte ne détecte pas d'écart par rapport à la situation habituelle.
	Point hors limites Le dernier point tracé a franchi une limite de contrôle.	**Cas limite supérieure** • La qualité se détériore. Il faut trouver l'origine de cette détérioration et intervenir. • Le critère de contrôle devient plus sévère. **Cas limite inférieure** • La qualité s'améliore, il faut identifier la cause et chercher à maintenir cette amélioration. • Le critère de contrôle devient moins sévère.
	Tendance supérieure ou inférieure 7 points consécutifs sont supérieurs ou inférieurs à la moyenne.	**Cas tendance supérieure** • La qualité se détériore. Il faut trouver l'origine de cette détérioration et intervenir. • Le critère de contrôle devient plus sévère. **Cas tendance inférieure** • La qualité s'améliore, il faut identifier la cause et chercher à la maintenir. • Le critère de contrôle devient moins sévère.
	Tendance croissante ou décroissante 7 points consécutifs sont en augmentation régulière ou en diminution régulière.	**Cas série croissante** • La qualité se détériore. Il faut trouver l'origine de cette détérioration et intervenir. • Le critère de contrôle devient plus sévère. **Cas série décroissante** • La qualité s'améliore, il faut identifier la cause et chercher à la maintenir. • Le critère de contrôle devient moins sévère.

Figure 4 – Règles principales d'interprétation des cartes de contrôle

2.3. Mise en place d'une carte de contrôle

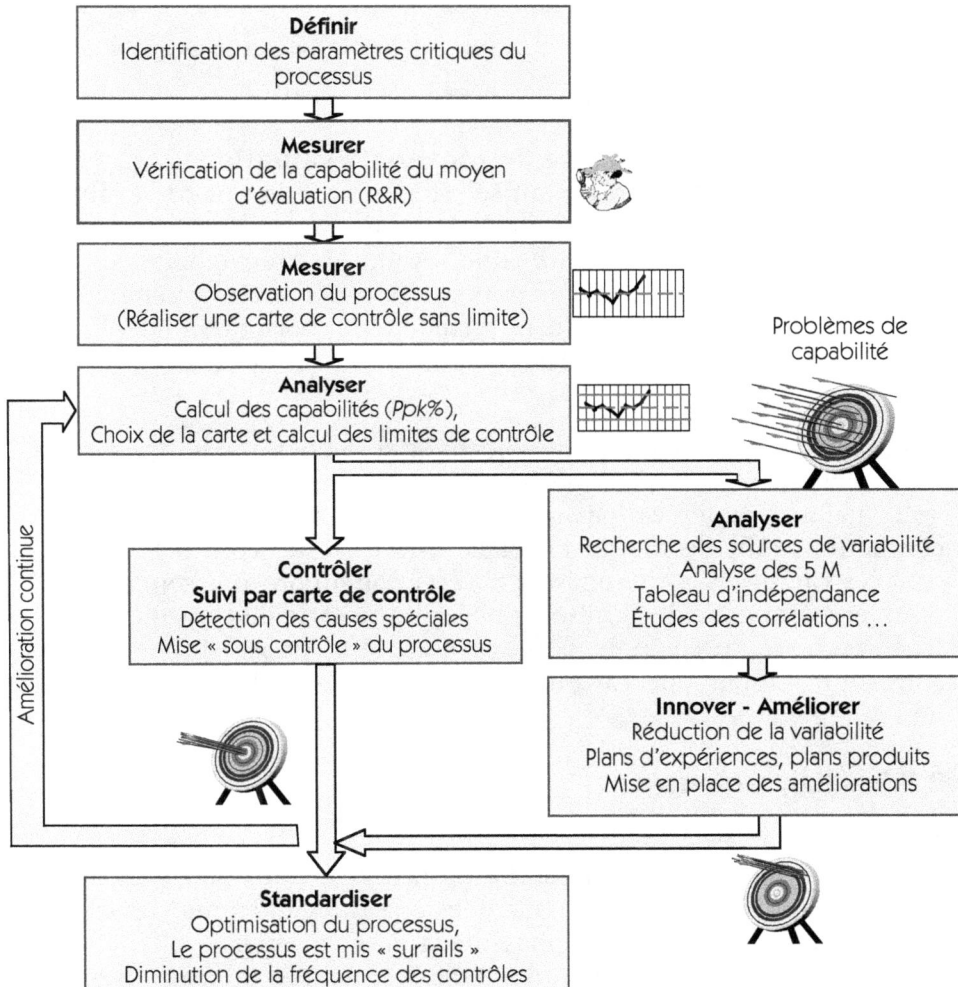

Figure 5 – Mise en place des cartes de contrôle aux attributs

Nous pouvons schématiser ces différentes phases par la figure 5 sur laquelle nous soulignons la boucle d'amélioration continue. Cette procédure est équivalente à celle que nous avons détaillée pour le cas des grandeurs mesurables. Détaillons les points essentiels.

2.3.1. Définir

Le choix des caractéristiques critique à suivre doit être rigoureux. Il faut se poser la question suivante « est-ce que cela vaut le coup/coût de faire un suivi ? ».

2.3.2. Mesurer

Vérification de la capabilité du moyen d'évaluation
Il ne sert à rien de vouloir maîtriser ce que l'on ne sait pas évaluer. Pour vérifier l'aptitude à évaluer le critère que l'on cherche à surveiller, nous devons faire une étude de répétabilité et de reproductibilité. Il est inutile de poursuivre la démarche si cette étape n'a pas été faite correctement. Le lecteur se rapportera au chapitre 3 pour plus de détails sur ce sujet.

Observation
Les cartes de contrôle ont pour objectif de surveiller que les variations observées sur le procédé ne sont pas supérieures aux variations « normales » générées par les causes communes. Il faut donc connaître, avant de mettre en place une carte de contrôle, quelles sont ces variations. Cette phase d'observation du procédé sera donc la première démarche de la mise en place d'une carte de contrôle.
Une méthode très simple pour réaliser cette phase d'observation consiste à remplir une carte de contrôle sur laquelle aucune limite n'aura été portée.

2.3.3. Analyser/Innover

Calcul des cartes
Connaissant la variabilité naturelle du procédé, nous pourrons alors calculer les cartes de contrôle adaptées à la caractéristique suivie. Ce calcul sera donc la deuxième phase de la mise en place.
Le calcul des cartes permet de fixer les limites de contrôle des variations. Ces limites correspondent aux fluctuations maximales que l'on peut imputer aux causes communes.

Recherche des sources de variabilité et améliorer
En parallèle au suivi par cartes de contrôle, on doit démarrer une phase d'analyse statistique des données, des processus et des produits pour rechercher les causes de la variabilité, afin de trouver des pistes pour la réduire.

2.3.4. Contrôler

Suivi du procédé

Les cartes étant en place, il faudra interpréter celles-ci afin de détecter l'apparition des causes spéciales. Nous serons alors dans la phase d'utilisation des cartes de contrôle.

Le suivi consiste à appliquer les principales règles de pilotage nécessaires pour maîtriser le procédé (figure 4). Chaque cause spéciale est détectée par la carte de contrôle et donne lieu à une action corrective.

2.3.5. Standardiser

L'utilisation des cartes de contrôle motive les opérateurs et l'encadrement à améliorer le procédé et ainsi, à diminuer la variabilité naturelle de celui-ci. Lorsque cette variabilité aura diminué, il faudra alors recalculer les cartes ... et continuer à améliorer. Nous entrons alors dans la phase d'amélioration continue qui est en fait l'objectif de la MSP.

3. Les principales cartes de contrôle aux attributs

Nous avons vu que le suivi d'un critère par attribut pouvait se faire à partir de produits non conformes ou à partir de non-conformités en proportion ou en nombre. Il y a donc quatre cartes de base :

- la carte np – nombre d'article non conformes
- la carte p – proportion d'articles non conformes
- la carte c – nombre de non-conformités
- la carte u – proportion de non-conformités

Ces cartes sont les plus connues, mais ce ne sont pas les plus efficaces. Nous présenterons d'abord les quatre cartes traditionnelles, puis nous présenterons quelques propositions d'améliorations qui ont été apportées à ces quatre cartes de base.

3.1. La carte *np*, nombre d'articles non-conformes

3.1.1. Utilité de la carte *np*

Cette carte est la plus simple à utiliser. On reporte directement le nombre de produits non-conformes trouvés dans l'échantillon sur la carte. Pour cette carte, la taille des échantillons doit être constante car des nombres de non conformes ne peuvent être comparés que dans ce cas.

La carte p, étudiée au paragraphe 3.3. est du même type mais on reporte sur la carte la **proportion** de produits non-conformes. La carte np est plus simple d'emploi que la carte p, le calcul de la proportion est inutile, mais les résultats de ces deux cartes sont identiques. On préférera donc la carte np à la carte p chaque fois que les échantillons sont de taille constante.

Pour cette carte, un article doit être déclaré conforme ou non-conforme. Ainsi, quel que soit le nombre de défauts constatés sur la pièce, il ne sera compté qu'une fois comme article non conforme.

La méthodologie d'établissement de la carte est la même que pour les cartes des moyennes ou des écarts types.

3.1.2. Mesurer – Observation du procédé

Comme nous l'avons précisé précédemment, l'observation du procédé consiste à remplir une carte de contrôle aux attributs sans limite. Les paramètres de cette carte seront les suivants :

• Taille des sous-groupes
Les cartes aux attributs demandent généralement des tailles de prélèvement importantes (*50* à *200* ou plus) afin que le nombre de défauts soit significatif. Elle sera donc fonction du nombre moyen de défauts attendus afin de trouver plusieurs pièces non-conformes par sous-groupe.

• Fréquence d'échantillonnage
Directement liée à la taille des sous-groupes, elle devra être pratique en terme de période de production (exemple : un prélèvement par équipe).

• Nombre d'échantillons

Plus la période d'observation sera importante, plus l'image qu'elle donnera du procédé sera fidèle. Le nombre d'échantillons devra être d'au moins *20*, ce qui correspond souvent à une carte pleine.

3.1.3. Analyser – Calcul de la carte *np*

Les limites de contrôle dans les cartes de contrôle aux attributs sont calculées à ± *3.σ* comme dans le cas des cartes de contrôle aux mesures. Le principe de calcul est le suivant :

1. Calcul du nombre moyen de défectueux

$$\overline{np} = \frac{np_1 + np_2 + ... + np_k}{k} = \frac{Nb\ total\ de\ défauts}{Nb\ d'échantillons}$$

Proportion moyenne de défectueux $\overline{p} = \dfrac{\overline{np}}{n}$

avec

npi : nombre de défauts dans l'échantillon i

k : nombre d'échantillons

$\overline{p}$: la proportion moyenne de défectueux

n : nombre de pièces par échantillon

2. Calcul des limites de contrôle supérieure et inférieure

Le calcul des limites de contrôle repose sur la loi binomiale. Nous avons détaillé cette loi dans l'annexe statistique. Nous avons précisé que pour cette loi binomiale,

- la moyenne est égale au nombre moyen de défectueux dans le lot prélevé ($\mu = \overline{np}$)
- l'écart type est égal à $\sigma = \sqrt{\mu.(1-p)}$

Les limites de contrôle s'établissent à plus ou moins trois écarts types et on a :

$$\begin{array}{l} LSC = \mu + 3.\sigma \\ LIC = \mu - 3.\sigma \end{array} \quad \text{avec comme estimateurs} \quad \begin{array}{l} \mu = \overline{np} \\ p = \overline{p} \end{array}$$

Les limites de contrôle se calculent donc à partir des limites suivantes :

$$LSC_{np} = \overline{np} + 3\sqrt{\overline{np}(1-\overline{p})}$$
$$LIC_{np} = \overline{np} - 3\sqrt{\overline{np}(1-\overline{p})}$$

3.1.4. Contrôler – Suivi du procédé par carte *np*

Tracé de la carte *np*

La carte de contrôle se présente sous une forme assez similaire aux cartes de contrôle aux mesures. On retrouve la valeur moyenne $\overline{np}$ en pointillés et les limites de contrôle en trait fort (figure 6).

L'utilisation de la carte *np* est très simple, il suffit de relever le nombre de produits défectueux et de placer le point sur la carte *np*.

Interprétation de la carte de contrôle *np*

L'objectif de l'interprétation est le même que pour les cartes aux variables mesurées :

Identifier la présence ou l'apparition de causes spéciales

L'analyse des cartes de contrôle aux attributs suit les mêmes règles que l'analyse des cartes de contrôle aux mesures. On détectera une cause spéciale lorsque la carte ne sera plus sous contrôle. La figure 4 donne les règles à respecter pour l'analyse.

Application

Suivi de la proportion de non-conformes dans une production de chaussures.

Une entreprise qui travaille avec des ordres de fabrication (OF) constants de *500* chaussures suit l'évolution du pourcentage de défauts par OF.

Le relevé des *20* derniers OF donne :

OF	1	2	3	4	5	6	7	8	9	10
np	7	8	10	9	7	6	7	13	8	10
OF	11	12	13	14	15	16	17	18	19	20
np	6	6	5	11	8	4	11	9	9	6

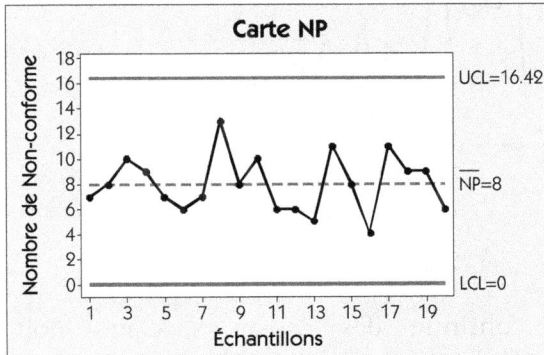

Figure 6 – Carte np

Calcul de la carte :

$$\overline{np} = \frac{Nb\ total\ de\ défauts}{Nb\ d'échantillons} = \frac{160}{20} = 8$$

$$\overline{p} = \frac{\overline{np}}{N} = \frac{8}{500} = 0.016$$

$$LSC_{np} = \overline{np} + 3\sqrt{\overline{np}(1-\overline{p})} = 8 + 3\sqrt{8(1-0.016)} = 16.42$$

$$LIC_{np} = \overline{np} - 3\sqrt{\overline{np}(1-\overline{p})} = 8 - 3\sqrt{8(1-0.016)} = -0.42$$

Tous les points sont sous contrôle, le processus de production est donc dans une situation stable sans présence de causes spéciales. Il faut évidemment continuer à travailler pour éliminer la variabilité des causes communes qui génère *1.6 %* de défaut.

3.1.5. Standardiser – L'amélioration continue

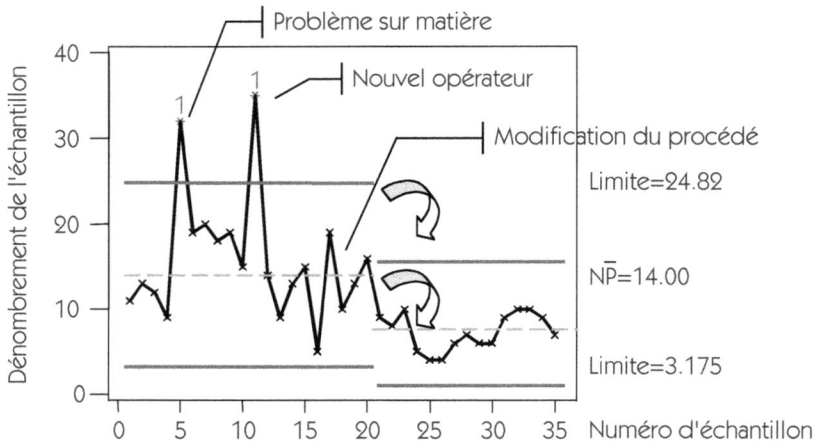

Figure 7 – Amélioration continue

La recherche continue des causes spéciales doit avoir pour conséquence l'amélioration du procédé qui doit apparaître sur les cartes de contrôle par une suite décroissante ou une série au-dessous de la moyenne. Dans l'exemple de la figure 7, on note l'efficacité de l'amélioration apportée au procédé.

Lorsque la carte de contrôle aura montré que l'amélioration est maîtrisée, les limites de contrôle seront alors recalculées. La proportion moyenne de défauts étant plus faible, les limites de contrôle seront plus resserrées.

3.2. La carte *p* – proportion d'articles non conformes

Le principe d'établissement de la carte *p* est identique au cas de la carte np. On préférera la carte *p* à la carte *np* lorsque la taille des échantillons est variable.

3.2.1. Calcul des limites de contrôle

• Calcul de la proportion de défectueux
Pour chaque sous-groupe, on aura enregistré
    – le nombre d'articles contrôlés : n,
    – le nombre de défauts constatés : np

La proportion de défectueux est donc de $p = \dfrac{np}{n}$

- Calcul de la proportion moyenne de défectueux

$$\overline{p} = \frac{np_1 + np_2 + np + \ldots + np_k}{n_1 + n_2 + n_3 + \ldots + n_k} = \frac{Nb\ total\ de\ défauts}{Nb\ total\ de\ pièces\ contrôlées}$$

Avec :
- np_1, np_2, ... Nombre d'articles non conformes des sous-groupes 1, 2, ...
- n_1, n_2, ...Nombre d'articles contrôlés des sous-groupes 1, 2, ...

- Calcul des limites de contrôle

$$LSC_p = \overline{p} + 3\sqrt{\frac{\overline{p}(1-\overline{p})}{n_i}}$$

$$LIC_p = \overline{p} - 3\sqrt{\frac{\overline{p}(1-\overline{p})}{n_i}}$$

Avec
- n_i : la taille de l'échantillon,
- $\overline{p}$: la proportion moyenne de défectueux

On note d'après cette formule que les limites dépendent de la taille des échantillons. Dans le cas d'échantillons de taille non constante, les limites seront alors variables. Pour simplifier, dans le cas où il y a de faibles variations pour les tailles d'échantillons (écart inférieur à *25 %* par rapport à la moyenne), on ne calcule qu'une seule limite en prenant $n_i = n$ la taille moyenne. Les limites deviennent alors :

$$LSC_p = \overline{p} + 3\sqrt{\frac{\overline{p}(1-\overline{p})}{\overline{n}}}$$

$$LIC_p = \overline{p} - 3\sqrt{\frac{\overline{p}(1-\overline{p})}{\overline{n}}}$$

3.2.2. Suivi du procédé par la carte de contrôle *p*

Nb defect	12	18	15	14	15	8	22	16				
Taille Ech	500	500	480	510	500	500	450	500				
Proportion	2,4	3,6	3,1	2,7	3	1,6	4,8	3,2				

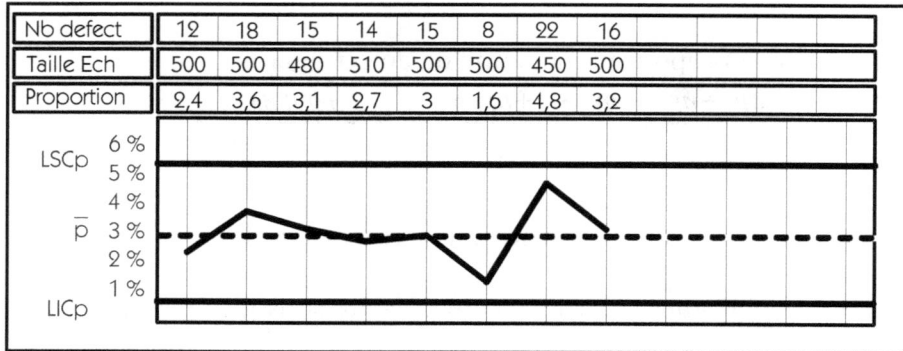

Figure 8 – La carte de contrôle p

Dans l'exemple de la figure 8, les tailles des échantillons sont très voisines. Les limites de contrôle sont alors constantes. Dans le cas où les tailles des échantillons sont très variables, il faut définir des limites pour chaque taille d'échantillons (figure 9).

Plus la taille des échantillons augmente, plus les limites de contrôle se resserrent. Le suivi de ce type de carte est alors plus délicat. On trace en général deux ou trois limites de contrôle de couleurs différentes. Chaque limite à une plage d'utilisation bien déterminée.

Exemple :   Limite 1 – de *300* à *500*   Limite 2 – de *501* à *700*

Nb defect	12	18	10	8	15	27	22					
Taille Ech	500	500	300	300	500	800	800					
Proportion	2,4	3,6	3,3	2,6	3	3,4	2,7					

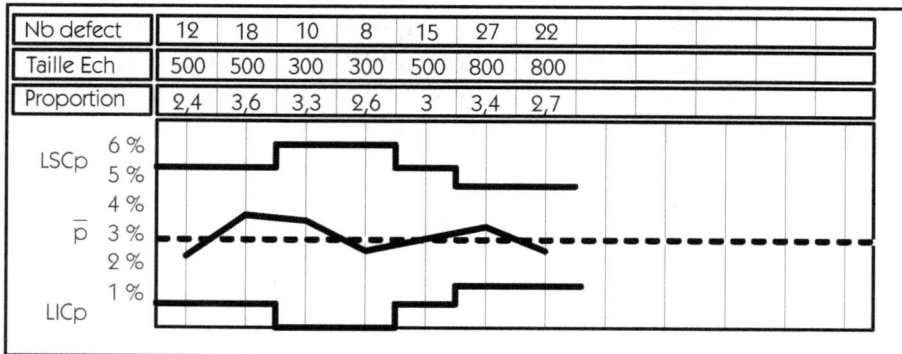

Figure 9 – Cas des échantillons de tailles variables

L'interprétation d'une carte p est similaire à l'interprétation d'une carte np.

3.3. Carte c – nombre de non-conformités

3.3.1. Utilité de la carte c

La carte c permet de suivre un **nombre** de **non-conformités** par lot contrôlé. Pour l'établissement de cette carte, il faut que l'échantillon ou la quantité de matériau contrôlé soit de taille constante.

Exemple d'utilisation :

- nombre de soudures défectueuses de circuits imprimés ;
- défauts par mètre carré d'étoffe.

3.3.2. Calcul des limites de la carte c

1. Calcul du nombre moyen de défauts dans le procédé

$$\bar{c} = \frac{c_1 + c_2 + ... + c_k}{k} = \frac{Nb\ total\ de\ non\text{-}conformités}{Nb\ d'échantillons}$$

avec
- k : le nombre d'échantillons (de sous-groupes)
- $c_1..c_k$: le nombre de non-conformités dans les sous-groupes $1..k$

2. Calcul des limites de contrôle

Dans ce cas de figure, c'est la loi de Poisson qui s'applique. Les limites sont fixées à $\pm\ 3.\sigma$ de la loi de Poisson, ce qui donne :

$$\boxed{\begin{aligned} LSC_c &= \bar{c} + 3\sqrt{\bar{c}} \\ LIC_c &= \bar{c} - 3\sqrt{\bar{c}} \end{aligned}}$$

Rappel : pour la loi de Poisson de paramètre λ, la moyenne et la variance sont égales à λ.

3.4. Carte *u* – Proportion de non-conformités

3.4.1. Utilité de la carte *u*

La carte u permet de suivre une proportion de non-conformités dans les échantillons dont la taille peut être variable.

Exemple d'utilisation :

- proportion de non-conformités par unité de tissu ;
- proportion d'erreurs de programmation par 1000 lignes de code ;
- proportion de rayures sur un diamètre par lot.

3.4.2. Calcul des limites de la carte *u*

1. Nombre moyen de non-conformités par unité dans le procédé

$$\overline{u} = \frac{c_1 + c_2 + ... + c_k}{n_1 + n_2 + ... + n_k} = \frac{Nb\ total\ de\ non\text{-}conformités}{Nombre\ ou\ quantité\ total\ de\ produits\ contrôlés}$$

avec

- $n_1..n_k$: la taille de chacun des sous-groupes
- $c_1..c_k$: le nombre de non-conformités dans les sous-groupes 1..k

2. Calcul des limites de contrôle :

$$LSC_u = \overline{u} + 3\sqrt{\frac{\overline{u}}{n_i}}$$

$$LIC_u = \overline{u} - 3\sqrt{\frac{\overline{u}}{n_i}}$$

Avec n_i : taille du sous groupe i.

Comme dans le cas de la carte p, les limites de contrôle varient en fonction de la taille de l'échantillon.

Dans le cas où il n'y a pas de grosses variations pour les tailles d'échantillons (écart inférieur à *25 %* par rapport à la moyenne), on utilise néanmoins des limites fixes en prenant $n_i = n$.

3.4.3. Exemple d'utilisation d'une carte *u*

Un industriel souhaite suivre le taux de non-conformités sur une ligne d'assemblage de machine à laver le linge. Une machine peut comporter plusieurs non-conformités. La taille des échantillons retenue est de *100* machines par jour.

L'observation sur *20* jours de production a donné :

N° échantillon	1	2	3	4	5	6	7	8	9	10
Taille de l'échantillon	100	100	100	100	100	100	100	100	100	100
Nb de non-conformités c	9	10	8	15	14	25	8	10	12	5
Proportion u	0,09	0,10	0,08	0,15	0,14	0,25	0,08	0,10	0,12	0,05

N° échantillon	11	12	13	14	15	16	17	18	19	20
Taille de l'échantillon	100	100	100	100	100	100	100	100	100	100
Nb de non-conformités c	7	16	11	7	12	6	8	10	14	10
Proportion u	0,07	0,16	0,11	0,07	0,12	0,06	0,08	0,10	0,14	0,10

A partir de ces données, on calcule le nombre moyen de non-conformités par unité.

$$\bar{u} = \frac{\sum Non\text{-}conformités}{Nombre\ de\ machines} = \frac{217}{2000} = 0,1085$$

Les limites de la carte de contrôle sont alors :

$$LSC_u = 0,1085 + 3\sqrt{\frac{0,1085}{100}} = 0.2073$$

$$LSC_u = 0,1085 - 3\sqrt{\frac{0,1085}{100}} = 0.0097$$

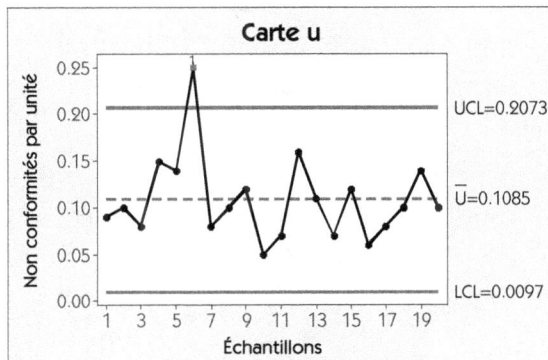

Figure 10 – Carte u

Le point n° 6 étant hors contrôle, on recherche la cause spéciale qui a pu générer ce point. Dans ce cas, on a expliqué ce point par la présence d'un nouvel embauché à qui les consignes de montage n'avaient pas été clairement exposées.

Pour calculer les vraies limites, il faut donc les recalculer sans le point n° 6.

$$\bar{u} = \frac{\sum Non\text{-}conformités}{Nombre\ de\ machines} = \frac{192}{1900} = 0,1011$$

Les limites de la carte de contrôle sont alors :

$$LSC_u = 0,1011 + 3\sqrt{\frac{0,1011}{100}} = 0,1964 \qquad LSC_u = 0,1085 - 3\sqrt{\frac{0,1085}{100}} = 0,0057$$

Tous les points rentrent dans ces limites, on accepte les limites.

Après mise en place de la carte de contrôle, des améliorations ont été apportées au processus de montage. La carte de contrôle indique en effet une nette amélioration de la proportion de non-conformités (figure 11).

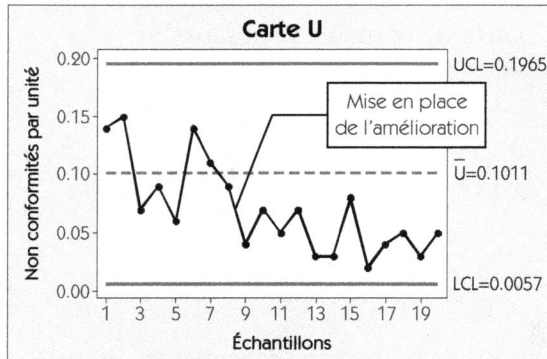

Figure 11 – Amélioration continue

Pour maintenir cette amélioration, il faut recalculer les limites de contrôle à partir des données collectées depuis l'amélioration.

3.5. Récapitulatif des calculs des limites

Carte	Limite supérieure	Limite inférieure
np	$LSC_{np} = \overline{np} + 3\sqrt{\overline{np}(1-\overline{p})}$	$LIC_{np} = \overline{np} - 3\sqrt{\overline{np}(1-\overline{p})}$
p	$LSC_p = \overline{p} + 3\sqrt{\dfrac{\overline{p}(1-\overline{p})}{n_i}}$	$LIC_p = \overline{p} - 3\sqrt{\dfrac{\overline{p}(1-\overline{p})}{n_i}}$
c	$LSC_c = \overline{c} + 3\sqrt{\overline{c}}$	$LIC_c = \overline{c} - 3\sqrt{\overline{c}}$
u	$LSC_u = \overline{u} + 3\sqrt{\dfrac{\overline{u}}{n_i}}$	$LIC_u = \overline{u} - 3\sqrt{\dfrac{\overline{u}}{n_i}}$

4. Les cartes sur valeurs transformées

Les cartes de contrôle classiques par attributs (*np, p, c, u*) sont très simples d'utilisation et d'interprétation, mais ont plusieurs inconvénients :
- la forte dissymétrie des répartitions (voir l'histogramme de la loi binomiale ou de la loi de Poisson dans l'annexe statistique) ;
- l'absence de limite inférieure pour les faibles tailles d'échantillons (difficulté de voir les améliorations) ;
- la faible efficacité de détection des détériorations.

Pour compenser ce type de défauts, de nombreuses améliorations ont été proposées. Ces améliorations consistent :
- à trouver une transformation qui « symétrise » les répartitions ;
- à utiliser des suivis par cartes EWMA ou CUSUM.

4.1. Cartes CUSUM aux attributs

Les cartes CUSUM peuvent être également appliquées dans le cas du suivi des attributs. L'approche peut être de deux types : soit par une carte CUSUM de LUCAS[1], soit par une carte avec masque en V[2].

---

1. Lucas J ; M. « Counted data CUSUM's » – Technometics 27 (2) – 1985 – May
2. Johnson N. L. Leone F. C. – *Statistics and experimental design in Engineering and the Physical Sciences*, Whiley – 1977

D'autres approches ont été présentées aussi bien pour le suivi des unités non-conformes que pour les non-conformités.

4.1.1. CUSUM pour le nombre de non-conformités (c) – carte de Lucas

Lucas propose de calculer deux sommes cumulées pour détecter une évolution du nombre de non-conformités.

Détection d'une augmentation de non-conformités

$$S_H = Max\left[0, (c_i - K_H) + S_{H_{i-1}}\right]$$

Détection d'une augmentation de non-conformités

$$S_L = Max\left[0, (c_i - K_L) + S_{L_{i-1}}\right]$$

Les valeurs K_H et K_L sont calculées à partir de :

$$K = valeur \ entière \ la \ plus \ proche \ de \ \frac{c_{limite} - \bar{c}}{ln(c_{limite}) - ln(\bar{c})}$$

avec $\bar{c}$ = Nombre moyen de non-conformités

$c_{limite} = \bar{c} \pm \sqrt{\bar{c}}$ Valeur de c pour laquelle on souhaite détecter un décalage. On choisit souvent un décalage de un écart type (loi de Poisson).

Application sur un exemple

Afin d'illustrer la carte CUSUM dans le cas des non-conformités, nous allons reprendre l'exemple du paragraphe 3.4.3.

L'observation sur *20* jours de production a donné :

N° échantillon	1	2	3	4	5	6	7	8	9	10
Taille de l'échantillon	100	100	100	100	100	100	100	100	100	100
Nb de non-conformités c	9	10	8	15	14	25	8	10	12	5

N° échantillon	11	12	13	14	15	16	17	18	19	20
Taille de l'échantillon	100	100	100	100	100	100	100	100	100	100
Nb de non-conformités c	7	16	11	7	12	6	8	10	14	10

A partir de ces données, on calcule le nombre moyen de non-conformités par unité.

$$\bar{c} = \frac{\sum non-conformités}{nb \ d'échantillons} = \frac{217}{20} = 10,85$$

Calcul des valeurs K_L et K_H

c_{limite} côté maxi = $10,85 + \sqrt{10,85} = 14,14$

c_{limite} côté mini = $10,85 - \sqrt{10,85} = 7,55$

$$K_H = \frac{c_{limite} - \bar{c}}{ln(c_{limite}) - ln(\bar{c})} = \frac{14,14 - 10,85}{ln(14,14) - ln(10,85)} = 12,42 \ arrondi \ à \ 12$$

$$K_L = \frac{c_{limite} - \bar{c}}{ln(c_{limite}) - ln(\bar{c})} = \frac{7,55 - 10,85}{ln(7,55) - ln(10,85)} = 9,10 \ arrondi \ à \ 9$$

Les formules de calcul de S_H et S_L deviennent :

Détection d'une augmentation de non-conformités

$$S_H = Max\left[0,(c_i - 12) + S_{H_{i-1}}\right]$$

Détection d'une augmentation de non-conformités

$$S_L = Max\left[0,(c_i - 9) + S_{L_{i-1}}\right]$$

La mise en place de la procédure CUSUM sur les données suivantes aurait donnée :

N° échantillon	21	22	23	24	25	26	27	28	29	30
Taille de l'échantillon	100	100	100	100	100	100	100	100	100	100
Nb de non-conformités c	14	15	7	9	6	14	11	9	4	7
S_H (0)	2	5	0	0	0	2	1	0	0	0
S_L (0)	0	0	2	2	5	0	0	0	5	7

N° échantillon	31	32	33	34	35	36	37	38	39	40
Taille de l'échantillon	100	100	100	100	100	100	100	100	100	100
Nb de non-conformités c	5	7	3	3	8	2	4	5	3	5
S_H (0)	0	0	0	0	0	0	0	0	0	0
S_L (0)	11	13	19	25	28	35	40	44	50	54

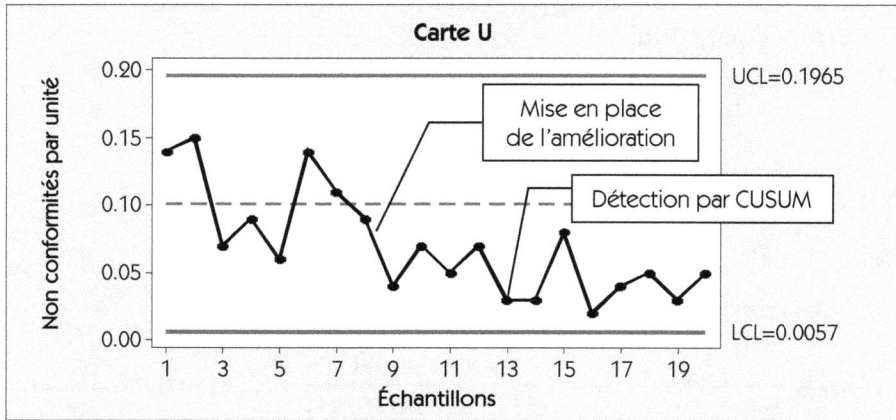

Carte CUSUM et Shewhart aux attributs

En prenant comme limite $H = 4\,\sigma = 4.\sqrt{10,85} = 13,17$ (approximation de la loi normale), on détecte une variation lorsque S_H ou S_L dépasse *13,17* soit *5* valeurs après l'amélioration.

5.   Le suivi des fréquences d'apparition de défauts

5.1.   Cas d'utilisation

Le suivi des fréquences d'apparition de défauts commence à être de plus en plus utilisé dans les entreprises dans deux types de problèmes :

- suivi des défauts par attributs lorsque la proportion de défauts est faible.
- suivi des phénomènes rares ;

Dans le cas d'un processus pratiquement sans défaut, les cartes de contrôle par attribut ne sont plus efficaces. En effet, le nombre de défauts est alors pratiquement toujours égal à zéro sauf quelques cas de figure où il est égal à un. Il est difficile de se résigner alors à ne plus suivre ce paramètre par carte de contrôle. Une solution à ce type de problème consiste à **ne plus suivre le nombre de défauts, mais le temps entre deux apparitions de défauts.** Le temps se mesure en fait en nombre de pièces produites.

Temps entre deux apparitions de défauts en millier de pièces produites														
1	1500	6	3816	11	31	16	4147	21	3364	26	1250	31	1683
2	166	7	4190	12	2566	17	1131	22	881	27	2869	32	3302
3	2501	8	4573	13	591	18	884	23	4726	28	7087	33	5442
4	238	9	4686	14	470	19	1864	24	517	29	18653	34	17071
5	1392	10	128	15	502	20	665	25	5787	30	7772	35	1830

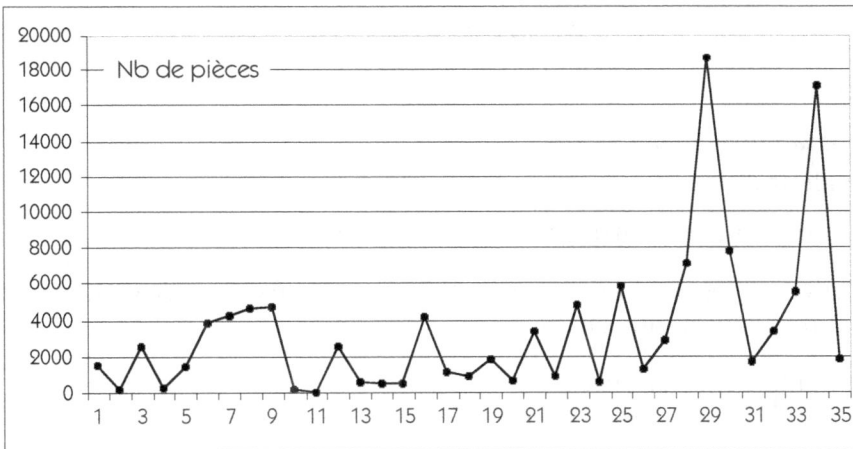

Figure 12 – Surveiller le temps entre deux apparitions de défauts

C'est également le cas des phénomènes rares pour lesquels la notion de nombre de défauts, ou de proportion n'a pas vraiment de sens. On traite dans ces cas le temps entre deux événements. On peut citer comme cas d'application :

- le suivi du nombre de jours sans accident dans une entreprise ;
- le nombre de jours sans panne d'un équipement ;
- …

5.2. Le principe

Dans le cas du tableau de données de la figure 12, on constate une amélioration du procédé. En effet, le temps entre deux apparitions de défauts augmente sur la fin du graphique.

Si on suppose que la répartition des défauts suit une loi de Poisson, alors, la distribution des probabilités du temps entre deux apparitions de défauts suit une loi exponentielle.

La solution pour calculer les limites est donc de calculer les limites en fonction des risques alpha souhaités en utilisant la loi exponentielle. On rappelle que l'équation de la fonction de distribution cumulée de la loi exponentielle est la suivante :

$$F(x;\lambda) = 1 - e^{-\lambda x}$$

avec

λ : paramètre de la loi $\lambda = 1/\overline{T}$

x : valeur de calcul

$\overline{T}$: Temps moyen entre deux apparitions de défauts

Si on veut fixer les limites avec un risque $\alpha/2$ de 0,5 % de chaque côté de la répartition, on calcule :

Pour la limite inférieure

$$\alpha/2 = 1 - e^{-\lambda x} \quad \text{soit} \quad x = \frac{ln(1 - \frac{\alpha}{2})}{-\lambda} = 0,01\overline{T} \ pour \ \alpha = 0,02$$

Pour la limite supérieure

$$1 - \alpha/2 = 1 - e^{-\lambda x} \quad \text{soit} \quad x = \frac{ln(\frac{\alpha}{2})}{-\lambda} = 4,6\overline{T} \ pour \ \alpha = 0,02$$

Application au cas de la figure 12.

Le nombre moyen de pièces entre deux apparitions de défauts est de 20000. On en déduit le paramètre λ de la loi exponentielle :
$\lambda = 1/2000 = 0,0005$

En prenant un risque de 1 % de chaque côté ($\alpha = 0,02$), on trouve :

LSC = 4,6 x 2000 = 9200 pièces
LIC = 0,01 x 2000 = 20 pièces

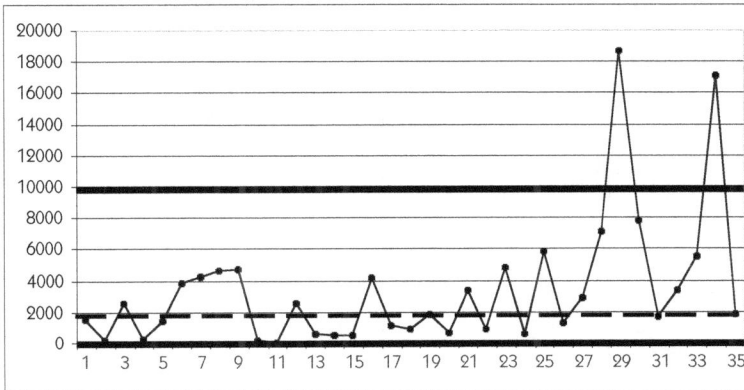

Figure 13 – Carte de contrôle exponentielle

Comme le montre la figure 13, la carte exponentielle montre bien l'amélioration apportée sur le procédé avec deux points hors contrôle dans la dernière partie de la carte.

5.3. Le suivi par carte EWMA (ou CUSUM)

On note dans la figure 13 une très forte dissymétrie des cartes de contrôle exponentielles. En effet, par rapport à la moyenne, on trouve des valeurs très éloignées côté maxi. Cette dissymétrie ne permet pas d'appliquer directement les règles des cartes EWMA ou CUSUM que nous avons vues au chapitre 6.

Plusieurs propositions ont été faites pour améliorer cette dissymétrie. Notons la transformation la plus simple, proposée par Nelson[3] qui consiste à transformer les données par la relation :

$$x = y^{1/3,6} = y^{0,2777}$$

3. Nelson L. S. (1994) « A Control Chart for Parts per Million Nonconforming Items » – Journal of Quality Technology – Vol 26

Cette transformation à pour but de transformer la loi exponentielle en une loi approximativement normale.

Le suivi de ces valeurs peut alors se faire de manière traditionnelle avec une carte aux valeurs individuelles, ou mieux par une carte EWMA ou CUSUM.

Dans notre exemple, cette transformation donne :

y	x	y	x	y	x	y	x
1500	7,621	31	2,595	3364	9,537	1683	7,868
166	4,135	2566	8,846	881	6,574	3302	9,488
2501	8,783	591	5,884	4726	10,481	5442	10,900
238	4,571	470	5,521	517	5,669	17071	14,973
1392	7,464	502	5,623	5787	11,087	1830	8,053
3816	9,877	4147	10,108	1250	7,245		
4190	10,137	1131	7,046	2869	9,125		
4573	10,386	884	6,580	7087	11,729		
4686	10,456	1864	8,095	18653	15,346		
128	3,847	665	6,080	7772	12,034		

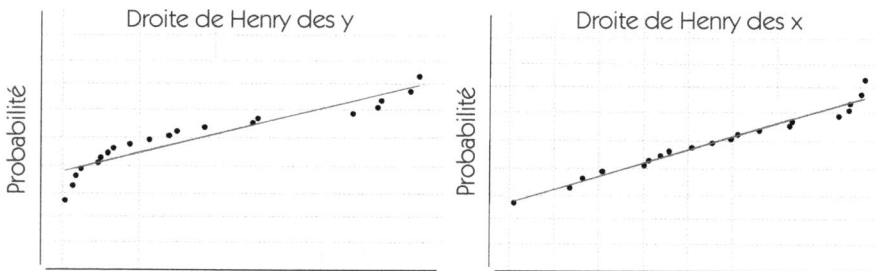

Figure 14 – Effet de la transformation (20 premières valeurs)

Une carte EWMA sur les valeurs transformées donne la carte figure 15.

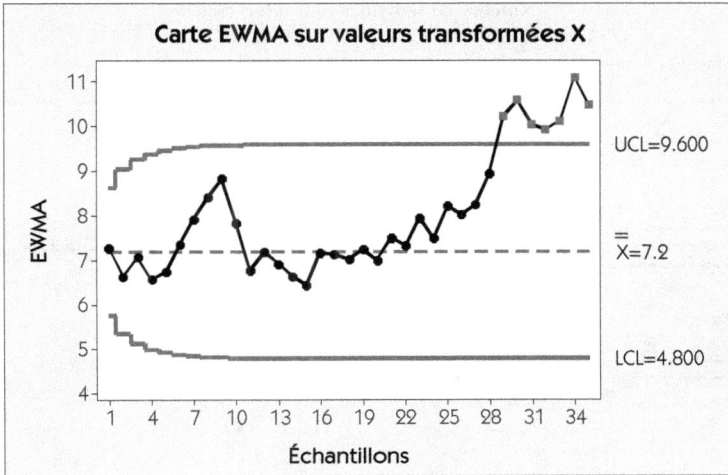

Figure 15 – Carte EWMA sur les valeurs transformées x

La carte de la figure 15 a été calculée avec les données suivantes :

- Cible = moyenne de la période de stabilité (*20* premières valeurs) = *7,2*
- Écart type calculé sur les *20* premières valeurs = *2,4*
- $\lambda = 0,2$

On note la pertinence de ce type de suivi pour détecter des améliorations de l'ordre de quelques ppm dans le cas des attributs.

5.4. Exemple d'utilisation en maintenance

Ce type de carte est particulièrement adapté dans le suivi de la maintenance des équipements industriels. Dans ce cas, on peut suivre le nombre de jours de production sans intervention. La figure 16 donne un exemple de ce type de suivi sur un historique de plusieurs années. Les deux cartes montrent clairement l'amélioration apportée à ce moyen de production.

On considère les 14 premières semaines comme période d'observation :

$$\overline{Y} = 3.5 \qquad \overline{X} = 1.364 \qquad \sigma_X = \frac{\overline{R}}{d_2^*} = \frac{0.3}{1.153} = 0.26$$

Nombre de semaines sans intervention																										
y	4	4	5	6	1	7	2	1	6	4	1	1	4	3	2	1	11	10	1	7	13	15	22	2	3	17
x	1,5	1,5	1,6	1,6	1	1,7	1,2	1	1,6	1,5	1	1	1,5	1,4	1,2	1	1,9	1,9	1	1,7	2	2,1	2,4	1,2	1,4	2,2

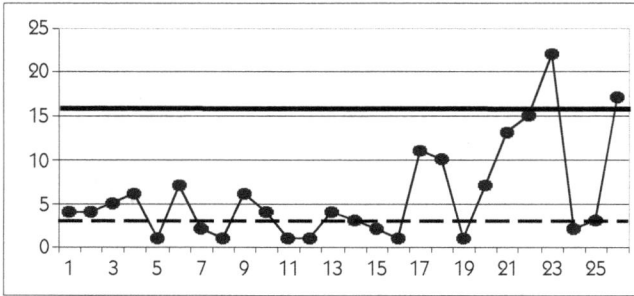

Limite supérieure :
LSC = 4,6x3,5 = 16,1

Moyenne de la période
d'observation : $\overline{y} = 3{,}5$

Figure 16 – Carte exponentielle sur les y

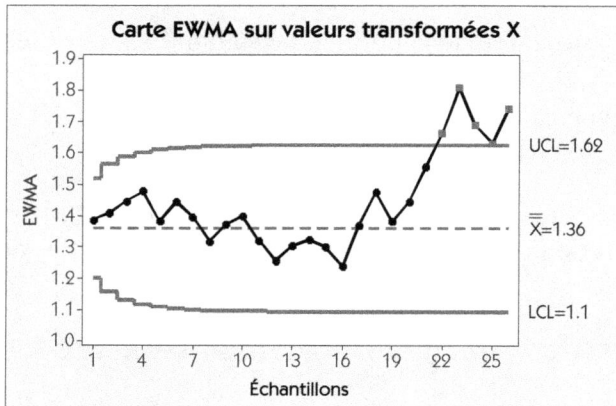

Figure 17 – Carte EWMA sur les x

6. Limites des cartes de contrôle aux attributs

Nous avons vu dans ce chapitre que le principe des cartes de contrôle aux attributs est similaire au principe des cartes de contrôle aux mesures. Cependant la philosophie d'utilisation est fondamentalement différente. En effet les cartes p, np, c et u partent du principe de base qu'il y a des défauts sur les pièces. De plus, pour fonctionner correctement, la proportion de défauts doit être suffisante sinon la taille des échantillons nécessaire devient gigantesque.

Les cartes de contrôle aux mesures ont pour objectif de **piloter** le procédé dans le cadre du **zéro défaut**. Les cartes de contrôle aux attributs ont pour objectifs de **suivre** les procédés pour détecter les causes spéciales afin de les emmener vers le **zéro défaut**.

En effets, avec des **mesures**, on peut obtenir à partir d'échantillons de petite taille (exemple 5 articles) une image raisonnable du procédé. Le retour d'information est rapide : le temps de produire 5 pièces.

Dans le cas des **attributs**, il faut des échantillons de beaucoup plus grande taille (souvent une centaine de pièces) pour que le nombre de défauts décelés soit significatif. Le retour d'information est donc beaucoup plus long.

Ainsi, les cartes de contrôle aux attributs ne sont pas aussi performantes que les cartes de contrôle aux mesures. On les utilise comme instrument d'amélioration pour les procédés produisant un nombre significatif de non-conformités. Elles permettent d'établir la distinction entre les causes communes et les causes spéciales. Cette propriété est fondamentale, elle permet de sortir les situations qui demandent un traitement particulier.

La mise en place des cartes de contrôle aux attributs dans un atelier permet aux responsables d'être alertés **chaque fois** qu'une situation hors contrôle apparaît, et **uniquement** lorsqu'elle apparaît. Cela permet de gagner beaucoup de temps et d'accroître de façon importante l'efficacité des actions.

Chapitre 9

Le cas des petites séries

1. Introduction

1.1. Les bénéfices de l'application de la MSP dans le cas des petites séries

Les apports de la MSP dans le cas des productions en grandes séries ne sont plus à démontrer. Les entreprises qui ont su appliquer cette méthodologie avec rigueur témoignent aujourd'hui de la grande efficacité de la démarche. Cependant, l'application de cette méthode connaît quelques difficultés pour étendre son champ d'application au-delà des grandes et des moyennes séries.

Pourtant, une grande partie de la production industrielle repose sur une organisation de type « petites séries ». De plus, la mise en place des concepts de Juste à Temps va dans le sens de la diminution de la taille des lots. De même la diversification des produits amène les industriels à réduire la taille de leur cycle de production. Nombreuses sont les entreprises qui ont vu la taille moyenne de leurs lots de fabrication entre deux changements de séries se réduire par un facteur 5 au cours de ces 10 dernières années. Cette évolution semble irréversible. Avec l'évolution des technologies, nos entreprises continueront d'évoluer vers une production par lots toujours plus petits. Certains spécialistes affirment même, aujourd'hui, que la plupart des entreprises de demain seront capables de produire avec des lots réduits à l'unité.

Ce changement de typologie de production pose un problème aux industriels. Peut-on étendre le bénéfice de la démarche MSP dans le cas des petites séries qui représentent une part importante de l'activité industrielle ? En absence de méthode de pilotage des processus industriels, le danger est grand de voir le niveau de qualité des productions industrielles diminuer en corrélation avec la taille des lots.

L'application de la MSP aux cas des petites séries se heurte souvent à des obstacles plus culturels que méthodologiques. Nous avons souvent entendu des remarques du type :

- Je fais du contrôle à 100 %, il est donc inutile de faire du contrôle statistique.

- Il m'est impossible de mettre en place une carte de contrôle, mes séries sont de 10 pièces au plus.

- J'ai tellement peu de données qu'il est impossible calculer un écart type.

Nous montrerons au cours de ce chapitre que ces remarques sont totalement non fondées et que, même dans le cas d'un contrôle à 100 % avec peu de valeurs, il est pertinent de mettre en œuvre les concepts de la MSP.

Mais outre le gain immédiat sur la qualité des produits, la mise en place d'outils amenant plus de formalisme dans le suivi des procédés peut apporter d'autres bénéfices non moins importants.

- **L'amélioration de la productivité** par un meilleur pilotage des procédés. En effet, dans le cas des petites séries, un temps considérable est perdu en tâtonnements pour trouver le bon réglage. L'utilisation d'un outil d'aide au pilotage permettrait de trouver plus rapidement le bon réglage, d'éviter les réglages inutiles et donc d'améliorer la productivité.

- **La diminution des rebuts** souvent importants dans le cas des petites séries. Du fait même des tâtonnements, les méthodes de production artisanales engendrent de nombreux rebuts. Outre le fait que ces rebuts font baisser la productivité, ils engendrent des coûts non négligeables. C'est notamment le cas des entreprises travaillant pour l'aéronautique pour lesquelles le coût d'une pièce peut aller jusqu'à plusieurs milliers d'euros.

- **L'amélioration de la traçabilité** des productions qui nécessite d'écrire, d'enregistrer des données. Le simple fait d'écrire sur une carte de contrôle, par exemple, permet d'améliorer le suivi des lots. L'intérêt de créer une traçabilité par un outil de pilotage est de ne plus enregistrer simplement pour conserver des informations, mais d'enregistrer pour piloter, ce qui induit un gain direct pour l'opérateur – la traçabilité n'étant qu'un « sous-produit » important de la technique de pilotage.

- **Un meilleur suivi de l'outil de production.** Le suivi des capabilités est aujourd'hui un préalable indispensable pour une entreprise qui souhaite maîtriser son outil de production. Deux solutions lui sont offertes. La première consiste à planifier de façon régulière un essai pour mesurer la capabilité de ses outils de production. Cette méthode coûte chère, elle est difficile à mettre en œuvre, et de plus, rien n'assure que la semaine qui suit le test, la machine déclarée capable le soit encore. La seconde méthode, que nous préférons, consiste à utiliser les données des cartes de contrôle pour calculer les capabilités. Encore une fois, on utilise les données enregistrées lors du pilotage de la machine pour suivre les capabilités de celle-ci. Le suivi en continu des capabilités des moyens de production permet ainsi une meilleure maintenance préventive. Ce bénéfice entraîne sur le long terme des gains importants en qualité.

Il est clair que la mise en place de la MSP sur les moyens de production dans le cas des petites séries permet une avancée importante non seulement en qualité, mais en maintenance, en traçabilité, en productivité et en coût.

Nous présenterons dans ce chapitre un tour d'horizon des méthodes utilisées pour mettre en place une démarche MSP dans le cas des petites séries. Nous présenterons **des** méthodes et non pas **une** méthode. En effet notre expérience nous a montré qu'il existe une très grande diversité de situations de petites séries. Citons quelques unes de ces situations :

- une entreprise fabrique des produits à forte valeur ajoutée en faible quantité (une centaine par an) ;

- une entreprise travaille sur commande numérique avec des lots qui varient entre 1 et 10 pièces ;

- une entreprise travaille par lots de petites tailles mais de façon répétitive. Les changements de lots interviennent plusieurs fois par jours ;

- une entreprise de chimie travaille en grande série, mais les mesures coûtent chères et le nombre de données disponibles sont finalement très peu nombreuses ;

- ...

1.2. La méthode traditionnelle de pilotage dans le cas des petites séries

Avant de présenter les méthodes pour appliquer la MSP dans le cas d'une petite série, observons dans le cas d'un usinage mécanique le comportement des opérateurs en l'absence de méthode de pilotage.

1.2.1. Exemples dans le cas d'une série de 10 pièces

Dans le cas des petites séries, la plupart des opérateurs pilotent leur procédé en réalisant un contrôle à 100 % sur les pièces qu'ils réalisent. Ce contrôle pourrait être excellent s'il intégrait le raisonnement statistique, mais ce n'est malheureusement pas le cas. La figure 1 et la figure 2 montrent deux exemples de raisonnement classique lors de la réalisation d'une petite série de 10 pièces. Les exemples concernent un usinage de pièces mécaniques. La cote à réaliser est de 10 ± 0,05 mm. Les valeurs indiquées sont les écarts par rapport à la nominale en centièmes de millimètre. Supposons qu'une étude sur les précédentes productions a montré que l'écart type de la dispersion sur cette machine est de 1,15 centièmes de millimètre.

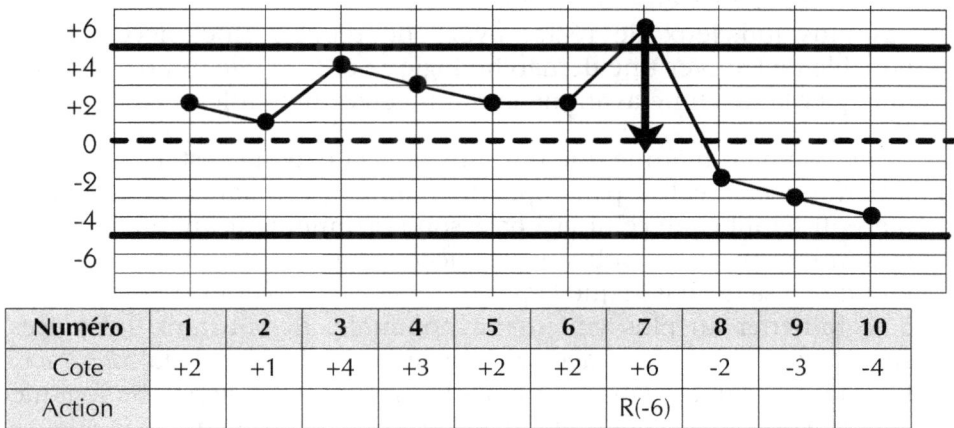

Numéro	1	2	3	4	5	6	7	8	9	10
Cote	+2	+1	+4	+3	+2	+2	+6	-2	-3	-4
Action							R(-6)			

Figure 1 – Méthode traditionnelle – Premier exemple

Dans l'exemple figure 1, l'opérateur a réalisé les 7 premières pièces sans réglage, puis a effectué un réglage de 0,06 mm.

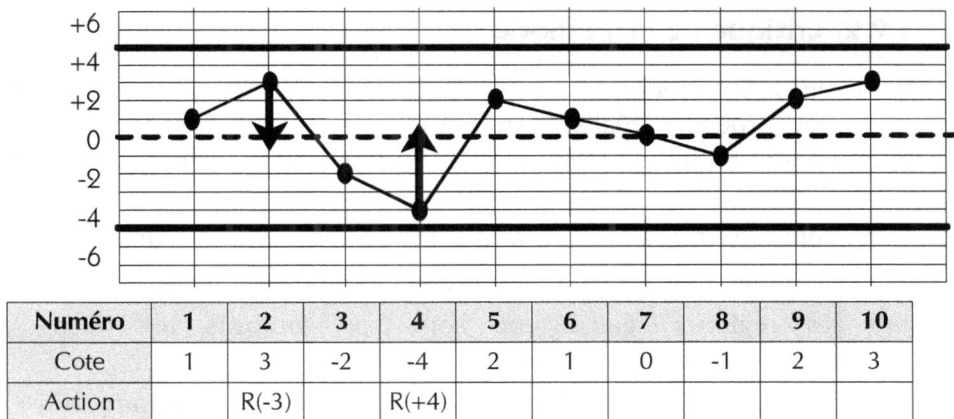

Numéro	1	2	3	4	5	6	7	8	9	10
Cote	1	3	-2	-4	2	1	0	-1	2	3
Action		R(-3)		R(+4)						

Figure 2 – Méthode traditionnelle – Second exemple

Dans l'exemple figure 2, l'opérateur a réalisé un réglage dès la seconde valeur. Il a été obligé de corriger de nouveau son procédé lors de la 4ème valeur.

A la lumière de l'exemple n°1, nous tirons deux constatations. On note d'abord que l'opérateur n'a pas réglé sa machine avant la septième cote qui est hors tolérance. Il faut dire à sa décharge que la pièce numéro six était à + 2 donc près de la cote nominale. N'était-il pas plus judicieux de régler avant de rebuter une pièce ? Est-il possible de trouver une démarche logique et formelle qui permettrait de régler la machine avant de faire une pièce hors tolérance ?

La deuxième remarque que nous inspire cet exemple est le réglage de (-6) qui a été réalisé par l'opérateur après avoir fait une mauvaise pièce. Il semble que celui-ci a basé son raisonnement uniquement sur la dernière pièce en oubliant les pièces qu'il avait réalisées avant. Il faut dire à sa décharge que la pièce 7 étant hors tolérance, il a cherché à se ramener au plus vite sur la nominale. Et pourtant, les pièces suivantes se retrouvent décalées sur le côté inférieur de la tolérance. La question qui est posée est alors de trouver une démarche logique et formelle qui permettrait de régler la machine avec la meilleure précision possible pour se ramener à la nominale.

Dans ce second exemple, l'opérateur a réalisé un premier réglage qui ne semblait pas utile. Il a déréglé une machine bien réglée. Il serait donc utile de trouver une méthode qui évite ce type d'erreur.

1.2.2. Critique de la méthode

Les exemples précédents ne sont pas caricaturaux. Tous ceux qui ont suivi des procédés réalisés en petites séries connaissent bien ce phénomène. En fait, le raisonnement traditionnel de pilotage conduit généralement aux constats suivants :

- l'opérateur ne règle pas sa machine au moment opportun ;
- l'opérateur dérègle parfois une machine bien réglée ;
- les réglages réalisés ne sont pas toujours les réglages souhaitables ;
- la répartition des pièces produites dans ces conditions utilise tout l'intervalle de tolérance au lieu d'être centrée sur la valeur nominale.

Ces actions engendrent des pertes de productivité dues aux réglages inutiles, et aux rebuts réalisés. De plus, en se référant à la fonction perte de Taguchi (voir chapitre 1) nous pouvons affirmer que les coûts de non-qualité sont très importants. En effet, les pièces n'étant pas sur la cible, mais remplissant la totalité de l'intervalle de tolérance, la perte sera maximale.

L'origine du mal vient du fait que l'on n'utilise pas un raisonnement statistique. Dans le cas que nous évoquons, l'opérateur fait du contrôle à 100 %, mais raisonne sur une seule mesure pour piloter sa machine. Pour améliorer les règles de pilotage dans le cas des petites séries, il faut absolument abandonner le raisonnement unitaire au profit d'un raisonnement statistique basé sur les cartes de contrôle qui a fait ses preuves dans les productions plus importantes.

Une autre critique importante que l'on peut faire à ce mode de raisonnement, c'est que l'on pilote avec les tolérances et non pas à partir des limites naturelles. Comme nous l'avons vu dès le chapitre 2, l'application de la MSP permettra de faire la distinction suivante :

- les limites de tolérance permettent de décider si la pièce est bonne ou non ;
- les limites naturelles (limites de contrôle) permettent de savoir s'il faut intervenir sur le processus.

2. Le suivi par valeurs individuelles

Lorsqu'on est face à un problème de petite série, si l'on veut appliquer correctement la MSP, il faut revenir aux fondements mêmes de la méthode. En effet dans la plupart des situations que nous avons rencontrées, la mise en œuvre de la démarche s'est faite en utilisant les mêmes outils que ceux que nous avons présentés dans les chapitres précédents. Seuls quelques cas ont nécessité la mise en place de cartes de contrôle particulières que nous présenterons plus loin.

La première démarche consiste donc à chercher à appliquer les cartes de contrôle traditionnelles. Le suivi par valeurs individuelles fait partie de cette approche.

Considérons pour illustrer cette approche une ligne de production qui fabrique des produits à forte valeur ajoutée mais en petite quantité. Le rythme de production est une moyenne de deux produits par semaine, mais tous identiques. En général, pour chaque caractéristique importante, on a un enregistrement des mesures qui ont été réalisées et on a fixé des tolérances de fabrication.

Une caractéristique importante est une intensité de tolérance 125 ± 15. Le contrôle se fait à 100 % et toutes les mesures sont enregistrées. On dispose des données suivantes :

Sem	N°	Val	Sem	N°	Val	Sem	N°	Val	Sem	N°	Val
25	1	127,1	30	11	127,2	35	21	128,7	41	31	120,9
25	2	129,6	30	12	134,1	35	22	134,7	42	32	128,8
25	3	129,6	31	13	130,4	36	23	132,9	42	33	126,6
26	4	124,0	31	14	125,4	37	24	132,4	43	34	126,8
27	5	122,9	32	15	129,0	38	25	132,7	43	35	125,0
27	6	126,4	32	16	133,8	**39**	**26**	**140,4**			
28	7	124,2	32	17	135,2	39	27	128,8			
29	8	133,7	32	18	134,1	39	28	126,7			
29	9	128,8	33	19	127,9	40	29	122,5			
29	10	128,4	34	20	135,8	40	30	128,5			

Le 26ème produit fabriqué en semaine 39 est hors tolérance et a nécessité une intervention sur le procédé. Ce produit était mauvais. N'aurait-on pas pu l'éviter en utilisant les principes de la MSP ?

Rappelons que le principe de base de la MSP est de dissocier les causes communes des causes spéciales (figure 3). Cette dichotomie entre les causes des dispersions est une des bases fondamentales de la méthode MSP.

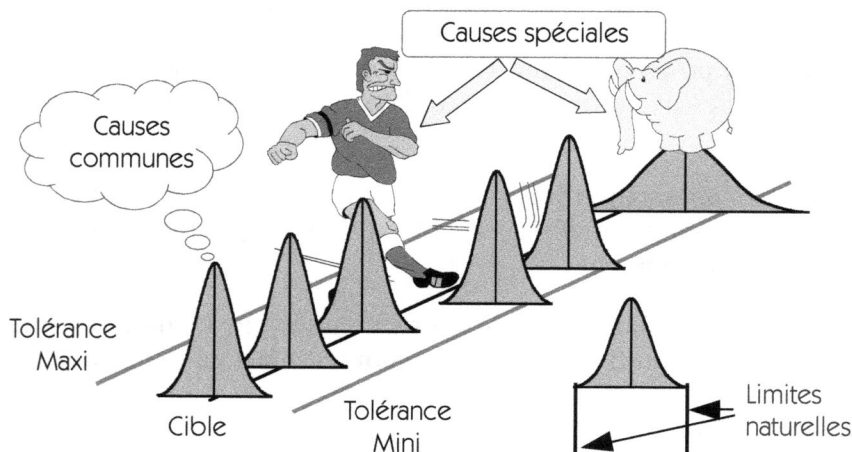

Figure 3 – Causes communes et causes spéciales

2.1. Identification de l'écart type de la production

Pour être capable de calculer les limites naturelles, il faut identifier l'écart type de la production lorsque celle-ci est stabilisée.

Il n'est pas possible d'utiliser l'écart type de l'ensemble des données qui représente 18 semaines de production. Rien n'assure de la stabilité de cette production pendant les 18 semaines. Par contre, on peut supposer que d'un produit à l'autre, la production était stabilisée. On va donc utiliser la moyenne des étendues mobiles sur deux produits consécutifs pour calculer l'écart type à partir de la célèbre relation $\sigma = \overline{R}/d_2$ (voir l'annexe statistique). Pour cela on ne gardera que les couples de points entre lesquels on suppose qu'il n'y a pas eu présence d'un décalage du processus.

Application : on sait qu'il y a eu une intervention après la 26ème valeur. Il ne faut donc pas calculer l'étendue entre la 26ème et la 27ème valeur qui inclurait une intervention sur le procédé.

N°	Val	R	N°	Val	R	N°	Val	R	N°	Val	R
1	127,1		11	127,2	1,2	21	128,7	7,1	31	120,9	7,6
2	129,6	2,5	12	134,1	6,9	22	134,7	6	32	128,8	7,9
3	129,6	0	13	130,4	3,7	23	132,9	1,8	33	126,6	2,2
4	124,0	5,6	14	125,4	5	24	132,4	0,5	34	126,8	0,2
5	122,9	1,1	15	129,0	3,6	25	132,7	0,3	35	125,0	1,8
6	126,4	3,5	16	133,8	4,8	**26**	**140,4**	**7,7**			
7	124,2	2,2	17	135,2	1,4	27	128,8				
8	133,7	9,5	18	134,1	1,1	28	126,7	2,1			
9	128,8	4,9	19	127,9	6,2	29	122,5	4,2			
10	128,4	0,4	20	135,8	7,9	30	128,5	6			

Il nous faut également regarder si ces étendues sont conformes à des variations aléatoires. Pour cela, on dessine une carte de contrôle des étendues pour laquelle on a calculé de façon tout à fait classique les limites de contrôle.

On a $\overline{R} = 3,60$, on calcule $LSC_R = D_4 \overline{R} = 3,267 \times 3,60 = 11,76$

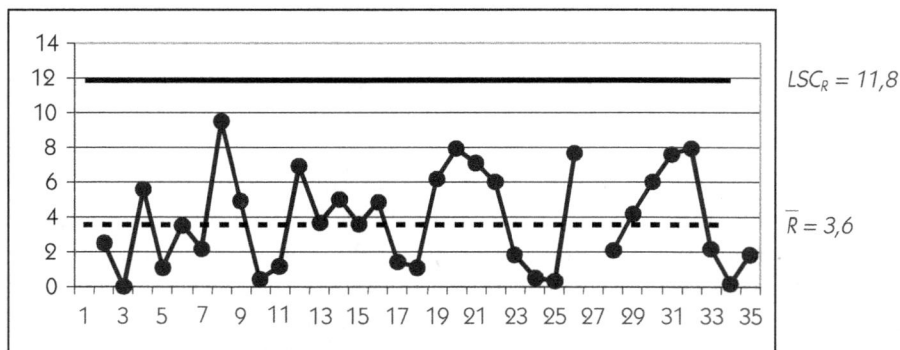

Figure 4 – Carte de contrôle des étendues

La carte de contrôle ne révèle pas de causes spéciales, si cela était le cas, nous enlèverions le point qui pose problème et recommencerions la procédure.

On en déduit donc $\sigma = \dfrac{\overline{R}}{d_2} = \dfrac{3,6}{1,128} = 3,2$

2.2. Suivi par carte de contrôle Valeurs/étendues glissantes

Pour suivre un tel procédé, il est tout à fait possible d'utiliser les cartes aux valeurs individuelles et étendues glissantes que nous avons présentées au chapitre 5.

Calcul des limites

$LSC_X = cible + 3\sigma = 125 + 3 \, x \, 3,2 = 134,6$

$LIC_X = cible - 3\sigma = 125 + 3 \, x \, 3,2 = 115,4$

Pour les étendues nous avons déjà calculé la limite.

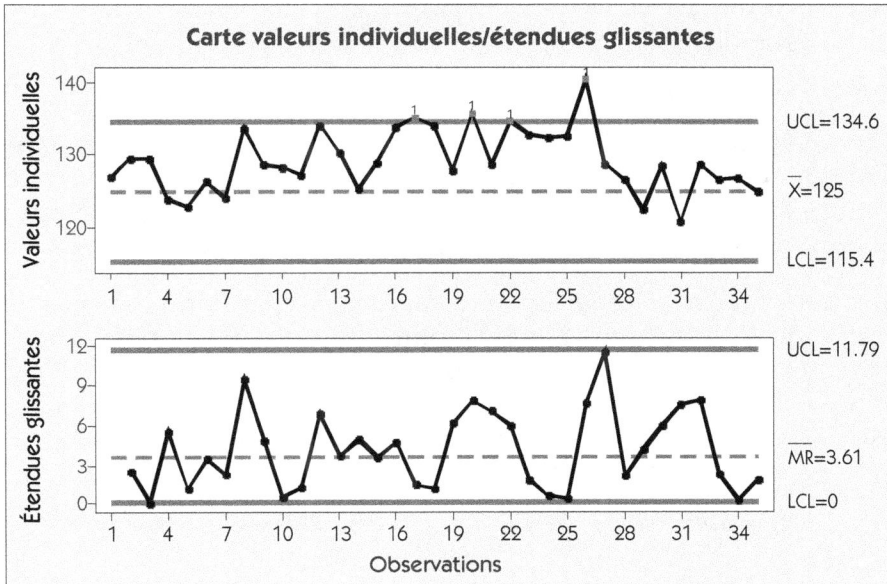

Figure 5 – Carte de contrôle

La carte de contrôle figure 5 montre bien l'intérêt d'utiliser la carte de contrôle aux valeurs individuelles dans ce cas de petites séries. Dès le 12ème point la carte avait détecté une cause spéciale. Cette détection a été renouvelée de nombreuses fois avant la détection du point hors tolérance.

L'utilisation de ce type de carte de contrôle est très utile dans cette typologie de petites séries, c'est simple, efficace, et terriblement rentable surtout dans le cas de produits à forte valeur ajoutée.

Dans ce cas de figure, bien que le contrôle soit fait à 100 %, bien que les séries soient faibles, on voit tout l'intérêt que l'on peut avoir à utiliser les cartes de contrôle.

2.3. Amélioration de l'efficacité de la détection

Nous venons d'utiliser la carte la plus simple : Valeurs individuelles/ Étendues glissantes. Nous avons vu aux chapitres 5 et 6 qu'il était possible d'améliorer l'efficacité de détection des dérives en utilisant trois types de cartes de contrôle :

- Moyenne glissante (voir chapitre 5)
- EWMA (voir chapitre 6)
- CUSUM (voir chapitre 6)

Comme dans le cas des petites séries, on dispose de très peu de données, il est d'autant plus important d'en tirer le maximum d'informations qu'elles contiennent. L'utilisation de ce type de carte est donc extrêmement pertinente dans le cas des petites séries.

Le lecteur pourra se reporter aux chapitres en question pour plus de détails sur ces cartes. Afin de montrer un exemple, nous allons appliquer la carte EWMA sur les données précédentes.

Calcul des limites de contrôle de la carte EWMA

$$LSC_{M_i} = Cible + 3\sigma \sqrt{\frac{\lambda}{n(2-\lambda)}} = 125 + 3 \times 3,2 \sqrt{\frac{0,2}{1(1-0,2)}} = 129,8$$

$$LIC_{M_i} = Cible - 3\sigma \sqrt{\frac{\lambda}{n(2-\lambda)}} = 125 - 3 \times 3,2 \sqrt{\frac{0,2}{1(1-0,2)}} = 120,2$$

En général, on trace le triplet de trois cartes toutes complémentaires.

- La carte des valeurs individuelles qui permet de suivre les mesures de chaque produit. Cette carte est très sensible aux décentrages rapides et importants.
- La carte EWMA qui donne une bonne indication de la tendance de fond du procédé. Elle est très sensible aux petits décentrages.
- La carte aux étendues glissantes sur deux valeurs. Cette carte permet d'estimer l'écart type du processus et de suivre la stabilité de celui-ci dans le temps.

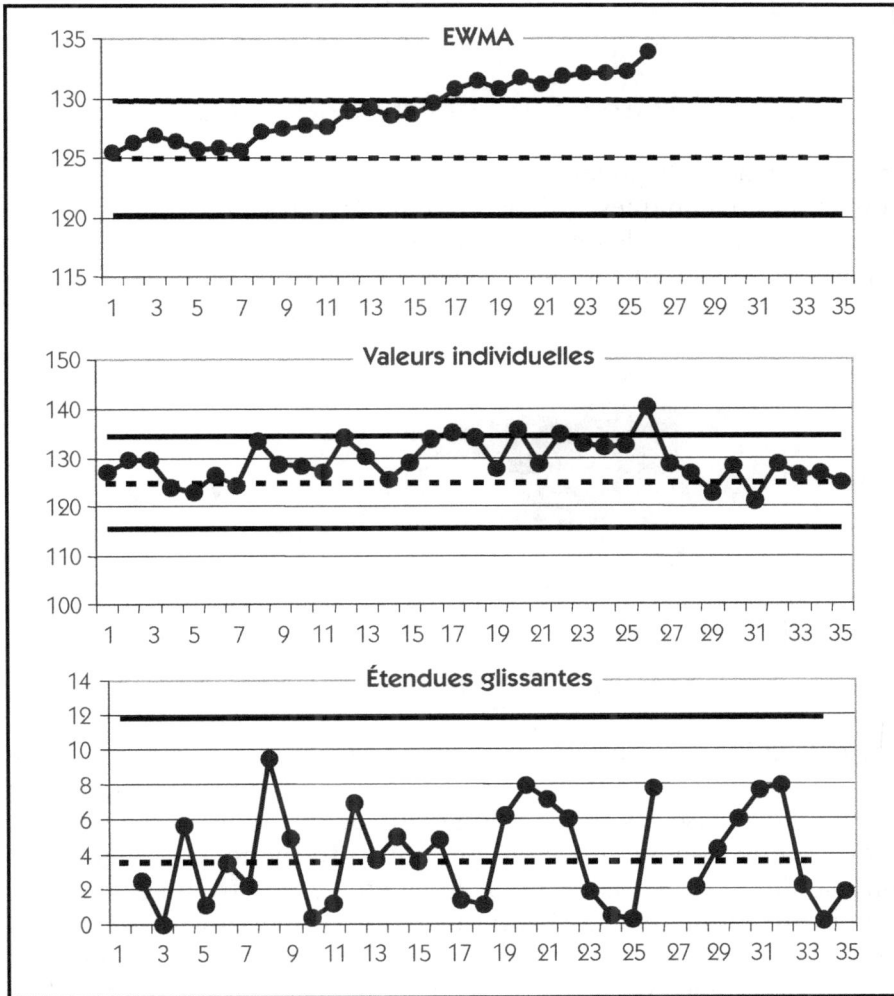

Figure 6 – Triplet EWMA/Valeurs/Étendues

3. Retrouver un effet de série

3.1. Raisonner en écarts par rapport à la cible

La seconde façon d'appliquer la MSP dans le cas des petites séries est de trouver des techniques qui permettent, par une manipulation des données à contrôler, de retrouver un effet de série. Cette méthode peut s'appliquer lorsqu'un procédé réalise un travail répétitif bien que les séries soient petites. Illustrons notre propos par un exemple [figure 7].

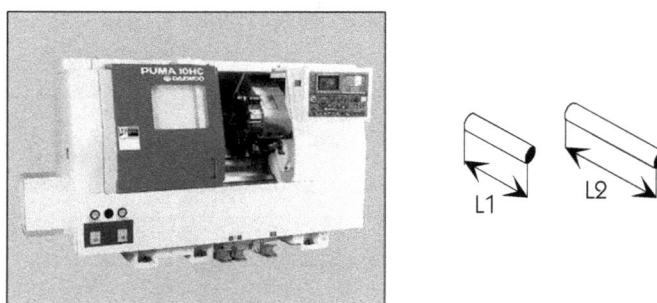

Figure 7 – Mise à longueur de tubes

Une entreprise, qui fabrique des vérins à la commande, désire mettre sous contrôle la production des tubes. Un tour à commande numérique réalise les mises à longueur de ces tubes. Chaque tube usiné a une longueur différente qui correspond à la longueur commandée par le client. La longueur est introduite dans la commande numérique à chaque pièce comme étant un paramètre. Dans ce type de cas, l'utilisation des cartes de contrôle traditionnelles semble impossible puisque la caractéristique n'est pas constante. Il n'y a même pas de petite série puisque c'est en fait une production unitaire.

Et pourtant, si au lieu de suivre la longueur du tube, nous cherchions à suivre l'écart qui existe entre la cote nominale (demandée par le client) et la cote réalisée, nous retrouverions un effet de série. En effet, tout au long de la journée, l'opérateur cherche à réaliser un écart nul par rapport à une cote nominale. Nous pouvons alors suivre sous carte de contrôle traditionnelle l'écart entre la cote nominale et la cote fabriquée.

Dans ce cas de figure, les deux cartes de contrôle sont utiles à l'opérateur :

- **la carte des moyennes** permettra de suivre les dérives en réglage dues aux usures d'outils par exemple. En cas de variation sur la carte de contrôle des moyennes, il faudra introduire une correction pour que les prochaines pièces soient à nouveau proche de la nominale.
- **la carte des étendues** permettra de suivre la capabilité du procédé.

Les cas de figure pour lesquels cette méthode peut être appliquée sont assez courants. En effet, les procédés industriels sont, en général, assez spécialisés et réalisent souvent le même type de travail. Aussi, moyennant un peu d'imagination, il est souvent possible de trouver une grandeur, caractéristique de l'état du procédé, qui peut être suivie indépendamment de la production réalisée.

Cette méthode a été étudiée notamment par M. Kevin Foster[1]. L'application proposée concerne une machine d'assemblage de composants. Sur cette machine, des productions de qualités différentes sont demandées comme des applications militaires ou communes. Quelle que soit l'application, la machine subira des fluctuations dues aux causes communes, mais ces fluctuations ne dépendront que de la machine et pas du produit militaire ou civil qu'elle assemble. Foster propose, dans ce cas, de mettre sous contrôle l'écart de positionnement sur l'axe des X par rapport à la valeur planifiée.

N°	Déplacement réel	Planifié	Delta
1	6,0946	6,0940	0,0006
2	4,7178	4,7180	-0,0002
3	7,2455	7,2450	0,0005

Cela revient à faire un changement de variable qui permettra de tenir une carte de contrôle de type Shewhart avec des échantillons de trois écarts par carte assemblée par exemple. Ainsi on pourra bénéficier des avantages du suivi et du pilotage par cartes de contrôle et surveiller ainsi les dérives de la machine et sa capabilité.

---

1. Kevin Foster – « Implementing SPC in low volume manufacturing » – ASQC Quality Congress – Dallas – 1988

3.2. Les cartes de contrôle multi-produits

Cette méthode est apparue très tôt avec les travaux de F.S. Hiller[2] et les travaux de F. Prochman et I. R. Savage[3]. Ils ont été repris plus récemment par David R. Bothe[4] et Thomas Pysdek[5]. Cette méthode propose une évolution de la recherche d'un phénomène de série à travers une nouvelle façon d'aborder les cartes de contrôle de Shewhart.

Cette méthode est particulièrement adaptée pour les entreprises qui fabriquent des séries répétitives de faible quantité. L'exemple de planification de la production sur 3 produits A, B, C donné en figure 8 convient parfaitement à ce type de carte.

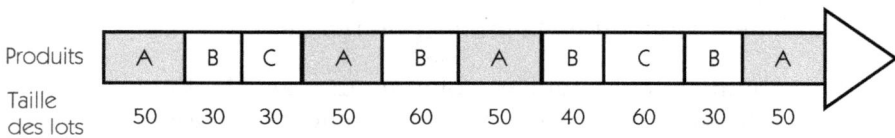

Produits	A	B	C	A	B	A	B	C	B	A
Taille des lots	50	30	30	50	60	50	40	60	30	50

Figure 8 – Type de production pour les cartes multi-produits

Ces cartes reposent sur la remarque suivante. Lorsqu'un procédé réalise de petites séries renouvelables, il est nécessaire de changer de carte à chaque nouvelle série car, par définition, la carte de Shewhart dépend de la caractéristique à surveiller. En effet, les limites de contrôle sont calculées par les formules [c.f. chapitres 2 et 5]

$$LSC_{\overline{X}} = \overline{\overline{X}} + A_2.\overline{R}$$

$$LIC_{\overline{X}} = \overline{\overline{X}} - A_2.\overline{R}$$

pour la carte des moyennes,

2. F. S. Hiller – « $\overline{X}$ and R-chart Control Limits based on a small number of subgroups » – Journal of quality technologie – 17 :26 – January 1969
3. F. Proschan and I. R. Savage – « Starting a Control Chart » – Industrial Quality Control – 12 :13 – September 1960
4. D. R. Bothe – « Integrating SPC with just in time » – Conférence mondiale de l'APICS – Montréal – 1992
5. Thomas Pysdek – « Process control for short and small runs » – Quality progress – 51 :60 – April 1993

$$LSC_R = D_4.\overline{R}$$
$$LIC_R = D_3.\overline{R}$$

pour la carte des étendues.

La méthode propose de rendre les limites de contrôle des moyennes et des étendues indépendantes de la caractéristique surveillée par un changement de variable. Ainsi, chaque machine ne sera surveillée que par une seule carte qui sera la même quel que soit le produit fabriqué.

Pour faire le changement de variable, on distingue deux cas :

- le cas où la dispersion court terme est constante pour l'ensemble des lots,
- le cas où la dispersion dépend du lot fabriqué.

3.2.1. Cas 1 : les étendues sont constantes pour l'ensemble des lots

On trouve cette situation pour les procédés qui réalisent toujours le même type de travail, mais pour des valeurs de nominales différentes. C'est le cas que nous venons d'exposer au paragraphe 3.1. afin de retrouver un effet de série.

Si l'étendue moyenne ($\overline{R}$) ne varie pas d'un lot à l'autre, il suffit de ne plus raisonner sur la valeur réelle de la caractéristique à surveiller, mais sur l'écart par rapport à la valeur cible.

On a alors $\overline{X} = \overline{X}_{Réelle} - \overline{X}_{Cible}$

Ce changement de variable rend les limites de contrôle indépendantes de la valeur cible. Les nouvelles limites sont donc calculées par les formules :

$$LSC_{\overline{X}} = +A_2.\overline{R}$$
$$LIC_{\overline{X}} = -A_2.\overline{R}$$

Nouvelle valeur cible = 0

3.2.2. Cas 2 : les étendues ne sont pas constantes d'un lot à l'autre

Bothe propose alors une nouvelle carte de contrôle pour laquelle les limites de contrôle sont indépendantes de la valeur cible et de l'étendue moyenne. Pour cela, il faut modifier les limites de contrôle de la carte des moyennes et celle des étendues pour les rendre indépendantes de l'étendue moyenne.

Carte des étendues : Pour la carte des étendues, nous avons par définition

$$LIC_R < R < LSC_R$$
$$D_3.\overline{R} < R < D_4.\overline{R}$$

On peut donc écrire $D_3 < \dfrac{R}{\overline{R}} < D_4$

En effectuant le changement de variable $R/\overline{R}$, les nouvelles limites de contrôle (D_4 et D_3) deviennent donc indépendantes de l'étendue moyenne.

Bien sûr le point à noter sur la carte n'est plus R mais le rapport entre R et la valeur moyenne de l'étendue pour le lot étudié.

$$R_{Notée} = \frac{R}{R_{Cible}}$$

Carte des moyennes

Les cartes traditionnelles ont des limites non seulement liées à $\overline{R}$ mais aussi à $\overline{X}_{Cible}$. Pour pouvoir représenter les points sur la même carte, il faut éliminer ces deux dépendances.

On a vu que pour éliminer la dépendance par rapport à la valeur cible, il suffit de suivre l'écart par rapport à la nominale plutôt que la valeur cible elle-même. Les nouvelles limites sont alors :

$$\left| \begin{array}{l} LSC_{\overline{X}} = +A_2.\overline{R} \\ LIC_{\overline{X}} = -A_2.\overline{R} \end{array} \right.$$

Nouvelle valeur cible = 0

Nous avons donc $-A_2.\overline{R} < \overline{X} - \overline{X}_{Cible} < +A_2.\overline{R}$

que nous pouvons écrire $-A_2 < \dfrac{\overline{X} - \overline{X}_{Cible}}{\overline{R}} < A_2$

Ce changement de variable élimine la dépendance des limites de contrôle des moyennes (-A2 et A2) de l'étendue moyenne.
La valeur à noter sur la carte se calcule de la façon suivante :

$$\overline{X}_{Notée} = \dfrac{\overline{X} - \overline{X}_{Cible}}{\overline{R}_{Cible}}$$

Ce type de carte est très intéressant puisque les limites ne dépendent que de la taille des échantillons. Ainsi, tant que la taille des échantillons est constante, l'opérateur n'a besoin que d'une seule carte de contrôle pour visualiser n'importe quel type de pièces.

Application

Une entreprise de mécanique fabrique trois types de produits sur un tour à commande numérique. Nous noterons les produits A, B et C. La caractéristique surveillée est un diamètre. Le matériau utilisé diffère pour les trois pièces, l'écart type court terme n'est pas non plus identique dans les trois cas. On peut résumer les données de départ par le tableau figure 9.

Produit	Cible	Écart type
A	55	0,005
B	95	0,009
C	32	0,007

**Figure 9 – Les trois produits
à suivre en MSP**

Le calcul d'efficacité de la carte de contrôle a permis de déterminer la taille des échantillons à retenir : $n = 3$ pièces

Les limites sont déterminées par la constante A_2 pour n = 3 soit 1,023

On calcule les étendues moyennes pour les trois produits :

$\overline{R} = d_2\sigma = 1,693\sigma$ soit $\overline{R}_A = 0,0085$ $\overline{R}_B = 0,0152$ $\overline{R}_C = 0,0119$

La limite supérieure sur les étendues est déterminée par la constante D_4 pour $n = 3$ soit *2,574*.

	A	A	B	B	B	A	A	A	C	C	C	B	B	C	C	C	C
$\overline{R}$	0.008	0.008	0.015	0.015	0.015	0.008	0.008	0.008	0.012	0.012	0.012	0.015	0.015	0.012	0.012	0.012	0.012
X1	55.01	55	95	95	95	55	55	55	32.01	32	32	95	94.98	32	32.01	31.99	32
X2	55	55	94.99	95.01	95	55	55	55.01	32	31.99	32	95.01	95.01	31.99	32.01	32.02	32
X3	55	55	95.01	95	95	55	54.99	55	31.99	32.01	31.99	95	95	32.01	32	32	32.01
$\overline{X}$	55.002	54.999	95.000	95.001	95.001	54.998	54.994	55.000	32.000	31.999	31.999	95.002	94.997	31.998	32.006	32.004	32.001
$\dfrac{écart}{\overline{R}}$	0.276	-0.118	-0.022	0.066	0.066	-0.197	-0.709	0	0.028	-0.113	-0.084	0.109	-0.175	-0.169	0.534	0.338	0.113
$\dfrac{R}{\overline{R}}$	1.299	0.945	0.984	0.722	0.328	0.473	0.827	1.063	0.928	2.025	0.928	0.722	2.166	1.519	0.759	1.772	0.844

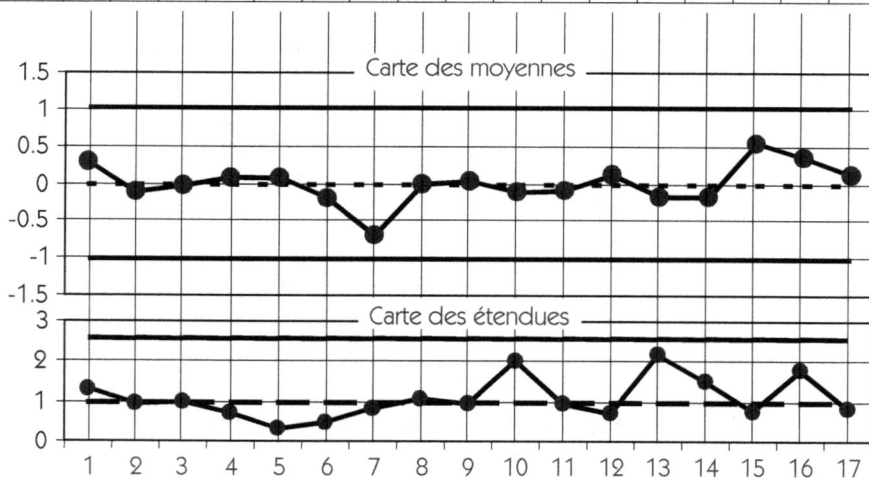

Figure 10 – Carte multi-produits

3.2.3. Critique de la méthode

Inconvénient de la méthode

L'inconvénient majeur de ce type de carte reste le supplément de calcul dû aux changements de variable. Cet inconvénient disparaît lorsque la carte est réalisée avec une assistance informatique.

Dans le cas de carte manuelle, pour éviter la division par $\overline{R}$, on peut également utiliser différentes graduations des cartes $\overline{X}$ et R. Pour chaque étendue moyenne $\overline{R}$, on réalise une graduation en ordonnées pour les cartes $\overline{X}$ et R. Le changement de série sur la carte consiste donc simplement à garder la même carte, mais en changeant de graduation par un système de masque. Le remplissage de la carte de contrôle revient alors au cas traditionnel.

Malgré la modification apportée aux calculs des limites de contrôle, le principe même de la méthode repose sur un prélèvement régulier d'échantillons de taille constante. Il n'y a pas d'assistance pour la fabrication des toutes premières pièces car on obtient le résultat En/ Hors contrôle après le prélèvement d'un échantillon. Cette méthode n'est donc pas adaptée aux petits lots de 10 pièces par exemple.

Un autre inconvénient réside dans le fait que l'écart qui apparaît sur la carte de contrôle des moyennes ne représente pas directement l'écart entre la moyenne du lot et la valeur cible. Certes, il existe une relation de proportionnalité entre les deux, mais cette proportion change avec le lot puisque l'étendue moyenne change. Cette déconnexion entre l'écart physique et l'écart tracé semble poser quelques difficultés aux opérateurs. Bien sûr, cet inconvénient disparaît si nous utilisons le système de masque dont nous avons parlé précédemment.

Avantage de la méthode

En cas d'application informatique, le fait de manipuler un grand nombre de cartes n'est pas réellement difficile. On pourrait penser qu'à partir du moment où on met une assistance informatique, autant utiliser les cartes de contrôle de Shewhart. Le problème se pose pourtant lorsque les lots sont petits et peu répétitifs. Dans ce cas le nombre de cartes à créer peut être assez important, ce qui demande un travail de préparation également important. La méthode de modification des limites simplifie alors le travail de préparation des cartes de contrôle.

D'autre part, si nous sommes dans la configuration de lots non ou peu répétitifs, les cartes de contrôle seraient nombreuses et ne comporteraient que quelques points au terme d'une année d'exploitation. Cela permettrait d'interpréter les cartes de moyennes mais difficilement les cartes des étendues. En effet, les cartes des étendues s'interprètent plus sur l'ensemble d'une carte que sur une série. La détection des problèmes de capabilité serait donc délicate.

Remarque :

Les développements de la carte de Bothe ont été faits pour la carte $\overline{X}/R$, mais le développement équivalent est immédiat pour la carte $\overline{X}/S$.

3.2.4. Cas des échantillons de taille variable

Les développements que nous venons de faire supposaient que la taille des échantillons soit constante d'un produit à l'autre. Ce n'est pas toujours le cas et parfois, les tailles des échantillons varient en fonction de la pièce considérée. Dans ce cas, les limites deviennent variables en fonction de la taille des échantillons. La figure 11 donne un exemple de ce type de carte de contrôle.

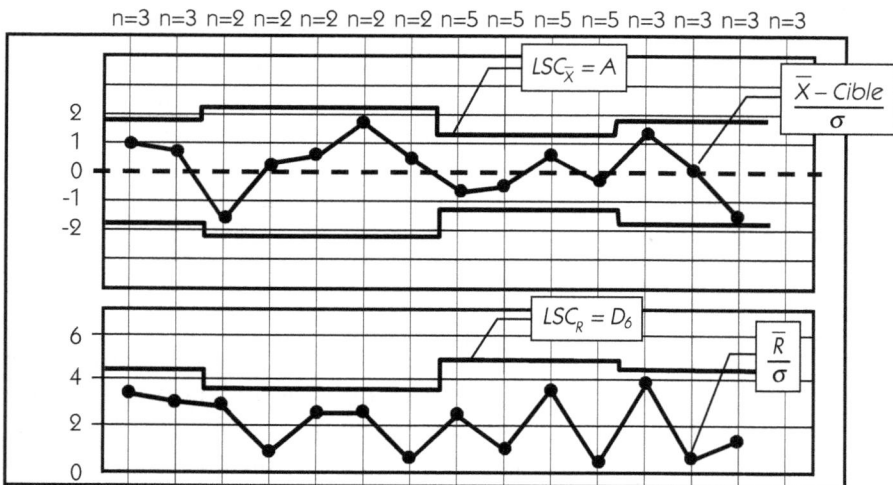

Figure 11 – Carte multi-produits avec la taille n variable

3.3. Carte EWMA Multi-produits

De même que l'on vient de montrer l'intérêt d'utiliser une carte de Shewhart multi-produits, il est possible de créer une carte EWMA Multi-produits. On pourrait également faire de même avec une carte CUSUM, nous laisserons au lecteur le soin de faire l'extrapolation.

Pour illustrer ce type de carte nous nous appuierons sur un exemple. Une machine de production effectue un dépôt sur des produits. Le dépôt est stoppé lorsque l'on obtient l'épaisseur désirée. Cette épaisseur est mesurée de façon indirecte par une mesure de résistance. Plusieurs types de pièces passent sur cette machine avec pour chaque pièce une épaisseur à déposer différente. Dans ces conditions, la caractéristique produit recherchée (l'épaisseur) est toujours atteinte puisqu'on effectue le dépôt jusqu'à obtenir l'épaisseur désirée. Nous avons choisi de mettre sous contrôle le temps de l'opération.

Pour chaque type de pièces nous avons déterminé une moyenne historique et un écart type historique : pièce i ➤ $\overline{X_i}$ et σ_i.

Afin de mesurer les petites dérives du procédé, nous avons utilisé une carte EWMA multi-produits afin de détecter de tous petits écarts dans le processus qui, s'ils n'étaient pas détectés, pouvaient créer des défauts importants dans la structure de la couche déposée.

Pour chaque produit, on calcule un écart normalisé : $\dfrac{X_i - \overline{X_i}}{\sigma_i}$ que l'on suit avec une carte EWMA en considérant une cible de 0 et un écart type de 1.

Produits	A	B	C
Moyenne historique	25	18	32
Écart type historique	3	2	3

La figure 12 montre le suivi par carte EWMA sur une période de plusieurs jours. La carte ne révèle aucune dérive du procédé.

N°	1	2	3	4	5	6	7	8	9	10	11	12
Produits	A	A	B	C	B	A	A	A	C	C	C	B
Xi	28.8	18.4	15.3	28.8	17	25.5	28.8	22.8	32.7	29.6	30.9	15.9
X'i	1.27	-2.2	-1.35	-1.07	-0.5	0.17	1.27	-0.73	0.233	-0.8	-0.37	-1.05
EWMA	0.25	-0.24	-0.46	-0.58	-0.56	-0.42	-0.08	-0.21	-0.12	-0.26	-0.29	-0.43

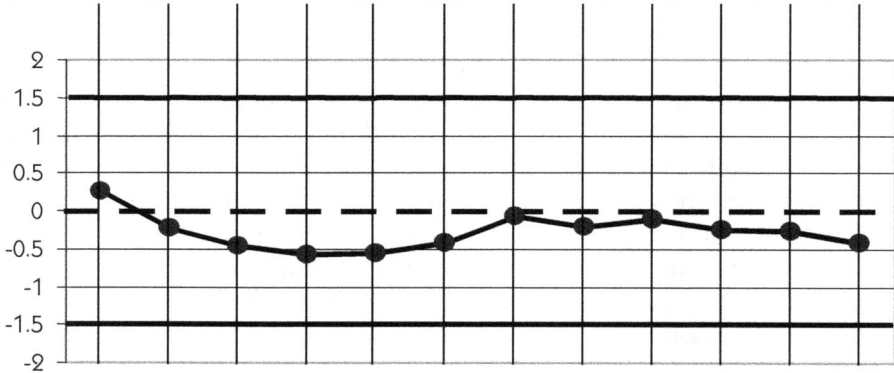

Figure 12 – Carte EWMA multi-produits

Exemple de calcul du point 4 (avec $\lambda = 0,2$) :

- produit C
- moyenne historique : 32
- écart type historique : 3
- temps mesuré : 28,8 mn

On en déduit le temps normalisé : $X_i' = \dfrac{X_i - \overline{X_i}}{\sigma_i} = \dfrac{28,8 - 32}{3} = -1,07$

Le calcul EWMA donne :

$$M_4 = 0,8M_3 + 0,2X_3' = 0,8x(-0,46) + 0,2x(-1,07) = -0,58$$

Les limites de la carte se calculent de manière classique :

$$LSC_{Mi} = 3\sqrt{\dfrac{\lambda}{n(1-\lambda)}} = 3\sqrt{\dfrac{0,2}{0,8}} = 1,5$$

4. La carte de contrôle « petites séries »

4.1. Le besoin d'une nouvelle méthode

Lorsque les petites séries se résument à quelques pièces, il est intéressant de pouvoir très rapidement déterminer si le processus est bien centré et sinon déterminer le réglage opportun à réaliser. Pour cela il est possible d'utiliser une autre carte de contrôle : la carte de contrôle « petites séries ». Cette carte a pour objectif deux points essentiels :

- l'aide au pilotage des toutes premières pièces,
- l'application de la MSP dans le cas des toutes petites séries de moins de 20 pièces.

Pour cela, il faut répondre aux deux questions essentielles que se pose un opérateur en production :

1. le procédé est-il déréglé ?

2. si oui, de combien ?

Cette carte de contrôle a été expérimentée dans plusieurs entreprises en donnant d'excellents résultats. Elle est aujourd'hui utilisée soit dans le cas de petites séries, soit dans le cas de démarrage de séries importantes.

4.2. Principe de base de la carte de contrôle « petites séries »

4.2.1. Présentation de la carte

La carte de contrôle « petites séries »[6] s'appuie sur la technique des cartes de contrôle traditionnelles en permettant à l'opérateur de disposer d'une aide de pilotage de son procédé. Le graphisme de celle-ci a été adapté pour ressembler le plus possible aux cartes de

---

6. Maurice PILLET – « Pratique du SPC dans le cas des petites séries » – La maîtrise Statistique des processus ou SPC – Recueil de conférence CETIM 20/11/91 – 87 :100 – 1991

Shewhart afin de faciliter le passage des cartes de contrôle traditionnelles vers les cartes de contrôle « petites séries ». On retrouve les deux cartes de contrôle des moyennes et des étendues (figure 13). Les applications que nous avons réalisées montrent que les opérateurs connaissant le principe des cartes de contrôle traditionnelles comprennent très rapidement le principe.

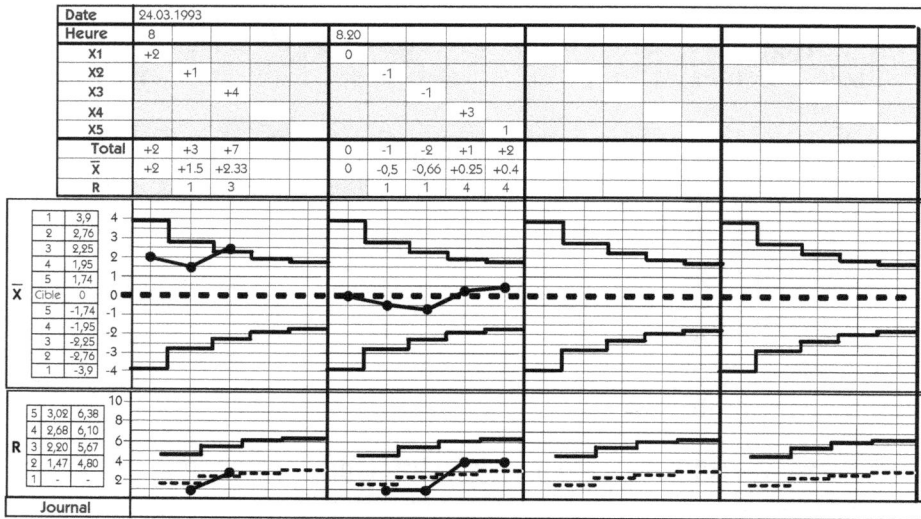

Figure 13 – Exemple de carte de contrôle « petites séries »

La carte de contrôle « petites séries » permet d'adopter un raisonnement statistique même dans le cas d'une série de 10 pièces. Dès la seconde pièce, la carte de contrôle amène l'opérateur à ne pas raisonner uniquement sur la seconde pièce, mais à raisonner sur les deux premières pièces. Bien que sensiblement identique aux cartes de Shewhart, le principe de remplissage et de calcul des limites sont particuliers à ce nouveau type de carte.

4.2.2. Le remplissage de la carte des petites séries

Pour comprendre le fonctionnement de cette carte, nous allons nous appuyer sur le premier exemple de réglage que nous avons évoqué dans ce chapitre à la figure 1. Nous rappelons la suite des valeurs dans le tableau ci-dessous.

Numéro	1	2	3	4	5	6	7	8	9	10
Cote	+2	+1	+4	+3	+2	+2	+6	-2	-3	-4
Action						R(-6)				

Pour remplir cette carte, il suffit de remplir les cases *X1..X5* avec les valeurs mesurées, puis, de calculer à chaque nouvelle mesure la moyenne de l'ensemble des pièces mesurées et l'étendue. Les valeurs moyenne et étendue sont reportées sur les cartes correspondantes.

Ainsi lorsque l'opérateur a mesuré la première pièce réalisée (+ 2), il inscrit cette valeur en X1 et la reporte sur la carte des moyennes. Il n'y a pas, bien sûr, d'étendue sur la première valeur.

Lorsqu'il a contrôlé la seconde pièce (+ *1*), il calcule la moyenne (+ *1,5*) et l'étendue (*1*) qu'il reporte sur les cartes de contrôle des moyennes et des étendues. L'interprétation de ces cartes est à peu près identique à l'interprétation de la carte de Shewhart. D'une façon simplifiée, lorsque le point est à l'intérieur des limites, le procédé est sous-contrôle. Lorsque le point est à l'extérieur des limites, le procédé est hors contrôle, il y a présence d'une cause spéciale. Il faut alors intervenir pour la supprimer. Dans le cas de l'exemple présenté, le second point est dans les limites de contrôle, la probabilité d'un bon centrage est importante, il est déconseillé d'intervenir.

Pour décider du réglage, l'opérateur aura besoin de limites de contrôle qui seront calculées en fonction de la dispersion du procédé comme nous le montrerons au paragraphe suivant.

Dans notre exemple, dès la troisième pièce (+ *4*), la carte de contrôle « petites séries » donne l'assurance d'un déréglage en sortant des limites de contrôle des moyennes. Mais le rôle de la carte ne s'arrête pas là. Elle permet à l'opérateur de connaître l'importance de la correction à effectuer en fonction des trois premières pièces prélevées. Le réglage sera ici égal à *2.3*, la moyenne des trois premières pièces. Nous verrons plus tard que ce réglage peut être affiné.

Ayant réglé, l'opérateur passe à la carte suivante. En effet, comme il y a eu réglage, il faut considérer un nouvel échantillon pour ne pas inclure dans les causes communes les variations de réglage.

On constate qu'il réalise les 5 pièces suivantes en remplissant la carte de contrôle sans que celle-ci détecte le besoin d'un nouveau réglage. Il a réalisé 8 pièces parfaitement conformes, correctement centrées par rapport à la nominale. Il y a une forte probabilité que le réglage soit bon comme le montre la deuxième série de mesures qu'il vient de réaliser. Dans le cas où la capabilité court terme est supérieure à 2, il n'est pas nécessaire de mesurer les deux dernières pièces de la série de dix pièces, elles ont une très forte probabilité d'être bonnes.

On note l'amélioration apportée par la carte de contrôle « petites séries » sur la méthode traditionnelle. L'opérateur a pu avoir très tôt le signal d'un décentrage et éviter ainsi d'obtenir la pièce n°7 hors tolérance.

A titre d'exemple, le lecteur pourra simuler le cas numéro deux que nous avions présenté, et vérifier que l'utilisation de notre carte de contrôle « petites séries » aurait évité le réglage inutile. Or, chaque fois qu'un réglage inutile est supprimé, chaque fois qu'une pièce rebut est évitée, c'est de la productivité en plus pour l'entreprise et donc de la compétitivité.

4.3. Le calcul des limites de contrôle

Nous avons choisi de présenter le calcul de la carte de contrôle Moyenne/Étendue ($\overline{X}/R$) car c'est la plus adaptée à un remplissage manuel. Bien sûr, il est néanmoins possible d'utiliser une carte Moyenne/Écart type ($\overline{X}/S$). Les formules se déduisent facilement à partir des calculs présentés.

4.3.1. Identification de l'écart type de la population

Pour appliquer cette méthode, il faut connaître la distribution suivie par le procédé, et donc l'écart type (σ). Cette distribution est facilement identifiable dans le cas des séries répétitives. Il suffit de mesurer les résultats obtenus lors des précédentes séries. Dans le cas de séries non répétitives, on peut néanmoins connaître la distribution à partir de l'historique des productions réalisées dans des conditions similaires.

Dans le cas où on ne connaîtrait rien de procédé, il faudrait mettre en place une feuille de relevés sur laquelle on prendrait soin de noter l'ensemble des actions et des incidents dans un journal de bord. Cette feuille de relevé permettra de regrouper l'ensemble des procédés de même type que celui qui nous intéresse. Une fois cette feuille de relevé remplie, on regroupera l'ensemble des relevés en sous-groupes homogènes, c'est-à-dire ne comportant pas de cause spéciale identifiée dans le journal de bord. (figure 14). Les valeurs notées sur la feuille de relevé sont les écarts par rapport à la cible.

N°	Valeur	Journal de bord	Sous groupe	N°	Valeur	Journal de bord	Sous groupe	N°	Valeur	Journal de bord	Sous groupe
1	+3		1	11	1		3	21	1		4
2	+2		1	12	-4		3	22	-2		4
3	+5	Réglage	1	13	1		3	23	1		4
4	-2		2	14	-1		3	24	0		4
5	0		2	15	-2	Fin lot	3	25	-2		4
6	-1		2	16	+6	Réglage	/	26	0	Fin lot	4
7	0	Fin lot	2	17	0		4	27	2		5
8	-4		3	18	-2		4	28	1		5
9	0		3	19	-1		4	29	0		5
10	0		3	20	1		4	30	-1		5

Figure 14 – Feuille de relevé

La feuille de relevé ci-dessus nous permet de déterminer cinq sous groupes a priori homogènes et réalisés à peu près dans les mêmes conditions. On peut alors calculer la variance de chacun des sous-groupes constitués.

Sous-groupe	1	2	3	4	5
Nb de valeurs	3	4	8	10	4
Variance S^2	2.33	0,917	4,125	1,6	1,66

Il faut maintenant vérifier l'homogénéité des variances. Les tests simples de Cochran et de Hartley ne sont pas possibles car les nombres de degrés de liberté ne sont pas identiques dans chaque échantillon. Il faudrait faire le test de Bartlett qui est relativement lourd. Une autre solution consiste à utiliser le test de comparaison de variance à une valeur théorique qui n'est autre que la variance intra-série. Cette comparaison peut se faire au moyen d'une carte de contrôle de la variance.

$$Variance\ intra\text{-}série\ =\ \frac{v1.V1 + v2.V2 + \ldots + vn.Vn}{v1 + v2 + \ldots + vn}$$

Dans notre cas,

$$Vi = \frac{2x2,33 + 3x0,917 + 7x4,125 + 9x1,6 + 3x1,66}{24} = 2,319$$

Le calcul de la carte de contrôle est effectué à partir de la distribution du χ^2 :

$$LIC = \chi^2_{0,999}\ \frac{\overline{S}^2}{(n_j - 1)}$$

$$LSC = \chi^2_{0,001}\ \frac{\overline{S}^2}{(n_j - 1)}$$

La valeur centrale représente la variance intra-série que nous avons calculée soit 2,319

Groupe	1	2	3	4	5
Nb ddl	2	3	7	9	3
Variance	2.33	0,917	4,125	1,6	1,66
$\chi^2_{0,999}$	0,002	0,024	0,595	1,152	0,024
LIC	0,002	0,018	0,197	0,296	0,018
$\chi^2_{0,001}$	13,82	16,27	24,32	27,88	16,27
LSC	16.02	12.57	8,05	7.18	12.57

Ce qui donne sous forme graphique la figure 15.

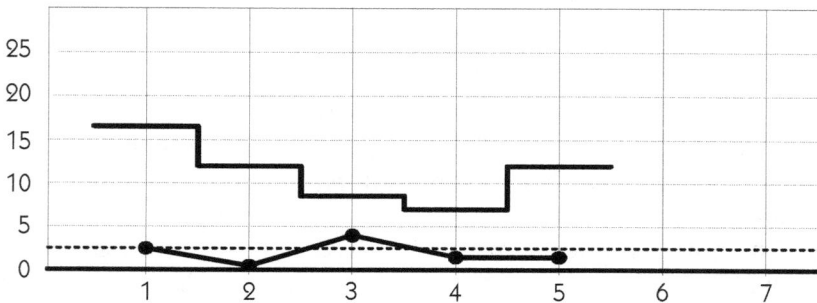

Figure 15 – Carte de contrôle de la variance

L'ensemble des variances étant compris dans les limites de contrôle, on peut accepter l'hypothèse d'homogénéité des variances et considérer que $S = \sqrt{V_{intra\text{-}série}}$ est l'écart type de la population étudiée. Nous aurions donc $\sigma = 1,52$, écart type estimé de la population totale. Cette estimation est une première estimation grossière, car elle porte sur peu de valeurs. Il sera nécessaire d'affiner cette estimation à partir des premiers résultats observés sur la carte de contrôle « petites séries ».

Estimation de l'écart type à partir de l'étendue

On peut également estimer l'écart type à partir de la moyenne des étendues calculées sur deux pièces consécutives sans cause spéciale entre ces valeurs. On calcule donc l'étendue entre la première et la seconde, entre la seconde et la troisième, etc.

Dans notre exemple, nous trouverions comme moyenne des étendues :
$\overline{R} = 1,875$

En utilisant la loi de l'étendue réduite que nous avons présentée dans l'annexe statistique, nous trouverions comme estimation de l'écart type :

$$\sigma = \frac{\overline{R}}{d_2} = \frac{1,875}{1,128} = 1,66$$

4.3.2. Calcul de la carte des moyennes

Rappel statistique préliminaire

Nous rappelons au lecteur un résultat fondamental de statistique qui est la base de la technique des cartes de contrôle (annexe statistique).

Si on considère une population d'écart type σ et de moyenne μ, les moyennes des échantillons prélevés de façon aléatoire de taille n suivent une répartition de GAUSS, de moyenne μ et d'écart type $\sigma/\sqrt{n}$.

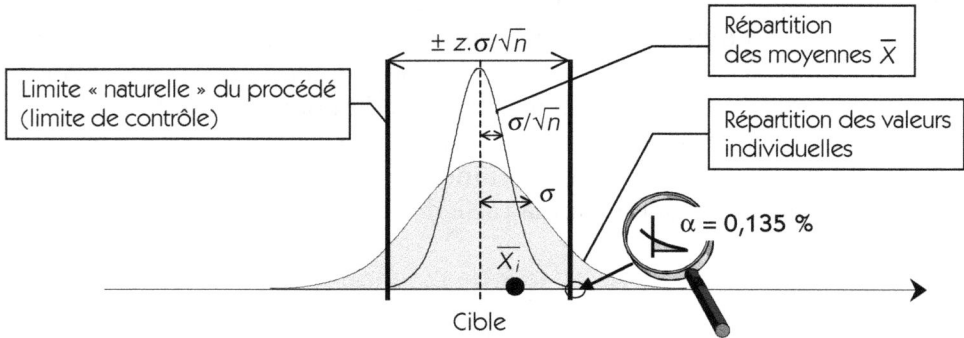

Figure 16 – Risque α

En nous appuyant sur les lois de l'échantillonnage, et en supposant que la machine soit parfaitement centrée, la première pièce réalisée se situera dans l'intervalle

$$[N - z.\sigma, N + z.\sigma]$$

avec

- N : Nominale
- z : Variable réduite en fonction du risque α
- σ : Écart type historique de la distribution

Lorsque le résultat est compris dans cet intervalle, il est délicat de régler. On risque de dérégler un procédé bien centré. Par contre, si la pièce se situe à l'extérieur de cet intervalle, nous avons la certitude (au risque α/2) que la machine n'est pas centrée sur la valeur cible. Il faut donc opérer à un ajustement.

Il en est de même pour la deuxième pièce. Mais, si au lieu de ne raisonner que sur la deuxième pièce, on raisonne sur la moyenne des deux premières pièces, on peut ainsi affiner notre jugement. En effet, cette moyenne calculée sur deux pièces sera comprise dans l'intervalle

$$\left[N - z.\frac{\sigma}{\sqrt{2}} \, , \, N + z.\frac{\sigma}{\sqrt{2}} \right]$$

De même, si l'opérateur réalise la cinquième pièce sans réglage intermédiaire, la moyenne des cinq pièces sera comprise en cas de réglage parfait de la machine dans l'intervalle

$$\left[N - z.\frac{\sigma}{\sqrt{5}} \;,\; N + z.\frac{\sigma}{\sqrt{5}} \right]$$

Si la moyenne ne se situe pas dans cet intervalle, nous avons la certitude (au risque $\alpha/2$) que le procédé est déréglé, il faut donc le régler. Le principe de la carte de contrôle des moyennes en petites séries est de travailler sur des échantillons de taille variable. Cet échantillon sera réduit à l'unité lorsqu'on ne dispose que de la première pièce. Puis l'échantillon augmentant, on peut affiner la détection des causes spéciales.

Usuellement, z est pris égal à 3. Les limites de contrôle des moyennes seront calculées à partir de l'écart type estimé de la population totale et de la taille de l'échantillon par les formules :

$$LSC_{\overline{X}} = Cible + 3\frac{\sigma}{\sqrt{n}}$$

$$LIC_{\overline{X}} = Cible - 3\frac{\sigma}{\sqrt{n}}$$

Soit pour simplifier :

$$LSC_{\overline{X}} = Cible + A.\sigma$$

$$LIC_{\overline{X}} = Cible - A.\sigma$$

4.3.3. Calcul de la carte des étendues

En fonction de σ, il est aisé de calculer les limites de contrôle de la carte des étendues en appliquant les mêmes formules que dans le cas des cartes de Shewhart.

$$LSC_R = D_6.\sigma$$

$$LIC_R = D_5.\sigma$$

Les coefficients utilisés dans les calculs sont résumés dans le tableau ci-dessous.

n	1	2	3	4	5	6	7	8	9	10	11	12	13	14	15
d_2		1,128	1,693	2,059	2,326	2,534	2,704	2,847	2,970	3,078	3,173	3,258	3,336	3,407	3,472
D_5		-	-	-	-	-	0.20	0.39	0.55	0.69	0.81	0.92	1.03	1.12	1.20
D_6		3.69	4.36	4.69	4.91	5.08	5.20	5.31	5.39	5.47	5.53	5.59	5.65	5.69	5.74
A	3	2.12	1.73	1.5	1.34	1.22	1.13	1.06	1	0.95	0.90	0.87	0.83	0.80	0.77

La figure 17 donne un exemple de calcul

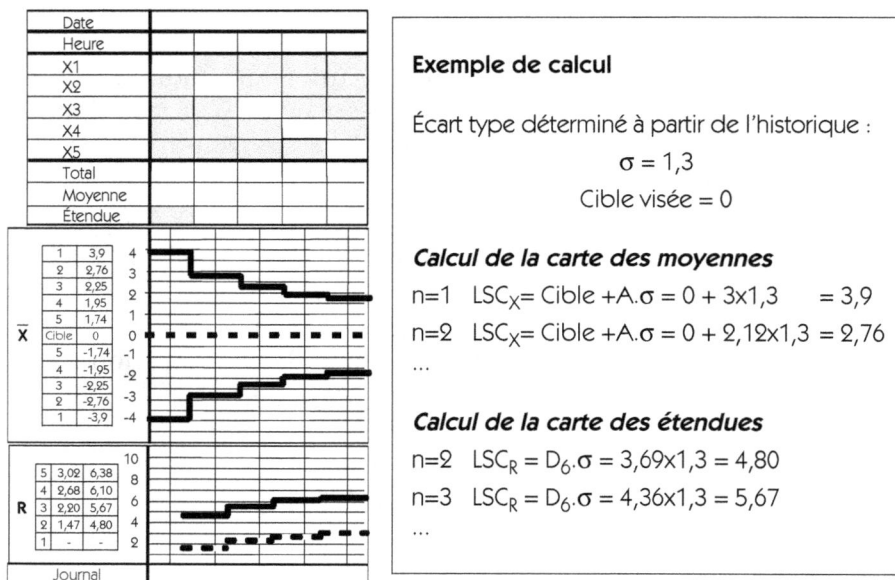

Exemple de calcul

Écart type déterminé à partir de l'historique :

$$\sigma = 1,3$$

Cible visée = 0

Calcul de la carte des moyennes

n=1 LSC_X= Cible +A.σ = 0 + 3x1,3   = 3,9

n=2 LSC_X= Cible +A.σ = 0 + 2,12x1,3 = 2,76

...

Calcul de la carte des étendues

n=2 LSC_R = D_6.σ = 3,69x1,3 = 4,80

n=3 LSC_R = D_6.σ = 4,36x1,3 = 5,67

...

Figure 17 – Calcul des limites sur la carte « petites séries »

4.4. Efficacité de la carte de contrôle « petites séries »

L'efficacité de la carte de contrôle « petites séries » est déterminée par la POM (Période Opérationnelle Moyenne) que nous avons définie au chapitre 5.

Nous avons déterminé cette POM par simulation informatique en fonction d'un décentrage de $k.\sigma$.

La POM indique le nombre moyen de pièces à prélever avant de détecter le décentrage sur la carte de contrôle « petites séries ».

k	0,5	1,0	1,5	2,0	2,5	3,0	3,5	4,0	5,0
POM	35	9,7	4,6	2,9	2,1	1,6	1,3	1,2	1,02

On note que cette période opérationnelle moyenne est excellente à partir de $k = 1,5$ pour laquelle la *POM = 4,6*.

Cela signifie que – en moyenne – on détectera un décalage de *1,5σ* entre la 4ème et la 5ème pièce.

4.5. Autres utilisations de la carte de contrôle « petites séries »

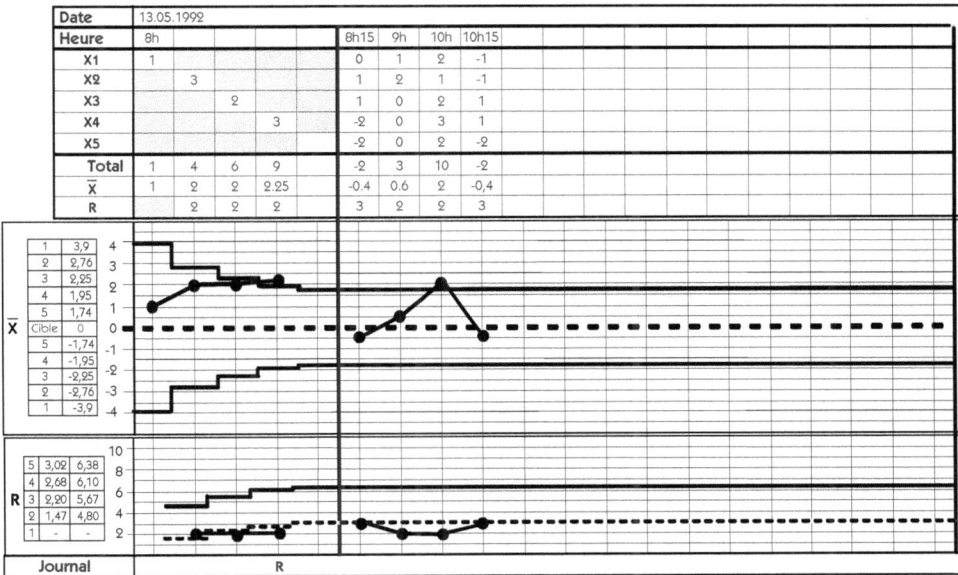

Figure 18 – Carte de contrôle avec démarrage de série

Outre l'utilisation de cette carte de contrôle pour le pilotage de production en petites séries, on peut également l'utiliser pour le démarrage de production de séries plus importantes, pour lesquelles il convient d'optimiser le réglage des premières pièces. En effet, les dix premières pièces d'une grande série se comportent comme une petite série de dix pièces. On peut également utiliser cette carte pour le démarrage et la transformer en une carte traditionnelle X/R après les 5 premières pièces de réglage.

Comme le montre la figure 18, la carte comporte une première partie en carte de contrôle « petites séries » qui se transforme ensuite en une carte de contrôle traditionnelle.

Cette application de la carte de contrôle petites séries permet à l'opérateur d'utiliser la MSP dès les premières pièces, et ainsi d'utiliser pleinement l'avantage des méthodes statistiques de pilotage. Dans l'exemple ci-dessus, après 4 pièces, l'opérateur a réglé son procédé. Après son réglage, l'opérateur est passé en carte de contrôle traditionnelle pour terminer sa série.

5. La carte de « pré contrôle » petites séries

Dans le cas d'usinage sur commandes numériques par exemple, la mise en place de la carte de contrôle « petites séries », peut poser des problèmes aux opérateurs par la relative lourdeur des calculs. Surtout que dans le cas de commandes numériques, il y a souvent de nombreuses cotes « de réglage » susceptibles d'évoluer au cours de la production.

Trop souvent, le contrôle et les réglages sont réalisés en fonction de l'expérience des opérateurs sans trace. Nous pensons que pour être efficace, le contrôle doit être visuel. Il doit être fait sur papier dans un premier temps. Pour pouvoir suivre les capabilités et ainsi maîtriser ses procédés, il est indispensable de pouvoir écrire les valeurs relevées ainsi que les interventions.

Afin de simplifier le travail des opérateurs tout en garantissant le meilleur centrage sur la cible, nous avons proposé une procédure très simple illustrée par la figure 19 et la figure 20. Cette procédure donne d'excellents résultats en terme de qualité et un bon compromis en productivité et qualité en limitant les contrôles à 100 %.

Sur cette carte apparaissent les limites de spécification, et les limites de contrôle. Contrairement à la carte de contrôle « petites séries », les limites de contrôle sont fixes.

N°	1	2	3	4	5	6	7	8	9	10	11
Tol max						On relie les pièces consécutives, sans intervention					
Lim max											
Cible											
Lim inf											
Tol inf											
Valeurs	+20	-12	+2	-5							
Actions	R	R									

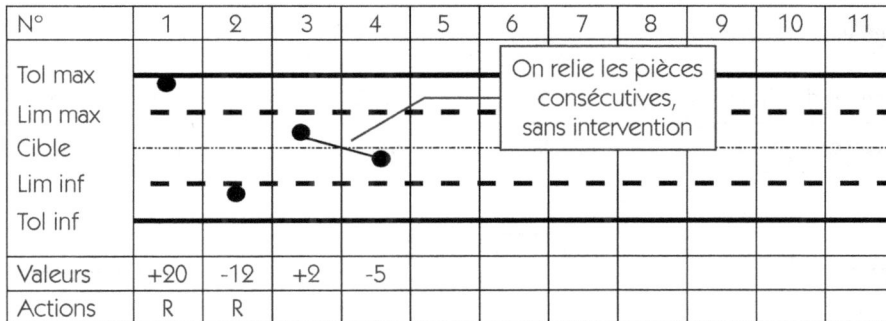

Figure 19 – La carte de « pré contrôle » petites séries

Dans le cas le plus classique d'une faible capabilité court terme, les limites de contrôle sont fixées à ± 2σ soit un risque α de 4,56 % ce qui est tout à fait acceptable dans le cas des petites séries. Dans le cas où $Cp = 2$, cela revient à fixer les limites au tiers de la tolérance.

Le prélèvement de base est un double prélèvement. Il n'a lieu qu'en début de production s'il n'y a pas de risque de dérive du procédé. En cas de risque de dérive du procédé en cours de production, on procède à un nouveau double échantillonnage.

Cas des machines en limite de capabilité, $Cp < 2$

Les limites sont alors fixées à ± 2σ. Mais le contrôle des pièces est à 100 %. La procédure de pilotage reste inchangée à quelques nuances près (il n'y a pas arrêt du contrôle).

Cas où Cp est compris entre 2 et 2,5

Les limites restent fixées au tiers de la tolérance. Les risques de faire une pièce hors tolérance diminuent encore par rapport au cas $Cp = 2$. La procédure de pilotage est la même.

Cas où Cp est supérieur à 2,5

La bonne capabilité de la machine permet d'élargir les limites, on les fixe à la moitié de la tolérance. La procédure de pilotage est la même. Les risques de faire une pièce hors tolérances sont quasi-nuls.

Situations	$Cp < 2$ procédé pas capable	$2 \leq Cp \leq 2.5$ procédé capable	$2.5 < Cp$ procédé capable
Limites de pilotage	$\pm 2\,\sigma$	1/3 de la tolérance	1/2 de la tolérance
Type de contrôle	100 %	Prélèvements	Prélèvements

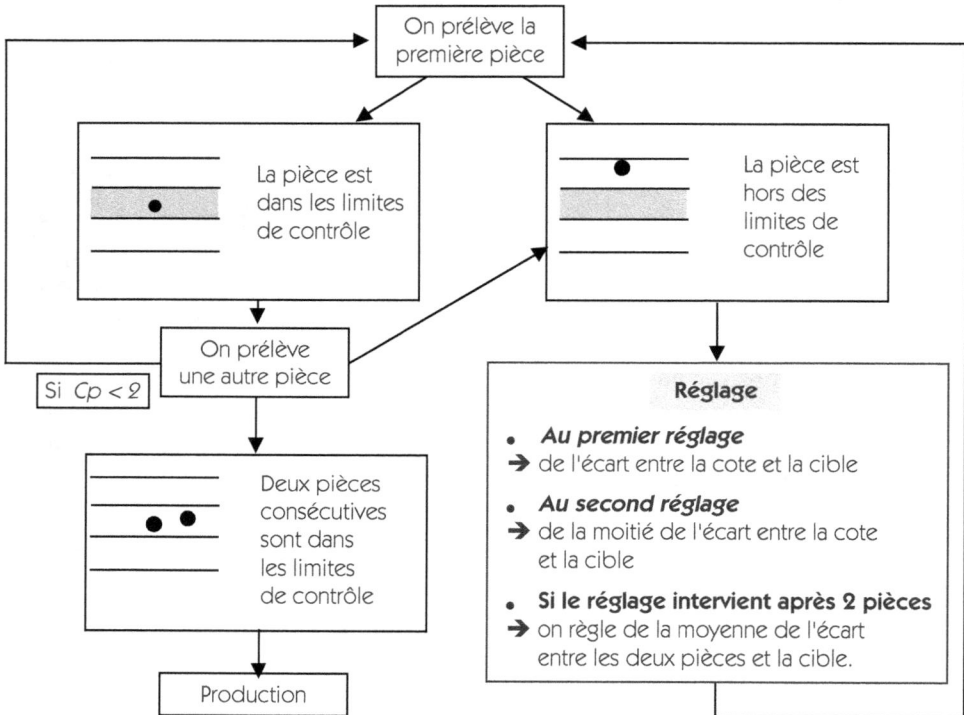

Figure 20 – Synoptique de la carte « pré contrôle petites séries »

Définition des limites de contrôle

Cas des procédés avec $Cp = 2$

On fixe les limites à ± deux écarts types de la cible. La figure 21 donne dans le cas d'un Cp à 2 la probabilité de faire la seconde pièce hors tolérance alors que la première était dans les limites de contrôle.

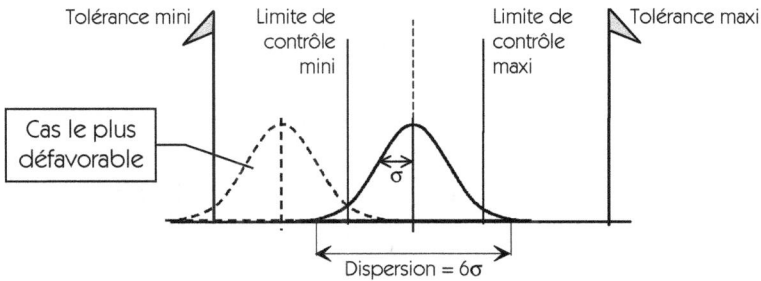

Figure 21 – Les risques dans le cas le plus défavorable

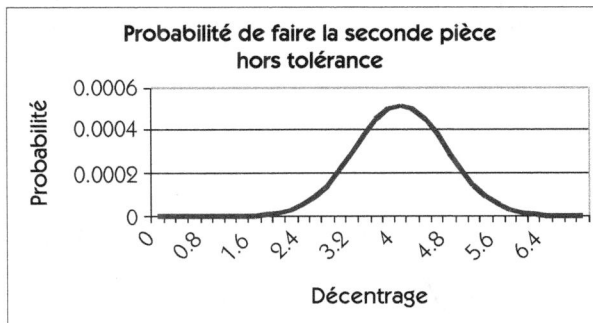

Figure 22 – Risque de faire une pièce hors tolérance

Le risque maximal est pour un décentrage de 4 écarts types, ce risque est de *0,0005 (500 ppm)* soit tout à fait acceptable dans le cas de petites séries.

Le risque de faire des pièces hors tolérance après le double prélèvement est évidemment encore plus faible.

En fixant les limites au tiers de la tolérance lorsque le *Cp* est supérieur à 2 et au milieu de la tolérance lorsque le *Cp* est supérieur à 2.5, on vérifie aisément que les risques sont toujours inférieurs au cas limite : décentrage de *4 σ* et limite à *± 2σ*.

Les avantages de la méthode

Cette méthode permet par sa simplicité de piloter un procédé par carte de contrôle même dans le cas d'un contrôle à 100 %. Pour l'opérateur, il n'y a qu'une seule méthode de pilotage. Dans certains cas on arrête le contrôle, dans d'autres, on maintient un contrôle à 100 %.

Lorsque *Cp* est supérieur à *2* :

- le calcul des limites est simple, fixé en proportion de la tolérance (*1/3* ou *1/2*) ;
- on donne la garantie de ne pas faire de pièce hors tolérance, en pratiquant par échantillonnage ;
- le cas le plus défavorable n'est pas détecté dans 6 fois sur 10000, et pour des séries de 10 pièces on aurait 1 chance sur 4 de faire une pièce hors tolérance, la probabilité de faire une pièce mauvaise est donc de 6/40 000 ;
- le réglage en deux fois ne peut pas conduire au « pompage ». La méthode de pilotage fait converger vers la cible. Le fait de raisonner sur deux pièces lorsque le réglage intervient après deux pièces améliore encore la précision du réglage (figure 23).

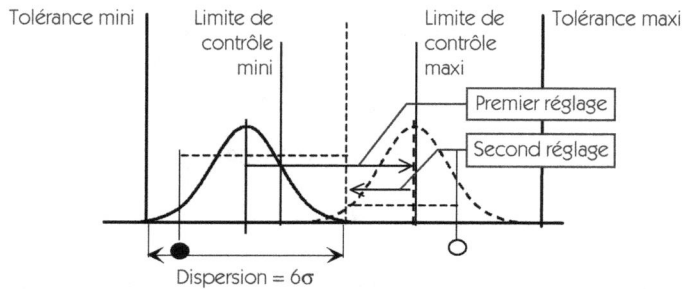

Figure 23 – La convergence des réglages

Lorsque *Cp* est inférieur à *2*, le fait de donner une règle aux opérateurs qui garantisse le meilleur centrage possible du procédé, permet de diminuer le nombre de pièces hors tolérance.

On peut considérer que la méthode proposée est un bon compromis entre la complexité de la procédure et son efficacité en terme de capabilité obtenue.

6. Utiliser l'échantillonnage

L'application de la MSP aux petites séries ne consiste pas forcément à mettre en place une carte de contrôle. En fait, une des bases de la Maîtrise Statistique des Procédés consiste à travailler sur des échantillons plutôt que sur des valeurs individuelles. Ce principe même peut être appliqué dans de nombreux cas de figure et ainsi offrir plusieurs avantages.

Le pilotage d'une machine suit en général le schéma de la figure 24.

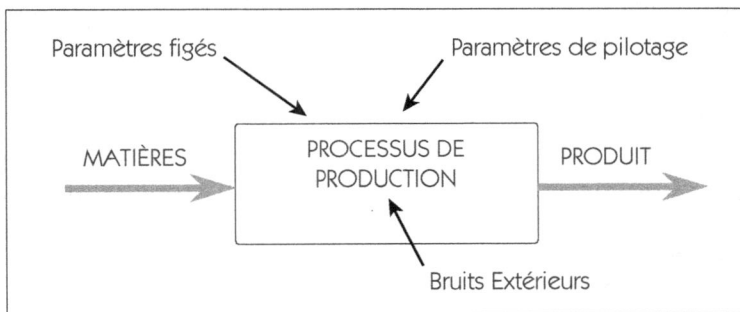

Figure 24 – Pilotage d'une machine

Parmi l'ensemble des paramètres qui agissent sur le système, certains sont maîtrisables par l'opérateur, d'autres ne le sont pas. Taguchi caractérise les paramètres non maîtrisables par des bruits[7] qui sont de trois types.

- **les bruits intérieurs :** Il s'agit des variations dues à l'utilisation du système telles que l'usure, le déréglage... Ils représentent les variations sur les paramètres de pilotage.
- **les bruits extérieurs :** Il s'agit des perturbations indépendantes du système telles que la température, les vibrations... Ils représentent les paramètres de perturbation.
- **les bruits entre produits :** Ces bruits correspondent aux différences qui existent entre deux produits d'une même production dues aux dispersions d'usinage par exemple. Ils représentent les variations sur les paramètres d'entrée.

---

7. Genichi Taguchi – *System of experimental Design* -Tome I et II – ASI – 1987

La traduction de ces bruits en terme de fonctionnement se fera sous la forme de dispersion plus ou moins grande dans le fonctionnement du système. Taguchi définit d'ailleurs la « robustesse » d'un système par sa sensibilité aux bruits. Ces bruits forment les causes communes et doivent donner comme répartition en l'absence de causes spéciales une courbe de Gauss.

L'opérateur souhaite maîtriser un procédé malgré la présence de bruits. Lorsqu'il mesure une valeur, il mesure la somme de deux effets : la valeur de la consigne du procédé qui doit lui permettre de procéder à la correction nécessaire, plus la valeur de la dispersion due aux bruits. Lorsque ces bruits sont importants, l'opérateur peut faire deux types d'erreur :
- ne cas corriger un procédé déréglé ;
- dérégler une machine bien centrée.

Pour éviter ces erreurs, il est nécessaire d'éliminer la dispersion due aux bruits. Comme on ne peut pas le faire physiquement, il faut le faire par le calcul en travaillant sur les moyennes plutôt que sur des valeurs individuelles.

En observant la moyenne de plusieurs valeurs, on sait que l'écart type de la dispersion des moyennes est réduit par un rapport $1/\sqrt{n}$. Très vite, l'amélioration de l'efficacité du contrôle se fait sentir.

Dans de nombreux cas, il est possible d'appliquer un raisonnement statistique, même dans le cas de production unitaire. À titre d'exemple, imaginons un centre d'usinage qui fabrique de manière unitaire (aucune pièce identique) des pièces du type de celle représentée en figure 25.

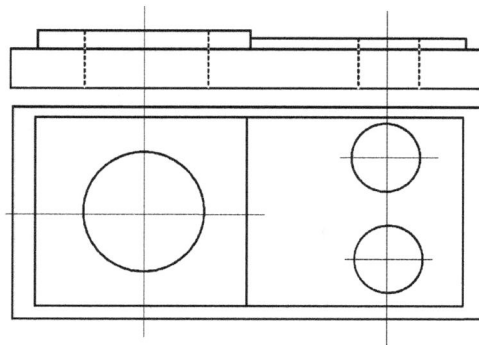

Figure 25 – Exemple de pièce sur centre d'usinage

Le centre d'usinage dispose d'un magasin d'outils, et les outils qui servent à réaliser cette pièce seront également utilisés pour usiner d'autres pièces. Ainsi, il faut être capable d'ajuster les réglages du centre d'usinage en intégrant pour les prochaines pièces des corrections d'outils.

Supposons que les alésages soient réalisés en contournage par le même outil. La plupart des opérateurs contrôlent un des alésages, et en fonction du résultat, ils modifient leurs corrections d'outil. Si au lieu de contrôler un alésage, on mesure les trois alésages et que la décision de correction soit prise sur la moyenne des trois écarts plutôt que sur un écart, on améliore de la précision de $\sqrt{3}$ la correction. De même, la correction sur la longueur d'outil qui réalise les bossages sera plus efficace si elle intègre plusieurs mesures plutôt qu'une seule.

Le principe de l'échantillonnage est simple, facile à comprendre par les opérateurs, et extrêmement riche en bénéfice. Il est dommage qu'il ne soit pas plus utilisé.

Pour un centre d'usinage par exemple, on peut également surveiller la capabilité de la machine en mettant en place une carte de contrôle sur quelques opérations typiques comme :

- carte A – déplacement suivant l'axe X ;
- carte B – déplacement suivant l'axe Z ;
- carte C – opération de contournage.

Une fois par jour, on effectue un prélèvement de plusieurs déplacements en X sur une pièce et on relève les écarts entre les cotes programmées et les cotes relevées sur la carte A. On fait de même sur la carte B. Si les pièces réalisées sur ce centre ont de nombreux contournages, il est également souhaitable de relever la moyenne des écarts observés par rapport à ce qui est programmé.

Ce suivi peut être réalisé même dans le cas d'un centre d'usinage réalisant des pièces unitaires. Nous préférons de loin ce type de suivi des capabilités d'un centre d'usinage, plutôt que la réalisation planifiée de pièces « poubelles » destinées à identifier une fois par an les capabilités. La qualité doit être obtenue pour un coût minimum. Le suivi par carte satisfait cet objectif.

Dans ce cas, bien sûr, les cartes de contrôle renseigneront l'opérateur sur les corrections à apporter, mais en plus, par la carte des étendues, on aura, de façon continue, une surveillance de la capabilité machine. Ce qui sera bien utile pour mettre en place une maintenance prédictive.

7. L'analyse a posteriori

Les méthodes que nous avons développées dans ce chapitre permettent toutes de donner un outil à l'opérateur pour piloter son procédé dans le cas de petites séries.

Une autre utilisation de la MSP dans le cas des petites séries consiste à utiliser les cartes de contrôle non pas pour piloter, mais comme outil d'analyse à posteriori.

Ce dernier axe pour l'adaptation de la MSP au cas des petites séries a été développé dans l'industrie aéronautique américaine. En effet, ces entreprises sont confrontées à un type de production particulier pour lequel il y a de très nombreuses pièces à réaliser, avec sur chacune de très nombreuses caractéristiques à étudier. De plus, ces caractéristiques sont en général très sévères.

Une étude particulièrement intéressante a été menée sur un centre d'usinage trois axes à commande numérique par Mrs Georges F. Koons et Jeffery J. Luner[8]. Cette machine réalise 150 pièces différentes en lots de 15 à 25 unités en moyenne. Les productions ne reviennent que plusieurs mois plus tard. De plus, la tendance est à la diminution de la taille des lots. Dans ce cas, l'application classique de la MSP est évidemment impossible. L'approche retenue a été de ne pas étudier les caractéristiques propres à une pièce particulière, mais plutôt les processus qui produisent ces dimensions. On établira une carte par procédé de fabrication et non par lot. Ainsi des pièces différentes subissant la même opération pourront être gérées par la même carte de contrôle.

---

8. G. F. Koons – J. J. Luner – SPC : *Use in low volume manufacturing environment – Statistical Process Control in manufacturing – Quality and reliability* – ASQC Quality Press – 1991

Les étapes proposées par Koons et Luner sont les suivantes :
- collecte des données,
- recherche des causes spéciales de dispersion,
- étude des causes communes de dispersion,
- étude de la capabilité du procédé.

7.1. Collecte des données

La machine considérée réalise plusieurs opérations distinctes comme le perçage, le fraisage, le rainurage... Chacune de ces opérations fait l'objet d'une analyse distincte. Ainsi on détermine au sein d'un procédé plusieurs sous-procédés.

A l'intérieur d'un procédé, les données sont regroupées en sous-groupes homogènes à partir du lot (même stock d'origine, même outillage). Cela permet de réduire le nombre de facteurs qui interviennent sur les dispersions dimensionnelles et maximise les chances de découvrir les causes spéciales en comparant les résultats des différents sous-groupes. Chaque lot fait l'objet d'une description précise afin de permettre l'analyse future.

Exemple de description

Numéro de machine	72
Matière	aluminium
Origine	extrusion
Positionnement	par rapport à une face usinée
Procédé	fraisage
Taille du sous-groupe	25

Pour chaque lot, on procède à un contrôle à 100 % ou à un échantillonnage (selon le temps et les moyens disponibles). Les sous-groupes ne sont donc pas nécessairement de taille identique.

Pour chaque sous-groupe, on calcule la moyenne et la variance du lot. On réalise comme pour les méthodes précédentes une transformation de variables sur la moyenne en raisonnant sur l'écart par rapport à la valeur cible. Ainsi, les différents sous-groupes pourront être directement comparés. La variance est utilisée de préférence à l'étendue car son efficacité pour détecter les causes spéciales est bien supérieure dans le cas des échantillons de taille importante.

De plus, et cela est très important dans ce cas, le fait de travailler sur les variances des échantillons, permet d'obtenir une estimation non biaisée de la variance de la population.

La moyenne et la variance de chaque sous-groupe sont reportées sur une carte de contrôle. La figure 26 donne un exemple de carte des variances obtenues.

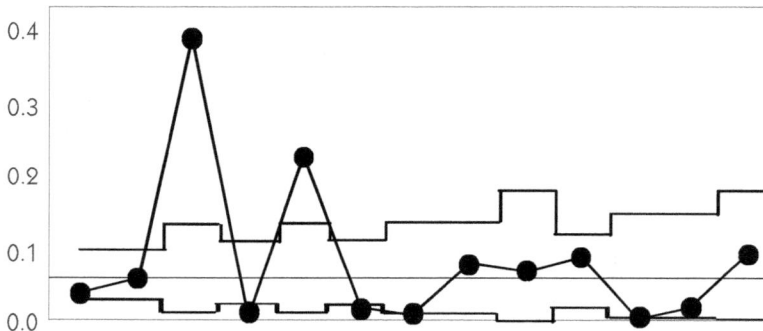

Figure 26 – Carte d'analyse de G.F. Koons – J.J. Luner

La ligne centrale représente la moyenne pondérée des variances des sous-groupes. Les limites ne sont pas constantes car la taille des sous-groupes change en fonction du lot. Les limites se resserrent lorsque la taille des échantillons augmente.

Le calcul de la carte de contrôle est effectué à partir de la distribution du χ^2 :

$$LIC = \chi^2_{0,999} \frac{\overline{S}^2}{(n_j - 1)} \qquad\qquad LSC = \chi^2_{0,001} \frac{\overline{S}^2}{(n_j - 1)}$$

La valeur centrale représente la variance estimée de la population totale.

Pour chaque point hors contrôle du côté maxi de la carte des variances, on recherche une cause spéciale pouvant expliquer cette variance élevée – par exemple un réglage à l'intérieur du sous-groupe – puis on élimine le sous-groupe concerné. On peut lorsqu'on a gardé l'ensemble des données, éliminer les pièces concernées afin de recréer un sous-groupe homogène.

On recalcule alors la nouvelle carte de contrôle des variances et on réitère l'opération jusqu'à ce que toutes les causes spéciales identifiables sur la carte des variances soient éliminées de l'analyse. On arrive à la carte figure 27 dans le cas de l'étude de Koons et Luner. On note que la variance moyenne est plus faible du fait de l'élimination des causes spéciales sur la cartes des variances.

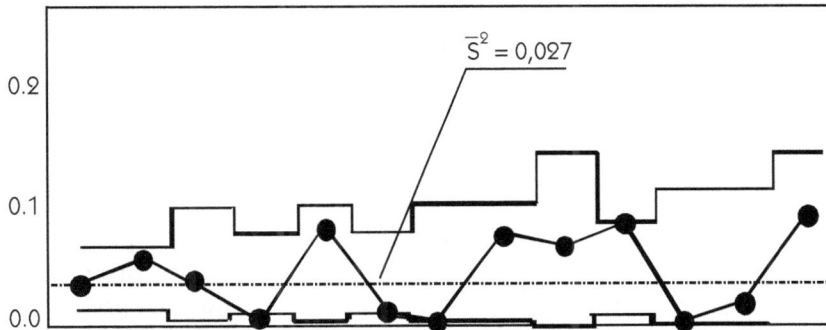

Figure 27 – Carte finale des variances

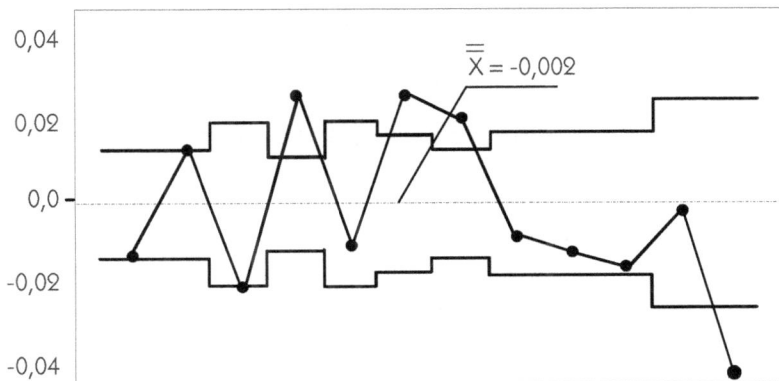

Figure 28 – Carte des moyennes

On peut alors calculer la carte des moyennes à partir de la loi de répartition des moyennes :

$$LIC_{\overline{X}} = \overline{\overline{X}} - 3\sqrt{\frac{\overline{S}^2}{n_j}} \qquad\qquad LSC_{\overline{X}} = \overline{\overline{X}} + 3\sqrt{\frac{\overline{S}^2}{n_j}}$$

L'analyse des cartes des moyennes montre également des points hors contrôle (figure 28). Ces points hors contrôle doivent comme pour le cas de la carte des variances être expliqués pour faire apparaître des causes spéciales.

Comme pour la carte des variances, les limites ne sont pas constantes du fait de la taille non constante des lots.

On recherche alors, à partir de la carte des moyennes, les causes spéciales de variation du procédé. Pour chaque point hors contrôle, une analyse détaillée a été effectuée à partir des valeurs individuelles du sous-groupe afin d'identifier ces causes.

Cette étude a permis de mettre en évidence des causes spéciales, il faut alors chercher à supprimer celles-ci par des actions correctives lorsque cela est possible. L'étude a permis d'apporter trois améliorations au procédé. La première consiste à améliorer la procédure de démarrage de série. La seconde permet de mieux gérer les usures d'outils, et enfin la dernière qui n'est pas technique mais plus philosophique consiste à éduquer le personnel à viser la cible et non l'intérieur de la tolérance.

7.2. Étude des causes communes de dispersion

L'étude des cartes de contrôle a permis d'identifier les causes spéciales qui provoquent des écarts. L'étape suivante de l'analyse réalisée par Koons et Luner a consisté à rechercher si les causes communes de dispersion intra-échantillon (apparaissant dans la carte des variances) ne pouvaient pas être expliquées par des paramètres qui avaient été notés lors de la collecte des données. Ces données pouvaient être :

- le n° de machine,
- la matière usinée,
- le type de dimension mesurée.

L'étude a été réalisée en utilisant une régression multiple linéaire qui consiste à identifier un modèle de type

$$log(\sigma) = b0 + b1X1 + b2X2 + b3X3 + b4X4 + b5X5 + \varepsilon$$

Le modèle est considéré comme additif, et les interactions entre facteurs sont supposées faibles par rapport aux facteurs principaux.. La réponse est le logarithme de l'écart type. Cette transformation classique permet de satisfaire l'hypothèse de normalité de la procédure statistique.

Les variables sont des variables qualitatives, elles sont donc prises égales à 0 ou à 1. On peut pour cela utiliser la technique des facteurs composés – méthode très classique des plans d'expériences. On modélise le problème de la façon suivante :

(X1, X2) = (0,0) si machine 1

= (1,0) si machine 2

= (0,1) si machine 3

X3 = 0 si la dimension est par rapport à une face d'appui

= 1 si la dimension est entre deux surfaces usinées

(X4, X5) = (0,0) si moulage/aluminium

= (1,0) si extrusion/aluminium

= (1,0) si moulage/titanium

ε représente les résidus.

7.3. Étude de la capabilité du procédé

L'étude étant réalisée, il est aisé de calculer les capabilités procédé en établissant le rapport *IT/6σ*. Dans le cas où l'analyse de la variance a montré qu'il n'existe pas de facteur significatif, on peut supposer que la dispersion reste constante pour l'ensemble des caractéristiques une fois éliminées les causes spéciales. On peut déterminer les intervalles de tolérance réalisables sur la machine en fonction d'une capabilité objective.

Dans le cas contraire, le modèle linéaire calculé permét de prévoir les dispersions prévisibles en fonction de la configuration retenue.

7.4. Critique de la méthode

Inconvénients de la méthode

L'inconvénient principal de cette méthode réside principalement dans la lourdeur de sa mise en application. De plus, les manipulations statistiques bien que peu complexes ne sont pas à la portée de tous les industriels. Il nous semble difficile pour une PME, dont l'encadrement est souvent réduit, de mettre en place une telle analyse.

L'automatisation par informatique d'une telle méthode est difficile et dangereuse. En effet, le fait de travailler sur des sous-groupes de taille différente, d'origine différente, et de manipuler des techniques comme la régression multiple, demande de la rigueur statistique. Le risque est important de conclure sur des résultats erronés si l'on ne maîtrise pas parfaitement ces outils.

Comme dans les précédentes techniques, il faut pour pouvoir l'appliquer disposer de lots de pièces, et la méthode ne fournit pas d'aide pour la réalisation des premières pièces.

Avantages de la méthode

La méthode permet dans le cas de petits lots, de faire une analyse statistique rigoureuse pour dissocier les causes communes des causes spéciales. Cette dissociation est la base de la MSP. Elle est particulièrement bien adaptée aux centres d'usinage, mais peut facilement être adaptée dans d'autres domaines comme pour une machine à souder à la vague pour laquelle les séries seraient courtes.

La méthode proposée se focalise sur l'étude des dispersions et donc sur l'amélioration de la capabilité du procédé. Elle permet une amélioration constante de l'outil de travail grâce à la recherche et au traitement systématique des causes de dispersions.

8. Capabilité à partir des cartes « petites séries »

Comme dans le cas des grandes séries, il est possible de calculer un indice de capabilité court terme et long terme à partir des données contenues dans les cartes « petites séries ».

8.1. Capabilité court terme

Estimation de l'écart type court terme à partir des étendues

Comme dans le cas des cartes de contrôle traditionnelles, l'indice de capabilité court terme (Cp) pourra être « approché » à partir de l'écart type estimé σ_{CT}.

σ_{CT} représente l'écart type de la dispersion intra-échantillon. Pour avoir une estimation non biaisée de σ_{CT}, le plus simple consiste à l'estimer à partir de la moyenne des étendues de chaque lot homogène en appliquant la relation :

$$\sigma_{CT} = \frac{\overline{R}}{d_2}$$

Il est donc nécessaire pour calculer σ_{CT} de disposer d'un nombre suffisamment important d'échantillons et donc de cartes de contrôle. On aura pris soin d'éliminer les lots sur lesquels une cause spéciale a été détectée par la carte de contrôle des étendues. Dans ce cas, il n'y aurait pas homogénéité des variances. Un petit problème se pose dans la mesure où les échantillons ne sont pas tous de taille constante. Il faut donc regrouper l'ensemble des échantillons en fonction de leur taille, et calculer pour chaque taille d'échantillon un estimateur σn.

σ_{CT} pourra alors être calculé comme étant la moyenne pondérée de chacun des $\sigma_{estimé}$ en fonction du nombre de sous-groupes dans la taille d'échantillon n (voir paragraphe 8.3.1).

Application

Taille du sous-groupe	2	3	4	5
Nombre d'échantillon	4	10	10	9
Estimateur $\sigma_{estimé}$	1,7	1,5	1,3	1,6

$$\sigma_{CT} = \frac{4x1,7 + 10x1,5 + 10x1,3 + 9x1,6}{33} = 1,49$$

Estimation de l'écart type court terme à partir des variances intra-échantillon

Il est également possible d'estimer σ_{CT} à partir de la variance intra-échantillon. Il faut pour cela calculer la variance $Vi = S_i^2$ de chaque lot homogène. On aura éliminé de ce calcul les lots sur lesquels une cause spéciale avait été détectée sur la carte des étendues. Le fait de ne conserver que les échantillons sous contrôle sur la carte des étendues nous donne l'assurance de l'homogénéité des variances. On peut donc calculer la variance intra-série par :

$$Variance\ intra\text{-}s\acute{e}rie = \frac{v1.V1 + v2.V2 + ... + vn.Vn}{v1 + v2 + ... + vn}$$

avec $v1$: nombre de degré de liberté de l'échantillon 1 = $n1\text{-}1$

$V1$: Variance S_1^2 de l'échantillon 1

On en tire $\sigma_{CT} = \sqrt{V_{intra\text{-}s\acute{e}rie}}$

Détermination de la capabilité court terme

La capabilité court terme se calcule facilement à partir de σ_{CT}. On a :

$$Cp = \frac{IT}{6x\sigma_{CT}}$$

8.2. Capabilité long terme

La capabilité long terme a pour objectif de connaître la capabilité de ce qui est réellement livré au client. Comme dans le cas des cartes de contrôle traditionnelles, le calcul des capabilités doit se faire à partir des valeurs individuelles.

Il est facile dans ce cas d'estimer la dispersion de la production réalisée sur plusieurs séries. En effet, il suffit, dans les conditions de normalité, de calculer **l'écart type de l'ensemble des valeurs individuelles** inscrites sur les cartes, pour estimer la dispersion.

Soit σ, l'écart type des valeurs individuelles $Pp = IT/6\sigma_{n-1}$.

La vraie capabilité étant calculée par :

$$Ppk = \frac{\overline{X} - Limite\ la\ plus\ proche}{3.\sigma_{n-1}}$$

9. Détermination du réglage optimal

Un des problèmes posé dans le cas des petites séries est la détermination du réglage optimal. Dans le cas des grandes séries, on dispose souvent d'échantillons de taille suffisamment importante pour régler de la valeur qui sépare la moyenne de l'échantillon à la cible.

Dans le cas des petites séries, les cartes de contrôle que nous avons exposées dans ce chapitre nous permettent de déterminer si le processus est hors contrôle. Cette détection intervient souvent à partir d'une ou deux mesures. Dans ces conditions, de combien doit être le réglage optimal ? Pour développer cette partie, nous nous appuierons sur les travaux de LILL, CHU et CHUNG[9].

9.1. Cas où le réglage doit être réalisé sur la première pièce

Dans le cas où la première pièce détecte un déréglage, l'opérateur doit recentrer son procédé. La valeur mesurée est en fait la combinaison d'un décentrage et d'une dispersion autour du décentrage. Le réglage optimal est bien entendu d'annuler le décentrage, mais il est impossible pour l'opérateur de savoir quelle est la part du décentrage et celle de la dispersion dans la mesure qu'il a réalisée. La figure 29 montre deux cas de figure donnant le même résultat sur la mesure de la première pièce, mais qui nécessite des réglages différents.

---

9. LILL H. – CHU Yen – CHUNG Ken – *Statistical Set-up Adjustement for low volume manufacturing* – Statistical Process Control in Manufacturing – 23 :38 – Dekker – 1991

En supposant une loi normale pour chacune des répartitions, on peut calculer la composition des deux fonctions de répartition et ainsi trouver le réglage optimal.

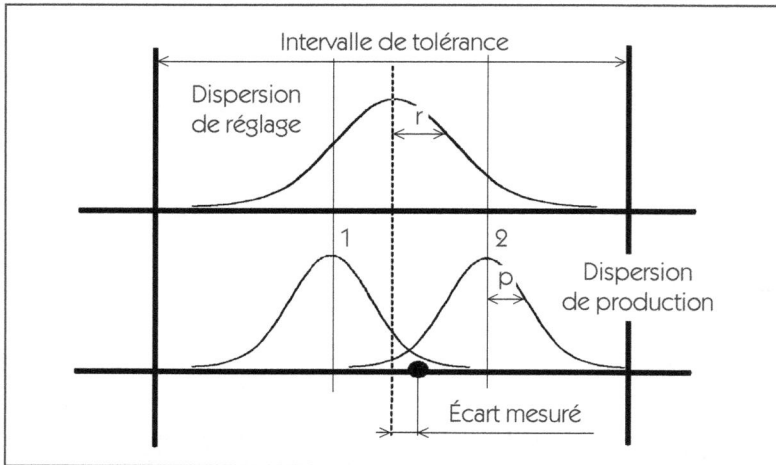

Figure 29 – Combinaison du décentrage et de la dispersion

Si on considère σ_p, l'écart type de la distribution de la population autour d'un réglage, et σ_r, l'écart type de la répartition des erreurs de réglage, les deux fonctions de répartition s'écrivent :

$$Y_P = \frac{1}{\sigma_P \sqrt{2\pi}} e^{-\frac{1}{2}\left(\frac{X_P - N}{\sigma_P}\right)^2}$$

$$Y_R = \frac{1}{\sigma_R \sqrt{2\pi}} e^{-\frac{1}{2}\left(\frac{X_R - N}{\sigma_P}\right)^2}$$

avec N : la valeur centrale

$\quad X_R$: l'erreur de réglage

$\quad X_P$: l'erreur due à la dispersion

En supposant que la valeur centrale pour les deux distributions est égale à 0, on a alors $N = 0$.

L'erreur totale E, c'est-à-dire l'écart mesuré par l'opérateur, est égale à la somme des deux erreurs, on a :

$$E = X_R + X_P$$

Nous recherchons en fait l'erreur de décentrage X_R, nous pouvons donc écrire :

$$X_R = E - X_P$$

Posons $c = \dfrac{\sigma_R}{\sigma_P}$, la combinaison des deux distributions de probabilité donne $F(X_R)$ qui est :

$$Y_R . Y_P = \frac{1}{2.\pi.\sigma_R.\sigma_P} e^{-Z\left[\frac{1}{2}.\sigma_R^2\right]}$$

avec $Z = c^2(E - X_R)^2 + X_R^2$

Le maximum de la fonction de répartition ci-dessus est lorsque la fonction Z est minimum. En effet, le moindre risque d'erreur sera au maximum de la densité de probabilité de la loi obtenue. En différenciant Z par rapport à X_R, nous trouvons :

$$\frac{\partial Z}{\partial X_R} = -2\left[c^2\left(E - X_R\right) + X_R\right]$$

La fonction de répartition est maximum pour :

$$\frac{\partial Z}{\partial X_R} = 0 \quad soit \quad X_R = E\frac{c^2}{\left(1 + c^2\right)}$$

Le meilleur ajustement sera obtenu – dans les hypothèses que nous avons retenues pour nos calculs – par un réglage de l'écart entre la dimension mesurée et la valeur cible (E) multiplié par le coefficient $c^2/(1 + c^2)$

$$\text{Réglage optimal} \quad A = E\frac{c^2}{\left(1 + c^2\right)}$$

Estimation préalable du coefficient *c* – proposition de Hill

On constate que le meilleur ajustement est très facile à calculer si on a identifié le rapport $c = \dfrac{\sigma_R}{\sigma_P}$. Il faut être capable d'identifier σ_R et σ_P.

σ_P est assez facile à identifier, c'est l'écart type de la population totale dont nous avons déjà eu besoin pour le calcul des limites de contrôle.

σ_R est lui beaucoup plus difficile à connaître. Dans un premier temps, il faut se contenter de l'estimer. M. HILL propose d'estimer σ_R à partir de l'intervalle de tolérance et d'un coefficient de difficulté de réglage.

$$\sigma_R = \frac{IT}{U}$$

avec *IT* : intervalle de tolérance

    U : coefficient de difficulté de réglage.

Le coefficient traduit la difficulté d'obtenir un réglage précis avant de pouvoir mesurer une pièce. Ce coefficient dépend donc de la machine et de son équipement comme par exemple un banc de préréglage.

Trois niveaux de difficulté sont retenus par Hill :

Difficulté	Très difficile	Normale	Très facile
U	5	8	12

avec bien sûr la possibilité de prendre des niveaux intermédiaires.

Estimation préalable du coefficient *c* – notre proposition

Dans le cas où le réglage se fait après une première approche en ébauche, nous proposons une autre méthode plus simple pour estimer σ_R. Nous avons remarqué que plus une machine avait de la dispersion, plus le réglage était imprécis. Cela vient de la méthode employée pour faire le premier réglage. En règle générale, l'opérateur approche la cote par une ébauche côté retouche, puis corrige en fonction de cette ébauche. Comme l'ébauche est réalisée avec de la dispersion, il y a de grandes chances que le réglage soit d'autant plus précis que la dispersion de la machine est faible. Dans ce cas de figure, nous pouvons estimer σ_R par la relation suivante :

Ce qui donne $\sigma_R = \sigma_P$ soit $c = 1$

Calcul du coefficient *c*

Après avoir estimé le coefficient c pour pouvoir établir la grille de réglage que nous définirons plus loin, il est possible, après quelque temps de fonctionnement de la carte de contrôle « petites séries », d'avoir une meilleure estimation de σ_R. En effet, le pilotage par cartes de contrôle permet de corriger le procédé. En étudiant l'historique des corrections apportées avant d'obtenir un centrage correct, il est possible de calculer avec une meilleure approximation un estimateur de σ_R.

Considérons le tableau ci-dessous dans lequel nous avons consigné l'ensemble des réglages nécessaires pour obtenir un centrage correct :

Lot	1	2	3	4	5	6	7	8	9	10	11	12	13	14	15	16	17	18	19	20
Réglage Init	-3	-1	-3	-2	+2	0	+2	-3	0	-3	+4	-2	-3	0	+3	+2	0	0	0	+2
Régl Comp	0	0	-2	0	+2	0	0	0	0	0	-2	0	0	0	+2	0	0	0	0	0
Total	-3	-1	-3	-2	+4	0	+2	-3	0	-3	+4	-2	-3	0	+5	+2	0	0	0	+2

Sur la ligne réglage initial, nous avons consigné les réglages qui ont été effectués. Dans les cas où des corrections complémentaires à ce premier réglage auraient été apportées, elles ont été consignées sur la seconde ligne. La dispersion sur l'erreur initiale de réglage peut donc être estimée comme étant égale à la dispersion sur les modifications de réglage nécessaires. σ_R peut donc être estimé en calculant l'estimateur S de la ligne Total. Nous trouvons alors : $\sigma_R = 2,54$.

9.2. Cas du réglage sur la n^{ième} pièce

Nous venons de voir ce qui se passe lorsque le réglage a lieu sur la première pièce. Il faut également calculer le réglage optimal lorsque ce réglage a lieu sur la n^{ième} pièce.

Réglage après deux pièces

Dans le cas où le réglage doit se faire sur la moyenne des deux premières pièces, nous sommes toujours en présence de deux dispersions : la dispersion de réglage et la dispersion de la production. Cependant, le fait de considérer la moyenne des deux premières pièces, plutôt que de considérer uniquement la seconde pièce, nous permet de diminuer l'incertitude liée à la dispersion de production. L'écart type de la répartition de la moyenne d'un échantillon de 2 pièces est égal à $\sigma_P / \sqrt{2}$

Le rapport c² devient donc $c'^2 = 2 . \dfrac{\sigma_R^2}{\sigma_P^2} = 2.c^2$

L'ajustement optimal est : $A = E \dfrac{2.c^2}{\left(1 + 2.c^2\right)}$

Réglage sur la n^{ième} pièce

En appliquant le même raisonnement, on trouve que :

$$\text{l'optimal est : } A = E \dfrac{n.c^2}{\left(1 + n.c^2\right)}$$

9.3. Règle pratique de réglage

9.3.1. Détermination de la règle

Pour simplifier l'utilisation de la formule précédente, nous allons établir une relation simple de réglage :

$$\text{ajustement optimal} = K \times \text{Écart}$$

avec $K = \dfrac{n.c^2}{\left(1 + n.c^2\right)}$

Dans le cas où nous retenons la stratégie d'estimation $\sigma_R = \sigma_P$, il est possible d'établir une règle simple de réglage.

En effet $c = 1$, le rapport K est donc égal à $n/(1 + n)$.

Le tableau ci-dessous donne le coefficient K.

Réglage sur la moyenne de	1	2	3	4	5
Coefficient K	1/2	2/3	3/4	4/5	5/6

La règle (souvent appliquée de façon empirique en production) consiste à régler de la moitié de l'écart sur la première pièce, des 2/3 de la moyenne des écarts sur la seconde, etc...

On peut simplifier en considérant qu'à partir de la cinquième pièce, le réglage doit être égal à la valeur de la moyenne des écarts. Dans le cas où le coefficient c est différent de 1, un rapide calcul permet d'établir le coefficient K.

9.3.2. Détermination d'une grille de réglage

Pour être applicable sur le poste de travail, il est nécessaire de toujours simplifier le travail des opérateurs.

Il faut établir une grille qui leur permettra de déterminer l'importance de la correction à apporter en fonction :

- de l'écart constaté entre la moyenne et la cible ;
- du nombre de pièces dans l'échantillon au moment où la carte a détecté un décentrage.

Ce tableau peut-être par exemple

Décentrage	1	2	3	4	5	6	7	8	9	10
n = 1	0,50	1,00	1,50	2,00	2,50	3,00	3,50	4,00	4,50	5,00
n = 2	0,67	1,33	2,00	2,67	3,33	4,00	4,67	5,33	6,00	6,67
n = 3	0,75	1,50	2,25	3,00	3,75	4,50	5,25	6,00	6,75	7,50
n = 4	0,80	1,60	2,40	3,20	4,00	4,80	5,60	6,40	7,20	8,00
n = 5	0,83	1,67	2,50	3,33	4,17	5,00	5,83	5,83	7,50	8,33

Il est placé sur le poste de travail, et permet à l'opérateur de savoir rapidement la correction à apporter.

Chapitre 10

Le cas des distributions non gaussiennes et des critères unilatéraux

Lorsque les distributions ne suivent pas une loi normale, de nombreux problèmes se posent aussi bien au niveau des calculs de capabilité que du coté du pilotage des cartes de contrôle.

Ces cas arrivent particulièrement souvent dans le cas de critères unilatéraux avec une barrière physique en zéro. Comme c'est le cas pour les tolérances de forme, de position, les rugosités... Mais on peut également être confronté à ce type de situation dans le cas de critères bilatéraux.

Plusieurs approches ont été proposées pour traiter ces situations. Nous aborderons dans ce chapitre les principales méthodes utilisées et proposées dans les logiciels d'aujourd'hui.

1. Comment traiter le cas des distributions non gaussiennes ?

1.1. Les différentes approches

Dans le cas de distributions non gaussiennes trois attitudes peuvent être prises :

- utiliser les mêmes formules que dans le cas des processus Gaussiens ;
- transformer les données pour se ramener à un cas gaussien ;
- adapter les formules pour garantir les mêmes niveaux de risques que dans le cas gaussien.

Bien que la seconde et la troisième méthode fassent l'objet d'un large consensus dans la communauté scientifique, la première méthode n'est pas à négliger. Nous avons notamment montré au chapitre 4 que dans le cas de caractéristiques élémentaires se combinant pour donner la caractéristique client, la forme de la distribution importait finalement assez peu.

Dans le cas des cartes de contrôle, la première approche est relativement robuste pour la carte des moyennes. En effet, les limites sont calculées à ± 3 écarts types de la répartition des moyennes. Or, par application du théorème central limite, les moyennes suivent une loi normale même si les valeurs individuelles sont relativement éloignées d'une répartition normale.

Détaillons ces trois approches.

1.2. Approche ± 3σ sigma pour le calcul des capabilités

Dans le cas normal, nous avons déterminé les formules de capabilité par les relations :

$$Pp = \frac{TS - TI}{6\sigma} \quad \text{et} \quad Ppk = \frac{Min(TS - \overline{X} ; \overline{X} - TI)}{3\sigma}$$

Dans le cas d'une tolérance unilatérale, Le centrage n'ayant pas de sens, on ne calcule pas le Pp, seul le Ppk est déterminé.

Il est possible de conserver ces relations indépendamment de la loi de distribution. Bien sûr il n'y aura plus de relation entre le *Ppk* et le pourcentage hors tolérance, mais il y aura malgré tout une très forte corrélation entre l'indicateur *Ppk* et la qualité de la production, ce qui est le plus important. Shewhart disait d'ailleurs à propos des lois non normales dans son ouvrage de 1931 « *...Par conséquent nous arrivons à la conclusion importante que spécifier la qualité en termes de $\overline{X}$ et σ nous fournissent la quantité maximum d'information utilisable.* »

L'avantage considérable de cette méthode est la simplicité, il n'y a plus à chercher quelle est la loi qui modélise le mieux la répartition. Souvent, cette approche est très satisfaisante et donne d'excellents résultats.

1.3. Transformation des données

Cette approche est très simple, elle consiste à transformer les données qui ne suivent pas une loi normale afin de les transformer en loi normale. La façon la plus connue de ces transformations est l'utilisation de la loi lognormale.

Par exemple pour le suivi d'une pression de vide d'un processus, au lieu de traiter les données *X* qui spécifient le vide et qui ont une répartition non symétrique avec une forte concentration proche de zéro, on traite les données *Log (X)* qui suivent une loi normale. Dans de nombreux cas cette méthode marche bien notamment lorsque les critères à l'origine de la variabilité sont de type multiplicatifs. La transformation de Nelson que nous avons détaillé au chapitre 8 est un autre exemple. Nous détaillerons dans ce chapitre d'autres approches de transformation.

1.4. Approche par les percentiles

Dans cette approche, on va identifier la loi de distribution pour pouvoir calculer les capabilités à partir des relations suivantes :

$$Pp = \frac{TS - TI}{P_{0.99865} - P_{0.00135}} \qquad Ppk = min(\frac{TS - P_{0.5}}{P_{0.99865} - P_{0.5}} ; \frac{P_{0.5} - TI}{P_{0.5} - P_{0.00135}})$$

Avec

TS : Tolérance Supérieure

TI : Tolérance Inférieure

$\overline{X}$: Moyenne

$P_{0.99865}$: Point correspondant à *99,865 %* de la population

$P_{0.00135}$: Point correspondant à *0,135 %* de la population

$P_{0.5}$: Point correspondant à *50 %* de la population

Évidemment dans le cas de tolérance unilatérale, seul le Ppk est calculé.

La figure 1 donne un exemple de calcul dans le cas d'une tolérance unilatérale supérieure.

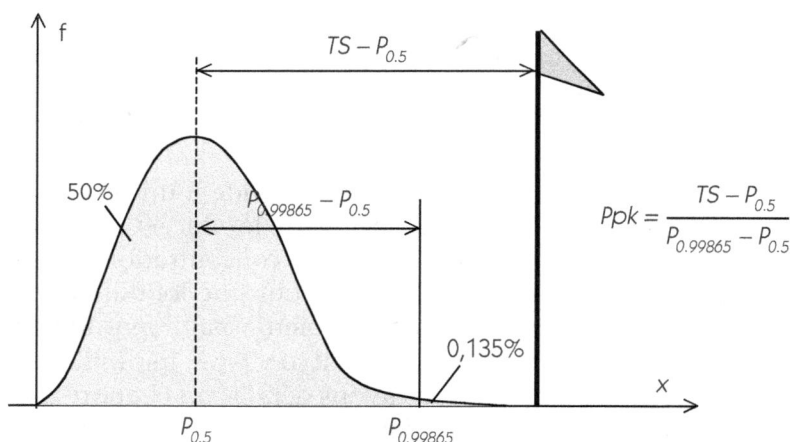

Figure 1 – Approche par les percentiles

Le but est d'avoir dans le cas d'un *Ppk = 1* un pourcentage hors tolérance de *0,135 %* comme dans le cas d'une loi normale. Notons cependant que dès que le *Ppk* est différent de *1*, il n'y a plus équivalence entre le pourcentage hors tolérance entre une distribution non symétrique et la loi normale.

Un second inconvénient de cette méthode est qu'il faut identifier la distribution afin de trouver où se trouve le $P_{0.99865}$.

Remarque

Dans certaines normes (AFNOR par exemple) on trouve une relation différente pour le *Cpk* (ou *Ppk*) dans le cas de tolérances unilatérales.

$$Ppk = min(\frac{TS - \overline{X}}{P_{0.9973} - \overline{X}} ; \frac{\overline{X} - TI}{\overline{X} - P_{0.0027}})$$

2. Approche 3 sigma de calcul des capabilités

2.1. Approximation de la loi normale

Dans de nombreux cas de figure même lorsque le critère est unilatéral avec une limite physique en zéro, la répartition des valeurs est distribuée selon une loi très proche de la loi normale. Considérons l'exemple suivant concernant une concentricité.

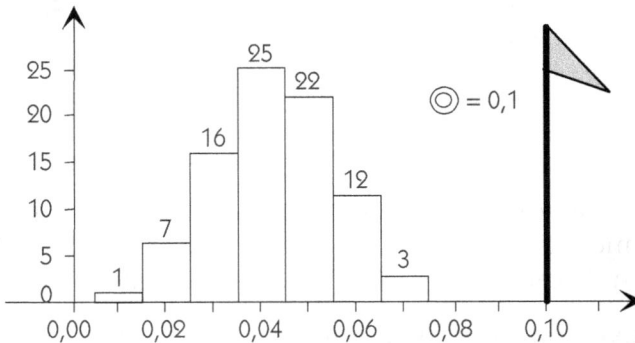

Figure 2 – Approximation de la loi normale

Dans cet exemple, l'approximation de la loi normale est bonne malgré le fait que la tolérance soit unilatérale.

Le calcul de la moyenne et de l'écart type donne : $\begin{vmatrix} \overline{X} = 0,043 \\ S = 0,013 \end{vmatrix}$

D'où $Ppk = \dfrac{TS - \overline{X}}{3\sigma} = \dfrac{0,10 - 0,043}{3x0,013} = 1,47$ Procédé capable

2.2. Méthode du mode

La méthode de détermination de la loi normale sous-jacente par le mode est de loin la méthode la plus simple. Notre expérience nous a montré qu'elle donne des résultats de bonne qualité.

Principe : soit l'histogramme de la loi des défauts de forme figure 3.

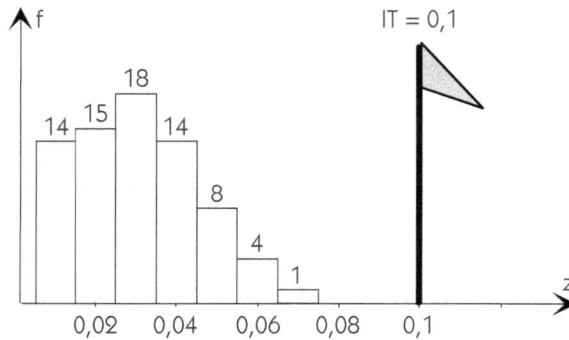

Figure 3 – Histogramme d'une loi
des défauts de forme

On cherche à calculer la loi normale sous-jacente. On fait l'approximation que la partie supérieure de la courbe suit une loi normale dont l'écart type est celui de la loi normale sous-jacente.

Pour retrouver cet écart type, on trace le symétrique de la partie supérieure de la courbe par rapport au mode (classe de l'histogramme qui a la fréquence la plus élevée) comme le montre la figure 4.

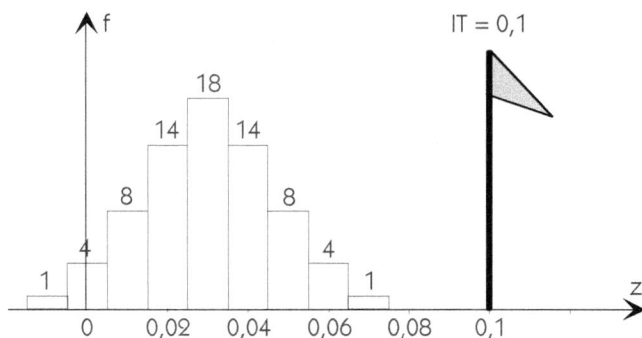

Figure 4 – Symétrie par rapport au mode

On calcule alors l'écart type de la loi ainsi définie. Dans notre exemple, nous trouvons :

$$S = 0,0166$$

La moyenne est alors égale au mode $\overline{X} = 0,03$.

Calcul du *Ppk*

Connaissant la moyenne et l'écart type de la loi normale sous-jacente, il est possible de calculer un *Ppk* du côté maxi puisqu'il s'agit d'une tolérance uni limite. On a :

$$Ppk = \frac{TS - \overline{X}}{3\sigma} = \frac{0,1 - 0,03}{3 \times 0,0166} = 1,40$$

2.3. Méthode du mode – cas des tolérances bilatérales

La méthode du mode est généralement appliquée pour les tolérances unilatérales. Cependant, certains procédés à tolérance bilatérale génèrent des dispersions asymétriques, notamment lors des perçages au forêt. On peut alors adapter le calcul du *Pp* et du *Ppk* en utilisant la méthode du mode.

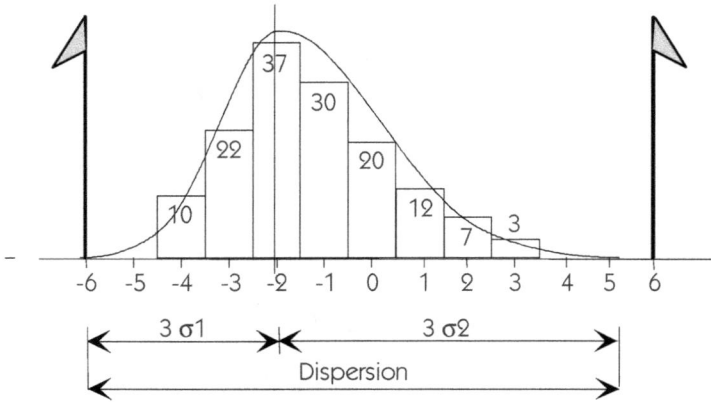

Figure 5 – Cas des répartitions dissymétriques

Pour calculer $\sigma 1$, on applique la méthode du mode en reconstruisant l'histogramme suivant :

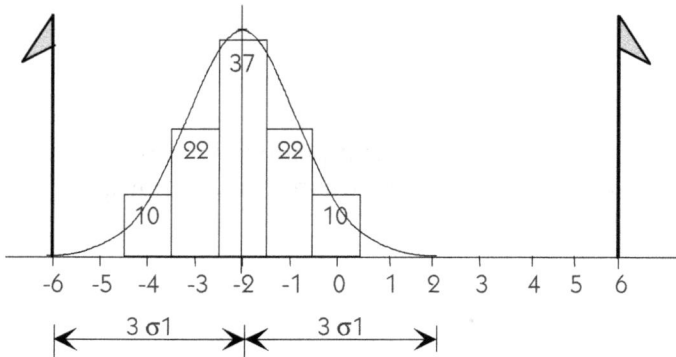

Figure 6 – Calcul de $\sigma 1$

On trouve $\sigma 1 = 1,114$.

En faisant de même de l'autre côté on trouve $\sigma 2 = 2,121$.

On calcule alors facilement les indicateurs *Pp, Ppk$_U$ (côté maxi) et Ppk$_L$ (côté mini)*.

$$Pp = \frac{IT}{3.\sigma 1 + 3.\sigma 2} = \frac{12}{3x1,114 + 3x2,121} = 1,236$$

$$Ppk_L = \frac{Mode - TI}{3.\sigma 1} = \frac{-2 - (-6)}{3x1,114} = 1,20$$

$$Ppk_U = \frac{TS - Mode}{3.\sigma 2} = \frac{6 - (-2)}{3x2,121} = 1,25$$

Remarque : À partir des valeurs individuelles des répartitions, on peut appliquer la même méthode en faisant la symétrie par rapport à la médiane plutôt que par rapport au mode.

3. Méthode de transformation des données

3.1. Utilisation de la loi lognormale

La méthode de la loi lognormale a le mérite d'être assez simple à utiliser. Elle ne nécessite pas le recours à de nombreuses tables. Cette loi modélise assez bien les distributions bornées comme les lois des défauts de forme, les concentricités, les rugosités, où, par définition, la valeur est toujours positive. Le principe est simple, on considère qu'en prenant le logarithme des valeurs, on obtient une distribution normale.

Cependant, elle sous-estime la capabilité de façon importante si on ne prend pas quelques précautions lors des calculs.

3.1.1. Principe

Comme dans l'approximation de la normalité, **le *Pp* n'est pas défini pour les distributions unilatérales**. Le ***Ppk*** est défini par la formule :

$$Ppk = \frac{TS - P_{0.5}}{P_{0.99865} - P_{0.5}}$$

Calcul du $P_{0.99865}$ et du $P_{0.5}$

Pour chaque mesure x_i, on calcule la transformée logarithmique $y_i = log(x_i)$, et on vérifie sur un histogramme la normalité des y_i.

On a alors : $P_{0.5} = 10^{\left(\overline{y}\right)}$ et $P_{0.99865} = 10^{\left(\overline{y}+3.s_y\right)}$

où $\overline{y} = \dfrac{1}{N}\sum_{i=1}^{N} y_i = \dfrac{1}{N}\sum_{i=1}^{N} ln(x_i)$ et $s_y = \sqrt{\sum_{i=1}^{N}\dfrac{(y_i - \overline{y})^2}{N-1}}$

N : nombre total de produits mesurés.

3.1.2. Exemple de calcul

Un relevé sur des chocs a donné les valeurs x suivantes :

2.4	6.7	7.1	2.3	1.7	5.8	4.9	2.3	2.9	2.6
0.4	1.2	1.4	2.0	3.4	0.4	0.5	1.7	13.8	3.4
2.7	2.4	0.4	2.3	6.4	6.7	6.8	0.2	1.3	14.9
1.3	1.0	3.3	3.3	6.0	0.8	1.6	0.4	0.1	4.4
0.8	1.2	1.1	3.7	2.2	1.1	1.1	1.0	0.4	1.9

La tolérance unilatérale est de $TS = 15$

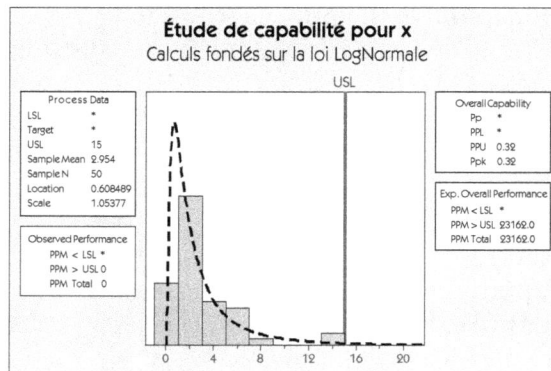

Étude de capabilité pour x
Calculs fondés sur la loi LogNormale

Process Data
LSL *
Target *
USL 15
Sample Mean 2.954
Sample N 50
Location 0.608489
Scale 1.05377

Observed Performance
PPM < LSL *
PPM > USL 0
PPM Total 0

USL

Overall Capability
Pp *
PPL *
PPU 0.32
Ppk 0.32

Exp. Overall Performance
PPM < LSL *
PPM > USL 23162.0
PPM Total 23162.0

Figure 7 – Analyse de capabilité avec
une loi LogNormale

Les données transformées en logarithme ($y = log(x)$) donnent :

0.380	0.826	0.851	0.362	0.230	0.763	0.690	0.362	0.462	0.415
-0.398	0.079	0.146	0.301	0.531	-0.398	-0.301	0.230	1.140	0.531
0.431	0.380	-0.398	0.362	0.806	0.826	0.833	-0.699	0.114	1.173
0.114	0.000	0.519	0.519	0.778	-0.097	0.204	-0.398	-1.000	0.643
-0.097	0.079	0.041	0.568	0.342	0.041	0.041	0.000	-0.398	0.279

Les caractéristiques des y sont $\overline{Y} = 0.2643$ et $\sigma = 0.4576$
On a alors :

$$P_{0.5} = 10^{\left(\overline{y}\right)} = 10^{0.2643} = 1.838$$

$$P_{0.99865} = 10^{\left(\overline{y}+3.s_y\right)} = 10^{0.2643+3x0.4576} = 43.37$$

Calcul du *Ppk*

$$Ppk = \frac{TS - P_{0.5}}{P_{0.99865} - P_{0.5}} = \frac{15 - 1.838}{43.37 - 1.838} = 0.32$$

On note sur cet exemple la sévérité de ce type de calcul. On peut la diminuer en prenant une valeur de coupure pour les petites valeurs. Par exemple, toutes les mesures *x* en dessous de *1* sont considérées comme égales à *1*. On a alors :

$$\overline{Y} = 0.348 \text{ et } \sigma = 0.329$$

et :

$$P_{0.5} = 2.23 \quad P_{0.99865} = 21.66 \quad Ppk = \frac{15 - 2.23}{21.66 - 2.23} = 0.66$$

Cependant, cette méthode dépend beaucoup de la fréquence de coupure que l'on prend. Par conséquent, nous la déconseillons.

Autre solution travailler sur les *Y*

La meilleure solution est sans aucun doute de travailler sur les valeurs transformées *Y* après avoir vérifié la normalité. (La tolérance qui était de 15 dans l'échelle des *X* devient *log(15)* = *1.176* dans l'échelle des *Y*. On calcule donc le *Ppk* par la formule classique

$$Ppk = \frac{TS_Y - \overline{Y}}{3\sigma_Y} = \frac{1.176 - 0.2643}{3 * 0.4576} = 0.664$$

On trouve un résultat conforme à la méthode précédente sans avoir à se soucier de prendre une valeur de coupure.

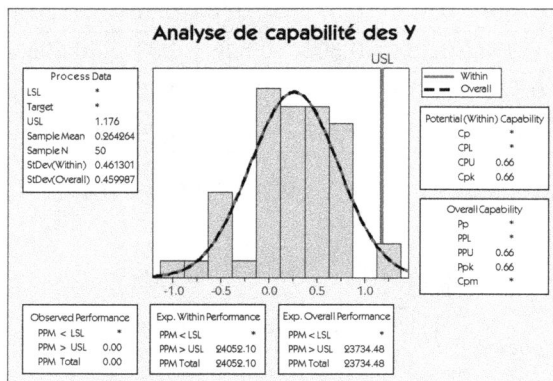

Analyse de capabilité des Y

Process Data	
LSL	*
Target	*
USL	1.176
Sample Mean	0.264264
Sample N	50
StDev (Within)	0.461301
StDev (Overall)	0.459987

Potential (Within) Capability	
Cp	*
CPL	*
CPU	0.66
Cpk	0.66

Overall Capability	
Pp	*
PPL	*
PPU	0.66
Ppk	0.66
Cpm	*

Observed Performance		Exp. Within Performance		Exp. Overall Performance	
PPM < LSL	*	PPM < LSL	*	PPM < LSL	*
PPM > USL	0.00	PPM > USL	24052.10	PPM > USL	23734.48
PPM Total	0.00	PPM Total	24052.10	PPM Total	23734.48

Figure 8 – Capabilité sur les valeurs transformées

3.2. Transformation de Box-Cox

Les transformations de Box-Cox consistent à rechercher une transformation du type $Y = x^\lambda$. Lorsque $\lambda = 0$ on prend $Y = log(x)$.

Remarque : Le cas $\lambda = 0$ n'est autre que le cas de la loi lognormale.

Ce qui donne notamment :

λ	2	0.5	0	-0.5	-1
Transformation	$Y = x^2$	$Y = \sqrt{x}$	$Y = log(x)$	$Y = 1/\sqrt{x}$	$Y = 1/x$

Le λ le plus approprié est celui qui permet de minimiser les écarts entre les points et la droite de régression dans le test de normalité. La plupart des logiciels statistiques disposent d'un algorithme permettant de trouver rapidement le coefficient λ le plus adapté.

Prenons les données suivantes qui sont le résultat d'une position atteinte par une balle lancée à une vitesse initiale non maîtrisée. La tolérance supérieure est de *200*.

Données X									
82	100	77	99	132	39	88	69	257	54
2	30	21	233	43	92	146	121	92	37
201	167	77	41	175	92	97	105	87	59
160	128	142	31	99	60	111	72	69	121
73	68	92	60	180	86	177	257	213	163

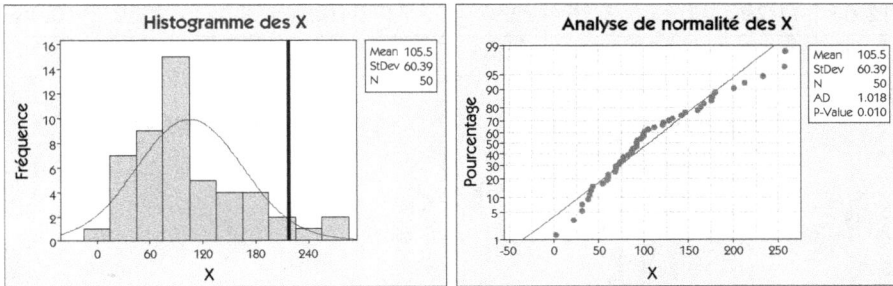

Figure 9 – Données X avant transformation

Les données ne suivent pas une loi normale, la valeur « *P-value* » qui représente la probabilité que les écarts autour de la droite soient des variations aléatoires est trop faible (< 0.05). On utilise donc la méthode de Box Cox pour trouver une transformation qui nous ramènerait à une loi normale.

La recherche de λ optimum donne ici $\lambda = 0.5$ (figure 10). Dans ce cas la distance dépendant de l'énergie cinétique $\frac{1}{2}mv^2$ ce coefficient était évident.

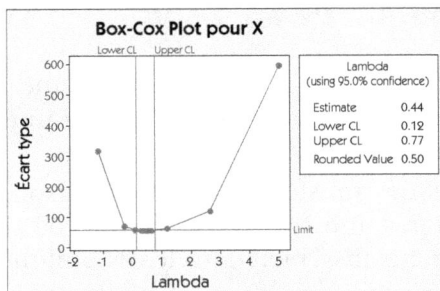

Figure 10 – Recherche du coefficient λ

On en déduit les données y sur lesquelles on va calculer la capabilité avec la tolérance transformée $TS_Y = TS_X^\lambda = 200^{0.5} = 14.14$

Données $Y = X^{0.5}$									
9.05	10.02	8.79	9.97	11.50	6.27	9.38	8.28	16.02	7.32
1.31	5.50	4.60	15.26	6.56	9.58	12.09	11.02	9.60	6.10
14.17	12.92	8.78	6.39	13.24	9.58	9.83	10.23	9.32	7.68
12.66	11.29	11.93	5.56	9.97	7.73	10.54	8.47	8.29	10.98
8.56	8.24	9.59	7.74	13.41	9.25	13.29	16.05	14.58	12.78

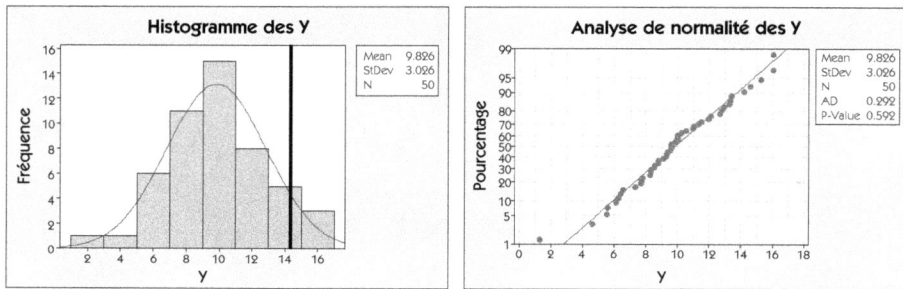

Figure 11 – Données Y après transformation

Les données suivent désormais une distribution normale, le calcul du Ppk sur les valeurs transformées se fait facilement :

$$Ppk = \frac{TS_Y - \overline{Y}}{3\sigma_Y} = \frac{14.14 - 9.826}{3 * 3.026} = 0.47$$

3.3. Transformation de Johnson

Les transformations de Johnson ont le même objectif que les transformations de Box Cox : transformer les données x pour obtenir des données y dont la distribution soit normale.

Il existe trois types de transformation de Johnson, SU, SB, SL, qui permettent de couvrir une très large gamme de distribution. Cette transformation marche aussi bien dans le cas unilimite que dans le cas bilimite.

Famille de transformation	Transformation	Conditions sur les paramètres
SL (LogNormal	$y = \gamma + \eta ln\left[x - \varepsilon\right]$	$\eta, \gamma > 0$ $\varepsilon < x$
SB (Bounded)	$y = \gamma + \eta ln\left[\dfrac{x - \varepsilon}{\lambda + \varepsilon - x}\right]$	$\eta, \gamma > 0$ $\varepsilon < x < \lambda + \varepsilon$
SU (Unbounded)	$y = \gamma + \eta ArcSinH\left[\dfrac{x - \varepsilon}{\lambda}\right]$	$\eta, \gamma > 0$

Le problème consiste à trouver quelle est la transformation la plus adaptée, puis d'identifier les coefficients η, γ, ε, λ. Certains logiciels ont une autre approche, ils calculent les coefficients optimums pour les trois transformations, et choisissent la transformation qui satisfait le mieux le test de normalité sur les données transformées. Nous développerons la méthode de Slifker-Shapiro qui est fondée sur le calcul de 3 variables m, n, p qui permettent de déterminer le type de distribution sur les x (asymétrique à droite ou gauche ? platykurtic ou leptokurtic ?).

3.3.1. Choix du type de transformation

Le choix du type de transformation se fait donc en fonction de la forme de la répartition que l'on peut décrire en fonction de 4 probabilités cumulées P_{-3z}, P_{-z}, P_z, P_{3z}. Slifker et Shapiro recommande de prendre $z = 0.5244$, ce qui donne comme probabilité : $P_{-3z} = P_{-1.572} = 0.058$, $P_{-z} = 0.300$, $P_z = 0.700$, $P_{3z} = .942$ (voir table de la loi normale).

À partir des valeurs de l'échantillon, on détermine les percentiles x_{-3z}, x_{-z}, x_z, x_{3z} qui permettent de calculer les variables :

$$m = x_{3z} - x_z \quad n = x_{-z} - x_{-3z} \quad p = x_z - x_{-z}$$

Le choix du type de transformation se fait à partir du calcul discriminant $DS = \dfrac{mn}{p^2}$.

- Si $DS > 1$ on choisit la famille SU
- Si $DS = 1$ on choisit la famille SL (cas extrêmement rare)
- Si $DS < 1$ on choisit la famille SB

Application sur un exemple

Pour illustrer la méthode, nous allons nous appuyer sur l'exemple de la figure 12. Les données sont classées par ordre croissant.

25.1	25.1	25.1	25.3	25.3	25.4	25.4	25.5	25.7	26.0	26.0	26.1	26.1
26.2	26.3	26.5	26.6	26.6	26.6	26.7	26.9	26.9	27.1	27.2	27.3	27.4
27.5	27.5	27.7	27.7	28.0	28.1	28.4	28.5	28.6	28.7	28.7	28.9	28.9
29.1	29.2	29.2	29.4	29.6	29.6	29.7	29.7	29.7	30.0	30.0		

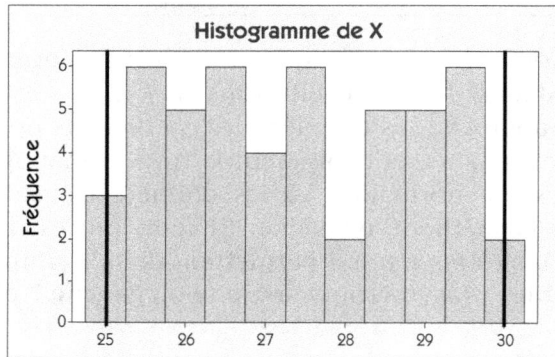

Figure 12 – Exemple de données x

Recherche du x_{-3z} tel que $P_{-3z} = P_{-1.5732} = 0.0578$

On calcule les percentiles sur la distribution de l'échantillon par la relation :

$$percentile = \frac{r - 0.5}{N}$$

Avec r le rang de la valeur lorsque les données sont classées par ordre croissant et N le nombre de valeur.

r	1	2	3	4	5	6	7	8	9	10
x	25.1	25.1	**25.1**	**25.3**	25.3	25.4	25.4	25.5	25.7	26
percentile	0.01	0.03	**0.05**	**0.07**	0.09	0.11	0.13	0.15	0.17	0.19

Le percentile 0.0578 se situe entre *25.1* et *25.3*, on le trouve par interpolation linéaire entre ces deux valeurs pour obtenir $x_{-3z} = 25,18$

On trouverait de même : $x_{-z} = 26,40$; $x_z = 28,65$; $x_{3z} = 29.70$
qui permettent de calculer les variables :

$$m = x_{3z} - x_z = 1.05 \qquad n = x_{-z} - x_{-3z} = 1.222 \qquad p = x_z - x_{-z} = 2.25$$

On calcule ainsi le discriminant : $\dfrac{mn}{p^2} = 0.253 < 1$, la transformation

est donc de Type SB.

3.3.2. Calcul des coefficients des fonctions de transformation

Les différents coefficients des fonctions de distribution se calculent directement à partir des variables m, n, p par les relations suivantes :

Transformation SU : $\quad y = \gamma + \eta \, ArcSinH\left[\dfrac{x - \varepsilon}{\lambda}\right]$

$$\eta = 2z\left\{ ArcCosH\left[\frac{1}{2}\left(\frac{m}{p} + \frac{n}{p}\right)\right]\right\}^{-1}$$

$$\gamma = \eta \, ArcSinH\left\{\left(\frac{n}{p} - \frac{m}{p}\right)\left[2\left(\frac{mn}{p^2} - 1\right)^{1/2}\right]^{-1}\right\}$$

$$\lambda = 2p\left(\frac{mn}{p^2} - 1\right)^{1/2}\left[\left(\frac{m}{p} + \frac{n}{p} - 2\right)\left(\frac{m}{p} + \frac{n}{p} + 2\right)^{1/2}\right]^{-1}$$

$$\varepsilon = \frac{x_z + x_{-z}}{2} + p\left(\frac{n}{p} - \frac{m}{p}\right)\left[2\left(\frac{m}{p} + \frac{n}{p} - 2\right)\right]^{-1}$$

Transformation SB : $\quad y = \gamma + \eta \, ln\left[\dfrac{x - \varepsilon}{\lambda + \varepsilon - x}\right]$

$$\eta = z\left\{ ArcCosH\left(\frac{1}{2}\left[\left(1 + \frac{p}{m}\right)\left(1 + \frac{p}{n}\right)\right]^{1/2}\right)\right\}^{-1}$$

$$\gamma = \eta ArcSinH\left\{\left(\frac{p}{n}-\frac{p}{m}\right)\left[\left(1+\frac{p}{m}\right)\left(1+\frac{p}{n}\right)-4\right]^{1/2}\left[2\left(\frac{p^2}{nm}-1\right)\right]^{-1}\right\}$$

$$\lambda = p\left\{\left[\left(1+\frac{p}{m}\right)\left(1+\frac{p}{n}\right)-2\right]^2 -4\right\}^{1/2}\left(\frac{p^2}{nm}-1\right)^{-1}$$

$$\varepsilon = \frac{x_z+x_{-z}-\lambda}{2}+p\left(\frac{p}{n}-\frac{p}{m}\right)\left[2\left(\frac{p^2}{nm}-1\right)\right]^{-1}$$

Transformation SL : $y = \gamma + \eta ln\left[x-\varepsilon\right]$

$$\eta = \frac{2z}{ln(m/p)} \qquad \gamma = \eta ln\left(\frac{m/p-1}{p(m/p)^{1/2}}\right) \qquad \varepsilon = \frac{x_z+x_{-z}}{2}-\frac{p}{2}\left(\frac{m/p+1}{m/p-1}\right)$$

Les coefficients peuvent également être calculés à partir de la méthode du maximum de vraisemblance que nous n'aborderons pas dans cet ouvrage.

Dans notre exemple la transformation est une transformation *SB*, après calcul des coefficients on obtient la relation :

$$y = 0.038 + 0.558 ln\left[\frac{x-24.972}{24.95+5.17-x}\right]$$

Les tolérances dans les données transformées sont : [-2.86 ; 2.01]

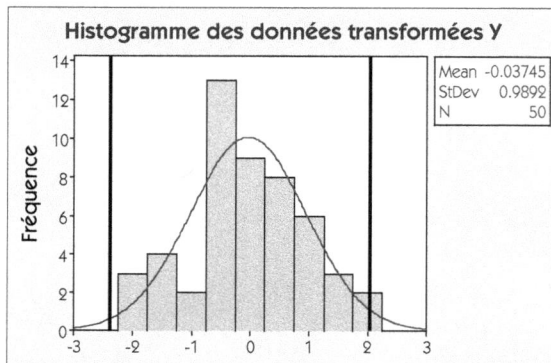

Figure 13 – Histogramme des données transformées

Les données y suivent une loi de gauss, et on calcule Pp et Ppk par les formules traditionnelles pour avoir :

$$Pp = \frac{2.01-(-2.86)}{6x0.9892} = 0.82 \qquad Ppk = \frac{2.01-(-0.04)}{3x0.9892} = 0.69$$

On note que le centre de la tolérance qui était de 27.5 pour les x se retrouve à 0.01 pour les y, il n'est donc plus le centre de la nouvelle tolérance. Cela se traduit par un écart de centrage sur les données transformées qui n'existe pas sur les données de départ.

Remarque

En reprenant les données de la figure 9 et en les traitant avec une transformation de Johnson, nous trouvons une transformation *SU* le même indice de capabilité *Ppk = 0.47* que par la transformation de Box Cox.

4. Identification de la fonction

Nous abordons dans ce paragraphe les méthodes d'identification de fonction qui permettent de modéliser des situations de distribution non-normale sans passer par une transformation des données.

4.1. Utilisation de la loi de Weibull

La loi de Weibull est une loi de distribution souvent utilisée en fiabilité. Il existe deux types de loi de Weibull :
- la loi de Weibull à 2 paramètres ;
- la loi de Weibull à 3 paramètres.

La fonction de distribution cumulative de ces lois est la suivante :

2 paramètres $F(x) = 1 - e^{-\left(\frac{x}{\theta}\right)^{\beta}}$ 3 paramètres $F(x) = 1 - e^{-\left(\frac{x-\partial}{\theta}\right)^{\beta}}$

Nous utiliserons la loi de Weibull à 2 paramètres qui est la plus adaptée au problème des caractéristiques qui nous intéresse dans ce chapitre. Il est très facile de passer de 2 paramètres à 3 paramètres, il suffit d'ajouter une constante à la variable *x*.

La fonction de densité de probabilité est la suivante :

$$f(x) = \frac{\beta}{x}\left(\frac{x}{\theta}\right)^{\beta} e^{-\left(\frac{x}{\theta}\right)^{\beta}}$$

avec :

x : point considéré de la distribution

e : constante = 2,718

θ : paramètre d'échelle de la distribution (pseudo écart type)

β : paramètre de forme de la distribution

- Le choix du paramètre β sera très important pour définir le type de distribution modélisé par la loi de Weibull.

- Le choix du paramètre θ définit le changement de l'échelle de la distribution.

La figure 14 donne différentes répartitions pour différents paramètres.

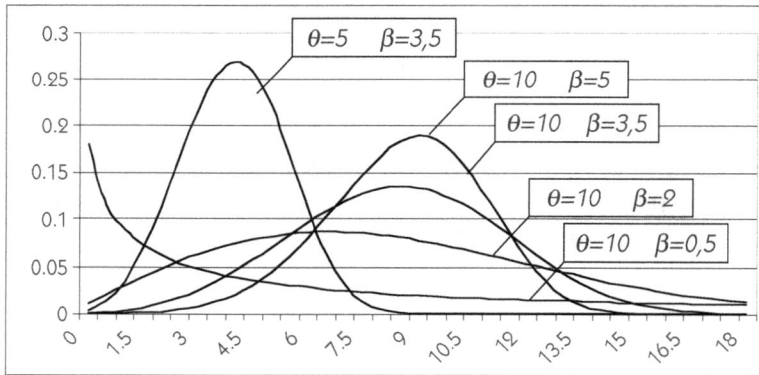

Figure 14 – Différentes lois de Weibull

- Dans le cas $\beta = 1$ la distribution de Weibull est identique à une distribution de la loi exponentielle.

- Dans le cas $\beta = 2$ la distribution de Weibull est identique à une distribution de la loi de Rayleigh.

- Dans le cas $\beta = 2.5$, la distribution de Weibull est presque identique à la distribution de la loi lognormale.

- Dans le cas $\beta = 3.6$, la distribution de Weibull est presque identique à la distribution de la loi normale.

- Dans le cas $\beta = 5$, La distribution de Weibull est presque identique à la distribution de la loi normale avec un Kutosis élevé.

C'est donc une loi qui permet de couvrir une large gamme de fonctions de répartition et qui convient très bien pour représenter les défauts de concentricité, de symétrie...

La difficulté dans l'utilisation de la loi de Weibull réside dans l'estimation des paramètres. Plusieurs méthodes existent pour cela depuis des méthodes manuelles en utilisant un papier spécial de Weibull jusqu'aux méthodes numériques fondées sur la régression linéaire en passant par les méthodes du maximum de vraisemblance. L'utilisation de l'une ou l'autre de ces méthodes peut conduire à des résultats très différents. Nous développerons la méthode de la régression linéaire.

La détermination des paramètres se fait facilement à partir d'un calculateur par les transformations logarithmiques suivantes :

$$1 - F(t) = e^{-\left(\frac{x}{\theta}\right)^{\beta}} \Rightarrow Ln(1/1 - F(t)) = \left(\frac{x}{\theta}\right)^{\beta}$$

$$LnLn\left(\frac{1}{1-F(t)}\right) = \beta\, Ln\left(\frac{x}{\theta}\right) = \beta\; Ln(x) - \beta Ln(\theta)$$

Ce qui peut (en choisissant une échelle correcte) se mettre sous la forme :

$y = ax + a$. On pourra donc porter les valeurs de :

$$LnLn\left(\frac{1}{1-F(x)}\right) \text{ en fonction de } Ln(x)$$

$$\text{Avec}\;\; F(x_i) = \frac{\displaystyle\sum_{j=1}^{j=i} n_j - 0,3}{N + 0,4}$$

N : nombre de valeurs

par exemple pour la 15ème valeur parmi 76

$$F(x_i) = \frac{15 - 0,3}{76 + 0,4} = 0,192$$

À partir de la droite on tire facilement l'équation de régression par les formules classiques de la régression linéaire. Les coefficients recherchés sont ensuite déduits de l'équation de régression.

Application

Si on reprend les données de la figure 9, la droite de régression sur les valeurs transformées donne la figure 1.

Recherche des coefficients de la loi de Weibull

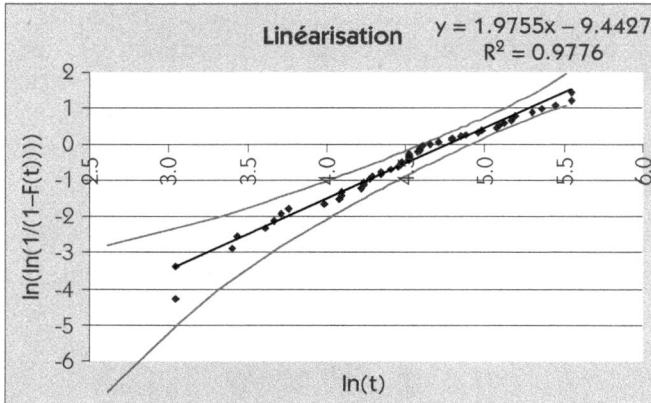

Figure 15 – Régression linéaire sur
les valeurs transformées

On trouve directement les coefficients :

- $\beta = 1.98$

- $-\beta Ln(\eta) = -9.45$ $d'où$ $\theta = e^{\frac{9.45}{1.98}} = 119$

La loi est donc de type *beta = 2* (voir figure 14)

Recherche des percentiles $P_{0.99865}$ et $P_{0.5}$

Connaissant les coefficients de la loi de Weibull, il est facile de déterminer le $P_{0.99865}$ et $P_{0.5}$ par la fonction $F(x) = 0,99865$ *et* $F(x) = 0.5$

$$F(x) = 1 - e^{-\left(\frac{x}{\theta}\right)^{\beta}} \quad \text{soit}$$

$$P_{0.99865} = \theta\left\{-ln\left(1 - F(x)\right)\right\}^{\frac{1}{\beta}} = 119\left\{-ln\left(1 - 0,99865\right)\right\}^{\frac{1}{1.98}} = 309$$

$$P_{0.50} = \theta\left\{-ln\left(1 - F(x)\right)\right\}^{\frac{1}{\beta}} = 119\left\{-ln\left(1 - 0,99865\right)\right\}^{\frac{1}{1.98}} = 99$$

On en déduit $Ppk = \dfrac{TS - P_{0.5}}{P_{0.99865} - P_{0.5}} = \dfrac{200 - 99}{309 - 99} = 0.48$

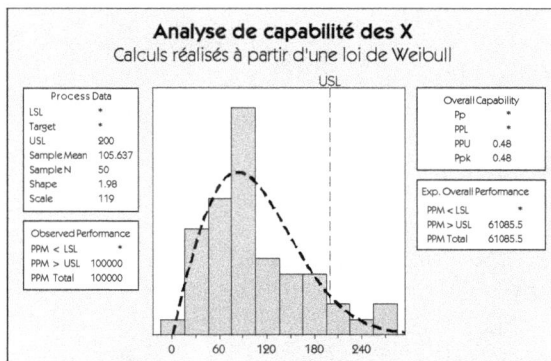

Analyse de capabilité des X
Calculs réalisés à partir d'une loi de Weibull

Figure 16 – Analyse de capabilité
avec Weibull

4.2. Distribution des valeurs extrêmes (de Gumbel)

La distribution de Gumbel est une distribution qui est bien adaptée pour modéliser le comportement des caractéristiques non symétriques. Il existe deux types de distribution : une pour les valeurs extrêmes côté minimum et une pour les valeurs extrêmes côté maximum. La figure 17 montre une distribution de Gumbel pour les valeurs extrêmes maximum dans le cas d'un perçage d'un trou de diamètre 5.5 ± 0.05.

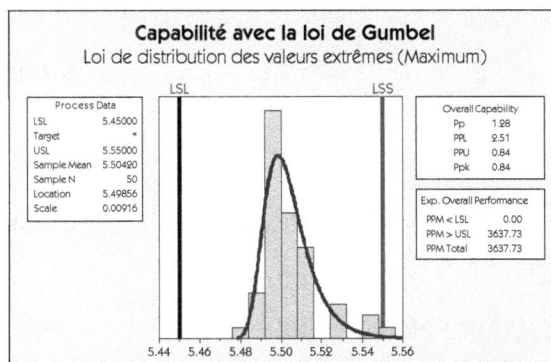

Capabilité avec la loi de Gumbel
Loi de distribution des valeurs extrêmes (Maximum)

Figure 17 – Distribution de Gumbel

4.2.1. Valeurs extrêmes minimum

La fonction de densité de probabilité est la suivante :

$$f(x) = \frac{1}{\beta} e^{\frac{x-\mu}{\beta}} e^{-e^{\frac{x-\mu}{\beta}}}$$

avec :

μ : paramètre de position

β : paramètre d'échelle

Lorsque $\mu = 0$ et $\beta = 1$ on obtient la distribution standard de Gumbel qui a pour fonction de densité de probabilité :

$$f(x) = e^x e^{-e^x}$$

Dans ce cas, la fonction de distribution cumulative est la suivante :

$$F(x) = 1 - e^{-e^x}$$

et la fonction qui donne le percentile est :

$$G(p) = ln(ln(\frac{1}{1-p}))$$

4.2.2. Valeurs extrêmes maximum

La fonction de densité de probabilité est la suivante :

$$f(x) = \frac{1}{\beta} e^{-\frac{x-\mu}{\beta}} e^{-e^{-\frac{x-\mu}{\beta}}}$$

La distribution standard de Gumbel qui a pour fonction de densité de probabilité :

$$f(x) = e^{-x} e^{-e^{-x}}$$

Dans ce cas, la fonction de distribution cumulative est la suivante :

$$F(x) = e^{-e^{-x}}$$

et la fonction qui donne le percentile est :

$$G(p) = -ln(ln(\frac{1}{p}))$$

4.2.3. Estimation des paramètres

Comme dans les autres cas, les paramètres peuvent s'estimer par différentes méthodes comme le maximum de vraisemblance ou par la méthode des moments. Dans ce cas, on calcule les coefficients par les relations :

$$\hat{\beta} = \frac{S\sqrt{6}}{\pi} \qquad \hat{\mu} = \overline{X} - 0.5772\beta$$

4.2.4. Application

Dans le cas de la figure 17, on trouve sur l'échantillon les paramètres suivant $\overline{X} = 5.504$: et $S = 0.0135$

On en déduit les paramètres de la relation :

$$\hat{\beta} = \frac{0.0135\sqrt{6}}{\pi} = 0.0105 \text{ et } \hat{\mu} = 5.504 - 0.5772x0.0105 = 5.498$$

Par la méthode du maximum de vraisemblance on trouve :

$$\hat{\beta} = 0.00916 \text{ et } \hat{\mu} = 5.499$$

Les capabilités se calculent par les relations :

$$Pp = \frac{TS - TI}{P_{0.99865} - P_{0.00135}} \qquad Ppk = min(\frac{TS - P_{0.5}}{P_{0.99865} - P_{0.5}}; \frac{P_{0.5} - TI}{P_{0.5} - P_{0.00135}})$$

avec dans la loi de Gumbel Standard

$$P_{0.99865} = -ln(ln(\frac{1}{0.99865})) = 6,607 \qquad P_{0.5} = 0.3665 \qquad P_{0.00135} = -1.888$$

On passe de la loi standard à la loi dans la grandeur étudiée par la relation classique : $x_p = \mu + \beta P_p$. On a donc dans l'échelle du problème

$$P_{0.99865} = 5.499 + 0.0089x6,607 = 5.559 \qquad P_{0.5} = 5.481 \qquad P_{0.00135} = 5.502$$

Ce qui permet de calculer $Pp = 1.28$ et $Ppk = 0.84$

5. Indicateur Ppm dans le cas unilatéral

Dans le cas des tolérances unilatérales, quelle que soit la méthode utilisée, le calcul du *Ppk* donne parfois des résultats curieux. En effet, pour les deux cas de la figure 18, on trouve un *Ppk* de *1,33*. Pourtant, il est évident que globalement la population *1* donnera un meilleur résultat en terme de fonctionnement global des produits. En effet, le maximum de densité de probabilité se trouvera proche de l'optimum (*0*). Le Ppk n'est donc pas un indicateur de capabilité qui traduit correctement la qualité des pièces dans le cas des tolérances unilatérales.

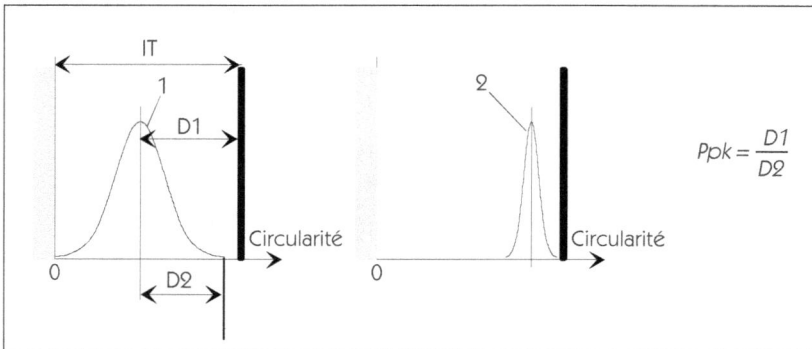

$$Ppk = \frac{D1}{D2}$$

Figure 18 – Cas unilatéral, deux situations identiques ?

Nous proposons dans ce paragraphe une extrapolation aux cas unilatéraux de la notion de *Cpm/Ppm* développée aux chapitres 2 et 5 qui permet une meilleure description de ces situations que les indicateurs classiques *Cpk/Ppk*.

5.1. Définitions

Taguchi définit la fonction perte dans le cas des tolérances unilatérales par la fonction $L = K.X^2$ (figure 19).

Définissons une situation de référence (figure 19) telle que :
- la moyenne soit située à $\lambda.\sigma$ de *0* ;
- la moyenne soit située à $4.\sigma$ de la limite supérieure ;
- *Ppm = 1,33*.

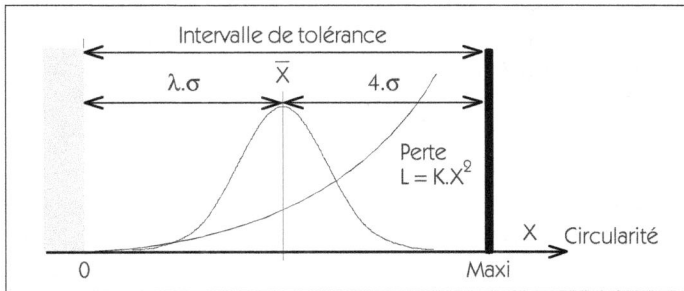

Figure 19 – Situation de référence telle que Ppm = 1,33

L'intervalle de tolérance représente alors $(4 + \lambda).\sigma$. Prenons le cas particulier où $\lambda = 4$ (la moyenne de la répartition de la situation de référence est située à $4.\sigma$ de 0). Le *Ppm* est alors défini comme étant (voir encadré pour l'origine de la formule) :

$$Ppm = \frac{IT}{1,46\sqrt{\sigma^2 + \overline{X}^2}}$$

Ppm peut être calculé par cette formule quelle que soit le type de répartition. Il est inversement proportionnel à la perte moyenne par pièce. Ppm est, comme le montre les exemples qui suivent, plus lié à la qualité globale des produits qu'à un pourcentage de pièces hors tolérance.

Origine du calcul du *Ppm*

La perte moyenne par pièce ($\overline{L}$) pour une production d'écart type σ (**non nécessairement normale**) est donnée par la relation suivante :

$$\overline{L} = \frac{1}{n} \sum K(X_i)^2 = \frac{K}{n} \sum (X_i - \overline{X} + \overline{X})^2$$

$$\overline{L} = \frac{K}{n} \sum (X_i - \overline{X})^2 + (\overline{X})^2 + 2(X_i - \overline{X})(\overline{X}) = 0$$

$$\overline{L} = K\left[\sum \frac{(X_i - \overline{X})^2}{n} + (\overline{X})^2 \right] \text{ D'où } \overline{L} = K.\left[\sigma^2 + (\overline{X})^2 \right]$$

.../...

.../...

Pour la situation de référence (figure 19), la perte moyenne générée par la situation de référence est égale à :

$$\overline{L} = K.\left[\sigma^2 + (k.\sigma)^2\right]$$

$$Ppm = \frac{IT}{A\sqrt{\sigma^2 + \overline{X}^2}} = \frac{(4+k).\sigma}{A\sqrt{\sigma^2 + (k.\sigma)^2}} = 1,33 \quad d'où \quad A = \frac{(4+k)}{1,33\sqrt{1+k^2}}$$

- *k* doit être déterminé par un accord entre le client et le fournisseur en fonction du niveau de qualité souhaité.
- *A* est une constante calculée à partir de *k*. Nous recommandons l'emploi de *k* = 4.

k	*3*	*4*	*5*
A	1,66	1,46	1,33

5.2. Calcul de Cpm et comparaison avec Cpk

Considérons les histogrammes de la figure 20 relatifs à des mesures de circularité :

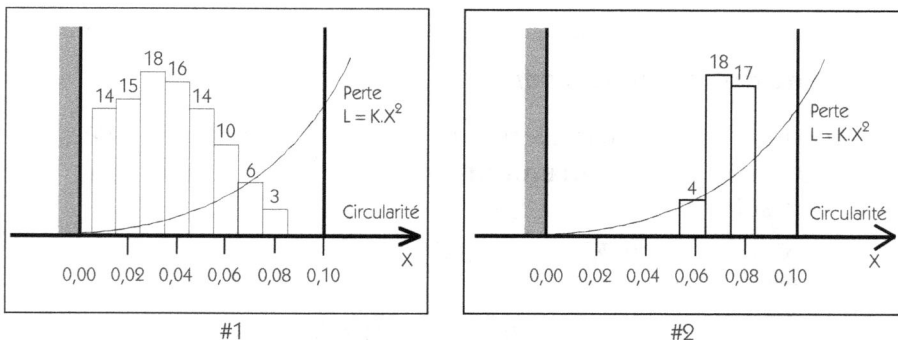

Figure 20 – Exemple # 1 et # 2

Exemple # 1 – Calcul du *Ppk*

Nous utiliserons la méthode rapide définie au paragraphe 1.2. On calcule l'écart type estimé et la moyenne de la répartition à partir de l'histogramme précédent :

$$S = \sqrt{\frac{\sum (X_i - \overline{X})^2}{n-1}} = 0,01927 \text{ et } \overline{X} = 0,03729$$

$$Ppk = \frac{0,1 - 0,0373}{3 x 0,01927} = \textbf{1,08}$$

Calcul du *Ppm*

$$Ppm = \frac{IT}{1,46\sqrt{\sigma^2 + \overline{X}^2}} = \frac{0,1}{1,46\sqrt{0,01927^2 + 0,03729^2}} = \textbf{1,63}$$

Exemple # 2 – Calcul du *Ppk*

$\overline{X} = 0,0733$

$S = 0,00662$

$$Ppk = \frac{0,1 - 0,0733}{3 x 0,00662} = \textbf{1,34}$$

Calcul du *Ppm*

La normalité de cette répartition n'est pas très bonne, mais cela n'a pas d'importance pour le calcul du *Ppm*.

On trouve $Ppm = \dfrac{0,1}{1,46\sqrt{0,0733^2 + 0,00662^2}} = \textbf{0,93}$

On le voit, dans le cas de figure #1, le *Ppm* donne une capabilité plus importante que le *Ppk* car la densité de probabilité est près de l'optimal (ici zéro). L'interprétation de ce *Ppm* est simple : la répartition du cas #1 donnera une perte plus faible que la répartition de référence (figure 19). Cela signifie que le fonctionnement des produits assemblés à partir de ces pièces sera de meilleure qualité. Le *Ppk* est fondé sur des concepts très différents du *Ppm*. En effet, ceux-ci s'appuient sur un critère quantitatif de pièces hors tolérance, alors que le *Ppm* est basé sur le fonctionnement optimal des produits. Mais ce qui doit intéresser l'industriel, c'est justement le bon fonctionnement des produits plus que les ppm en dehors de la tolérance !

Dans le cas #2, le *Ppm* donne une capabilité plus faible que le *Ppk*. Ceci est dû au fait que l'ensemble des valeurs est proche de la limite supérieure. Toutes les pièces ayant une circularité limite, le *Ppm* traduit que le fonctionnement des produits avec ce type de répartition sera moins bon qu'avec la répartition de référence (figure 19).

6. Calcul des cartes de contrôle dans le cas des critères uni limites

En général, le calcul des cartes de contrôle dans le cas uni limite est conforme au cas des tolérances bilatérales. En effet, l'hypothèse de construction des cartes de contrôle est **la normalité de la répartition des moyennes des échantillons**. Cette hypothèse ne suppose pas nécessairement la normalité de la population de départ.

On peut donc calculer les limites de contrôle par les formules suivantes :

$$LSC_{\overline{X}} = \overline{\overline{X}} + 3.\sigma_{\overline{X}} \qquad LIC_{\overline{X}} = \overline{\overline{X}} - 3.\sigma_{\overline{X}}$$

Les valeurs $\overline{\overline{X}}$ et $\sigma_{\overline{X}}$ (respectivement moyenne des moyennes et écart type de la répartition des moyennes) sont calculées à partir de la carte d'observation.

Pour la carte des étendues ou la carte des écarts types, il n'y a pas de changement par rapport au cas traditionnel.

Chapitre 11

Du tolérancement au pire des cas au tolérancement inertiel

Le tolérancement des caractéristiques est très important pour l'obtention de la qualité et de la fiabilité des produits assemblés. La détermination des tolérances dans un assemblage reste un difficile compromis entre deux situations : le tolérancement au pire des cas et le tolérancement statistique. Le tolérancement au pire des cas garantit l'assemblage dans toutes les situations à partir du moment où les caractéristiques élémentaires sont dans les tolérances. Le tolérancement statistique tient compte de la faible probabilité d'assemblages d'extrêmes entre eux et permet d'élargir de façon importante les tolérances pour diminuer les coûts. Cependant dans tous les cas de figure ce tolérancement se traduit par un bipoint [Min Max] qui n'est pas sans poser des problèmes en production. Une caractéristique est déclarée conforme si elle se situe « dans les tolérances ». Cette façon de faire est tellement ancrée dans les habitudes industrielles que – curieusement – personne ou presque ne la remet en cause.

Le tolérancement inertiel que nous développerons dans ce chapitre abandonne la notion de bipoint pour tolérancer la caractéristique par une cible et une inertie maximale autour de cette cible. Cette nouvelle représentation place la notion de conformité dans une autre logique : la recherche de la qualité du produit fini plutôt que le respect d'un intervalle pour la caractéristique. Nous détaillerons le fondement mathématique de ce tolérancement inertiel et décrirons ses principaux avantages sur le tolérancement traditionnel.

1. Différentes approches du tolérancement en cas d'assemblages

Dans le cas général du tolérancement d'un assemblage, le problème consiste à déterminer les tolérances sur les caractéristiques élémentaires X_i pour obtenir une caractéristique final Y satisfaisant le besoin des clients.

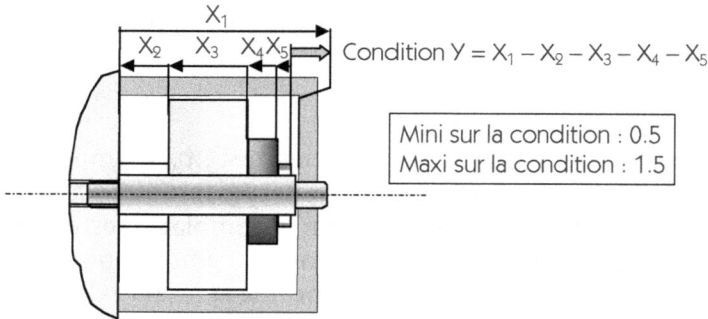

Condition $Y = X_1 - X_2 - X_3 - X_4 - X_5$

Mini sur la condition : 0.5
Maxi sur la condition : 1.5

Figure 1 – Exemple d'assemblage

Dans l'exemple ci-dessus, la condition Y (le jeu) dépend de l'addition de 5 caractéristiques élémentaires (X_1 ; ... ; X_5).

D'une façon plus générale, lorsqu'on travaille au voisinage de la cible, une approximation linéaire de premier ordre est largement suffisante pour étudier le comportement du système au voisinage de la cible. On considère alors que l'on peut caractériser le comportement de l'assemblage par l'équation

$$Y = \alpha_0 + \sum_{i=1}^{n} \alpha_i X_i$$

α_i représente le coefficient d'influence de X_i dans Y.

Le problème du tolérancement consiste à tenter de concilier deux préoccupations antagonistes :

- Fixer des tolérances les plus larges possibles sur les X_i pour diminuer les coûts de production.

- Assurer un niveau de qualité optimal sur la caractéristique Y.

1.1. Tolérancement au pire des cas

Dans ce cas, on considère que dans tous les cas d'assemblage, la tolérance sur Y sera respectée. On détermine les tolérances à partir de la relation :

$$Y = \alpha_0 + \sum_{i=1}^{n} \alpha_i X_i$$

On note $t_{xi} \pm \Delta_{xi}$ la tolérance au pire des cas sur les X_i

Dans le cas d'une relation linéaire, on a les relations :

$$t_y = \sum \alpha_i t_{xi} \quad \text{et} \quad \Delta_y = \sum |\alpha_i| \Delta_{xi}$$

Lors que les α_i sont égaux à 1, la cible sur Y est égale à la somme algébrique des cibles sur les X. La tolérance sur Y est égale à la somme des tolérances sur le X.

La répartition des tolérances peut se faire suivant plusieurs méthodes

- répartition uniforme des tolérances ;
- à partir des normes ou de règles de conception ;
- à partir de catalogues pour les produits standard ;
- à partir d'une répartition des tolérances proportionnelle à la racine carrée de la cote nominale ;
- en fonction de l'historique des capabilités.

Application sur l'exemple de la figure 1 :

Relation : $Y = X_1 - X_2 - X_3 - X_4 - X_5$

Détermination des cibles
Cible sur $t_Y = 1$

$$t_y = \sum t_{xi}$$

On fixe par exemple $t_{X1} = 30$; $t_{X2} = 9$; $t_{X1} = 15$; $t_{X1} = 4$; $t_{X1} = 1$;

Détermination des tolérances

$$\Delta_y = \sum \Delta_{xi}$$

En prenant une répartition uniforme sur l'ensemble des X_i, on a :

$$\Delta_{xi} = \frac{\Delta_y}{n}$$

Dans le cas d'un tolérancement au pire des cas, on divise la tolérance résultante par le nombre de cotes. On obtient alors une tolérance sur chaque X_i de *0.2 mm*.

L'inconvénient bien connu du tolérancement au pire des cas est le coût des produits associé à cette méthode. En effet, il conduit à des tolérances extrêmement serrées souvent très difficiles à tenir pour la production. Cela peut majorer de façon considérable les coûts de production par une augmentation des contrôles, des rebuts et par le choix de moyens de production plus sophistiqués. Par contre, lorsque les tolérances sont tenues au niveau des caractéristiques, on a la garantie du respect des spécifications au niveau du produit final.

Dans le cas d'une cotation « au pire des cas », tant que les tolérances sur les caractéristiques élémentaires sont respectées, on a la garantie que la tolérance sur la caractéristique résultante sera respectée. Cette **assurance se paye au prix de tolérances très serrées** sur les caractéristiques élémentaires.

1.2. Tolérancement statistique

Rappel (voir annexe statistique)

Dans le cas de l'addition de variables indépendantes :

- La moyenne de la résultante est égale à la somme des moyennes arithmétiques des variables indépendantes.

- La variance de la résultante est égale à la somme des variances des variables indépendantes.

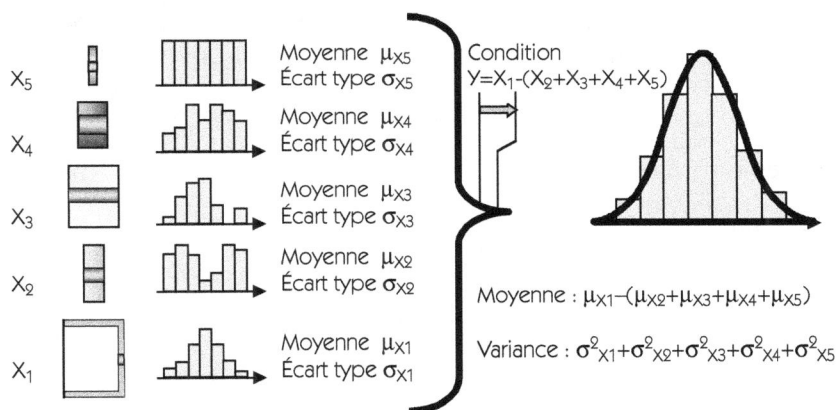

Figure 2 – Additivité des critères statistiques

Le tolérancement statistique a été développé pour tenir compte de l'aspect combinatoire des tolérances. A partir de l'équation

$$Y = \alpha_0 + \sum_{i=1}^{n} \alpha_i X_i$$

Dans le cas ou les variables X_i sont indépendantes (hypothèse pratiquement toujours vérifiée) et distribuées selon une loi quelconque (pas nécessairement normale) avec un écart type σ_i on a la relation suivante :

$$\sigma_Y = \sqrt{\sum \alpha_i^2 \sigma_i^2}$$

En supposant :

- que les tolérances sont proportionnelles à l'écart type (capabilités identiques pour chaque X_i) ;
- que les moyennes sont centrées sur la cible ;

On obtient l'équation

$$\Delta_Y = \sqrt{\sum_{i=1}^{n} \alpha_i^2 \Delta_i^2}$$

Dans ce type de tolérancement, une des hypothèses fondamentale est le centrage de toutes les caractéristiques élémentaires X_i sur la valeur cible.

Comme dans le pire des cas la répartition des tolérances sur chaque caractéristique élémentaire peut se faire de différentes manières.

Application sur l'exemple de la figure 1 :

Les cibles sont fixées de la même façon que dans le pire des cas.

Détermination des tolérances

$$\Delta_Y = \sqrt{\sum_{i=1}^{n} \Delta_i^2}$$

En prenant une répartition uniforme on a : $\Delta_{xi} = \dfrac{\Delta_y}{\sqrt{n}}$

Dans le cas d'un tolérancement au pire des cas, on divise la tolérance résultante par la racine du nombre de cotes
On obtient une tolérance sur chaque X_i de *0.45 mm*.

Dans cet exemple, on a multiplié par 2.24 ($\sqrt{5}$) les tolérances sur les caractéristiques élémentaires.

1.3. Règles simples de calcul mnémotechnique

Si on considère la situation de base d'une relation linéaire entre Y et les X avec des coefficients a égaux à *1*. En cas de répartition homogène des tolérances « **au pire des cas** », on divise la tolérance de la résultante par le nombre de cotes dans la chaîne de cotes.

En cas de répartition homogène des tolérances « **en répartition statistique** », on divise la tolérance de la résultante par la racine carrée du nombre de cotes dans la chaîne de cotes. On a les relations :

$$IT_{Résul\tan te} = \sqrt{\sum IT^2_{caractéristiques}}$$

$$IT_{Caractéristique} = \frac{IT_{résul\tan te}}{\sqrt{nb\ de\ caractéristiques}}$$

Cela revient à multiplier les tolérances obtenues « au pire des cas » par la racine carrée du nombre de cotes dans la chaîne de cotes.

1.4. Les autres approches statistiques

Plusieurs auteurs ont cherché à apporter un compromis entre les deux solutions extrêmes qui – comme on le verra plus loin – ne sont pas satisfaisantes. Le lecteur intéressé pourra se référer à l'ouvrage de Bernard Anselmetti[1] qui détaille plusieurs de ces approches.

2. La décision de conformité sur les caractéristiques élémentaires

Dans le cas d'un tolérancement au pire des cas, la décision de conformité sur une caractéristique élémentaire est simple à prendre. Si la caractéristique est dans les tolérances, elle est conforme sinon elle n'est pas conforme. La conformité est théoriquement acceptée lorsque le pourcentage des caractéristiques est inférieur à celui des rebuts autorisés.

Cette restriction peut être très sévère, et il est facile de trouver des situations qui seraient refusées mais qui donneraient pourtant satisfaction au niveau du jeu et donc de la fonction finale du produit.

---

1. Bernard Anselmetti – Tolérancement : 3 volumes – Hermes Science Publications – 2003

C'est notamment le cas de la figure 2 pour laquelle toutes les caractéristiques sont parfaitement centrées. On constate des rebuts sur chacune des caractéristiques, et pourtant, en cas d'assemblage de ces pièces, il n'y aura qu'une très faible proportion de pièces (699 par million) de pièces hors tolérance sur la caractéristique résultante Y.

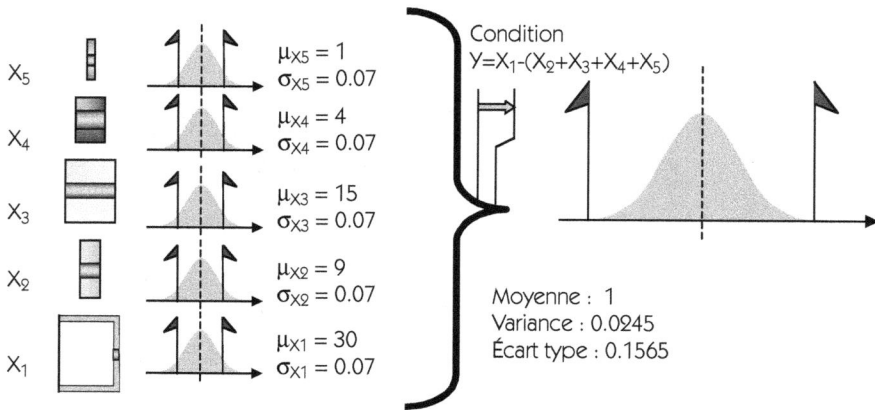

Figure 3 – Assemblage avec un tolérancement « au pire des cas »

L'exemple de la figure 2 nous pousse à penser que le tolérancement « au pire des cas » est trop restrictif d'un point de vue économique. Il faudrait donc élargir les tolérances.

La notion de conformité est plus complexe dans le cas d'un tolérancement statistique. La détermination des tolérances est fondée sur une distribution pas sur des cas particuliers. Dans ce cas se pose le problème de l'acceptation d'une pièce. Doit-on accepter une pièce en limite de tolérance ?

Là encore on peut facilement trouver des situations délicates (figure 4) dans lesquelles toutes les caractéristiques sont acceptées (en limite de tolérance) mais qui pourtant donnent des non-conformités sur la caractéristique Y. Ce qui est grave d'un point de vue qualité.

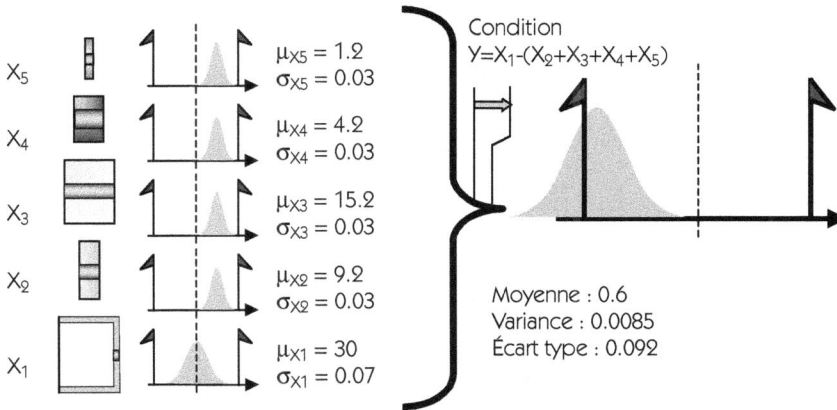

**Figure 4 – Situation délicate (lots en limite de tolérance)
avec le tolérancement statistique**

Comme on peut le constater, le tolérancement statistique est incompatible avec l'approche traditionnelle de la conformité largement répandu qui consiste à accepter une pièce lorsqu'elle est dans les tolérances.

Une des solutions consiste à utiliser le critère *Ppm* pour accepter les lots dans le cas de tolérancement statistique. Cependant cette approche est difficile à mettre en œuvre. En effet, on se retrouve avec des lot qui sont refusés mais avec des produits qui sont tous conformes. Cette situation est difficilement gérable.

En fait le problème est relativement simple, ce sont les variances qui s'additionnent et non les écarts types. Or les variances sont calculées à partir du carré des écarts à la moyenne, mais on place les tolérances sur les écarts. Il y a forcément une incompatibilité.

Aujourd'hui il n'existe pas de méthode universelle de tolérancement fondée sur la définition d'une tolérance [Min ; Max] garantissant à la fois :

- Les critères économiques (tolérances larges sur les caractéristiques individuelles) ;
- Les critères de qualité (assurer la conformité du produit en final) ;
- Une définition claire et sans ambiguïté de la conformité.

Nous avons acquis la certitude qu'il est possible de lever cette ambiguïté si on accepte de revoir notre façon de tolérancer. Nous avons donc proposé une nouvelle approche du tolérancement : le tolérancement inertiel[2].

3. Le tolérancement inertiel

3.1. Définition du tolérancement inertiel

Le but du tolérancement consiste à déterminer un critère d'acceptation sur les caractéristiques élémentaires X_i garantissant un niveau de qualité sur la caractéristique résultante Y. En plaçant une tolérance, le concepteur prend un risque de non-qualité par rapport à la situation idéale représentée par la cible.

Dans le cas d'une conception bien conduite, lorsque la caractéristique X est placée sur la cible la qualité obtenue est idéale. Lorsque X s'éloigne de la cible, le fonctionnement sera de plus en plus sensible aux conditions d'utilisation et d'environnement et pourra entraîner une insatisfaction chez le client. Taguchi a démontré que la perte financière associée à un écart par rapport à la cible était proportionnelle au carré de l'écart par rapport à la cible (décentrage).

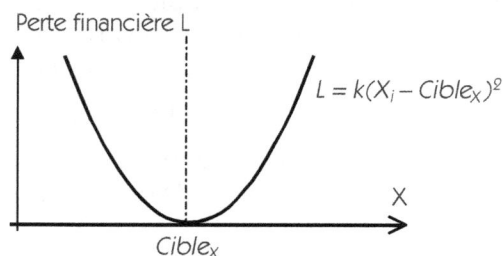

Figure 5 – Fonction perte de Taguchi

2. Maurice Pillet – Inertial Tolerancing – The Total Quality Magazine – Emerald Editor – Vol 16 – Issue 3 – May 2004

Dans le cas d'un lot, la perte associée est

$$\overline{L} = k\left(\sigma_X^2 + \left(\overline{X} - Cible_X\right)^2\right) = k\left(\sigma_X^2 + \delta_X^2\right)$$

Démonstration

$$\overline{L} = \frac{\sum k\left(x_i - Cible\right)^2}{n} = \frac{k\sum\left(x_i - \overline{X} + \overline{X} - Cible\right)^2}{n}$$

$$\overline{L} = \frac{k\sum\left(x_i - \overline{X}\right)^2 + \left(\overline{X} - Cible\right)^2 + 2\left(x_i - \overline{X}\right)\left(\overline{X} - Cible\right)}{n}$$

Le terme du double produit étant égale à zéro on retrouve :

$$\overline{L} = k\left(\sigma_Y^2 + \left(\overline{X} - Cible_Y\right)^2\right) = k\left(\sigma_Y^2 + \delta_Y^2\right)$$

L'objectif d'une production bien conduite consiste à limiter la perte financière liée aux écarts par rapport à la cible, il serait plus judicieux de tolérancer cette perte plutôt que de tolérancer des écarts.

Le tolérancement inertiel consiste justement à tolérancer la perte maximale que l'on peut admettre dans une production.

Dans la perte moyenne, le terme variable $I_X^2 = \sigma_X^2 + \delta_X^2$ (moyenne des écarts quadratiques) peut être rapproché de l'« inertie » d'une masse autour de la cible. C'est ce terme variable que nous proposons de tolérancer plutôt que de tolérancer un intervalle [min ; max] comme on le fait traditionnellement.

Définition

Dans le cas ou on dispose des valeurs individuelles d'un échantillon, l'inertie de cet échantillon est calculé par la relation :

$$I = \sqrt{\frac{\sum_{i=1}^{n}(x_i - Cible)^2}{n}} = \sqrt{\sigma^2 + \delta^2}$$

Ainsi dans le tolérancement inertiel, une tolérance ne s'exprime plus par l'expression d'un intervalle $X \pm \Delta X$ mais par une tolérance $X(I_X)$ Dans laquelle I_X représente l'inertie maximale que l'on accepte sur la variable X. Cette nouvelle façon de déterminer les tolérances possède les propriétés d'additivité très intéressantes dans le cas de relation linéaire entre les X et Y qui permettent de répondre de façon très intéressante au difficile compromis entre le tolérancement au pire des cas et le tolérancement statistique.

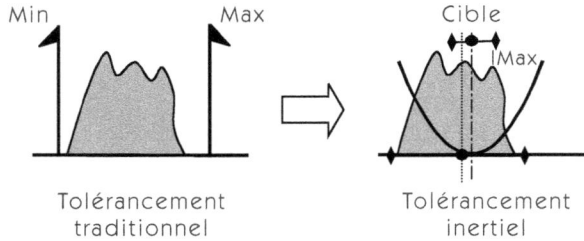

Figure 6 – Le tolérancement inertiel vs tolérancement traditionnel

3.2. Interprétation du tolérancement inertiel

3.2.1. Représentation graphique

Le tolérancement inertiel s'écrit : $I_X = \sqrt{\sigma_X^2 + \delta_X^2}$ avec

σ_X : l'écart type de la distribution des X

δ_X : L'écart entre la moyenne de la distribution et la cible.

On note la tolérance de la façon suivante : *Cible (I_X)*. Ainsi, une tolérance noté *10 (0.1)* aura une cible de *10* et une inertie maximale égale à *0.1*.

Son interprétation est donc relativement immédiate dans les deux situations suivantes :

Situation 1 : La production est parfaitement centrée sur la cible ($\delta_X = 0$)

Dans ce cas $I_X = \sqrt{\sigma_X^2} = \sigma_X$. L'écart type maximal est égal à l'inertie.

Situation 2 : La dispersion est nulle ($\sigma_X = 0$)

Dans ce cas $I_X = \sqrt{\delta_X^2} = \delta_X$. L'écart maximal de la moyenne à la cible est égal à l'inertie.

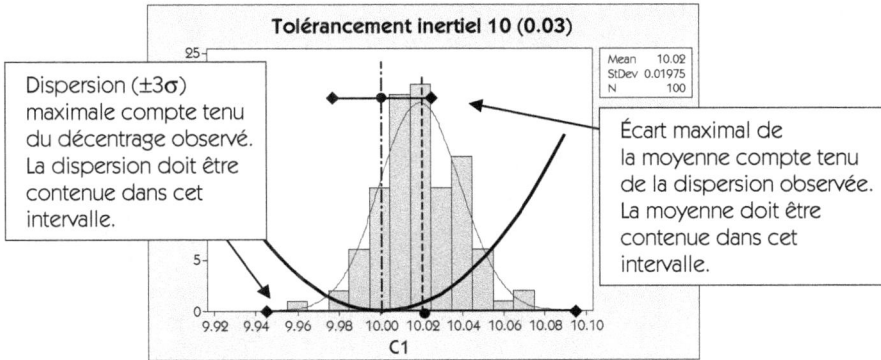

Figure 7 – Représentation du tolérancement inertiel

La figure 7 représente un histogramme d'une production devant satisfaire une cote 10(0.03).

On a trouvé $\overline{X} = 10.02$ et $\sigma = 0.01975$

Calcul de l'inertie $I = \sqrt{0.01975^2 + (10.02 - 10)^2} = 0.028$

L'inertie 0.028 est inférieur à l'inertie maximale 0.03 on accepte le lot.

Pour avoir une représentation visuelle de l'acceptation du lot, on fait apparaître sur l'histogramme (figure 7)

- La dispersion maximale ($\pm 3\sigma$) autour de la moyenne compte tenu du décentrage observé :

$$\sigma_{Max}^2 = I_{Max}^2 - \delta^2 \text{ soit } \sigma_{Max} = \sqrt{I_{Max}^2 - \delta^2} = \sqrt{0.03^2 - 0.02^2} = 0.0224$$

- Le décentrage maximal de la moyenne par rapport à la cible compte tenue de la dispersion observée

$$\delta_{Max}^2 = I_{Max}^2 - \sigma^2 \text{ soit } \delta_{Max} = \sqrt{I_{Max}^2 - \sigma^2} = \sqrt{0.03^2 - 0.01975^2} = 0.0226$$

Dans cet exemple on visualise facilement que le lot est acceptable… sans une grosse marge. On apprendra également à calculer des indicateurs Cp et Cpi pour faciliter l'interprétation du tolérancement inertiel. En fait, la représentation sur la moyenne et sur la dispersion est redondante. On pourrait se satisfaire d'indiquer l'écart maximal possible sur la moyenne compte tenu de la dispersion.

3.2.2. Cas extrêmes

La figure 8 montre trois situations de base en tolérancement inertiel.

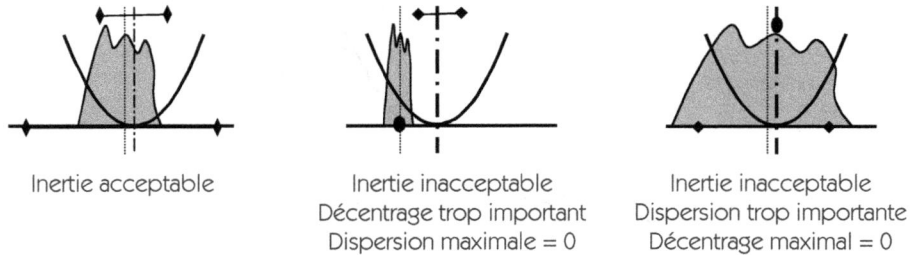

| Inertie acceptable | Inertie inacceptable
Décentrage trop important
Dispersion maximale = 0 | Inertie inacceptable
Dispersion trop importante
Décentrage maximal = 0 |

Figure 8 – Les trois situations de base du tolérancement inertiel

Dans le premier cas, la moyenne est comprise dans l'intervalle de variation des moyennes et la dispersion est plus faible que la dispersion maximale, on accepte le lot.

Dans le second cas, le décentrage est supérieur au décentrage maximal acceptable. Le décentrage est même tellement important que la dispersion possible est nulle. Le lot est refusé.

Dans le troisième cas, la dispersion est supérieure à la dispersion maximale acceptable. La dispersion est tellement importante que le décentrage admissible est nul.

On peut facilement écrire la relation entre le décentrage maximal admissible et la dispersion observée.

$$\delta^2_{XMax} = I^2_{XMax} - \sigma^2_X \ \text{ soit } \ \frac{\delta^2_{XMax}}{I^2_{Xmax}} = 1 - \frac{\sigma^2_{XMax}}{I^2_{Xmax}}$$

En fixant une inertie standard à 1 on trouve la relation entre δ et σ

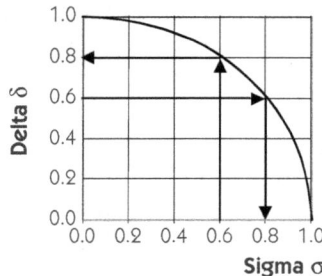

Figure 9 – Limite acceptable du décentrage
en fonction de σ

Tant que $\sigma < 0.6 I_{XMax}$, on peut accepter un décalage très significatif de la moyenne $\delta > 0.8 I_{XMax}$. De même, tant que le décentrage est faible, on peut accepter une dispersion très significative.

3.2.3. Représentation n°2

La représentation de la figure 10 est une autre façon de visualiser le tolérancement inertiel.

Elle illustre l'exemple que nous avons pris en figure 7, en représentant le domaine d'acceptation par un demi-cercle. Si l'inertie du lot est à l'intérieur du cercle, l'inertie est acceptable sinon elle n'est pas acceptable. Dans notre exemple le lot est clairement en limite d'acceptation.

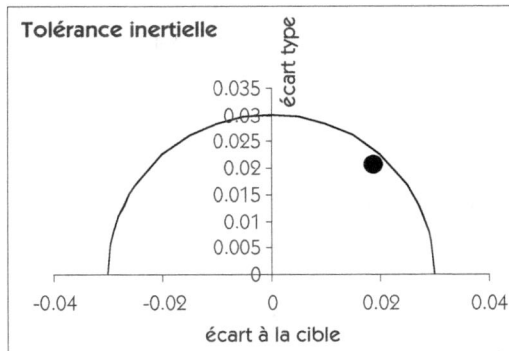

Figure 10 – Seconde représentation
de la tolérance inertielle

3.2.4. Représentation n°3

Bien que moins traditionnelle, la troisième représentation de l'inertie est relativement intéressante.

Pour construire cette représentation, on superpose à la loi de distribution une loi normale « équivalente », c'est à dire de même moyenne et de même écart type. On peut toujours trouver une loi « équivalente », même si la distribution n'est pas une distribution normale.

On définit le « point caractéristique » de la population comme étant le sommet de la loi normale « équivalente ».

- Abscisse du point caractéristique : μ

- Ordonnée du point caractéristique : $y = \dfrac{1}{\sigma\sqrt{2\pi}}$

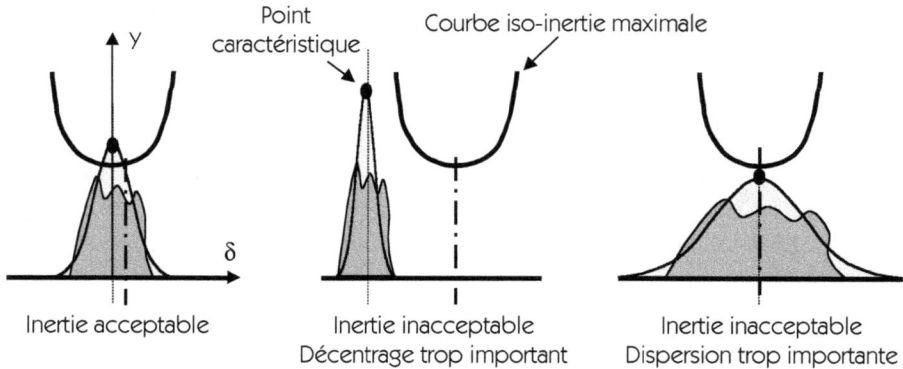

Figure 11– Troisième représentation de la tolérance inertielle

On définit également la courbe que décrit le « point caractéristique » lorsque l'inertie est maximale. C'est la courbe d'iso inertie maximale qui a pour équation :

$$y = \frac{1}{\sqrt{2\pi(I^2 - \delta^2)}}$$

La conformité se visualise alors très facilement : si le point est à l'intérieur de la courbe, l'inertie est acceptable, si le point est à l'extérieur de la courbe l'inertie n'est pas acceptable. Cette représentation à l'avantage de visualiser instantanément l'action à entreprendre pour rendre l'inertie conforme.

3.3. Indicateurs de capabilité en tolérancement inertiel

Comme dans le cas du tolérancement par intervalle de tolérance, on détermine deux indicateurs de capabilité : *Cp* et *Cpi* qui seront les « équivalents » de *Cp* et *Cpk* (ou *Cpm*). Le *Cp* sera calculé pour une situation centrée sur la cible, le *Cpi* sera calculé en fonction du décentrage observé. Le *Cp* et le *Cpi* étant des indicateurs de capabilité court terme, on définira avec les mêmes formules les indicateurs Pp et Ppi lorsque l'on parlera de performance long terme.

Définitions

$$Cp = \frac{I_{Max}}{\sigma_{CT}} \qquad Cpi = \frac{I_{Max}}{I_{ObservéCT}}$$

$$Pp = \frac{I_{Max}}{\sigma_{LT}} \qquad Ppi = \frac{I_{Max}}{I_{ObservéLT}}$$

L'interprétation de ces indicateurs est relativement similaire à ce que nous avons décrit dans cet ouvrage. Pour illustrer l'interprétation, on calcule les indicateurs de capabilité de la figure 7.

$$Cp = \frac{0.03}{0.01975} = 1.52 \qquad Cpi = \frac{0.03}{0.028} = 1.07$$

Le Cp indique la capabilité que l'on aurait en cas de centrage parfait. Le Cpi indique la capabilité en tenant compte du décentrage.

3.4. Conformité et tolérancement inertiel

Le tolérancement inertiel, propose une approche assez différente de la conformité par rapport au tolérancement traditionnel. En effet, nous avons montré au début de ce chapitre que le fait de prendre une décision de conformité sur l'appartenance à un intervalle conduisait à une décision erronée aussi bien en tolérancement statistique qu'en tolérancement au pire des cas.

Contrairement aux méthodes traditionnelles de tolérancement, le but n'est plus d'obtenir un niveau de qualité mesuré par un pourcentage hors tolérance, mais de garantir une inertie faible de X autour de la cible afin de garantir la qualité du produit assemblé. On ne raisonne plus sur des proportions hors tolérances mais sur l'inertie, **la normalité n'est donc plus un critère nécessaire. Un lot est déclaré conforme si son inertie est inférieure à l'inertie maximale admise.**
Le tolérancement inertiel conduit à un intervalle d'acceptation qui varie en fonction de la quantité de pièces produites.

Pour illustrer ce point (figure 12) imaginons une caractéristique tolérancée 10 I(0.1)

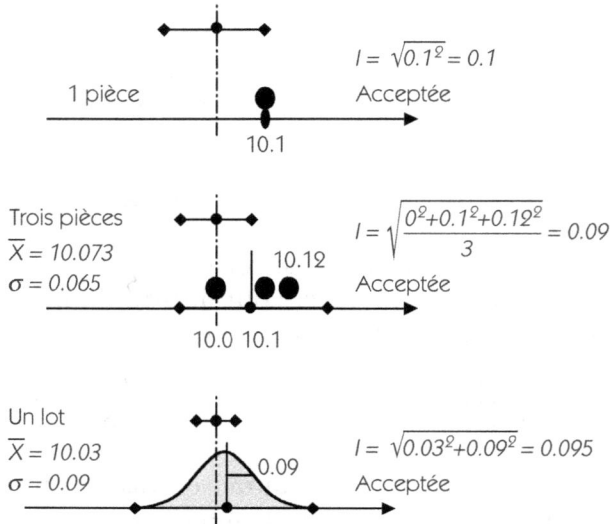

$$I = \sqrt{0.1^2} = 0.1$$

1 pièce — Acceptée

10.1

Trois pièces
$\overline{X} = 10.073$
$\sigma = 0.065$

$$I = \sqrt{\frac{0^2 + 0.1^2 + 0.12^2}{3}} = 0.09$$

10.12 — Acceptée

10.0 10.1

Un lot
$\overline{X} = 10.03$
$\sigma = 0.09$

$$I = \sqrt{0.03^2 + 0.09^2} = 0.095$$

0.09 — Acceptée

Figure 12 – Conformité dans le cas inertiel

- Cas d'une seule pièce mesurée à *10.1*. Dans ce cas l'inertie pour une pièce est égale à *0.1*. La pièce est en limite d'acceptation.

- Prenons maintenant le cas de 3 pièces telles que l'on trouve : *10.00 ; 10.10 ; 10.12*. L'inertie est alors *I = 0.09*. Les trois pièces sont acceptées

- Enfin prenons le cas d'un lot de pièces de moyenne *10.03* et d'écart type *0.09*. Dans ce cas l'inertie *I = 0.095* ; Le lot est également accepté bien qu'il contienne *21.8* % de produits dont la cote est supérieure à *10.1* qui est la limite d'acceptation dans le cas d'une production unitaire.

Cette « tolérance floue » est un point particulièrement intéressant du tolérancement inertiel. Dans le cas d'une production unitaire, cela garantit la parfaite conformité de la production dans le pire des cas. Dans le cas de production en série, la tolérance inertielle tient compte des faibles probabilités d'assemblages des extrêmes.

3.5. Tolérancement inertiel dans le cas d'un assemblage

La détermination des tolérances inertielles dans le cas ou une caractéristique finale Y dépend d'une combinaison linéaire de plusieurs caractéristiques X peut répondre à plusieurs objectifs :

- garantir l'inertie de la caractéristique finale Y ;
- garantir la conformité de la caractéristique finale Y par rapport à des spécifications *[Min ; Max]* ;

3.5.1. Garantir l'inertie de la caractéristique finale Y

Nous nous placerons dans le cas où une variable résultante Y dépend d'une fonction linéaire des caractéristiques X_i

Dans ce cas, il est facile de montrer que l'on a :

$$\sigma_Y^2 = \sum \alpha_i^2 \sigma_i^2 \qquad \delta_Y = \sum \alpha_i \delta_i$$

Calculons l'inertie obtenue sur la caractéristique Y.

$$I_Y^2 = \sigma_Y^2 + \delta_Y^2 = \sum \alpha_i^2 \sigma_i^2 + \left(\sum \alpha_i \delta_i^2 \right)$$

$$I_Y^2 = \sum \alpha_i^2 \sigma_i^2 + \sum \alpha_i^2 \delta_i^2 + 2 \sum \sum \alpha_i \alpha_j \delta_i \delta_j$$

qui s'écrit sous la forme :

$$I_Y^2 = \sum \alpha_i^2 I_{Xi}^2 + 2 \sum \alpha_i \alpha_j \delta_i \delta_j \quad (13)$$

La première partie de l'équation correspond à l'additivité des inerties au carré. Le double produit correspond au cas où tous les décentrages s'effectuent du même côté. Dans le cas de répartition aléatoire des moyennes lorsque le nombre de composants est important, on peut considérer que ce double produit est égal à zéro.

L'équation 13 se simplifie dans les cas simples ou les $\alpha i = 1$ et en cas de répartition uniforme des inerties ($I_{iMax} = I_{Max}$).

On a alors $I_{Max} = I_Y / \sqrt{n}$

3.5.2. Garantir la conformité de la caractéristique finale Y

C'est l'approche que nous préconisons. Pour faire le calcul des inerties maximales que l'on peut admettre sur chaque caractéristique, on se place dans une situation théorique ou toutes les caractéristiques élémentaires sont centrées. Dans cette situation les inerties sont égales à l'écart type et la caractéristique Y sera également centrée avec comme variance la somme pondérée des variances.

On répartit alors la variance de Y sur l'ensemble des caractéristiques élémentaires X. Ce qui permet de définir l'inertie maximale sur chaque X.

Pour permettre un décentrage sur un X, il faudra nécessairement que la dispersion soit plus faible que la dispersion maximale que l'on vient de calculer.

3.5.3. Application sur un exemple

Pour illustrer le calcul des inerties dans le cas d'un assemblage mécanique, reprenons l'exemple de la figure 1.

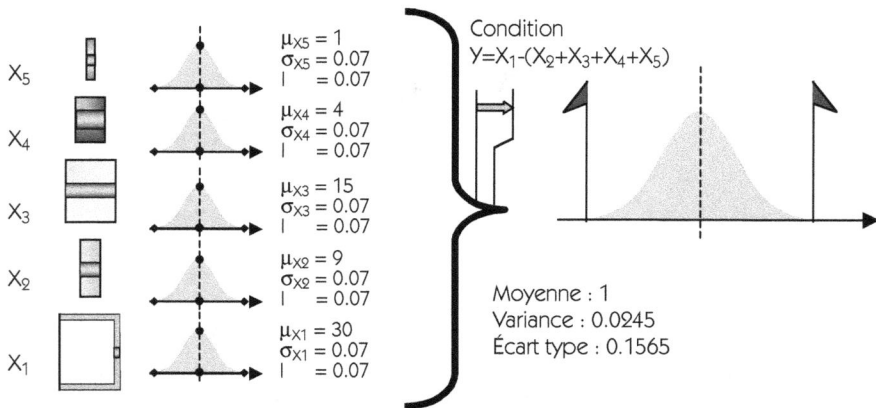

Figure 13 – Situation centrée

Pour faire le calcul de la répartition des inerties, on se place en position centrée ($\delta = 0$). Dans ces condition l'inertie $= \sqrt{\sigma^2 + \delta^2} = \sigma$

Si l'on prend l'hypothèse d'une répartition uniforme des variances, on a :

$$\sigma_Y^2 = \sigma_{X1}^2 + \sigma_{X2}^2 + \sigma_{X3}^2 + \sigma_{X4}^2 + \sigma_{X5}^2 = 5\sigma_X^2$$

On peut donc facilement calculer la variance maximale admissible en position centrée sur chaque X en fonction de la variance maximale admissible sur la résultante Y (distribution uniforme des variances).

Soit $\sigma_X^2 = \dfrac{\sigma_Y^2}{5} = \dfrac{0.0245}{5} = 0.0049$

On remarque évidemment que lorsque les X sont centrés, ils ont une dispersion possible identique au calcul statistique en tolérancement traditionnel. Mais nous allons voir que contrairement au tolérancement statistique, le tolérancement inertiel ne peut pas conduire à des situations aussi délicates que celle de la figure 4.

Remarque : La plupart des logiciels de conception assistée par ordinateur proposent une aide au tolérancement. Pour obtenir le tolérancement inertiel, il suffit de demander un calcul statistique des tolérances. Le résultat de ce calcul est donné sous forme d'un tableau comportant les cibles et les écarts types sur les X. On a donc directement la tolérance inertielle avec ces logiciels : *Cible(sigma)*.

Considérons maintenant une situation où quatre décentrages sont défavorables avec une inertie en limite d'acceptation (0.064 pour 0.07 figure 14).

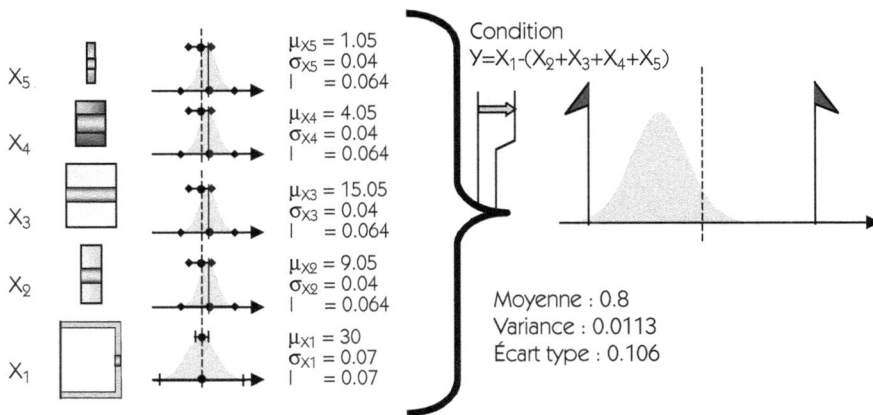

Figure 14 – Situation tous décentrés du coté défavorable

Comme le montre la figure 14, même dans une situation très défavorable (toutes les inerties sont en limite d'acceptation), cela conduit a une situation acceptable au niveau de la caractéristique finale compte tenu que le calcul des inerties maximales sur les X a été calculé pour obtenir un Cp de 1 sur Y.

Ainsi, le tolérancement inertiel permet de pouvoir travailler sur une dispersion large en cas de centrage, mais de garantir dans toutes les situations d'assemblage une qualité de la caractéristique Y. Et ceci dans l'indépendance des différentes caractéristiques X

4. Tolérancement inertiel dans le cas de critères unilatéraux

Nous avons traité dans les précédents paragraphes du tolérancement inertiel dans les cas de critères bilatéraux, tels qu'une cote. Nous allons montrer dans ce paragraphe que la même définition peut être étendue facilement aux cas des critères unilatéraux tels qu'un défaut de forme ou de position.

Dans ces cas, la cible est fixée à zéro et l'inertie est calculée par la relation :

$$I_X^2 = \frac{\sum X_i^2}{n} = \overline{X}^2 + \sigma^2$$

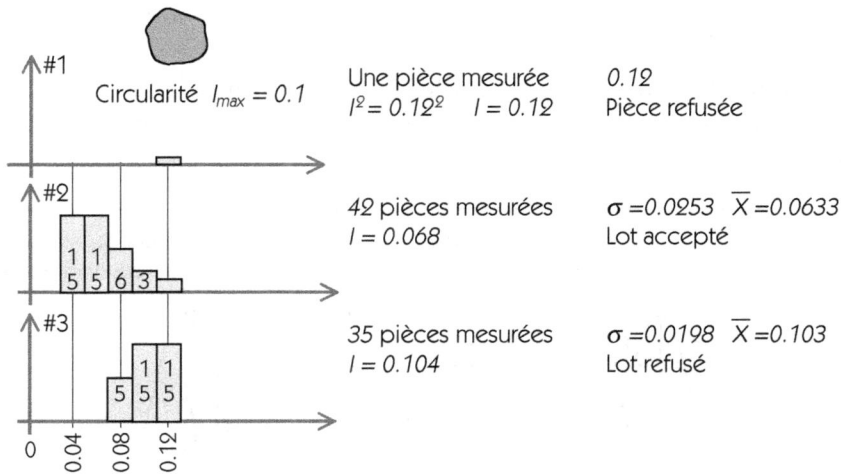

Figure 15 – Interprétation du tolérancement inertiel dans le cas unilatéral

La figure 15 montre un exemple de tolérancement inertiel unilatéral sur une circularité de tolérance $I = 0.1$

L'exemple #3 est refusé alors qu'il ne comporte pas de valeurs supérieures au cas de l'exemple #2 qui lui est accepté. Cela vient du fait que la densité de probabilité autour des situations limites est plus importante dans le cas #3 que dans le cas #2.

5. Pilotage des caractéristiques inertielles

Le but du pilotage est de garantir l'inertie. Après observation on trouve une capabilité Cp. On suppose que l'écart type court terme est constant au cours de la production et égal à σ. Dans ces conditions, le suivi consiste à vérifier l'hypothèse « sigma constant » avec une carte de contrôle des étendues ou des écarts types et à surveiller le centrage du processus sur la cible afin de garantir l'inertie des lots produits.

Dans ces conditions on doit suivre les deux cartes de contrôles :

- Carte de contrôle des étendues : Le suivi de la dispersion permet de vérifier que l'écart type est toujours constant.

- Carte de contrôle des moyennes : Pour vérifier que la moyenne est centrée sur la cible.

Les calculs des limites de contrôles sont conformes aux calculs des limites traditionnelles (qui ne font d'ailleurs pas intervenir la tolérance).

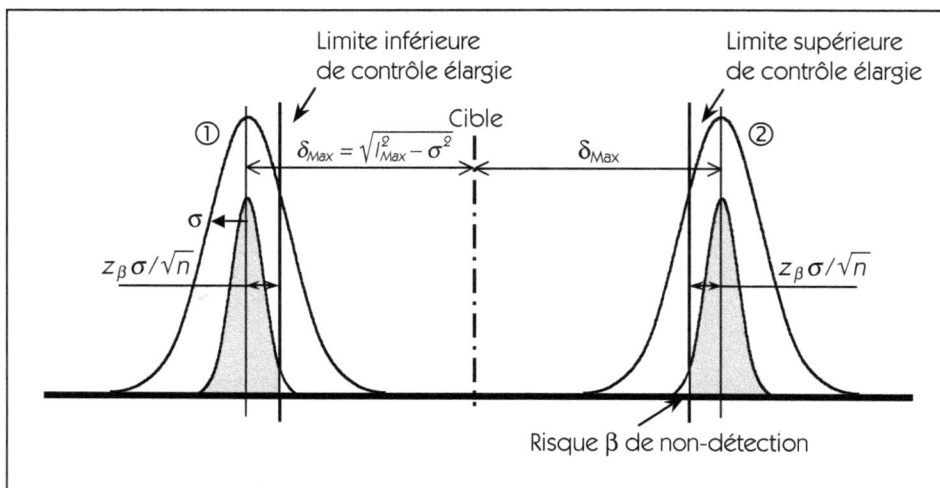

Figure 16 – Calcul d'une carte aux limites élargies avec Cpi objectif

Dans les cas ou la capabilité court terme *Cp* est excellente, ce qui est gagné sur la dispersion peut être utilisé pour permettre une dérive de la position tout en garantissant une inertie maximale.

Afin de satisfaire l'inertie des lots, la moyenne doit être comprise dans l'intervalle *Cible* $\pm\, \delta_{max}$ avec $\delta_{Max} = \sqrt{I_{Max}^2 - \sigma^2}$

Pour cela on peut calculer des limites élargies sur la carte de contrôle pour garantir que $\delta < \delta_{Max}$.

Considérons la figure 16 dessinée avec un cas extrême avec un décentrage maximal. La courbe 1 modélisant la dispersion court terme est placée le plus possible vers le mini. La courbe 2 est placée le plus possible vers le maxi. On veut détecter cette situation avec un risque de non détection égal à β. Dans ce cas, on calcule les limites de contrôle par les formules :

$$LSC_{\overline{X}} = Cible + \delta_{Max} - z_\beta \frac{\sigma}{\sqrt{n}} = Cible + \sqrt{I_{Max}^2 - \sigma^2} - z_\beta \frac{\sigma}{\sqrt{n}}$$

$$LIC_{\overline{X}} = Cible - \delta_{Max} + z_\beta \frac{\sigma}{\sqrt{n}} = Cible - \sqrt{I_{Max}^2 - \sigma^2} + z_\beta \frac{\sigma}{\sqrt{n}}$$

6.   Conclusion

Un des principes de base de la qualité est la conformité. Cependant, cette conformité, si elle est relativement facile à définir pour un produit fini, n'est pas triviale dans le cas de caractéristiques élémentaires. La décision de conformité dans ce cas ne doit pas porter sur la caractéristique concernée, mais plutôt sur l'incidence de la configuration de la caractéristique dans la qualité du produit en final. Les systèmes de tolérancement actuellement utilisés, prennent tous comme postulat de départ qu'une tolérance doit être définie par un bipoint [Min ; Max]. Nous avons montré dans ce chapitre que l'on pouvait imaginer une autre façon de définir les tolérances en définissant l'inertie maximale autour de la cible. Cette nouvelle façon de concevoir le tolérancement offre de nombreux avantages et principalement de concentrer la décision de conformité sur la qualité du produit fini plutôt que sur l'évaluation d'un pourcentage de non conformes au niveau de la caractéristique. Ainsi, il est possible de trouver le meilleur compromis entre une dispersion la plus large possible laissées à la production (le coût) et la qualité souhaitée sur le produit fini.

Annexes

Statistiques de base

Tout au long de cet ouvrage, nous faisons appel à des connaissances statistiques. Pour bien comprendre les concepts de la MSP, il est nécessaire de disposer des bases statistiques élémentaires que nous allons présenter dans cette annexe. Nous nous limiterons aux notions nécessaires en évitant d'alourdir la lecture par des démonstrations que le lecteur pourra trouver dans la bibliographie.

1. Représentation graphique d'une distribution

1.1. Le diagramme des fréquences

Le diagramme des fréquences (figure 1) est une première représentation. Son inconvénient est de donner une image difficilement interprétable lorsque les données sont étalées selon une grande plage de mesure.

Diamètre 7.7 ± 0.03									
7.682	7.696	7.706	7.702	7.711	7.706	7.711	7.717	7.703	7.702
7.705	7.714	7.703	7.698	7.711	7.698	7.704	7.689	7.717	7.710
7.695	7.711	7.696	7.724	7.708	7.694	7.703	7.703	7.699	7.711
7.703	7.692	7.709	7.704	7.703	7.702	7.708	7.703	7.702	7.700
7.703	7.703	7.699	7.700	7.712	7.692	7.708	7.695	7.706	7.712

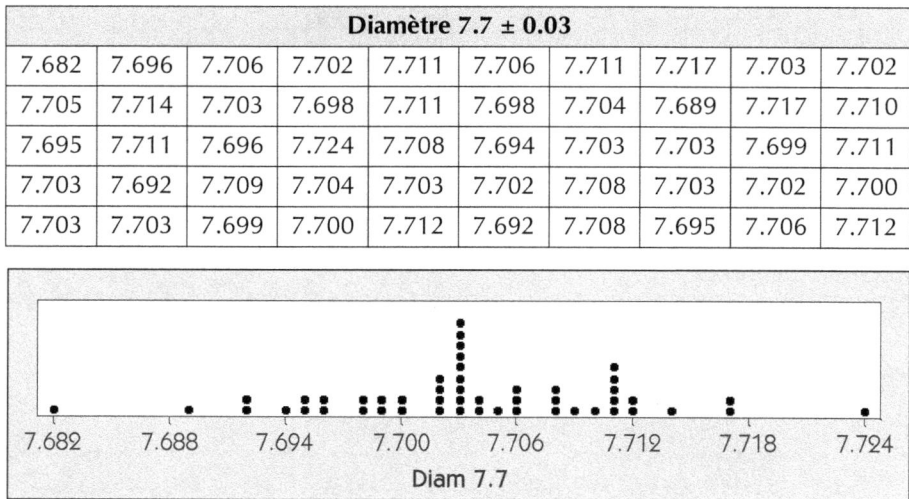

Figure 1 – Diagramme des fréquences

Pour éviter cet inconvénient, on lui préfère la représentation sous forme d'histogramme (figure 2) qui donne une meilleure image de la répartition des valeurs.

1.2. La représentation sous forme d'histogramme

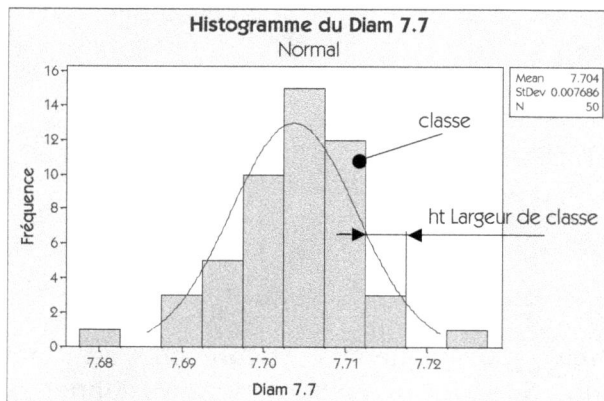

Figure 2 – Exemple d'histogramme

Pour étudier les dispersions dans une production, il est important de visualiser ces dispersions au travers d'un diagramme. L'histogramme est un diagramme couramment utilisé pour représenter une distribution. Nous allons étudier dans ce paragraphe la technique de construction d'un histogramme qui demande parfois un peu d'attention si nous souhaitons obtenir une bonne représentation de la distribution.

Définition

Un histogramme est un diagramme à barres (rectangles) contiguës dont les aires sont proportionnelles aux fréquences.

Un histogramme montre graphiquement les points suivants :
- Le centrage des données par rapport aux spécifications
- La dispersion des données
- La symétrie de la répartition
- La présence de valeurs aberrantes
- La présence de modes multiples

Norme de représentation

La représentation d'un histogramme pour être correcte doit suivre la méthode suivante qui permet d'éviter les deux erreurs classiques dans la représentation qui sont :
- le nombre de classes mal adapté ;
- la présence de valeurs aux limites de classes.

La norme CNOMO E41.32.110.N (plus valide depuis 2004) définissait les modalités de calcul des histogrammes d'une façon rigoureuse. Lorsque les histogrammes sont construits selon cette norme, les deux écueils cités ci-dessus ne peuvent arriver.

On peut noter à ce propos l'importance de la construction d'un histogramme correct si l'on veut réaliser le test de normalité du χ^2 (Khi 2) que nous aborderons plus loin. Lorsque l'histogramme de départ n'est pas bien construit, le test du χ^2 donne des résultats fantaisistes.

La procédure de construction est une procédure en 4 points.

1. Choix du nombre de classes : *Kt*

Le nombre de classes (arrondi au nombre entier supérieur) est donné par la relation suivante :

$$Kt = 1 + \frac{10.\log(N)}{3}$$

avec *N* nombre de valeurs.

On trouve également le calcul plus simple suivant :

$$Kt = \sqrt{N}$$

Le nombre de classes est généralement limité à 20 classes.

2. Calcul de l'intervalle de classe

Calculer l'étendue de mesure *Wt* du prélèvement.

Wt = (Cote Maxi - Cote mini) dans le prélèvement

L'intervalle de classe *ht* se calcule :

$$ht = \frac{Wt}{Kt}$$

L'intervalle de classe théorique **doit être arrondi à un multiple de la résolution de mesure de l'instrument**. La résolution de mesure dépend de l'instrument utilisé. Ainsi un micromètre a une résolution de mesure de 0,001 mm alors qu'un pied à coulisse a une résolution de 0,01 mm.

Si l'intervalle de classe n'est pas un multiple de la résolution de l'instrument (exemple des microns), chaque classe ne regroupera pas le même nombre de microns.

Exemple :
Soit *Ht = 0,116*, résolution de la mesure *0,1*.
Les mesures sont au dixième, on arrondit donc la valeur *0,116* à *0,1*.

3. Calcul de la valeur limite inférieure

La valeur limite inférieure de l'histogramme est égale à la plus petite valeur moins la moitié de la résolution. On peut également cadrer la valeur limite inférieure de façon à équilibrer le nombre de définition de mesure dans la première et la dernière classe.

Exemple
- plus petite valeur   *= 9,3*
- résolution   *= 0,1*
- limite inférieure   *= 9,3 - 1/2(0,1) = 9,25*

4. Construction de l'histogramme

La construction de l'histogramme est réalisée en comptant le nombre de valeurs dans chaque classe et en représentant un rectangle de hauteur proportionnelle à ce nombre et de largeur proportionnelle à l'intervalle de classe.

1.3. Exemple de construction d'histogramme

Un relevé de production a donné les valeurs suivantes :

10,305	10,272	10,261	10,278	10,306	10,269	10,277	10,301	10,295	10,302
10,300	10,280	10,304	10,266	10,303	10,281	10,313	10,271	10,305	10,292
10,298	10,306	10,285	10,292	10,283	10,317	10,292	10,289	10,305	10,312
10,290	10,310	10,291	10,299	10,262	10,328	10,301	10,316	10,305	10,303
10,323	10,320	10,291	10,302	10,279	10,306	10,305	10,312	10,278	10,321

1. Choix du nombre de classes : Kt

$$Kt = 1 + \frac{10.log(50)}{3} = 6,66 \ arrondi \ à \ 7$$

2. Calcul de l'intervalle de classe

$$Wt = (10,328 - 10,261) = 0,067$$
$$Ht = 0,067/7 = 0,0096$$

L'intervalle de classe théorique doit être arrondi au nombre compatible avec la résolution de mesure. La résolution de mesure étant de *0,001 mm*, on prendra *Ht = 0,010*.

3. Calcul de la valeur limite inférieure

- plus petite valeur   = *10,261*
- résolution   = *0,001*
- limite inférieure   = *10,261- 0,0005 = 10,2605*

4. Construction de l'histogramme

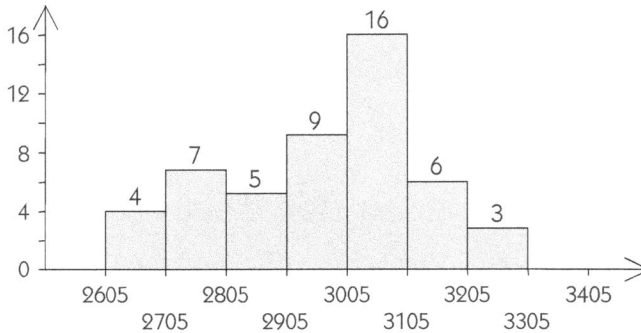

Figure 3 – Histogramme de l'application

1.4. La boîte à moustache

La boîte à moustache est couramment utilisée pour représenter les distributions de population. Dans cette représentation (figure 4), on distingue :

- **La boîte** dont la largeur correspond à 50 % de la population. Ainsi, le bas de la boîte correspond au premier quartile (*Q1 : 25 %* de la population) et le haut de la boîte correspond au troisième quartile (*Q3 : 75 %*).

- **Les moustaches** qui sont les lignes qui s'étendent de part et d'autre de la boîte représentent l'étendue des données s'il n'y a pas de valeur aberrante.
  Pour définir une valeur aberrante, on calcule :
  – une limite basse par la relation *Q1 - 1.5 (Q3 - Q1)*
  – une limite haute par la relation *Q1 + 1.5 (Q3 - Q1)*
  Q1 étant le premier quartile (25 % des valeurs) et *Q3* le troisième quartile (75 % des valeurs)

- **Les points aberrants** sont les points en dehors des limites haute et basse définies précédemment. Ils sont généralement représentés par des astérisques (*).

- **Le trait** séparant la boîte représente la médiane (50 % des valeurs).

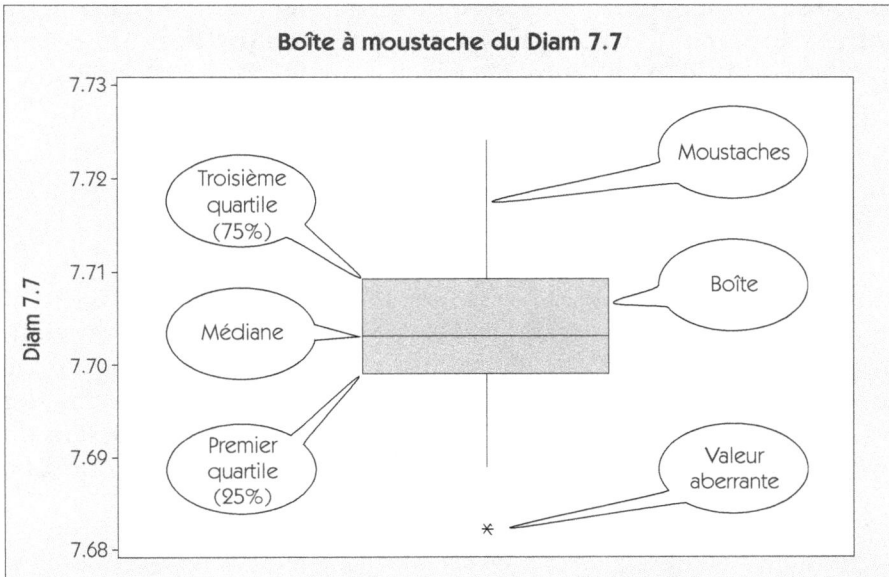

Figure 4 – Boîte à moustache

Ce type de représentation est particulièrement utile pour visualiser la symétrie d'une répartition ou pour comparer plusieurs distributions.

Remarque, il n'existe pas de normalisation de la représentation en boîte à moustaches, aussi, on trouve de nombreuses variantes dans sa représentation.

2. Les lois de répartition continues

2.1. Notion de population et d'échantillon

En statistique, nous devons faire la différence entre la population et l'échantillon. Dans l'exemple précédent, pour avoir une idée de la répartition des pointures, on peut faire une étude sur 50 personnes. On parlera alors d'un **échantillon**. On peut théoriquement multiplier à l'infini cette mesure afin d'avoir la vraie valeur de la moyenne, on parlera alors de **population**.

Lorsque l'on procède à des essais, on ne connaît jamais la **population**, mais on a toujours à faire à un **échantillon**. Un de nos problèmes sera donc d'estimer à partir d'un échantillon les résultats probables sur la population.

2.2. Expérience sur les pointures d'un groupe de 50 hommes

Si on représente l'histogramme des pointures de chaussures d'un groupe de 50 hommes, la répartition ne sera pas quelconque. De nombreuses personnes chaussent du 42/43, et rares sont les personnes qui chaussent du 46. De même, les hommes chaussant du 38 sont assez rares. La répartition des pointures suivra donc une courbe comme l'indique la figure 5.

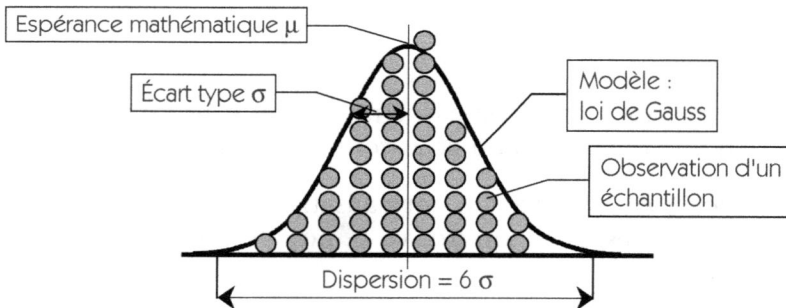

Figure 5 – Répartition suivant une loi normale

Cette courbe est appelée en statistique : courbe de la loi normale ou courbe de GAUSS du nom du mathématicien qui a étudié cette répartition.

Cette constatation n'est pas un hasard, on retrouve cette répartition très souvent dans la nature. En production également, la répartition des pièces sur une machine suit une loi normale sur toutes les machines en production stabilisée. En effet, cette répartition est la conséquence du théorème central limite qui dit :

Théorème central limite

Tout système, soumis à de nombreux facteurs, indépendants les uns des autres, et d'un ordre de grandeur de l'effet équivalent, génère une répartition qui suit une loi de GAUSS.

La position moyenne des pièces donne une bonne indication de la position de réglage de la machine. La largeur de la courbe (la dispersion) donnera une bonne indication de l'aptitude de la machine à produire des pièces dans un intervalle de tolérance donné.

2.3. Expérience avec des pièces

La seconde expérience consiste à jeter des pièces contre un mur pour placer les pièces le plus près possible de celui-ci. Nous représentons ensuite sur un histogramme la distance qui sépare le mur de chacune des pièces. Dans ce cas, nous obtenons un histogramme qui a la forme suivante :

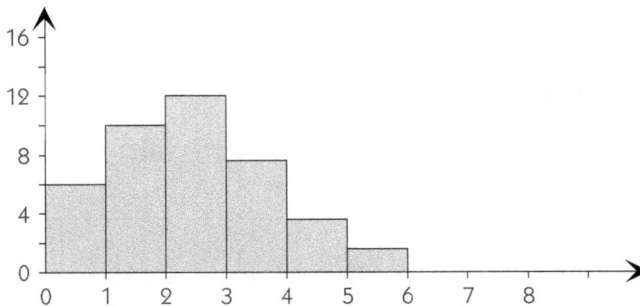

Figure 6 – Distance des pièces par rapport au mur

Conclusion : suivant le type d'expériences que l'on réalise, la forme de l'histogramme obtenu change. Dans ce cas de figure la loi normale n'est pas une représentation correcte. On lui préfèrera par exemple une loi de Weibull.

3. Calculs des paramètres d'une courbe de Gauss

3.1. Paramètres de position

Lorsqu'on a un grand nombre de données (par exemple 50 pointures), on cherche à donner la position de ce nuage de points sur l'échelle des grandeurs utilisées par un chiffre.

Considérons l'histogramme donné en figure 7.

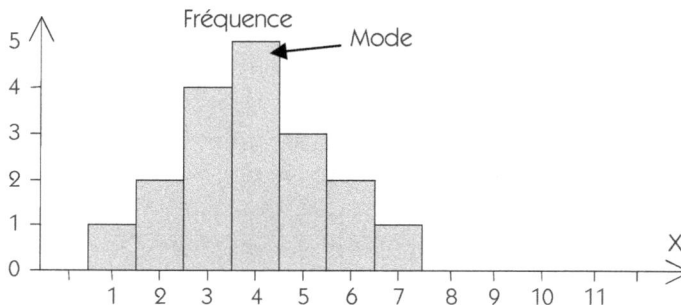

Figure 7 – Répartition de 18 valeurs

3.1.1. Moyenne arithmétique ($\overline{X}$)

Pour caractériser la position globale des 18 valeurs, nous pouvons calculer la moyenne arithmétique (notée $\overline{X}$).

$$\overline{X} = \frac{Somme\ des\ valeurs}{Nombre\ de\ valeurs} = \frac{\sum X_i}{n} = 3,944$$

La moyenne est définie comme étant égale à la somme des valeurs divisée par le nombre de valeurs.

3.1.2. Espérance mathématique (μ)

Nous avons calculé avec $\overline{X}$ la moyenne des 18 valeurs. Mais si nous avions prélevé d'autres valeurs, nous aurions trouvé probablement une autre valeur de $\overline{X}$. Quelle est la vraie valeur de la moyenne ?

Nous dirons que l'espérance mathématique (notée μ) est la vraie valeur de la moyenne, alors que $\overline{X}$ est un estimateur de cette vraie valeur.

3.1.3. La médiane ($\tilde{X}$)

La moyenne n'est pas la seule façon de représenter la position globale des pièces, on peut également la représenter par la médiane.

La médiane est la valeur telle qu'il y a autant de valeurs d'un côté que de l'autre. Dans notre exemple, il y a 18 valeurs. En regardant l'histogramme, on note que le partage par moitié du nombre de pièces se fait en 4, on dira que la médiane est égale à 4.

Soit $X(i)$ la $i^{\text{ème}}$ valeur de l'échantillon ordonnée dans l'ordre croissant,

alors on définit la médiane par : $\tilde{X} = X\left(\dfrac{n+1}{2}\right)$

3.1.4. Le mode

Le mode permet également de caractériser la position de la distribution. Le mode est la valeur où la fréquence est la plus importante. Dans notre exemple, la barre la plus importante de l'histogramme étant sur 4, le mode est de 4.

Remarque : dans une répartition de GAUSS, les trois caractéristiques Moyenne, Médiane et Mode sont égales.

3.2. Paramètres d'échelle

Pour caractériser la largeur d'une courbe en cloche, il existe principalement deux méthodes. La première consiste à calculer l'étendue, la seconde à calculer l'écart type. L'étendue est facile à calculer, mais très imprécise lorsque le nombre de valeurs est élevé (supérieur à 10). En effet, l'étendue ne tient compte que des deux valeurs extrêmes. Par contre, l'écart type sera plus précis. Il est calculé à partir de l'ensemble des valeurs, mais nécessite l'utilisation d'une calculette statistique.

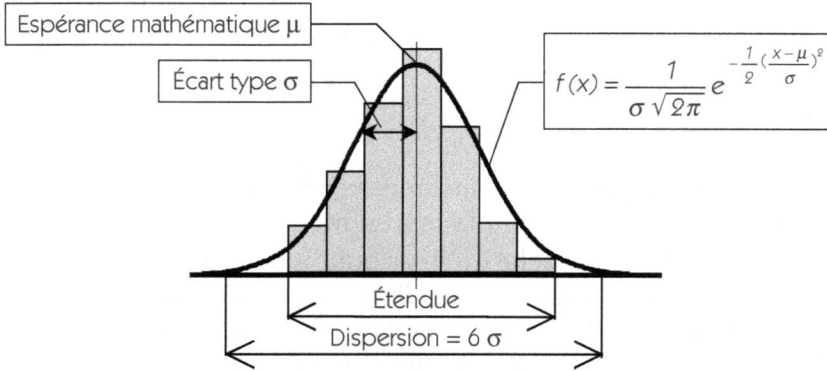

Figure 8 – Étendue, écart type et dispersion

3.2.1. L'étendue (notée *R* Range en Anglais)

C'est l'écart entre la plus forte valeur et la plus petite valeur. Ainsi dans l'exemple utilisé pour calculer la moyenne, la plus grande valeur est 7, la plus petite est 1, l'étendue est donc de $R = 7 - 1 = 6$.

L'étendue est très facile à calculer, elle est donc souvent utilisée lorsque les calculs sont faits à la main. Par contre l'étendue augmente systématiquement avec la taille de l'échantillonnage.

3.2.2. L'écart type estimé (noté *S* ou σ_{n-1})

Contrairement à l'étendue qui ne fait apparaître que les valeurs extrêmes de la série, l'écart type fait intervenir dans son calcul toutes les valeurs de la série. On définit l'estimation de l'écart type d'une population à partir des valeurs d'un échantillon par la formule :

$$\sigma_{n-1} = S = \sqrt{\frac{\sum (X_i - \overline{X})^2}{N-1}} \quad \text{avec } N = \text{Nombre de valeurs}$$

Pour calculer l'écart type, il faut donc connaître la moyenne, ce qui explique le dénominateur *N-1*. Mais nous reviendrons sur la notion d'estimation dans ce chapitre.

Exemple de calcul sur l'exemple n°1 : $\sigma_{n-1} = \sqrt{\frac{\sum (X_i - 3,944)^2}{17}} = 1,55$

Lorsque la taille d'échantillon augmente, l'écart type *S* converge vers la valeur de l'écart type de la population σ

3.2.3. L'écart type réel (noté σ)

Comme pour la moyenne nous avons calculé un écart type sur 18 valeurs, si nous avions calculé un écart type sur un autre échantillon, nous aurions trouvé une autre valeur. La vraie valeur de l'écart type sera notée σ, l'écart type σ_{n-1} (ou S) sera un estimateur de la vraie valeur de l'écart type.

Si on a la totalité de la population, on peut calculer σ par la formule :

$$\sigma = \sqrt{\frac{\sum (X_i - \mu)^2}{N}} \quad \text{avec N = Nombre de valeurs}$$

3.2.4. La variance vraie (σ^2) ou estimée (S^2)

La variance est le carré de l'écart type. On utilise souvent la variance en statistique car elle possède la propriété d'additivité comme la moyenne.

Soient deux populations de cubes A et B, à partir de ces deux populations, on crée une troisième population C qui est l'empilage d'un cube A et d'un cube B. Peut-on déterminer à partir des caractéristiques de A et de B les caractéristiques de C ?

On a : $C = A + B$ $\quad$ ($E(A)$ = Espérance mathématique de A)
$\mu_C = E(C) = E(A + B) = E(A) + E(B) = \mu_A + \mu_B$
$\sigma^2_C = \sigma^2_A + \sigma^2_B + 2\, cov\,(A,B)$

Lorsque les deux variables sont indépendantes, le terme $Cov(A,B) = \sum (A_i - \mu_A)(B_i - \mu_B)$ est égal à 0, on a donc :
$\sigma^2_C = \sigma^2_A + \sigma^2_B$.

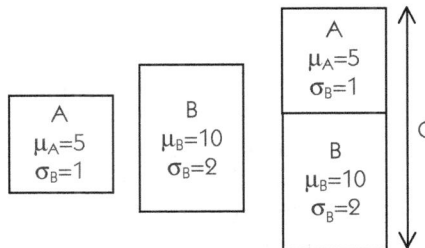

Figure 9 – Additivité de la variance
et de la moyenne

Dans le cas de l'exemple précédent on a donc

$$\mu_C = 5 + 10 = 15$$
$$\sigma^2_C = 1^2 + 2^2 = 5 \text{ soit } \sigma_C = \sqrt{5} = 2.24$$

3.2.5. La dispersion

L'écart type est une représentation un peu abstraite des variations observées. Les techniciens sont plus sensibles à la largeur au pied de la courbe qu'à l'écart type. C'est pourquoi on a créé un autre paramètre : la dispersion. Par définition, la dispersion pour une loi normale est telle que :

$$\text{Dispersion} = \text{intervalle centré } [\,\overline{X} - 3.\sigma,\ \overline{X} + 3.\sigma\,]$$

On verra par la suite que cet intervalle correspond à l'intervalle contenant *99,73 %* de la population.

Remarque importante : il est important de bien faire la différence entre l'étendue et la dispersion. L'étendue est égale à la différence entre la plus grande et la plus petite des pièces. Elle se mesure sur l'histogramme. La dispersion est égale à 6 fois l'écart type. Elle se mesure sur la courbe de Gauss.

On note sur la figure 8 la différence entre les deux grandeurs. L'étendue est pratiquement toujours très inférieure à la dispersion pour des tailles d'échantillon inférieures à une centaine d'unités. Il faudrait des échantillons très importants pour avoir une étendue supérieure à la dispersion.

3.3. Liaison entre l'écart type et la courbe de Gauss

On a montré que l'écart le plus « typique » de la courbe de Gauss est l'écart type. Aussi, il est intéressant de comprendre ce qu'il représente. On peut montrer que l'écart type est égal à la distance entre la moyenne et le point d'inflexion de la courbe (figure 10).

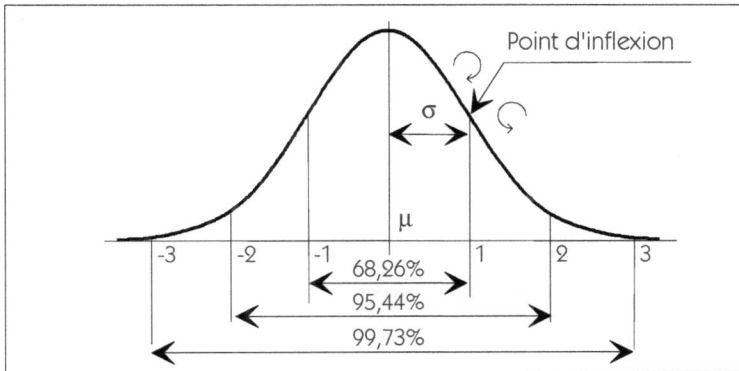

**Figure 10 – Liaison entre l'écart type et
la courbe de GAUSS**

On peut également connaître très précisément les différents pourcentages de pièces qui sont compris entre deux valeurs.

Un résultat à connaître est que *99,73 %* d'une population est comprise entre la moyenne (+ 3) fois l'écart type et la moyenne (- 3) fois l'écart type. Cet écart (6x l'écart type) est défini comme la dispersion.

Application : La grandeur moyenne des enfants mâles âgés de 5 ans en France et de 1,07 m (μ) et l'écart type est de 4 cm (σ).

$$\mu + 3 \times \sigma = 1,07 + 3 \times 0,04 = 1,19\ m$$
$$\mu - 3 \times \sigma = 1,07 - 3 \times 0,04 = 0,95\ m$$

Il y a donc 99,73 % des enfants âgés de 5 ans qui mesurent entre 0,95 m et 1,19 m.

3.4. Calcul de pourcentage de pièces hors tolérance

La courbe en cloche a été particulièrement étudiée et connaissant la moyenne et l'écart type d'une production, nous sommes en mesure de calculer le pourcentage de pièces hors tolérances.

Considérons la production suivante :
- tolérances de fabrication   : *10±0,02*
- taille de l'échantillon   : *n = 100*
- moyenne de l'échantillon prélevé : $\overline{X}$ *= 10,005*
- écart type de l'échantillon   : *S = 0,006*

Nous pouvons schématiser cette situation par la figure 11.

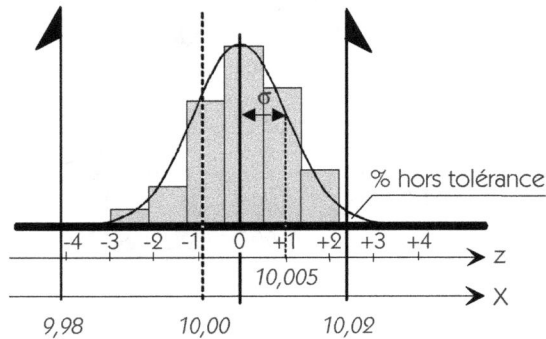

Figure 11 – Représentation graphique du problème

Nous voulons connaître le pourcentage de pièces hors tolérance. Pour cela, nous allons utiliser une table : la table de Gauss qui nous permettra de connaître ce pourcentage. Les tables sont données dans une échelle universelle : en fonction du nombre de fois (z) l'écart type par rapport à la moyenne.

- L'échelle des « z » est égale à 0 pour la moyenne.
- Elle est positive vers la droite et négative vers la gauche.

Pour connaître le pourcentage de pièces hors tolérance, il faut donc passer de l'échelle de notre problème (l'échelle des X) à l'échelle universelle (l'échelle des z).

Ce changement d'échelle s'effectue en appliquant la formule de changement d'échelle :

$$z = \frac{X - \mu}{\sigma}$$

Application à notre exemple

1. Cas tolérance maxi

Pour connaître le pourcentage de pièces hors maxi, il faut connaître le z correspondant à la valeur X de la tolérance supérieure.

$$X = 10,02 \text{ donc } z = \frac{10,02 - 10,005}{0,006} = 2,5$$

Pour la valeur de $z = 2,5$, on lit directement sur la table de GAUSS fournie en annexe la proportion de défectueux : $p = 0,00621$.
Ce qui correspond à $0,6\ \%$.

2. Cas tolérance mini

Pour connaître le pourcentage de pièces hors maxi, il faut connaître le z correspondant à la valeur X de la tolérance inférieure.

$$X = 9,98 \text{ donc } z = \frac{9,98 - 10,005}{0,006} = -4,16$$

Pour la valeur de $z = -4,16$, il faut lire la valeur sur la table pour $4,16$ car la courbe de GAUSS est symétrique. On lit la proportion de défectueux :

$$p = 1,33\ E\text{-}5 \text{ pour } 4,2. \text{ Cela correspond à } p = 0,0000133$$
$$\text{Soit } 13,3 \text{ pièces par million (ppm)}$$

4. Formes d'une distribution

4.1. Expériences

Nous avons supposé qu'une machine donne toujours une population dont la répartition suivait une courbe en cloche. Cependant, les quelques histogrammes ci-dessous montrent bien que ce n'est pas toujours le cas.

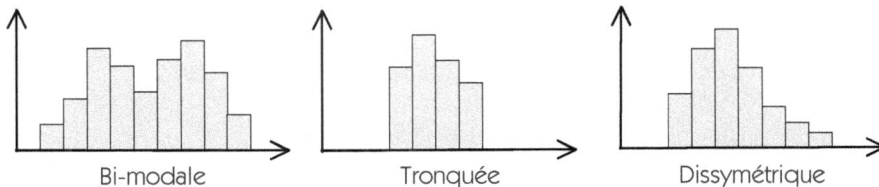

Figure 12 – Populations bi modale, tronquée, dissymétrique

En fait, lorsque la population n'est pas normale, c'est qu'il se passe quelque chose. Par exemple, une population bi modale peut provenir d'un mélange de populations réalisées sur deux machines différentes.

De façon très simple on peut indiquer :

Population bi modale   ➔   2 populations mélangées

Population tronquée   ➔   population triée

Population dissymétrique   ➔   il existe une limitation d'un côté

Si l'histogramme permet de voir de façon grossière si la population est normale ou non, cela n'est pas suffisant. Aussi il existe des tests qui permettent de connaître la normalité d'une population.

4.2. Étude de normalité – Droite de Henry

La méthode de la droite de Henry est une méthode graphique pour tester la normalité d'une population. Son principe est simple : on utilise une graduation spéciale pour ramener l'histogramme de la population à une courbe qui, si la population est normale, est une droite.

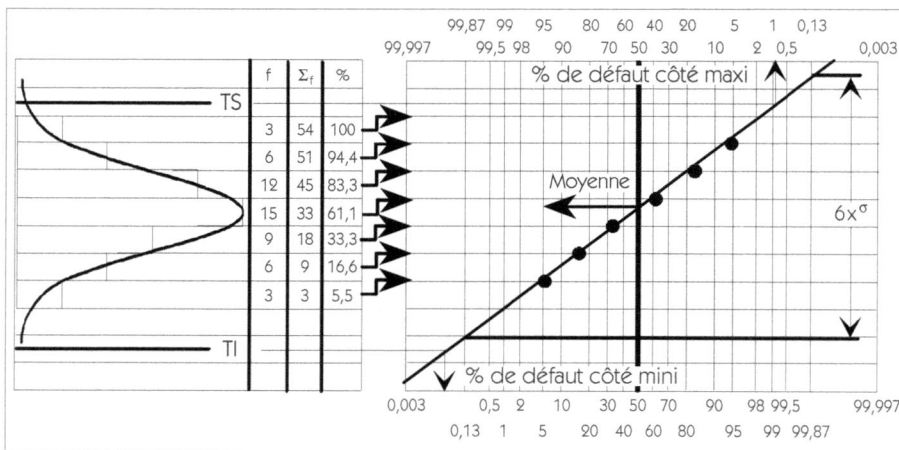

Figure 13 – La droite de Henry

Étape n°1 : Rassemblement et arrangement des données.

On trace l'histogramme de la distribution et on calcule les fréquences cumulées en % par rapport à l'échantillon total (Σf %).

Remarque : les pourcentages cumulés correspondent à la limite supérieure de la classe, plutôt qu'au milieu de celle-ci.

Étape n°2 : Tracer les points sur papier Gausso-Arithmétique.

On trace les points à l'intersection de la limite de classe supérieure avec le pourcentage de fréquence cumulée correspondant.

Pour la valeur 100 %, il n'existe pas de point sur l'échelle de probabilité. On peut éventuellement prendre la moyenne des deux derniers pourcentages cumulés, au point milieu de la dernière classe. Cependant, cette approximation n'est pas juste.

Étape n°3 : Interprétation de la courbe

Si les points portés au graphique se trouvent sensiblement alignés, on peut alors conclure à la normalité de la courbe. Si ce n'est pas le cas, cela indique que les données ne sont pas conformes à la distribution normale que l'on attendait.

Dans le cas d'une non-normalité, il y a présence d'une cause spéciale sauf si cette non-normalité était attendue (cas des tolérances de forme par exemple).

Pour identifier l'origine de cette non-normalité, on peut regarder la forme de la droite de Henry, et la comparer aux situations de références de la figure 14.

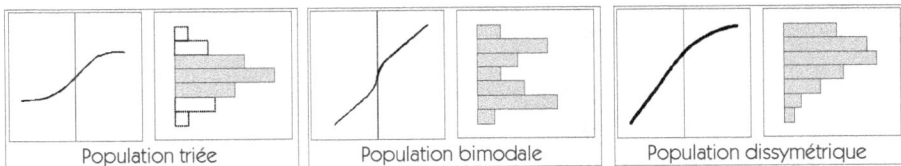

Figure 14 – Les causes de non-normalité

Outre l'étude de normalité, la droite de Henry nous permet d'estimer très rapidement les différents paramètres de position et de dispersion.

Estimation de la moyenne (voir figure 13)

En repartant de la verticale donnant 50 % de la population vers l'axe des X de l'histogramme, on peut rapidement estimer la moyenne.

Estimation de l'écart type

Sachant que 99,73 % de la population est contenue entre ± 3σ, on mesure 6 fois l'écart type entre 0,135 % et 99,865 %.

Pourcentage hors tolérance

En projetant les limites supérieures et inférieures de tolérance sur la droite de Henry, on lit directement sur l'axe des pourcentages le pourcentage hors tolérance.

4.3. Étude de normalité – Test du χ^2 (CHI 2)

4.3.1. Principe du test

La droite de Henry permet d'avoir une idée graphique de la normalité d'une population. Cependant, elle ne donne pas un chiffre qui permet de conclure de façon non ambiguë à la normalité de la distribution. Le test du χ^2 permet cette conclusion.

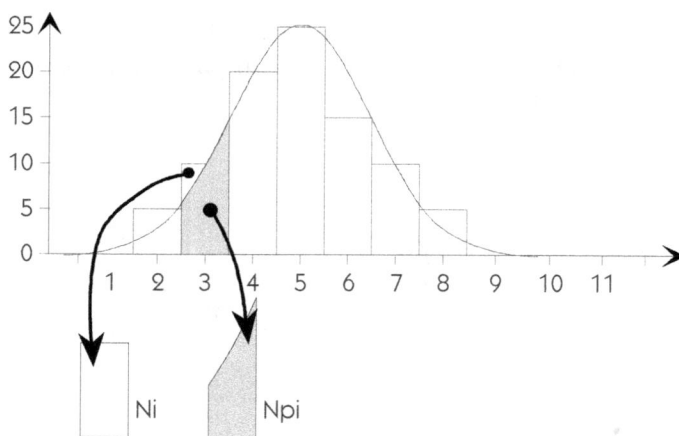

Figure 15 – Principe du test du χ^2

Le test du χ^2 consiste à comparer le nombre d'individus dans chaque classe de l'histogramme (Ni), avec le nombre théorique d'individus qu'il devrait y avoir (Npi).

Pour chacune des classes, on calcule la distance entre l'effectif théorique et l'effectif observé par la valeur $di = \dfrac{(Ni - Npi)^2}{Npi}$.

La distance totale ($\chi^2_{pratique}$) entre la distribution théorique et la distribution observée est alors calculée en sommant tous les *di*. Un histogramme idéal aurait une distance ($\chi^2_{pratique}$) égale à 0.

Pour conclure sur la normalité, on compare la distance ($\chi^2_{pratique}$) avec la distance maximum acceptable ($\chi^2_{théorique}$) donnée par la loi du χ^2 au seuil de confiance (généralement 95 %) que l'on s'est fixé (trouvé dans les tables). Le nombre de degré de liberté v est pris égal au nombre de classes de l'intervalle moins trois (trois valeurs utilisée pour le calcul des *Npi* : la moyenne, l'écart type et le nombre de valeurs).

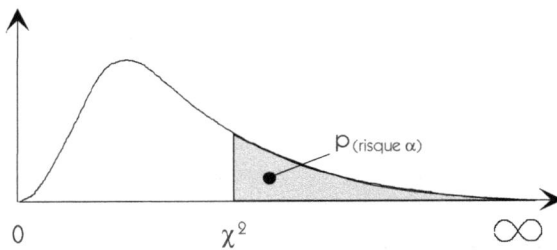

Figure 16 – Loi du χ^2

4.3.2. Exemple

Pour illustrer le test du χ^2, nous allons l'appliquer sur l'histogramme de la figure 15. Pour simplifier les calculs du $\chi^2_{pratique}$, on réalise un tableau de calcul.

Moyenne : 4,94   Écart type :1,517

Classes	Effectif observé Ni	z Maxi de la classe	p % corres-pondant	Effectif Théorique Npi	$|Ni-Npi|$	$(Ni-Npi)^2$	$\frac{(Ni-Npi)^2}{Npi}$
< 2,5	5	- 1,61	5,37	4,833	0,17	0,03	0,006
2,5-3,5	10	- 0,95	17,11	10,566	0,57	0,32	0,030
3,5-4,5	20	- 0,29	38,59	19,332	0,67	0,45	0,023
4,5-5,5	25	0,37	64,43	23,256	1,74	3,04	0,131
5,5-6,5	15	1,03	84,85	18,378	3,38	11,41	0,621
6,5-7,5	10	1,68	95,35	9,450	0,55	0,30	0,032
7,5 <	5	+ ∞	100,00	4,185	0,81	0,66	0,158
Total	90						1,00

Dans cet exemple $\chi^2_{pratique} = 1$

L'effectif théorique pour la classe *4,5-5,5* par exemple est calculé en faisant :

$$90x \frac{64,43 - 38,59}{100} = 23,256 \ (Npi)$$

Pour vérifier la normalité, on recherche dans la table du χ^2 la valeur $\chi^2_{théorique}$ maximum acceptable pour $\chi^2_{pratique}$.

Nombre de degré de liberté : $v = $ *Nombre de classe - 3 = 4*
Risque alpha choisi : *5 %*

➜ $\chi^2_{théorique} = 9,488$

Conclusion

$\chi^2_{pratique} < \chi^2_{théorique}$, on accepte la normalité

4.3.3. Effet de bord dans le test du χ^2

Le test du χ^2 est un excellent test de normalité lorsqu'il est bien réalisé. Cependant, il peut conduire à des résultats fantaisistes lorsque les précautions élémentaires ne sont pas prises. Nous avons malheureusement remarqué que peu de logiciels de MSP ont un test du χ^2 bien programmé. Nous citerons simplement les deux écueils les plus classiques.

1. Mauvaise construction de l'histogramme

Pour réaliser un test correct, il faut partir d'un histogramme correct. Le plus simple est de respecter scrupuleusement la norme CNOMO que nous avons présentée au paragraphe 1 de ce chapitre.

2. Effet de bord

Lorsque l'histogramme comporte des valeurs éloignées de la moyenne, le calcul de l'effectif théorique de la classe éloignée donne un effectif très faible (*Npi = 0,1* par exemple pour *Ni = 1*).

Dans ce cas, la distance $di = \dfrac{(1-0,1)^2}{0,1} = 8,1$

Si $\chi^2_{théorique} \approx 9$, on refuse pratiquement la normalité de la distribution sur la seule valeur éloignée.

Pour éviter ce phénomène, il suffit de regrouper les classes du bord de l'histogramme jusqu'à obtenir un effectif théorique supérieur à 5 % de l'effectif total.

4.3.4. Étude de forme

Il ne suffit pas de savoir qu'une courbe n'est pas normale, il faut également savoir la cause de cette non-normalité. Une non-normalité se traduit souvent soit par une courbe trop aplatie ou trop pointue, soit encore par une dissymétrie.

Pour étudier ces défauts, on calcule les deux paramètres S (Skewness) et K (Kurtosis) définis à partir d'une généralisation des paramètres de dispersion.

4.3.5. Généralisation des paramètres de dispersion

Moment d'ordre q

On appelle moment d'ordre q d'une variable X, la moyenne arithmétique des puissances d'ordre q de la variable X.

$$M_q = \frac{1}{N} \sum (Xi)^q$$

Remarque : Le moment d'ordre 1 est égal à la moyenne.

$$M_1 = \frac{1}{N} \sum Xi = \overline{X}$$

Moments centrés d'ordre q

Lorsque l'on parle de moments centrés, c'est qu'on s'intéresse aux écarts par rapport à la moyenne.

$$\mu_q = \frac{1}{N} \sum (Xi - \overline{X})^q$$

Remarque : le moment centré d'ordre 2 n'est autre que le carré de l'écart type (la variance).
Les moments centrés d'ordre 3 et 4 nous seront utiles pour caractériser l'aplatissement et la dissymétrie d'une courbe.

4.3.6. Aplatissement

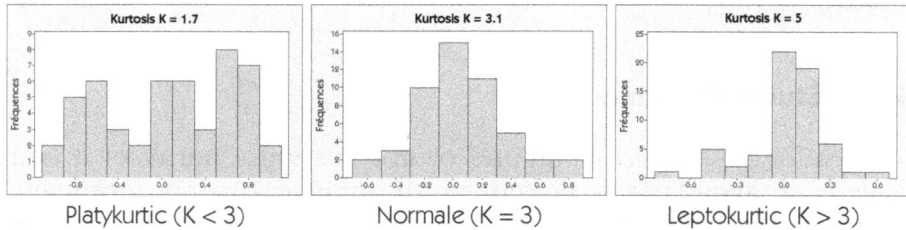

Figure 17 – Coefficient Kurtosis

On montre que le degré d'aplatissement d'une courbe est lié à la valeur du moment d'ordre 4. On peut montrer que le coefficient Kurtosis (également appelé coefficient d'aplatissement de Pearson) caractérise assez bien le degré d'aplatissement d'une courbe.

$$Kurtosis = \frac{\mu_4}{(\mu_2)^2}$$

Où μ_4 et μ_2 sont les moments centrés d'ordre 4 et 2.

- Si la distribution est normale, le Kurtosis est égal à 3,
- lorsque la courbe est trop « pointue » , la courbe est dite Leptokurtic (K > 3),
- lorsque la courbe est trop plate, elle est dite Platykurtic (K < 3).

Remarque : certains logiciels affiche $K' = K\text{-}3$ pour donner $K' = 0$ dans le cas d'une loi normale

4.3.7. Dissymétrie

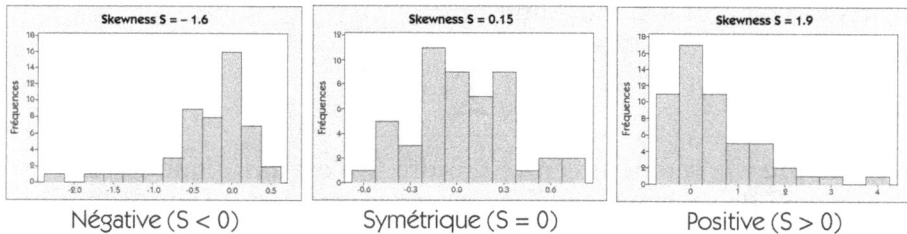

Figure 18 – Coefficient Skewness

La dissymétrie d'une population est liée au moment centré d'ordre 3. C'est en effet une puissance impaire qui sera égale à 0 si la distribution est symétrique.

Le coefficient Skewness caractérise assez bien la dissymétrie d'une distribution.

$$Skewness = \frac{\mu_3}{\sqrt{(\mu_2)^3}}$$

Lorsque la population est symétrique, le Skewness est positif, sinon il est positif ou négatif suivant le côté de la limitation.

4.4. Le test de Anderson-Darling

Le test du χ^2 est un excellent test à condition que le nombre de valeurs disponibles soit suffisant. Lorsque le nombre de valeur est plus faible, il ne faut plus raisonner à partir d'un histogramme mais directement à partir des valeurs individuelles. De très nombreux tests existent pour tester la normalité à partir des valeurs individuelles. Les plus employés sont :

- Test de Kolmogorov-Smirnov qui est un test basé sur la distribution du χ^2
- Test de Shapiro-Wilk
- Test de Anderson-Darling

Nous allons décrire dans ce paragraphe un des plus faciles à mettre en œuvre et qui est souvent programmé dans les logiciels statistiques : le test de Anderson-Darling.

Afin d'illustrer ce test, nous allons tester l'hypothèse de normalité à partir d'un nombre réduit de données : un échantillon de 15 valeurs.

5,42	5,43	5,46	5,36	5,41	5,64	5,65	5,52	5,55	5,59	5,61	5,58	5,26	5,29	5,66

Étape 1 : Calculer la moyenne et l'écart type des valeurs

$$\overline{X} = 5,495 \qquad S = 0,131$$

Étape 2 : Ordonner les valeurs de la plus petite à la plus grande et calculer la valeur de z correspondant à chaque valeur.

$$z = \frac{x - \overline{X}}{S}$$

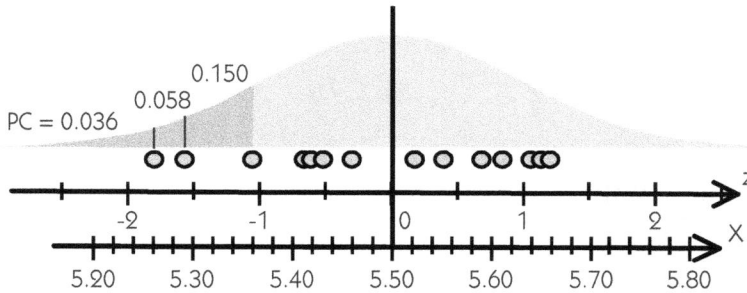

N°	1	2	3	4	5	6	7	8	9	10	11	12	13	14	15
X	5,26	5,29	5,36	5,41	5,42	5,43	5,46	5,58	5,52	5,55	5,59	5,61	5,64	5,65	5,66
z	-1,80	-1,57	-1,04	-0,65	-0,58	-0,50	-0,27	0,19	0,42	0,65	0,72	0,88	1,11	1,18	1,26
PC	0.036	0.058	0.150	0.257	0.282	0.309	0.393	0.575	0.662	0.741	0.766	0.810	0.866	0.882	0.896

Figure 19 – Test de Anderson- Darling

Étape 3 : Rechercher dans la table de Gauss le pourcentage cumulé (PC) correspondant à la valeur de z (cumul de –infini à z).

Étape 4 : Calculer la valeur de A^2 afin de déterminer la fonction discriminante A^{2*} par les formules suivantes :

$$A^2 = -\frac{\left\{ \sum_{i=1}^{n} (2i - 1)\left[ln(PC_i) + ln(1 - PC_{n+1-i}) \right] \right\}}{n} - n$$

$$A^{2*} = A^2 \left(1 + \frac{0,75}{n} + \frac{2,25}{n^2} \right)$$

Avec

ln : logarithme népérien

n : nombre de valeurs (ici 15)

N°	1	2	3	4	5	6	7	8	9	10	11	12	13	14	15
X	5,26	5,29	5,36	5,41	5,42	5,43	5,46	5,58	5,52	5,55	5,59	5,61	5,64	5,65	5,66
z	-1,80	-1,57	-1,04	-0,65	-0,58	-0,50	-0,27	0,19	0,42	0,65	0,72	0,88	1,11	1,18	1,26
PC	0.036	0.058	0.150	0.257	0.282	0.309	0.393	0.575	0.662	0.741	0.766	0.810	0.866	0.882	0.896
$\ln(PC_i)$	-3,02	-2,88	-2,6	-1,3	-1,22	-1,14	-0,92	-0,33	-0,3	-0,3	-0,3	-0,24	-0,17	-0,15	-0,14
$\ln(1\text{-}PC_{15+1\text{-}i})$	-2,07	-1,95	-1,85	-1,54	-1,36	-1,36	-1,36	-1,27	-0,51	-0,39	-0,35	-0,32	-0,08	-0,06	-0,05
Calcul de Ai	-5,09	-14,5	-22,2	-19,9	-23,2	-27,5	-29,6	-24	-13,7	-13	-13,6	-12,8	-6,22	-5,69	-5,38

$$A^2 = -\frac{\sum calcul\ de\ A_i}{15} - 15 = 0,346$$

$$A^{2*} = 0,346\left(1 + \frac{0,75}{15} + \frac{2,25}{15^2}\right) = 0,367$$

Étape 5 : Calculer le risque alpha que l'écart calculé par rapport à la loi normale soit une variation aléatoire par les relations d'approximation suivantes :

Si $A^{2*} < 0.2$ $\qquad$ $p = 1 - e^{-13.436 + 101.14 A^{2*} - 223.73(A^{2*})^2}$

Si $0.34 > A^{2*} > 0.2$ $\qquad$ $p = 1 - e^{-8.318 + 42.796 A^{2*} - 59.938(A^{2*})^2}$

Si $0.6 > A^{2*} > 0.34$ $\qquad$ $p = e^{0.9177 - 4.279 A^{2*} - 1.38(A^{2*})^2}$

Si $13 > A^{2*} > 0.6$ $\qquad$ $p = e^{1.2937 - 5.709 A^{2*} + 0.0186(A^{2*})^2}$

Étape 6 : Conclure

Comparer la valeur de A^{2*} aux valeurs limites extrêmes données dans le tableau.

	Risque α choisi		
	0,10	0,05	0,01
Valeur maxi de A^{2*}	0,631	0,752	1,035

Si $p > 0.05$ (ou si $A^{2*} < A^{2*}$ Max) la loi est supposée normale.

Dans notre exemple on trouve $p = 0.433$

p étant supérieure à 5 %, la répartition serait déclarée normale.

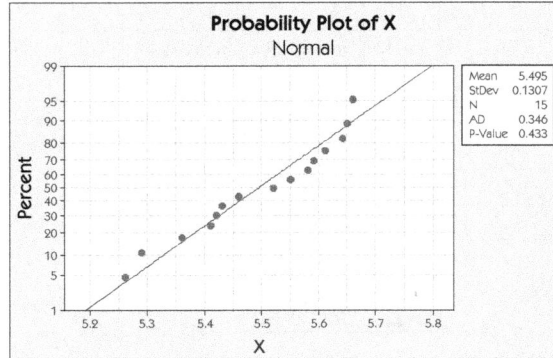

Figure 20 – Test de Anderson Darling

5. Distribution de Student

L'objectif de cet ouvrage n'est pas de faire une analyse mathématique des différentes distributions. Cependant, on peut montrer que la distribution de Gauss que nous avons développée dans ce chapitre ne s'applique que pour les grands échantillons ($N > 30$). Dans les cas de petits échantillons, les distributions de variables aléatoires ne suivent plus la loi de Gauss, mais la loi de Student.

Cette loi dépend du nombre de degré de liberté de la population. Soit N le nombre d'individus, le nombre de degré de liberté est égal à $N-1$.

$$DDL = N - 1$$

La table de la loi de Student est donnée en annexe, elle s'utilise comme une loi de Gauss, mais elle dépend du nombre de degré de liberté. La variable réduite, appelée z pour la loi normale s'appelle généralement t pour la loi de Student.

Exemples : population = 25
t associé à un risque bilatéral de 95 % ($t = 2,064$)
Risque bilatéral associé à t = 0,685 ($p = 50$ %)

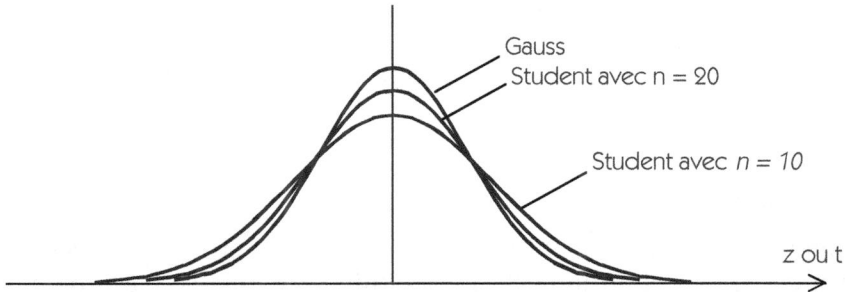

Figure 21 – Répartition de Gauss et de Student

6. Les lois de répartition discrètes

Les lois de Gauss ou de Student sont particulièrement adaptées pour modéliser le comportement de données continues telles que les mesures. Les lois de répartition discrètes sont plus adaptées pour modéliser le comportement des grandeurs non mesurables de type attribut (bon/pas bon)

6.1. La loi de distribution hypergéométrique

La loi hypergéométrique sert à déterminer la probabilité de tirer **x** produits défectueux dans un lot de **N** produits contenant **D** défectueux en prélevant un échantillon aléatoire de n produits **sans remise**. Le terme « sans remise » signifie que les produits une fois prélevés ne sont pas remis avec le lot. Le second tirage s'effectue sur un lot de N-1 produits.

La distribution des probabilités s'écrit :

$$P(x) = \frac{C_D^x . C_{(N-D)}^{(n-x)}}{C_N^n} \quad avec\ x = 0, 1, 2, ..., min\ (n, D)$$

$$avec\ C_a^b = \frac{a!}{b!\,(a-b)!}$$

La moyenne et la variance de la loi de distribution hypergéométrique s'écrit :

$$\mu = \frac{nD}{N} \quad \text{et} \quad \sigma^2 = \frac{nD}{N}\left(1 - \frac{D}{N}\right)\left(\frac{N-n}{N-1}\right)$$

Application

Supposons un lot de 100 produits contenant 5 produits défectueux. On prélève un échantillon de 10 produits sans remise. La probabilité de tirer un ou zéro produit non conforme dans l'échantillon est :

$$P\{x \le 1\} = P\{x = 0\} + P\{x = 1\}$$

$$P\{x \le 1\} = \frac{C_5^0 . C_{95}^{10}}{C_{100}^{10}} + \frac{C_5^1 . C_{95}^9}{C_{100}^{10}} = 0,923$$

La distribution donnerait :

x	0	1	2	3	4	5
P(x)	0,58	0,34	0,07	0,006	0,0003	3E-06

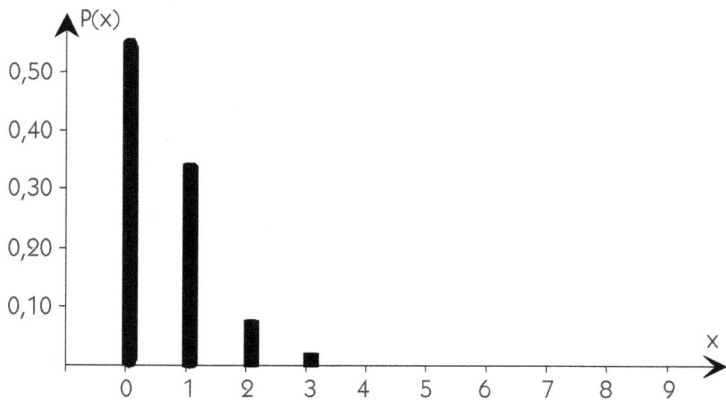

Figure 22 – Distribution de la loi hypergéométrique

6.2. La loi binomiale

On peut montrer que la distribution hypergéométrique converge vers la loi binomiale si le ratio n/N est petit. On utilise donc couramment la loi binomiale dès que N est grand.

La loi binomiale permet d'évaluer la probabilité de tirer x produits défectueux dans un échantillon de n produits provenant d'un lot important contenant une probabilité p de défectueux.

La distribution des probabilités s'écrit :

$$P(x) = C_n^x . p^x (1-p)^{n-x} \quad \text{avec} \quad C_n^x = \frac{n!}{x!(n-x)!}$$

Les paramètres de la loi binomiale sont n et p, avec n entier positif et $0 < p < 1$. La moyenne et la variance de la loi binomiale sont :

$$\mu = np \quad \text{et} \quad \sigma^2 = np(1-p)$$

Application

Supposons un lot contenant une proportion de 10 % de produits défectueux. On prélève un échantillon de 15 produits sans remise. La probabilité de tirer un ou zéro produit non conforme dans l'échantillon est :

$$P\{x \le 1\} = P\{x = 0\} + P\{x = 1\}$$
$$P\{x \le 1\} = C_{15}^0 . 0,1^0 (0,9)^{15} + C_{15}^1 . 0,1^1 (0,9)^{14} = 0,549$$

La loi de distribution donne pour les valeurs successives de x :

x	0	1	2	3	4	5	6	7	8
P(x)	0,2059	0,3432	0,2669	0,1285	0,0428	0,0105	0,0019	0,0003	0,0000

Ce qui donne comme distribution :

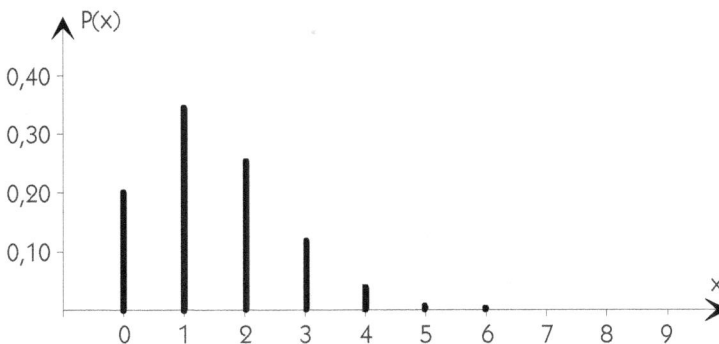

Figure 23 – Loi binomiale pour n = 15, p = 0,1

6.3. La loi de Poisson

La loi de Poisson est largement utilisée pour décrire les défauts comptabilisés par unité (par exemple, le nombre de ponts de soudure sur un circuit imprimé). La distribution des probabilités s'écrit :

$$P(x) = \frac{e^{-\lambda}.\lambda^x}{x!} \qquad x = 0, 1, \dots$$

Le paramètre de la loi de Poisson est $\lambda > 0$. La moyenne et la variance de la loi binomiale sont :

$$\mu = \lambda \quad \text{et} \quad \sigma^2 = \lambda$$

On peut montrer que la loi binomiale tend vers la loi de Poisson lorsque n tend vers l'infini et p tend vers zéro.

Application

Supposons que le défaut « pont de soudure » sur un circuit imprimé soit distribué selon une loi de Poisson avec un paramètre $\lambda = 2$. Cela signifie qu'en moyenne on trouve deux ponts par circuit. La probabilité qu'un circuit contienne 1 pont de soudure ou moins est :

$$P\{x \leq 1\} = P\{x = 0\} + P\{x = 1\}$$

$$P\{x \leq 1\} = \frac{e^{-2}.2^0}{0!} + \frac{e^{-2}.2^1}{1!} = 0,406$$

Ce qui donne comme distribution :

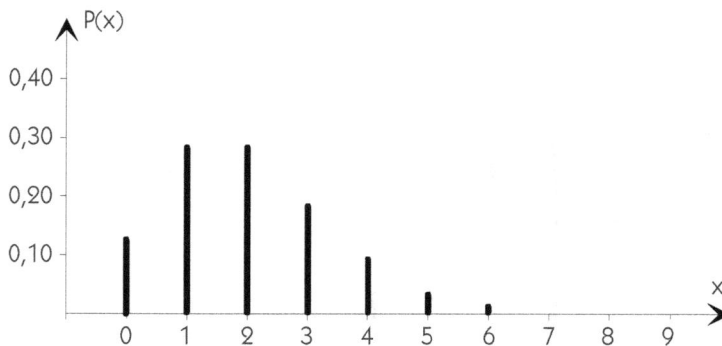

Figure 24 – Loi de Poisson avec $\lambda = 2$

7. Distribution des caractéristiques d'un échantillon

7.1. Distribution statistique des moyennes

Supposons une variable statistique distribuée suivant une loi normale, de moyenne arithmétique et d'écart type connus et égaux respectivement à μ et σ. On tire au hasard dans la **population** correspondante un **échantillon** de n unités statistiques. La moyenne arithmétique de ces n unités est calculée. On la désigne $\overline{X}_1$.

On répète un très grand nombre de fois l'expérience. Nous aurons donc pour chaque échantillon de n unités, une moyenne arithmétique $\overline{X}_i$.

On montre facilement (addition des variances de variables indépendantes) que les variables aléatoires $\overline{X}_i$:

- suivent une loi de Gauss ;
- de moyenne $\mu_{\overline{X}}$ égale à la moyenne de la population totale ;
- d'écart type $\sigma_{\overline{X}} = \sigma/\sqrt{n}$, σ étant l'écart type de la population totale.

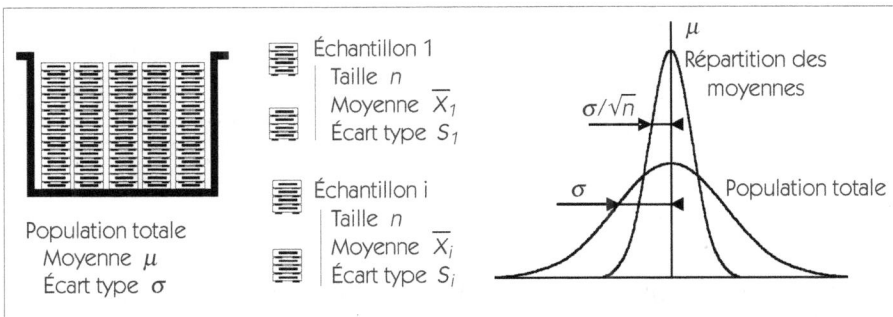

Figure 25 – Répartition des moyennes

Application

Considérons une production de pièces sur laquelle on suit un diamètre. La répartition de ce diamètre suit une loi normale de moyenne $\mu = 10,00$ et d'écart type $\sigma = 0,04$.

Si nous prélevons plusieurs échantillons de 5 pièces parmi cette population, la répartition des moyennes des diamètres des 5 pièces suivra une loi normale de moyenne $\mu_{\overline{X}} = \mu$ et d'écart type $\sigma_{\overline{X}} = \sigma/\sqrt{5}$.

7.2. Distribution statistique des écarts types

Si on pose comme notation :

- Si : σ_{n-1} de l'échantillon i (estimation de l'écart type σ)
- σ : écart type de la population totale

On peut montrer que le rapport :

$$R = (n-1)\frac{(S_i)^2}{\sigma^2}$$

est distribué suivant une loi du χ^2.

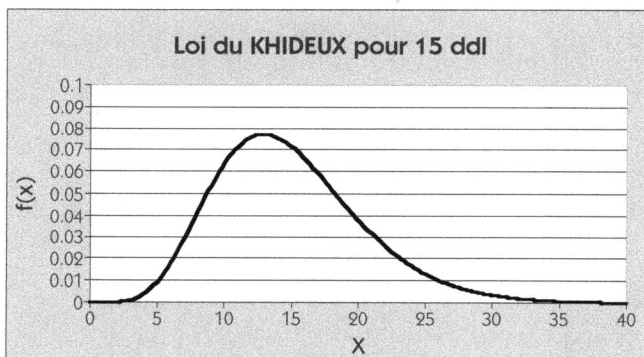

Figure 26 – Loi du χ^2

Les valeurs de χ^2 pour p donné se trouvent en fonction du nombre de degré de liberté $v = (n-1)$ dans la table de χ^2.

Lorsque v est supérieur à 30, on peut calculer les valeurs de χ^2 par une approximation.

Notations

v : nombre de degré de liberté = $n-1$
z : variable réduite de la loi de GAUSS (pour une probabilité p)

Approximation : $\chi^2_{(p)} = \dfrac{1}{2}(\sqrt{(2.\nu - 1)} + z)^2$

Application

Considérons une production de pièces sur laquelle on suit un diamètre. La répartition de ce diamètre suit une loi normale de moyenne $\mu = 10,00$ et d'écart type $\sigma = 0,04$.

Si nous prélevons plusieurs échantillons de 5 pièces parmi cette population, la répartition des écarts types des diamètres des 5 pièces sera répartie entre les valeurs extrêmes suivantes (risque bilatéral de 10 %) :

$$\sigma\sqrt{\dfrac{\chi^2_{(\alpha/2)}}{(n-1)}} < S < \sigma\sqrt{\dfrac{\chi^2_{(1-\alpha/2)}}{(n-1)}} \quad \text{soit} \quad 0,04\sqrt{\dfrac{0,711}{4}} < S < 0,04\sqrt{\dfrac{9,49}{4}}$$

On trouve : $0,014 < S < 0,067$

8. Estimation des caractéristiques d'une population totale

8.1. Estimation

8.1.1. Estimation par valeur ou par intervalle de confiance

Le problème de l'échantillonnage se pose de la façon suivante : « Je connais les caractéristiques d'un échantillon. Comment, à partir de ces résultats, estimer les caractéristiques de la population totale ? »

Une première façon d'estimer est de donner une valeur approximative. Mais il serait plus judicieux de donner un intervalle dans lequel on soit sûr à 95 % (par exemple) que le résultat vrai se trouve. Cette deuxième façon de procéder s'appelle l'estimation par intervalle de confiance que nous aborderons au paragraphe 10.

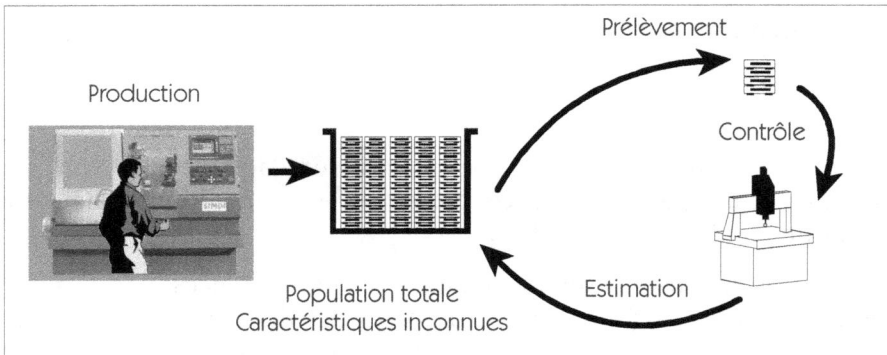

Figure 27 – Principe de l'estimation

8.1.2. Biais d'un estimateur

On parle de biais d'un estimateur lorsque la valeur de l'estimateur est en moyenne légèrement différente de la vraie valeur. Ainsi, un estimateur est dit « non biaisé » ou « sans biais » si sa valeur moyenne est égale à la vraie valeur du paramètre de la population.

8.2. Estimation par une valeur

8.2.1. Estimation de la moyenne

On connaît la moyenne de l'échantillon et on veut estimer la moyenne de la population totale. Dans ce cas, il n'y a pas d'autre solution que de prendre cette valeur elle-même.

> Moyenne estimée de la population = moyenne de l'échantillon
> $$\hat{\mu} \approx \overline{X}$$

8.2.2. Estimation de l'écart type

On peut montrer qu'une estimation de l'écart type peut être donnée par la formule suivante :

$$\sigma_{Estimé} = \sigma_i \sqrt{\frac{n}{n-1}}$$

avec

σ_i : Écart type de l'échantillon i

$\sigma_{estimé}$: Estimation de l'écart type de la population totale

n : Nombre de pièces dans l'échantillon

$$\sigma_n^2 = \frac{\sum (X_i - \overline{X})^2}{n} \text{ est non biaisé si on utilise } \frac{\sum (X_i - \mu)^2}{n}$$

avec μ : moyenne de la population totale dont est extrait l'échantillon.

Or, $\Sigma(X_i - X_0)^2$ est mini lorsque $X0 = \overline{X}$, on minimise donc systématiquement σ par la formule de σ_n.

$\overline{X}$ est utilisée pour estimer μ, le nombre de valeurs indépendantes – de degrés de liberté – est alors égal à n-1.

Si on rapproche l'équation de σ_{n-1} de la formule de calcul de l'écart type, on note que l'on peut simplifier par $\sqrt{n}$ pour obtenir une nouvelle formule afin de calculer les écarts types estimés en mettant directement $(n$-$1)$ au dénominateur.

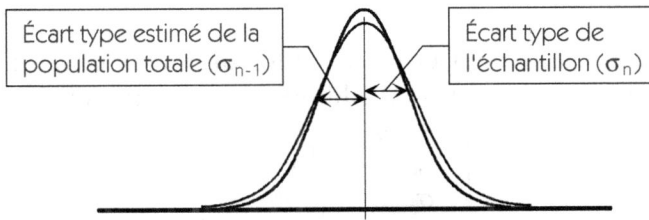

Écart type estimé de la population totale (σ_{n-1})

Écart type de l'échantillon (σ_n)

Figure 28 – Estimation de l'écart type

Toutes les calculettes scientifiques possèdent ces fonctions, et proposent deux calculs : σ_n et σ_{n-1} ou parfois σ et S.

Le premier doit être utilisé pour calculer l'écart type de l'échantillon. Le second pour « estimer » l'écart type d'une population totale (σ) à partir d'un échantillon. Nous aurons alors :

$$\sigma_{Estimé} = \sigma_{n-1} = S = \sqrt{\frac{\sum (X_i - \overline{X})^2}{n-1}}$$

Remarque 1 : dans cet ouvrage, nous prendrons « S » comme notation de l'écart type estimé « σ_{n-1} « .

Remarque 2 : on peut montrer que S^2 est un estimateur **sans biais** de la variance **V**.

8.2.3. Cas des petits échantillons – Estimation à partir de l'écart type

Dans le cas des petits échantillons, l'estimation sans biais de l'écart type fait intervenir un coefficient correcteur car la moyenne des racines carrées n'est pas égale à la racine carrée des moyennes. On estime l'écart type de la population totale par la relation :

$$\sigma_{estimé} = \frac{\overline{\sigma_{n-1}}}{c_4}$$

$c4$ est donné dans le tableau figure 29. On peut le calculer par la relation :

$$c_4 = \left(\frac{2}{n-1}\right)^{1/2} \frac{\Gamma(n/2)}{\Gamma\left[(n-1)/2\right]}$$

Un calcul plus exact peut être réalisé lorsque les k échantillons sont de même taille par la relation d'addition des variances :

$$\sigma_{estimé} = \sqrt{\frac{\sum S_i^2}{k}}$$

Si les échantillons sont de tailles différentes, on doit faire la moyenne pondérée des variances :

$$\sigma_{estimé} = \sqrt{\frac{\sum v_i S_i^2}{\sum v_i}}$$

avec v_i : (nombre de valeurs −1) de chaque échantillon.

8.2.4. Cas des petits échantillons – Estimation à partir de l'étendue

L'étendue R (Range) est définie comme étant l'écart entre la valeur maxi et la valeur mini. Il est intéressant dans le cas des petits échantillons d'estimer l'écart type à partir de l'étendue car son calcul est aisé.

$R = Sup(x_i) - Inf(x_i) = x_n - x_1$ si les valeurs sont rangées dans l'ordre croissant.

Pour la valeur x_i, on définit la variable réduite u_i. On peut donc définir l'étendue réduite :

$$W = u_n - u_1 = \frac{(X_n - M)}{\sigma} - \frac{(X_1 - M)}{\sigma} = \frac{R}{\sigma}$$

La fonction W a été tabulée, et on a $W_{moyen} = \dfrac{R}{\sigma}$

On peut donc en déduire σ à partir de l'étendue moyenne R de W_{moyen} qui est plus généralement notée d_2 (notation américaine) et on a la relation :

$$\sigma_{estimé} = \frac{\overline{R}}{d_2}$$

Remarque : le coefficient d_2 est parfois appelé d_n. Il est donné en figure 29.

Pour que cette relation soit valable, la moyenne des étendues doit avoir été calculée sur au moins 15 étendues. Pour les autres cas on utilise la relation :

$$\sigma_{estimé} = \frac{\overline{R}}{d_2^*}$$

d_2^* est donné en figure 30.

N	c_4	d_2	n	c_4	d_2
2	0,7979	1,128	10	0,9727	3,078
3	0,8862	1,693	11	0,9756	3,173
4	0,9213	2,059	12	0,9775	3,258
5	0,9400	2,326	13	0,9794	3,336
6	0,9515	2,534	14	0,9804	3,407
7	0,9594	2,704	15	0,9823	3,472
8	0,9650	2,847	20	0,9869	3,735
9	0,9693	2,970	25	0,9896	3,931

Figure 29 – Coefficient d_2 et c_4

		Nombre de sous-groupes = Nombre de pièces x Nombre d'opérateurs														
		1	2	3	4	5	6	7	8	9	10	11	12	13	14	15	>15
Nb de mesures	2	1,414	1,279	1,231	1,206	1,191	1,181	1,173	1,168	1,163	1,160	1,157	1,154	1,153	1,151	1,149	1,128
	3	1,912	1,806	1,769	1,750	1,739	1,731	1,726	1,722	1,719	1,716	1,714	1,712	1,711	1,710	1,708	1,693
	4	2,239	2,151	2,121	2,105	2,096	2,090	2,086	2,082	2,08	2,078	2,076	2,075	2,073	2,072	2,071	2,071
	5	2,481	2,405	2,379	2,366	2,358	2,353	2,349	2,346	2,344	2,342	2,34	2,339	2,338	2,337	2,337	2,326

Figure 30 – Coefficient d_2^*

8.3. Estimation par un intervalle de confiance

8.3.1. Estimation de la moyenne

Supposons un échantillon de *n* pièces, prélevé parmi une production beaucoup plus importante. Ce prélèvement nous a donné comme caractéristiques :

- Moyenne de l'échantillon $= \overline{Xi}$
- Écart type estimé $= S$

La population totale est supposée avoir comme caractéristiques :
- Moyenne $= \mu$
- Écart type $= \sigma$

On vient de voir que les moyennes des échantillons avaient une distribution gaussienne d'écart type $\sigma/\sqrt{n}$ et de moyenne μ.

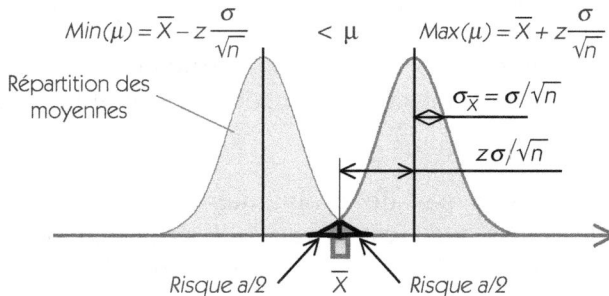

**Figure 31 – Répartition des moyennes
des échantillons**

La figure 31 montre les deux situations extrêmes (au risque alpha) qui peuvent conduire à obtenir une moyenne $\overline{X}$:

Premier cas : l'échantillon se trouve à l'extrême gauche de la population précédente. Dans ce cas, la moyenne μ recherchée se trouve à :

$$\mu = \overline{Xi} + z.\frac{\sigma}{\sqrt{n}}$$

Le « z » (variable réduite) dépend de la « confiance » que l'on veut avoir de cette estimation.

Deuxième cas : l'échantillon se trouve à l'extrême droite de la population précédente. Dans ce cas la moyenne μ recherchée se trouve à

$$\mu = \overline{Xi} - z.\frac{\sigma}{\sqrt{n}}$$

Comme la situation réelle est une situation intermédiaire entre ces deux situations, on peut donc estimer que la moyenne de la population totale se trouve dans l'intervalle suivant appelé « **intervalle de confiance** » :

$$\boxed{\overline{Xi} - z.\frac{\sigma}{\sqrt{n}} < \mu < \overline{Xi} + z.\frac{\sigma}{\sqrt{n}}}$$

On remarque que dans l'estimation précédente, il est nécessaire de connaître σ pour estimer μ. Le problème qui nous reste à résoudre est de savoir quel est le σ (écart type de la population totale). Il faut pour cela distinguer deux cas :

- le cas où la population totale est connue et donc σ est connu,
- le cas le plus courant où σ est inconnu et où il faut l'estimer.

Cas où σ est connu

Dans ce cas, il n'y a pas de problème. On peut alors utiliser la distribution de Gauss. « z » est la variable réduite associée au risque bilatéral que l'on prend. Dans le cas d'une courbe de Gauss, on trouve cette valeur dans la table donnée en annexe.

Exemple : pour un intervalle de confiance à *95 %*, *z = 1,96*

Cas où σ est inconnu

Dans ce cas, il faut estimer σ à partir de l'écart type de l'échantillon. On estime σ par S (σ_{n-1}) de l'échantillon comme nous l'avons vu au paragraphe 9.2.2. Cependant, c'est dans ce cas la loi de Student qui s'applique et l'intervalle de confiance devient alors :

$$\overline{Xi} - t.\frac{S}{\sqrt{n}} < \mu < \overline{Xi} + t.\frac{S}{\sqrt{n}}$$

Comment prendre *t* ?

t est la variable réduite associée au risque bilatéral que l'on prend. Dans le cas d'une courbe de Student, on trouve cette valeur dans la table donnée en annexe qui dépend du risque et du nombre de degré de liberté.

Exemple :
Pour un intervalle de confiance à 95 % et un échantillon de taille *n = 20*.
Nombre de degré de liberté *(ddl) = 20 - 1 = 19*
t = 2,09

8.3.2. Estimation d'un intervalle de confiance sur l'écart type

Le problème est identique. Il faut définir l'intervalle dans lequel on a p % de chance de trouver l'écart type de la population totale.

Nous avons dit au paragraphe 8.2. que les écarts types sont distribués de telle sorte que le rapport $R = (n-1)S^2/\sigma^2$ suit une loi du χ^2.

Notations :

α : risque que l'on souhaite prendre

(1-α) : le niveau de confiance

Si on considère un risque bilatéral, on partagera le risque total en deux risques égaux à *α/2*.

Comme pour le cas des moyennes, on peut se placer dans les 2 conditions aux limites pour la loi du χ^2 concernant les variables indépendantes $Rp_i = (n-1)\dfrac{(S_i)^2}{\sigma^2}$ (figure 32).

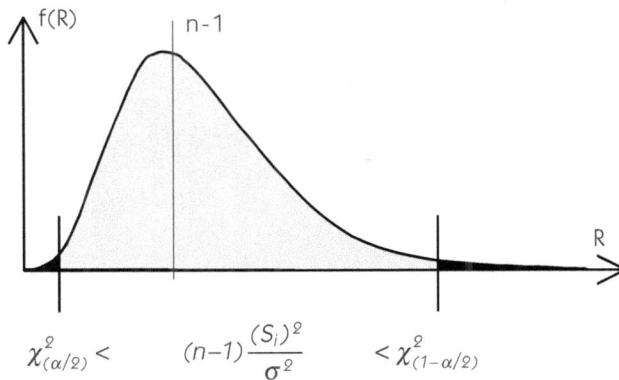

$$\chi^2_{(\alpha/2)} < \quad (n-1)\frac{(S_i)^2}{\sigma^2} \quad < \chi^2_{(1-\alpha/2)}$$

Figure 32 – Estimation par intervalle de confiance des écarts types

La situation réelle étant une situation intermédiaire les deux situations extrêmes exprimées dans l'inéquation de la figure 32, on peut estimer l'écart type de la population totale par un intervalle de confiance de la façon suivante :

$$\sqrt{\frac{(n-1).S_i^2}{\chi^2_{(1-\alpha/2)}}} < \sigma < \sqrt{\frac{(n-1).S_i^2}{\chi^2_{(\alpha/2)}}}$$

Les χ^2 sont choisis dans la table avec un degré de liberté égal à n-1.

Pour une estimation unilatérale de l'écart type, on prend le risque α uniquement du côté maxi et on a :

$$\sigma < \sqrt{\frac{(n-1).S_i^2}{\chi_{(\alpha)}^2}} \quad soit \quad \sigma < C.S_i \quad avec \quad C = \sqrt{\frac{(n-1)}{\chi_{(0,05)}^2}}$$

8.3.3. Exemple de calcul d'intervalle de confiance

Un échantillon de *50* pièces est tiré au hasard dans une production. La moyenne de cet échantillon est de *17,386 mm*, l'écart type *S* (ou σ_{n-1}) est de *0,032 mm*. On souhaite estimer les caractéristiques de la population totale par un intervalle de confiance à 95 % à partir des résultats sur cet échantillon.

8.3.4. Estimation de la moyenne

Recherche de *z* : la population étant supérieure à 30 pièces, on peut faire l'approximation de la loi de Gauss.

Pour $\alpha = 5$ % (Bilatéral) ➔ *z = 1,96*

Calcul de l'intervalle

On part de la formule de l'intervalle (paragraphe 10.1)

$$\overline{Xi} - z.\frac{S}{\sqrt{n}} < \mu < \overline{Xi} + z.\frac{S}{\sqrt{n}}$$

$$17{,}386 - 1{,}96.\frac{0{,}032}{\sqrt{50}} < \mu < 7{,}386 + 1{,}96.\frac{0{,}032}{\sqrt{50}}$$

$$17{,}377 < \mu < 17{,}395$$

8.3.5. Estimation de l'écart type

On part également de la formule de l'estimation pour les écarts types :

$$\sqrt{\frac{(n-1).S^2}{\chi_{(1-\alpha/2)}^2}} < \sigma < \sqrt{\frac{(n-1).S^2}{\chi_{(\alpha/2)}^2}}$$

Calcul du numérateur : *49 x 0,032² = 0,0502*

Calcul des χ^2 :

Comme n est supérieur à 30, pour trouver les χ^2, on peut calculer par une approximation à partir de la loi normale par la formule :

$$\chi^2_{(\alpha)} \approx \frac{1}{2}(\sqrt{2v-1} + z_\alpha)^2$$

avec v nombre de degré de liberté = n-1

z variable réduite de la loi de Gauss

Pour $v = 49$ et $\alpha = 0,05$

$$\chi^2_{(1-\alpha/2)} \approx \frac{1}{2}(\sqrt{2x49-1} + 1,96)^2 = 69,72$$

$$\chi^2_{(\alpha/2)} \approx \frac{1}{2}(\sqrt{2x49-1} - 1,96)^2 = 31,11$$

$$\boxed{0,027 \leq \sigma \leq 0,04}$$

Annexes

Tables et résumés

Démarche de mise sous contrôle d'un processus

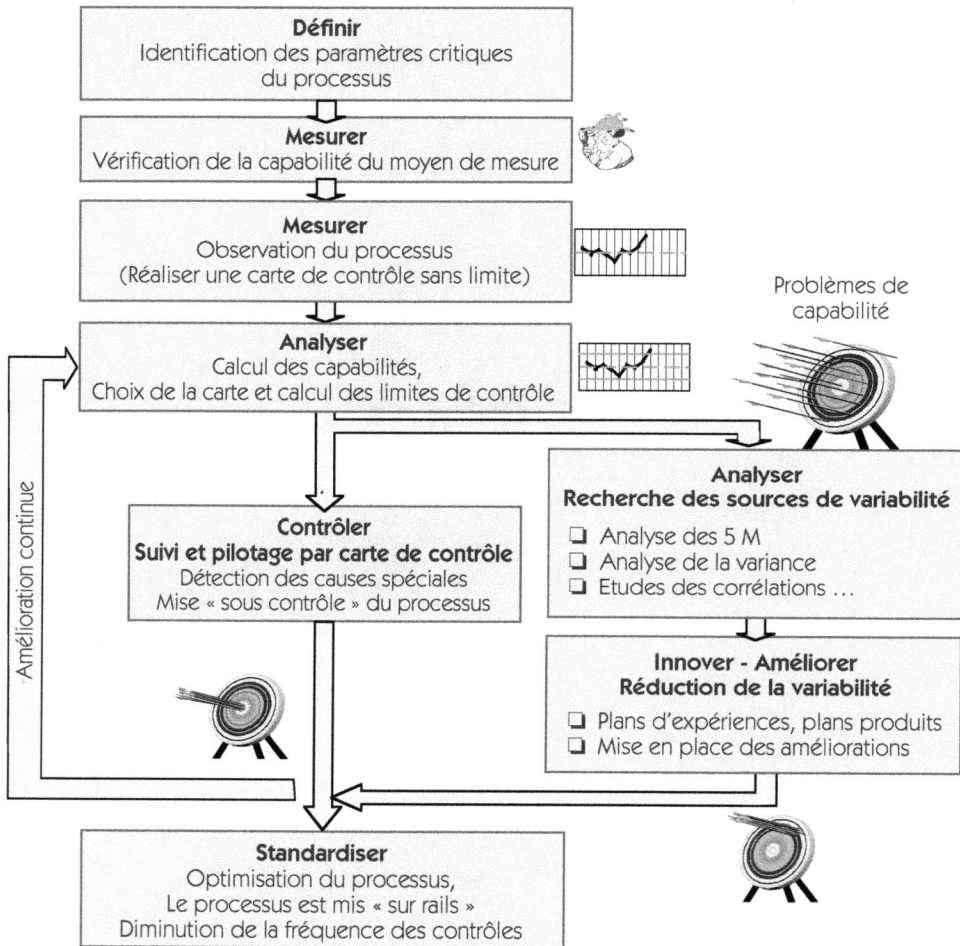

Définir
Identification des paramètres critiques
du processus

Mesurer
Vérification de la capabilité du moyen de mesure

Mesurer
Observation du processus
(Réaliser une carte de contrôle sans limite)

Analyser
Calcul des capabilités,
Choix de la carte et calcul des limites de contrôle

Problèmes de
capabilité

Analyser
Recherche des sources de variabilité

❑ Analyse des 5 M
❑ Analyse de la variance
❑ Etudes des corrélations …

Contrôler
Suivi et pilotage par carte de contrôle
Détection des causes spéciales
Mise « sous contrôle » du processus

Innover - Améliorer
Réduction de la variabilité

❑ Plans d'expériences, plans produits
❑ Mise en place des améliorations

Amélioration continue

Standardiser
Optimisation du processus,
Le processus est mis « sur rails »
Diminution de la fréquence des contrôles

Proportion hors tolérances fonction de Pp et Ppk

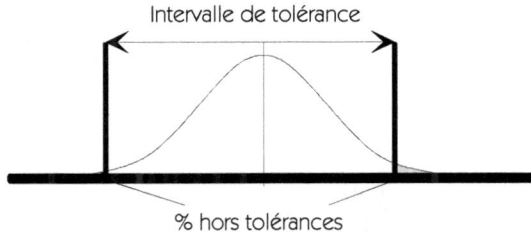

Intervalle de tolérance

% hors tolérances

Ppk ↓	Pp																			
	0,1	0,2	0,3	0,4	0,5	0,6	0,7	0,8	0,9	1,0	1,1	1,2	1,33	1,4	1,5	1,67	2,0	2,5	3,0	4,0
0,1	76.42 %	56.61	44.89	40,00	38.56	38.26	38.21	38.21	38.21	38.21	38.21	38.21	38.21	38.21	38.21	38.21	38.21	38.21	38.21	38.21
0,2		54.85 %	38.93	31.02	28.25	27.56	27.44	27.43	27.43	27.43	27.43	27.43	27.43	27.43	27.43	27.43	27.43	27.43	27.43	27.43
0,3			36.81 %	25.09	20.19	18.75	18.45	18.41	18.41	18.41	18.41	18.41	18.41	18.41	18.41	18.41	18.41	18.41	18.41	18.41
0,4				23.01 %	15.10	12.33	11.64	11.52	11.51	11.51	11.51	11.51	11.51	11.51	11.51	11.51	11.51	11.51	11.51	11.51
0,5					13.36 %	8.47	7.03	6.73	6.69	6.68	6.68	6.68	6.68	6.68	6.68	6.68	6.68	6.68	6.68	6.68
0,6						7.19 %	4.41	3.73	3.61	3.59	3.59	3.59	3.59	3.59	3.59	3.59	3.59	3.59	3.59	3.59
0,7							3.57 %	2.13	1.83	1.79	1.79	1.79	1.79	1.79	1.79	1.79	1.79	1.79	1.79	1.79
0,8								1,64 %	0,95	0,84	0,82	0,82	0,82	0,82	0,82	0,82	0,82	0,82	0,82	0,82
0,9									0,69 %	0,40	0,35	0,35	0,35	0,35	0,35	0,35	0,35	0,35	0,35	0,35
1,0										2700 ppm	1509	1363	1350	1350	1350	1350	1350	1350	1350	1350
1,1											967 ppm	532	485	484	483	483	483	483	483	483
1,2												318 ppm	165	160	159	159	159	159	159	159
1,33													63,43 ppm	38,22	33,32	33,05	32,21	32,21	32,21	32,21
1,4														26,71 ppm	14,15	13,36	13,35	13,35	13,35	13,35
1,5															6,80 ppm	3,42	3,40	3,40	3,40	3,40
1,67																0,574 ppm	0,287	0,287	0,287	0,287
2,0																	0,002 ppm	0,001	0,001	0,001
2,5																		0 ppm	0	0
3,0																			0 ppm	0
4,0																				0 ppm

Exemple d'utilisation :

On a calculé un Pp de 2.0 et un Ppk de 1.4, la proportion hors tolérance est de 13,35 pièces par million.

Valeur mini du Cp pour un Cp calculé
(risque unilatéral à 5 %)

$$Cp > \hat{Cp}\sqrt{\frac{F_{\chi^2}^{-1}(\alpha, N-1)}{N-1}}$$

		Nombre de mesures individuelles											
		5	10	15	20	30	40	50	60	80	100	150	250	500
	0.50	0.32	0.36	0.38	0.40	0.41	0.42	0.43	0.44	0.44	0.45	0.46	0.47	0.48
	0.60	0.39	0.44	0.46	0.48	0.50	0.51	0.52	0.52	0.53	0.54	0.55	0.56	0.57
	0.70	0.45	0.51	0.54	0.56	0.58	0.59	0.60	0.61	0.62	0.63	0.64	0.65	0.67
	0.80	0.52	0.58	0.62	0.64	0.66	0.68	0.69	0.70	0.71	0.72	0.73	0.75	0.76
	0.90	0.58	0.66	0.69	0.71	0.74	0.76	0.77	0.78	0.80	0.81	0.82	0.84	0.86
	1.00	0.65	0.73	0.77	0.79	0.83	0.85	0.86	0.87	0.89	0.90	0.91	0.93	0.95
	1.10	0.71	0.80	0.85	0.87	0.91	0.93	0.95	0.96	0.97	0.99	1.01	1.02	1.05
	1.20	0.78	0.88	0.92	0.95	0.99	1.01	1.03	1.04	1.06	1.08	1.10	1.12	1.14
	1.30	0.84	0.95	1.00	1.03	1.07	1.10	1.12	1.13	1.15	1.17	1.19	1.21	1.24
	1.33	0.86	0.97	1.02	1.06	1.10	1.12	1.14	1.16	1.18	1.19	1.22	1.24	1.26
Cp calculé	1.40	0.91	1.02	1.08	1.11	1.16	1.18	1.20	1.22	1.24	1.25	1.28	1.30	1.33
	1.50	0.97	1.09	1.15	1.19	1.24	1.27	1.29	1.31	1.33	1.34	1.37	1.40	1.43
	1.60	1.04	1.17	1.23	1.27	1.32	1.35	1.38	1.39	1.42	1.43	1.46	1.49	1.52
	1.67	1.08	1.22	1.28	1.33	1.38	1.41	1.44	1.45	1.48	1.50	1.53	1.56	1.59
	1.70	1.10	1.24	1.31	1.35	1.40	1.44	1.46	1.48	1.51	1.52	1.55	1.58	1.62
	1.80	1.17	1.31	1.38	1.43	1.49	1.52	1.55	1.57	1.59	1.61	1.64	1.68	1.71
	1.90	1.23	1.39	1.46	1.51	1.57	1.61	1.63	1.65	1.68	1.70	1.74	1.77	1.81
	2.00	1.30	1.46	1.54	1.59	1.65	1.69	1.72	1.74	1.77	1.79	1.83	1.86	1.90
	2.20	1.43	1.60	1.69	1.75	1.82	1.86	1.89	1.91	1.95	1.97	2.01	2.05	2.09
	2.40	1.56	1.75	1.85	1.91	1.98	2.03	2.06	2.09	2.13	2.15	2.19	2.24	2.28
	2.60	1.69	1.90	2.00	2.06	2.15	2.20	2.23	2.26	2.30	2.33	2.38	2.42	2.47
	2.80	1.82	2.04	2.15	2.22	2.31	2.37	2.41	2.44	2.48	2.51	2.56	2.61	2.66
	3.00	1.95	2.19	2.31	2.38	2.48	2.54	2.58	2.61	2.66	2.69	2.74	2.80	2.85
	3.50	2.27	2.55	2.69	2.78	2.89	2.96	3.01	3.05	3.10	3.14	3.20	3.26	3.33
	4.00	2.60	2.92	3.08	3.18	3.30	3.38	3.44	3.48	3.54	3.59	3.65	3.73	3.80

Exemple d'utilisation :

On a calculé un Cp de 2.2 sur 10 pièces, cela nous garantit – au risque de 5 % que le vrai Cp est supérieur à 1.60.

Valeur mini du Cpk pour un Cpk calculé
(risque unilatéral à 5 %)

$$Cpk > \hat{C}pk - 1.645\sqrt{\frac{1}{9N} + \frac{\hat{C}pk^2}{2(N-1)}}$$

		Nombre de mesures individuelles											
		5	10	15	20	30	40	50	60	80	100	150	250	500
	0.5	0.12	0.24	0.29	0.32	0.35	0.37	0.39	0.40	0.41	0.42	0.43	0.45	0.46
	0.6	0.17	0.31	0.37	0.40	0.44	0.46	0.47	0.48	0.50	0.51	0.53	0.54	0.56
	0.7	0.22	0.38	0.44	0.48	0.52	0.54	0.56	0.57	0.59	0.60	0.62	0.64	0.66
	0.8	0.27	0.44	0.51	0.55	0.60	0.63	0.65	0.66	0.68	0.69	0.71	0.73	0.75
	0.9	0.32	0.51	0.59	0.63	0.68	0.71	0.73	0.75	0.77	0.78	0.80	0.83	0.85
	1	0.37	0.58	0.66	0.71	0.76	0.79	0.82	0.83	0.86	0.87	0.89	0.92	0.94
	1.1	0.41	0.64	0.73	0.78	0.84	0.88	0.90	0.92	0.94	0.96	0.99	1.01	1.04
	1.2	0.46	0.70	0.80	0.86	0.92	0.96	0.99	1.00	1.03	1.05	1.08	1.10	1.13
	1.3	0.51	0.77	0.87	0.93	1.00	1.04	1.07	1.09	1.12	1.14	1.17	1.20	1.23
	1.33	0.52	0.79	0.89	0.95	1.03	1.07	1.10	1.12	1.15	1.17	1.20	1.23	1.26
Cpk calculé	1.4	0.55	0.83	0.94	1.01	1.08	1.13	1.15	1.18	1.21	1.23	1.26	1.29	1.32
	1.5	0.59	0.89	1.01	1.08	1.16	1.21	1.24	1.26	1.29	1.32	1.35	1.38	1.42
	1.6	0.64	0.96	1.08	1.16	1.24	1.29	1.32	1.35	1.38	1.41	1.44	1.48	1.51
	1.67	0.67	1.00	1.13	1.21	1.30	1.35	1.38	1.41	1.44	1.47	1.50	1.54	1.58
	1.7	0.68	1.02	1.15	1.23	1.32	1.37	1.41	1.43	1.47	1.49	1.53	1.57	1.61
	1.8	0.72	1.08	1.22	1.30	1.40	1.45	1.49	1.52	1.56	1.58	1.62	1.66	1.70
	1.9	0.77	1.14	1.29	1.38	1.48	1.54	1.57	1.60	1.64	1.67	1.71	1.76	1.80
	2	0.81	1.21	1.36	1.45	1.56	1.62	1.66	1.69	1.73	1.76	1.80	1.85	1.89
	2.2	0.90	1.33	1.50	1.60	1.71	1.78	1.83	1.86	1.91	1.94	1.99	2.03	2.08
	2.4	0.98	1.45	1.64	1.75	1.87	1.94	1.99	2.03	2.08	2.11	2.17	2.22	2.27
	2.6	1.07	1.58	1.78	1.90	2.03	2.11	2.16	2.20	2.25	2.29	2.35	2.41	2.46
	2.8	1.15	1.70	1.92	2.04	2.19	2.27	2.33	2.37	2.43	2.47	2.53	2.59	2.65
	3	1.24	1.82	2.06	2.19	2.34	2.43	2.50	2.54	2.60	2.65	2.71	2.78	2.84
	3.5	1.45	2.13	2.40	2.56	2.74	2.84	2.91	2.97	3.04	3.09	3.16	3.24	3.32
	4	1.66	2.44	2.75	2.93	3.13	3.25	3.33	3.39	3.47	3.53	3.62	3.70	3.79

Exemple d'utilisation :

On a calculé un Cpk de 2.2 sur 10 pièces, cela nous garantit – au risque de 5 % que le vrai Cpk est supérieur à 1.33.

DPMO en fonction du z du processus

z	ppm centré dans les tolérances	ppm avec un décalage de 1.5
1	317310.52	697672.15
1.2	230139.46	621378.38
1.4	161513.42	541693.78
1.6	109598.58	461139.78
1.8	71860.53	382572.13
2	45500.12	308770.21
2.2	27806.80	242071.41
2.4	16395.06	184108.21
2.6	9322.44	135686.77
2.8	5110.38	96809.10
3	2699.93	66810.63
3.2	1374.40	44566.73
3.4	673.96	28716.97
3.6	318.29	17864.53
3.8	144.74	10724.14
4	63.37	6209.70
4.2	26.71	3467.03
4.4	10.83	1865.88
4.6	4.23	967.67
4.8	1.59	483.48
5	0.57	232.67
5.2	0.20	107.83
5.4	0.07	48.12
5.6	0.02	20.67
5.8	0.01	8.55
6	0.00	3.40
6.2	0.00	1.30
6.4	0.00	0.48
6.6	0.00	0.17
6.8	0.00	0.06
7	0.00	0.02

Table de la loi normale

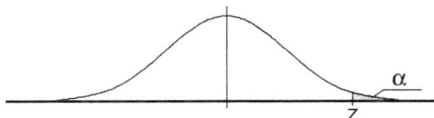

z	0,00	0,01	0,02	0,03	0,04	0,05	0,06	0,07	0,08	0,09
0,0	0,5000	0,4960	0,4920	0,4880	0,4840	0,4801	0,4761	0,4721	0,4681	0,4641
0,1	0,4602	0,4562	0,4522	0,4483	0,4443	0,4404	0,4364	0,4325	0,4286	0,4247
0,2	0,4207	0,4168	0,4129	0,4090	0,4052	0,4013	0,3974	0,3936	0,3897	0,3859
0,3	0,3821	0,3783	0,3745	0,3707	0,3669	0,3632	0,3594	0,3557	0,3520	0,3483
0,4	0,3446	0,3409	0,3372	0,3336	0,3300	0,3264	0,3228	0,3192	0,3156	0,3121
0,5	0,3085	0,3050	0,3015	0,2981	0,2946	0,2912	0,2877	0,2843	0,2810	0,1776
0,6	0,2743	0,2709	0,2676	0,2643	0,2611	0,2578	0,2546	0,2514	0,2483	0,2451
0,7	0,2420	0,2389	0,2358	0,2327	0,2296	0,2266	0,2236	0,2206	0,2177	0,2148
0,8	0,2119	0,2090	0,2061	0,2033	0,2005	0,1977	0,1949	0,1922	0,1894	0,1867
0,9	0,1841	0,1814	0,1788	0,1762	0,1736	0,1711	0,1685	0,1660	0,1635	0,1611
1,0	0,1587	0,1562	0,1539	0,1515	0,1492	0,1469	0,1446	0,1423	0,1401	0,1379
1,1	0,1357	0,1335	0,1314	0,1292	0,1271	0,1251	0,1230	0,1210	0,1190	0,1170
1,2	0,1151	0,1131	0,1112	0,1093	0,1075	0,1056	0,1038	0,1020	0,1003	0,0985
1,3	0,0968	0,0951	0,0934	0,0918	0,0901	0,0885	0,0869	0,0853	0,0838	0,0823
1,4	0,0808	0,0793	0,0778	0,0764	0,0749	0,0735	0,0721	0,0708	0,0694	0,0681
1,5	0,0668	0,0655	0,0643	0,0630	0,0618	0,0606	0,0594	0,0582	0,0571	0,0559
1,6	0,0548	0,0537	0,0526	0,0516	0,0505	0,0495	0,0485	0,0475	0,0465	0,0455
1,7	0,0446	0,0436	0,0427	0,0418	0,0409	0,0401	0,0392	0,0384	0,0375	0,0367
1,8	0,0359	0,0351	0,0344	0,0336	0,0329	0,0322	0,0314	0,0307	0,0301	0,0294
1,9	0,0287	0,0281	0,0274	0,0268	0,0262	0,0256	0,0250	0,0244	0,0239	0,0233
2,0	0,0228	0,0222	0,0217	0,0212	0,0207	0,0202	0,0197	0,0192	0,0188	0,0183
2,1	0,0179	0,0174	0,0170	0,0166	0,0162	0,0158	0,0154	0,0150	0,0146	0,0143
2,2	0,0139	0,0136	0,0132	0,0129	0,0125	0,0122	0,0119	0,0116	0,0113	0,0110
2,3	0,0107	0,0104	0,0102	0,0099	0,00964	0,00939	0,00914	0,00889	0,00866	0,00842
2,4	0,00820	0,00798	0,00776	0,00755	0,00734	0,00714	0,00695	0,00676	0,00657	0,00639
2,5	0,00621	0,00604	0,00587	0,00570	0,00554	0,00539	0,00523	0,00508	0,00494	0,00480
2,6	0,00466	0,00453	0,00440	0,00427	0,00415	0,00402	0,00391	0,00379	0,00368	0,00357
2,7	0,00347	0,00336	0,00326	0,00317	0,00307	0,00298	0,00289	0,00280	0,00272	0,00264
2,8	0,00256	0,00248	0,00240	0,00233	0,00226	0,00219	0,00212	0,00205	0,00199	0,00193
2,9	0,00187	0,00181	0,00175	0,00169	0,00164	0,00159	0,00154	0,00149	0,00144	0,00139
3,0	0,00135	0,00131	0,00126	0,00122	0,00118	0,00114	0,00111	0,00107	0,00104	0,00100
3,1	0,00097	0,00094	0,00090	0,00087	0,00085	0,00082	0,00079	0,00076	0,00074	0,00071
3,2	0,00069	0,00066	0,00064	0,00062	0,00060	0,00058	0,00056	0,00054	0,00052	0,00050
3,3	0,00048	0,00047	0,00045	0,00043	0,00042	0,00040	0,00039	0,00038	0,00036	0,00035
3,4	0,00034	0,00033	0,00031	0,00030	0,00029	0,00028	0,00027	0,00026	0,00025	0,00024
3,5	0,00023	0,00022	0,00022	0,00021	0,00020	0,00019	0,00019	0,00018	0,00017	0,00017
3,6	0,00016	0,00015	0,00015	0,00014	0,00014	0,00013	0,00013	0,00012	0,00012	0,00011
3,7	0,00011	0,00010	0,00010	9,6 E-5	9,2 E-5	8,8 E-5	8,5 E-5	8,2 E-5	7,8 E-5	7,5 E-5
3,8	7,2 E-5	6,9 E-5	6,7 E-5	6,4 E-5	6,2 E-5	5,9 E-5	5,7 E-5	5,4 E-5	5,2 E-5	5,0 E-5
3,9	4,8 E-5	4,6 E-5	4,4 E-5	4,2 E-5	4,1 E-5	3,9 E-5	3,7 E-5	3,6 E-5	3,4 E-5	3,3 E-5
z	0,0	0,1	0,2	0,3	0,4	0,5	0,6	0,7	0,8	0,9
4	3,17 E-5	2,07 E-5	1,33 E-5	8,54 E-6	5,41 E-6	3,40 E-6	2,11 E-6	1,30 E-6	7,93 E-7	4,79 E-7
5	2,87 E-7	1,70 E-7	9,96 E-8	5,79 E-8	3,33 E-8	1,90 E-8	1,07 E-8	5,99 E-9	3,32 E-9	1,82 E-9
6	9,87 E-10	5,30 E-10	2,82 E-10	1,49 E-10	7,77 E-11	4,02 E-11	2,06 E-11	1,04 E-11	5,23 E-12	2,60 E-12

Table de la loi de Student

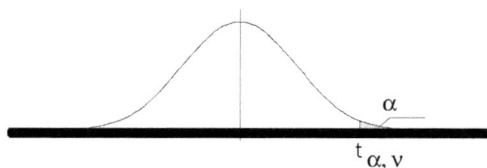

α→ ν↓	0,40	0,25	0,10	0,05	0,025	0,01	0,005	0,0025	0,001	0,0005
1	0,325	1,000	3,078	6,314	12,706	31,821	63,657	127,32	318,31	636,62
2	0,289	0,816	1,886	2,920	4,303	6,965	9,925	14,089	23,326	31,598
3	0,277	0,765	1,638	2,353	3,182	4,541	5,841	7,453	10,213	12,924
4	0,271	0,741	1,533	2,132	2,776	3,747	4,604	5,598	7,173	8,610
5	0,267	0,727	1,476	2,015	2,571	3,365	4,032	4,773	5,893	6,869
6	0,265	0,718	1,440	1,943	2,447	3,143	3,707	4,317	5,208	5,959
7	0,263	0,711	1,415	1,895	2,365	2,998	3,499	4,019	4,785	5,408
8	0,262	0,706	1,397	1,860	2,306	2,896	3,355	3,833	4,501	5,041
9	0,261	0,703	1,383	1,833	2,262	2,821	3,250	3,690	4,297	4,781
10	0,260	0,700	1,372	1,812	2,228	2,764	3,169	3,581	4,144	4,587
11	0,260	0,697	1,373	1,796	2,201	2,718	3,106	3,497	4,025	4,437
12	0,259	0,695	1,356	1,782	2,179	2,681	3,055	3,428	3,930	4,318
13	0,259	0,694	1,350	1,771	2,160	2,650	3,012	3,372	3,852	4,221
14	0,258	0,692	1,345	1,761	2,145	2,624	2,977	3,326	3,787	4,140
15	0,258	0,691	1,341	1,753	2,131	2,602	2,947	3,286	3,733	4,073
16	0,258	0,690	1,337	1,746	2,120	2,583	2,921	3,252	3,686	4,015
17	0,257	0,689	1,333	1,740	2,110	2,567	2,898	3,222	3,646	3,965
18	0,257	0,688	1,330	1,734	2,101	2,552	2,878	3,197	3,610	3,922
19	0,257	0,688	1,328	1,729	2,093	2,539	2,861	3,174	3,579	3,883
20	0,257	0,687	1,325	1,725	2,086	2,528	2,845	3,153	3,552	3,850
21	0,257	0,686	1,323	1,721	2,080	2,518	2,831	3,135	3,527	3,819
22	0,256	0,686	1,321	1,717	2,074	2,508	2,819	3,119	3,505	3,792
23	0,256	0,685	1,319	1,714	2,069	2,500	2,807	3,104	3,485	3,767
24	0,256	0,685	1,318	1,711	2,064	2,492	2,797	3,091	3,467	3,745
25	0,256	0,684	1,316	1,708	2,060	2,485	2,787	3,078	3,450	3,725
26	0,256	0,684	1,315	1,706	2,056	2,479	2,779	3,067	3,435	3,707
27	0,256	0,684	1,314	1,703	2,052	2,473	2,771	3,057	3,421	3,690
28	0,256	0,683	1,313	1,701	2,048	2,467	2,763	3,047	3,408	3,674
29	0,256	0,683	1,311	1,699	2,045	2,462	2,756	3,038	3,396	3,659
30	0,256	0,683	1,310	1,697	2,042	2,457	2,750	3,030	3,385	3,646
35	0,255	0,682	1,306	1,690	2,030	2,438	2,724	2,996	3,340	3,591
40	0,255	0,681	1,303	1,684	2,021	2,423	2,704	2,971	3,307	3,551
45	0,255	0,680	1,301	1,679	2,014	2,412	2,690	2,952	3,281	3,520
50	0,255	0,679	1,299	1,676	2,009	2,403	2,678	2,937	3,261	3,496
60	0,254	0,679	1,296	1,671	2,000	2,390	2,660	2,915	3,232	3,460
120	0,254	0,677	1,289	1,658	1,980	2,358	2,617	2,860	3,160	3,373
∞	0,253	0,674	1,282	1,645	1,960	2,326	2,576	2,807	3,090	3,291

Table de la loi du χ^2

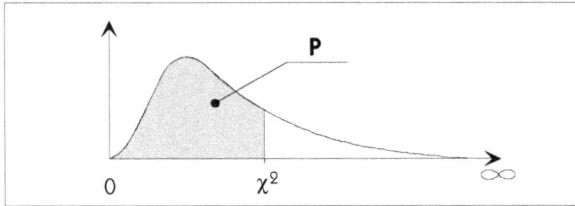

ν P	0,005	0,010	0,025	0,050	0,100	0,250	0,500	0,750	0,900	0,950	0,975	0,990	0,995	P ν
1	0,000	0,000	0,001	0,004	0,016	0,102	0,455	1,32	2,71	3,84	5,02	6,63	7,88	1
2	0,010	0,020	0,051	0,103	0,201	0,575	1,39	2,77	4,61	5,99	7,38	9,21	10,6	2
3	0,072	0,115	0,216	0,352	0,584	1,21	2,37	4,11	6,25	7,81	9,35	11,3	12,8	3
4	0,207	0,297	0,484	0,711	1,06	1,92	3,36	5,39	7,78	9,49	11,1	13,3	14,9	4
5	0,412	0,554	0,831	1,15	1,61	2,67	4,35	6,63	9,24	11,1	12,8	15,1	16,7	5
6	0,676	0,872	1,24	1,64	2,20	3,45	5,35	7,84	10,6	12,6	14,4	16,8	18,5	6
7	0,989	1,24	1,69	2,17	2,83	4,25	6,35	9,04	12,0	14,1	16,0	18,5	20,3	7
8	1,34	1,65	2,18	2,73	3,49	5,07	7,34	10,2	13,4	15,5	17,5	20,1	22,0	8
9	1,73	2,09	2,70	3,33	4,17	5,90	8,34	11,4	14,7	16,9	19,0	21,7	23,6	9
10	2,16	2,56	3,25	3,94	4,87	6,74	9,34	12,5	16,0	18,3	20,5	23,2	25,2	10
11	2,60	3,05	3,82	4,57	5,58	7,58	10,3	13,7	17,3	19,7	21,9	24,7	26,8	11
12	3,07	3,57	4,40	5,23	6,30	8,44	11,3	14,8	18,5	21,0	23,3	26,2	28,3	12
13	3,57	4,11	5,01	5,89	7,04	9,30	12,3	16,0	19,8	22,4	24,7	27,7	29,8	13
14	4,07	4,66	5,63	6,57	7,79	10,2	13,3	17,1	21,1	23,7	26,1	29,1	31,3	14
15	4,60	5,23	6,26	7,26	8,55	11,0	14,3	18,2	22,3	25,0	27,5	30,6	32,8	15
16	5,14	5,81	6,91	7,96	9,31	11,9	15,3	19,4	23,5	26,3	28,8	32,0	34,3	16
17	5,70	6,41	7,56	8,67	10,1	12,8	16,3	20,5	24,8	27,6	30,2	33,4	35,7	17
18	6,26	7,01	8,23	9,39	10,9	13,7	17,3	21,6	26,0	28,9	31,5	34,8	37,2	18
19	6,84	7,63	8,91	10,1	11,7	14,6	18,3	22,7	27,2	30,1	32,9	36,2	38,6	19
20	7,43	8,26	9,59	10,9	12,4	15,5	19,3	23,8	28,4	31,4	34,2	37,6	40,0	20
21	8,03	8,90	10,3	11,6	13,2	16,3	20,3	24,9	29,6	32,7	35,5	38,9	41,4	21
22	8,64	9,54	11,0	12,3	14,0	17,2	21,3	26,0	30,8	33,9	36,8	40,3	42,8	22
23	9,26	10,2	11,7	13,1	14,8	18,1	22,3	27,1	32,0	35,2	38,1	41,6	44,2	23
24	9,89	10,9	12,4	13,8	15,7	19,0	23,3	28,2	33,2	36,4	39,4	43,0	45,6	24
25	10,5	11,5	13,1	14,6	16,5	19,9	24,3	29,3	34,4	37,7	40,6	44,3	46,9	25
26	11,2	12,2	13,8	15,4	17,3	20,8	25,3	30,4	35,6	38,9	41,9	45,6	48,3	26
27	11,8	12,9	14,6	16,2	18,1	21,7	26,3	31,5	36,7	40,1	43,2	47,0	49,6	27
28	12,5	13,6	15,3	16,9	18,9	22,7	27,3	32,6	37,9	41,3	44,5	48,3	51,0	28
29	13,1	14,3	16,0	17,7	19,8	23,6	28,3	33,7	39,1	42,6	45,7	49,6	52,3	29
30	13,8	15,0	16,8	18,5	20,6	24,5	29,3	34,8	40,3	43,8	47,0	50,9	53,7	30
40	20,7	22,2	24,4	26,5	29,1	33,7	39,3	45,6	51,8	55,8	59,3	63,7	66,8	40
50	28,0	29,7	32,4	34,8	37,7	42,9	49,3	56,3	63,2	67,5	71,4	76,2	79,5	50
80	51,2	53,5	57,2	60,4	64,3	71,1	79,3	88,1	96,6	101,9	106,6	112,4	116,3	80
100	67,3	70,1	74,2	77,9	82,4	90,1	99,3	109,1	118,5	124,3	129,6	135,8	140,2	100

Tableau des coefficients

	Pour le calcul de la carte $\overline{X}$				Carte Médiane		Pour le calcul de la carte des S				Pour le calcul de la carte des R			
n	A	A_2	A_3	A_4	$\tilde{A}_2$	$\tilde{A}$	B_3	B_4	B_5	B_6	D_3	D_4	D_5	D_6
2	2,121	1,880	2,659	2.659	1,880	2.121	-	3,267	-	2,606	-	3,267	-	3,686
3	1,732	1,023	1,954	1.772	1,187	2.010	-	2,568	-	2,276	-	2,574	-	4,358
4	1,500	0,729	1,628	1.457	0,796	1.639	-	2,266	-	2,088	-	2,282	-	4,698
5	1,342	0,577	1,427	1.290	0,691	1.607	-	2,089	-	1,964	-	2,114	-	4,918
6	1,225	0,483	1,287	1.184	0,548	1.389	0,030	1,970	0,029	1,874	-	2,004	-	5,078
7	1,134	0,419	1,182	1.109	0,508	1.374	0,118	1,882	0,113	1,806	0,076	1,924	0,205	5,203
8	1,061	0,373	1,099	1.054	0,433	1.233	0,185	1,815	0,178	1,752	0,136	1,864	0,387	5,307
9	1,000	0,337	1,032	1.010	0,412	1.224	0,239	1,761	0,232	1,707	0,184	1,816	0,546	5,394
10	0,949	0,308	0,975	0.975	0,362	1.114	0,284	1,716	0,277	1,669	0,223	1,777	0,687	5,469
11	0,905	0,285	0,927	0.946			0,321	1,679	0,314	1,637	0,256	1,744	0,812	5,534
12	0,866	0,266	0,886	0.921			0,354	1,646	0,346	1,609	0,283	1,717	0,924	5,592
13	0,832	0,249	0,850	0.899			0,382	1,618	0,374	1,585	0,307	1,693	1,026	5,646
14	0,802	0,235	0,817	0.881			0,406	1,594	0,399	1,563	0,328	1,672	1,121	5,693
15	0,775	0,223	0,789	0.864			0,428	1,572	0,420	1,544	0,347	1,653	1,207	5,937
20	0,671	0,180	0,680	0.803			0,510	1,490	0,503	1,471	0,415	1,585	1,548	5,922

	Estimation de σ		
n	c_4	d_2	d_3
2	0,7979	1,128	0,853
3	0,8862	1,693	0,888
4	0,9213	2,059	0,880
5	0,9400	2,326	0,864
6	0,9515	2,534	0,848
7	0,9594	2,704	0,833
8	0,9650	2,847	0,820
9	0,9693	2,970	0,808
10	0,9727	3,078	0,797
11	0,9754	3,173	0,787
12	0,9776	3,258	0,778
13	0,9794	3,336	0,770
14	0,9810	3,407	0,762
15	0,9823	3,472	0,755
20	0,9869	3,735	0,729

Coefficient d_2^* pour l'estimation de s à partir de $\overline{R}$

Nb de mesures dans chaque sous-groupe	Nombre de sous-groupes															
	1	2	3	4	5	6	7	8	9	10	11	12	13	14	15	>15
2	1.414	1.279	1.231	1.206	1.191	1.181	1.173	1.168	1.164	1.160	1.157	1.155	1.153	1.151	1.150	1.128
3	1.912	1.805	1.769	1.750	1.739	1.731	1.726	1.721	1.718	1.716	1.714	1.712	1.710	1.709	1.708	1.693
4	2.239	2.151	2.120	2.105	2.096	2.099	2.085	2.082	2.080	2.077	2.076	2.074	2.073	2.072	2.071	2.059
5	2.481	2.400	2.379	2.366	2.358	2.353	2.349	2.346	2.344	2.342	2.340	2.339	2.338	2.337	2.337	2.326
6	2.673	2.604	2.581	2.570	2.563	2.558	2.555	2.552	2.550	2.549	2.547	2.546	2.542	2.545	2.544	2.534

Résumé des principales formules de calculs des cartes MSP

	Situation	Position Cartes	Calcul des limites de la carte de position	Dispersion Cartes	Calcul des limites de la carte d'échelle
Quelle que soit la taille des échantillons	Calculs à partir de l'écart type de la population totale σ	**Médianes**	$LIC_{\tilde{X}} = Cible - \tilde{A}\sigma$ $LSC_{\tilde{X}} = Cible + \tilde{A}\sigma$	**Étendues**	$LIC_R = D_5.\sigma$ $LSC_R = D_6.\sigma$
		Moyennes	$LIC_{\overline{X}} = Cible - A\sigma$ $LSC_{\overline{X}} = Cible + A\sigma$	**Écarts types**	$LIC_S = B_5.\sigma$ $LSC_S = B_6.\sigma$
La taille des échantillons doit rester identique à celle de la carte d'observation	Calculs à partir de l'étendue moyenne $\overline{R}$ (on a fait une carte d'observation $\overline{X}/R$ ou $\tilde{X}/R$)	**Moyennes**	$LIC_{\overline{X}} = Cible - A_2.\overline{R}$ $LSC_{\overline{X}} = Cible + A_2.\overline{R}$	**Étendues**	$LIC_R = D_3.\overline{R}$ $LSC_R = D_4.\overline{R}$
		Médianes	$LIC_{\tilde{X}} = Cible - \tilde{A}_2.\overline{R}$ $LSC_{\tilde{X}} = Cible + \tilde{A}_2.\overline{R}$		
	Calculs à partir de l'écart type moyen $\overline{S}$ (on a fait une carte d'observation) $\overline{X}/S$	**Moyennes**	$LIC_{\overline{X}} = Cible - A_3.\overline{S}$ $LSC_{\overline{X}} = Cible + A_3.\overline{S}$	**Écarts types**	$LIC_S = B_3.\overline{S}$ $LSC_S = B_4.\overline{S}$

Courbes d'efficacité des cartes de contrôle

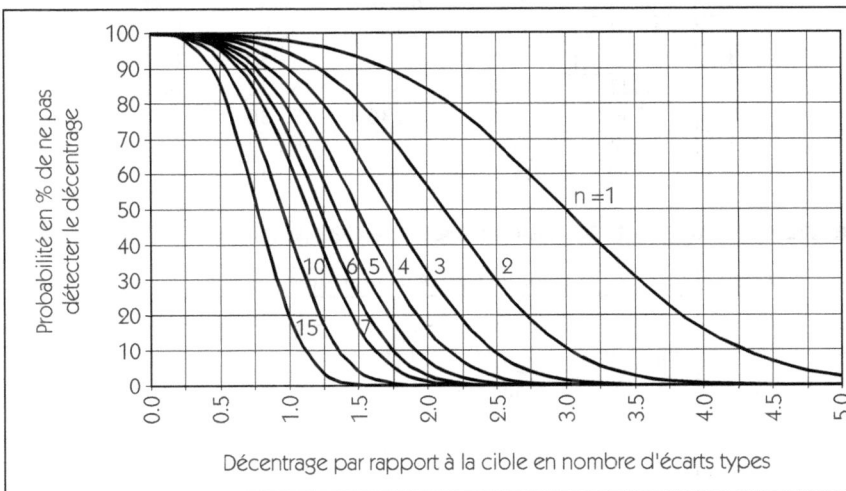

Résumé des principales formules de calcul des cartes MSP

Carte Valeurs individuelles

$$LIC_X = Cible - 3.\sigma = Cible - 3\frac{\overline{R}}{d_2} = Cible - A_4.\overline{R}$$

$$LSC_X = Cible + 3.\sigma = Cible + 3\frac{\overline{R}}{d_2} = Cible + A_4.\overline{R}$$

n	2	3	4	5
A_4	2,660	1,772	1,457	1,290

Carte limites élargies

$$LSC_{\overline{X}} = Tol\ sup - A_6\sigma$$

$$LIC_{\overline{X}} = Tol\ inf + A_6\sigma$$

$$LSC_{\overline{X}} = Tol\ sup - A_5\overline{R}$$

$$LIC_{\overline{X}} = Tol\ inf + A_5\overline{R}$$

Coefficient A_6 pour le calcul des limites élargies

n	A_6 pour un Cpk objectif (risque β = 5 %)				
	1	1.33	1.5	1.66	2
1	4.645	5.645	6.145	6.645	7.645
2	4.163	5.163	5.663	6.163	7.163
3	3.950	4.950	5.450	5.950	6.950
4	3.822	4.822	5.322	5.822	6.822
5	3.736	4.736	5.236	5.736	6.736
6	3.672	4.672	5.172	5.672	6.672
10	3.520	4.520	5.020	5.520	6.520

Coefficient A_5 pour le calcul des limites élargies

n	A_5 pour un Cpk objectif (risque β = 5 %)				
	1	1.33	1.5	1.66	2
2	3.691	4.577	5.020	5.464	6.350
3	2.333	2.924	3.219	3.514	4.105
4	1.856	2.342	2.585	2.828	3.313
5	1.606	2.036	2.251	2.466	2.896
6	1.449	1.844	2.041	2.238	2.633
10	1.144	1.469	1.631	1.793	2.118

Carte EWMA

$$LSC_{M_i} = Cible + L\sigma\sqrt{\frac{\lambda}{n(2-\lambda)}}$$

$$LIC_{M_i} = Cible - L\sigma\sqrt{\frac{\lambda}{n(2-\lambda)}}$$

Cartes aux attributs

	Produits non conformes	Non-conformités sur un lot
Nombre	Carte np	Carte c
Proportion	Carte p	Carte u
	On utilise la loi binomiale	On utilise la loi de Poisson

Calcul des cartes aux attributs

Carte Limite supérieureLimite inférieure		
Carte	Limite supérieure	Limite inférieure
np	$LSC_{np} = \overline{np} + 3\sqrt{\overline{np}(1-\overline{p})}$	$LIC_{np} = \overline{np} - 3\sqrt{\overline{np}(1-\overline{p})}$
p	$LSC_p = \overline{p} + 3\sqrt{\frac{\overline{p}(1-\overline{p})}{n_i}}$	$LIC_p = \overline{p} - 3\sqrt{\frac{\overline{p}(1-\overline{p})}{n_i}}$
c	$LSC_c = \overline{c} + 3\sqrt{\overline{c}}$	$LIC_c = \overline{c} - 3\sqrt{\overline{c}}$
u	$LSC_u = \overline{u} + 3\sqrt{\frac{\overline{u}}{n_i}}$	$LIC_u = \overline{u} - 3\sqrt{\frac{\overline{u}}{n_i}}$

Carte exponentielle

$\overline{T}$ = moyenne du nombre de pièces bonnes fabriquées entre deux défaillances

$$LSC = 4,6\overline{T}$$

$$LIC = 0,01\overline{T}$$

Résumé sur les capabilités

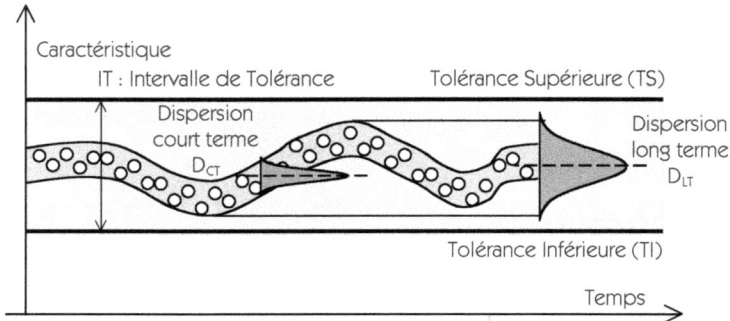

Capabilité procédé Cp, Cpk, Cpm (court terme)

Capabilité potentielle
$$Cp = \frac{IT}{Dispersion\ court\ terme} = \frac{IT}{6.\sigma_{CT}}$$

Capabilité réelle

Cas du déréglage côté maxi

Cas du déréglage côté mini

$$Cpk = \frac{TS - \overline{X}}{1/2(\,Dispersion\ CT\,)} = \frac{TS - \overline{X}}{3.\sigma_{CT}} \qquad Cpk = \frac{\overline{X} - TI}{1/2(\,Dispersion\ CT\,)} = \frac{\overline{X} - TI}{3.\sigma_{CT}}$$

Condition de capabilité : Cpk > 1,33

Capabilité réelle liée à la perte

$$Cpm = \frac{IT}{6\sqrt{\sigma_i^2 + (\overline{\overline{X}} - cible)^2}} = \frac{Cp}{\sqrt{1 + 9(Cp - Cpk)^2}}$$

Performance du procédé Pp, Ppk (long terme)

Performance potentielle
$$Pp = \frac{IT}{Dispersion\ Long\ Terme} = \frac{IT}{6\sigma_{LT}}$$

Performance réelle

Cas du déréglage côté maxi

Cas du déréglage côté mini

$$Ppk = \frac{TS - \overline{X}}{1/2(\,Dispersion\ LT\,)} = \frac{TS - \overline{X}}{3.\sigma_{LT}} \qquad Ppk = \frac{\overline{X} - TI}{1/2(\,Dispersion\ LT\,)} = \frac{\overline{X} - TI}{3.\sigma_{LT}}$$

Condition de capabilité : Ppk > 1,33

Performance réelle liée à la perte

$$Ppm = \frac{IT}{6\sqrt{\sigma_G^2 + (\overline{X} - cible)^2}} = \frac{Pp}{\sqrt{1 + 9(Pp - Ppk)^2}}$$

Règles de pilotage d'une production par « carte de pilotage SPC »

Méthode de pilotage
Prélever un échantillon de pièces consécutives et sans intervention
Mesurer les pièces et reporter les points sur la carte de pilotage
Interpréter avec les règles d'interprétation des cartes de pilotage (Page suivante)
Appliquer le tableau de décision, En cas de réglage, appliquer la règle de vérification des réglages

Règle de vérification des réglages

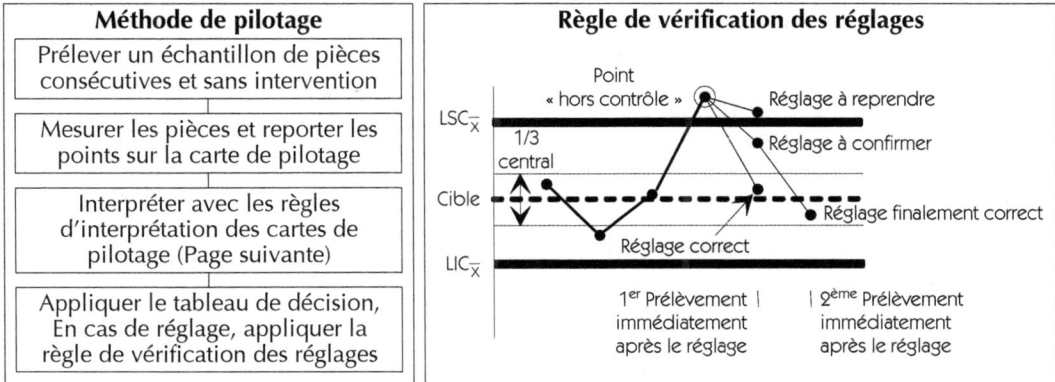

Point « hors contrôle » → Réglage à reprendre
$LSC_{\overline{x}}$
1/3 central
Réglage à confirmer
Cible
Réglage finalement correct
Réglage correct
$LIC_{\overline{x}}$

1er Prélèvement immédiatement après le réglage | 2ème Prélèvement immédiatement après le réglage

Tableau de décision

Le dernier point sur la carte indique :	Valeur du Cpk observé sur les cartes précédentes		
	Cpk inférieur à 1,33	Cpk compris entre 1,33 et 1,67	Cpk supérieur à 1,67
Le procédé est « sous contrôle »	Contrôle unitaire (Tri à 100 %)	**ACCEPTER les pièces**	**ACCEPTER les pièces**
Le procédé devient « hors contrôle » MAIS toutes les valeurs individuelles du prélèvement sont dans les tolérances	IDENTIFIER et CORRIGER la cause spéciale		
	Contrôle unitaire (Tri à 100 %)	TRIER les composants depuis le dernier point « sous contrôle » de la carte de pilotage	**ACCEPTER les pièces**
Le procédé devient « hors contrôle » ET une ou plusieurs valeurs individuelles du prélèvement sont hors tolérances	IDENTIFIER et CORRIGER la cause spéciale		
	Contrôle unitaire (Tri à 100 %)	TRIER les composants depuis le dernier point « sous contrôle » de la carte de pilotage	

Règles principales d'interprétation des cartes de pilotage

Graphique	Description	Décision carte des moyennes	Décision carte des étendues
LSC / LIC	**Procédé sous contrôle** • Les courbes $\overline{X}$ et R oscillent de chaque côté de la moyenne. • 2/3 des points sont dans le tiers central de la carte.	**Production** (spanning both decision columns)	
LSC / LIC	**Point hors limites** Le dernier point tracé a franchi une limite de contrôle.	**Régler le procédé** de la valeur de l'écart qui sépare le point de la valeur cible.	**Cas limite supérieure** • La capabilité machine se détériore. Il faut trouver l'origine de cette détérioration et intervenir. • Il y a une erreur de mesure. **Cas limite inférieure** • La capabilité machine s'améliore. • Le système de mesure est bloqué.
LSC / LIC	**Tendance supérieure ou inférieure** 7 points consécutifs sont supérieurs ou inférieurs à la moyenne.	**Régler le procédé** de l'écart moyen qui sépare la tendance à la valeur cible.	**Cas tendance supérieure** • La capabilité machine se détériore. Il faut trouver l'origine de cette détérioration et intervenir. **Cas tendance inférieure** • La capabilité machine s'améliore. Il faut trouver l'origine de cette amélioration pour la maintenir.
LSC / LIC	**Tendance croissante ou décroissante** 7 points consécutifs sont en augmentation régulière, ou en diminution régulière.	**Régler le procédé** si le dernier point approche les limites de contrôle de l'écart qui sépare le dernier point à la valeur cible.	**Cas série croissante** • La capabilité machine se détériore. Il faut trouver l'origine de cette détérioration et intervenir. **Cas série décroissante** • La capabilité machine s'améliore. Il faut trouver l'origine de cette amélioration pour la maintenir.
LSC / LIC	**1 point proche des limites** Le dernier point tracé se situe dans le 1/6 au bord de la carte de contrôle.	**Confirmer** en prélevant immédiatement un autre échantillon. Si le point revient dans le tiers central - production Si le point est également proche des limites ou hors limites, régler de la valeur moyenne des deux points.	**Cas limite supérieure** **Surveiller la capabilité** Si plusieurs points de la carte sont également proches de la limite supérieure, la capabilité se détériore. Il faut trouver l'origine de cette détérioration et intervenir.

En cas de réglage : un nouvel échantillon est mesuré et marqué sur la carte. Pour être acceptable, le point doit se situer dans le tiers central de la carte des moyennes.

N° de carte

Produit	Référence :	Désignation :		Client :
Moyen	Machine :	Section :		Opération :
Lot	O.F. :	Lot :		
Caractéristique	Cote surveillée :		Carte précédente	
Contrôle SPC	Cible :	LSC $\bar{x}$:	LIC $\bar{x}$:	$\bar{R}$:	LSC

Fréquence de prélt :

	Cp	Pp	Ppk		Cp	Pp	Ppk

Date				
Heure				
X1				
X2				
X3				
X4				
X5				
TOTAL				
MOYENNE $\bar{X}$				
ÉTENDUE R				

$\bar{X}$

R

Journal

Carte de contrôle aux attributs

N° de carte _____

Produit	Référence :	Désignation :	Client :
Moyen	Machine :	Section :	Opération :
Lot	O.F. :	Lot :	
Caractéristique	Cote surveillée :		
Contrôle SPC	Cible :	Limite supérieure	Limite inférieure

Date	Heure

Journal

Produit	Référence :	Désignation :	Client :								**N° de carte**
Moyen	Machine :	Section :	Opération :								
Lot	O.F. :	Lot :	Cp	Pp	Ppk		Cp	Pp	Ppk		
Caractéristique	Cote surveillée :	Carte précédente									
Contrôle SPC	Cible :	Fréquence de prélt :									

Date																									
Heure																									
X1																									
X2																									
X3																									
X4																									
X5																									
TOTAL																									
MOYENNE $\overline{X}$																									
ÉTENDUE R																									

$\overline{X}$	
1	
2	
3	
4	
5	
Cible	
5	
4	
3	
2	
1	

R		
5		
4		
3		
2		
1		

Journal

Bibliographie

AFNOR

Méthode Statistiques – Recueil de norme – Tome 1, 2, 3, 4 – 1999

AFNOR NORME NF X 06-031-0

« Application de la Statistique – Cartes de contrôle – Principes Généraux » – 1995

AFNOR NORME X06-030

« Guide pour la mise en place de la Maîtrise Statistique des Processus » – - 1992

AFNOR NORME NF E 60-181

« Moyens de production – Conditions de réception – Méthode d'évaluation de l'aptitude à réaliser des pièces » – 1994

ANSELMETTI BERNARD

« Tolérancement » – 3 volumes – Hermes Science Publications – 2003

AMIN RAID W. ; WOLFF HANS & ALLS

« EWMA Control charts for the smallest and largest observations » – Journal of quality technology, 31(2):189-206 ; april 1999

ANAND K. N.
« The Rôle of Statistics in determining product and part specifications : A few indian experiences » – Quality engineering Vol 9 – N°2 – 1996 – 187/194

ANGUS J. E.
« The improved estimation of s in quality control, revisited » – Probability in the engineering and informational sciences, 11(1):37:42,1997

BISSELL A. F.
« The performance of control chart and Cusum under linear trend » – Applied statistics 33(2) – 318:335 – 1986

BÉCHARS BRUNO-MARIE – LAROSE PATRICK
Initiation au génie qualité – 3ᵉ édition – 1997 – Les Éditions Pédagogik

BOTHE DAVID R.
« Integrating SPC with just in time » – Conférence mondiale de l'APICS – Montréal – 1992

BOTHE DAVID R.
« Measuring Process Capability » – 1997

BOTHE DAVID R.
« Composite capability index for multiple product characteristics » – Quality engineering – 12(2)-253-258 – 1999

BOTHE KEKI R., SHAININ DORIAN
World Class Quality : Using Design of Experiments to Make It Happen – second edition – American Management Association – 2000

BOX GEORGE E. P. – HUNTER WILLIAM G. – HUNTER J. STUART
Statistics for experimenters – Wiley interscience -1978

CAIN M. ; JANSSEN C.
« Target selection in process control under asymmetric cost » – Journal of quality technologie – Vol 19 – N°4 – Oct 97 – 464/468

CASTAGLIOLA PH
« Evaluation of non normal Process capability indices using Burr's distributions » – Quality engineering 8(4): 587-593 – 1996

CAVÉ R.

Le contrôle statistique des fabrications – Eyrolles – 1966

CETAMA

Statistique appliquée à l'exploitation des mesures – 2° édition – Masson – 1986

CHAN L. K., CHENG S. W., SPIRING F. A.

« A new measure of Process Capability : Cpm » – Journal of Quality Technology, Vol 20.

CHARBONNEAU, HARVEY, GORDON

Industrial Quality Control – Englewood Cliffs – NJ : Prentice-Hall, inc – 1978

CHASE K.W. ; PRAKINSON A. R.

« A survey of rechearch in the application of tolerance analysis to the design of mechanical assemblies » – Research in Engineering design (1991) 3:23-37

CHERFI Z.

La qualite démarche methodes et outils – traite ic2 serie productique – Éditions Hermes – 2002

CHOU YOUN-MIN ; OWEN, D.B., BORREGO S.A.

« Lower Confidence Limits on process Capability Indices » – Journal of Quality Technologie, Vol 22, N° 3, July 1990

CNOMO

Normes CNOMO E41.92.110.N – 1988

CNOMO

« Agrément capabilité des moyens de mesure – Moyens de contrôle spécifique » – E41.36.110.N – Octobre 1991

DATAMYTE

Datamyte Handbook – Edition 6 – 1995 – Datamyte

DRAPPER NORMAN – SMITH HARRY

Applied regression analysis, Second edition Wiley interscience – 1981

DUCLOS ; E. PILLET ; M. COURTOIS A.

« Optimisation de la Maîtrise Statistique des Procédés par une méthode de filtrage d'ordre » – Revue de Statistique Appliquée XLIV (2) pp61-79 – 1996

DUCLOS EMMANUEL

Thèse « *Contribution à la maîtrise statistique des procédés – Cas des procédés non normaux* » – 1997 – Université de Savoie

DUCLOS ; E. PILLET ; M. COURTOIS A.

« An Optimal Control Chart for non-Normal Processes » – IFAC « Manufacturing Systems : Modeling, Management and Control » –Fevrier 97 – Viennes -Autriche

DURET DANIEL, PILLET MAURICE

Qualité en Production – 1998 – Édition d'organisation

FARNUM NICHOLAS R.

« Control Charts for Short Runs : Non constant Process and Measurement Error » – Journal of Quality technology – Vol 24/3 – 138:144 – July 1992

FARNUM R.N.

« Using Johnson curves to describe non-normal process data » – Quality engineering 9(2) – pp329-336 – 1997

FLAIG J. J.

« A new approach to process capability Analysis » – Quality engineering 9(2):205-212 – 1996

FORD

Statistical Process Control -Instruction Guide – Ford Motor Company – 1982 [For 91]

FORD

Procédure Qualité SPC Q1 – Ford Motor Company – Avril 1991

FOSTER KEVIN

« Implementing SPC in low volume manufacturing » – ASQC Quality Congress – Dallas – 1988

FOSTER KEVIN
« Implementing SPC in low volume manufacturing » – *S. P. C. in Manufacturing* – Dekker7:23 – 1991

GUI DEZ
« MSP : Impact de la non normalité sur les indicateurs de capabilité » – 2ᵉ congrès Pluridisciplinaire Qualité et Sûreté de Fonctionnement – 1997

GRANT E.L.
Statistical Quality Control – Mc. G. Hill – 1952 – p3

GRAVES S. BISGAARD S.
« Five ways statistical tolerancing can fail and what do about them » – CQPI Report n°159 September 1997

GUM
Incertitudes mesurées – Guide to the expression of uncertainty in measurement (édition corrigée 1995).

HARRY MIKEL, SCHROEDER RICHARD
Six sigma – 2000 – Doubleday

HARRY MIKEL
The vision of six sigma – Vol I, II, III, IV, V, VI, VII, VIII – 1997 – Tri star publishing

HILLER F. S.
« X and R-chart Control Limits based on a small number of subgroups » – Journal of quality technologie – 17:26 – 1969

HILL TERRY
Manufacturing Strategy – Text and Cases – IRWIN – 1989

HOTELLING H.
Multivariate Quality Control, Techniques of Statistical Analysis, Eisenhart, Hastay, and Wallis, Mc Graw-Hill, 1947

IBM
Process Control, Capability and improvement – IBM – 1986

ISO
Normes ISO 9000/DIS 9000-2/9000-3/9001/9002/9003/9004-2

JAUPI L. SAPORTA G.

« Cartes de contrôle pour la variabilité des procédés multidimensionnels » – Congrès Qualité et Sûreté de fonctionnement – Mars 97 – Angers

JAUPI L. SAPORTA G.

Controle de la qualite – msp analyse des performances et controle de réception – Dunod – 2002

JOHNSON N. L. – LEONE F. C.

Statistics and experimental Design in engineering and the physical Sciences – Volumes I, 2nd ed – Wiley – 1977

KOONS G. F. – LUNER J. J.

SPC : Use in low volume manufacturing envirnment Statistical Process Control in manufacturing and reliability – 1991

KUSHLER R.H. – HUTLEY P.

« Confidence bounds for capability indices » – Journal of Quality Technology, 24(4) : 188-195, 1992

LANG-MICHAUT C.

Pratique des tests statistiques – Dunod – 1990

LEHTIHET E. A., GUNASENA U. N.

« Statistical models for the relationship between production errors and the position tolerance of a hole » – Annals of the CIRP – Vol 39/1/1990

LEVINSON W. A.

« Approximate confidence limits for Cpk and confidence limits for non-normal process », Quality engineering, vol 9(4) – 1997

LIEBERMAN G. J. – BOWKER A. H.

Méthodes statistiques de l'ingénieur – Dunod – 1965

LILL H. – CHU YEN – CHUNG KEN

« Statistical Set-up Adjustement for low volume manufacturing » – *S. P. C. in Manufacturing* – 23 : 38 – Dekker – 1991

LOWRY, C. A. ; WOODALL, W. H. ; CHAMP, C. W. ; AND RIGDON, S. E.
« A Multivariate Exponentially Weighted Moving Average Control Chart ». Technometrics 34, pp. 46–53, 1992.

LUCAS J. M.
« The design and use of V-mask control schemes » – Journal of quality Technologie 8 (1) – 1973 – 1 :12 – January

LUCAS J. M.
« Combined Shewhart-CUSUM quality control shemes » – Journal of Quality Technologie 14(2) -1982 – 51:59 – April

LUCAS J. M. – CROISIER R. B.
« Fast initial response for CUSUM quality control schemes : Give your CUSUM a head start » – Technometrics 24(3) – 1982/08 – 199:215 – 2000 42(1) 102-107

LUCAS J. M.
« Counted data CUSUM's » – Technometics 27 (2) – 1985/05

LYONNET PATRICK
La qualité outils et Méthodes – 1997 – Lavoisier Tec & Doc

MITTAY HANS J. ; STEMANN D.
« Gauge imprecision effect on the performance of X/S control chart » – Journal of applied Statistics 25(3):307-317,1998

MONTGOMERY D. C. ; WADSWORTH H. M.
« Some techniques for multivariable quality control applications » – ASQC Technical Conference transactions Washington, DC – 1972

MONTGOMERY DOUGLAS C.
Introduction to statistical quality control – 4th edition – 2001 – John Whiley & Sons, Inc

MONTGOMERY D. C. – KEATS J. B.
Statistical process control in manufacturing – Marcel Dekker – 1991

MEASUREMENT SYSTEM ANALYSIS WORK GROUP
MSA – Measurement System Analysis – Third Edition – Carwin Ltd – 2002

NAGATA Y. AND NAGAHATA H.
« Approximation formulas for the lower confidence limits of process capability indices » – Okayama Economic Review, 25(4), 301-314. (1994)

NELSON L. S.
« A Control Chart for Parts per Million Nonconforming Items » – Journal of Quality Technology – Vol 26 – 1994

PAGE E. S.
Continuous Inspection schemes – Biometrics – 1954 – Vol 41

PALSKY ALAIN
« La maîtrise des procédés continus » – *La maitrise Statistique des processus ou SPC* – Recueil de conférence CETIM 20/11/91 – 101:112 – 1991

PARK S. H. – VINNING G. G.
Statistical Process monitoring and optimization – Marcel Dekker – 2000

PEUGEOT
Normes Q54 4000 – Automobiles Peugeot – Citoën – Avril 88

PILLLET MAURICE
« Pratique du SPC dans le cas des petites séries » – *La maitrise Statistique des processus ou SPC* – Recueil de conférence – CETIM 20/11/91 – 87:100 – 1991

PILLET MAURICE
Introduction aux plans d'expériences par la méthode TAGUCHI – Ouvrage 224p – Ed organisation – 1992

PILLET MAURICE
« Application du SPC aux petites séries » – Contrôle industriel et qualité – n°174 – Avril 92 – 58:61

PILLET MAURICE
« A specific SPC chart for Small-Batch control » – Quality Engineering – 8(4) – pp 581-586 – 1996

PILLET MAURICE
« Cotation statistique et SPC » – Journées de la cotation – Annecy – 1993

PILLET M. ROCHON S. DUCLOS E.

« Generalization of capability index Cpm. Case of unilateral tolerances »
Quality engineering, N°10 Vol 1 – pp 171-176 – 1997/98

PILLET M. ; DURET D. ; SERGENT A.

« L'objectif cible et la détermination statistique des tolérances » – 4ᵉᵐᵉ congrès Qualita – Annecy France – Mars 2001 – pp 281-287.

PILLET M.

« Inertial Tolerancing » – The Total Quality Magazine – Emerald Editor – Vol 16 – Issue 3 – May 2004

PILLET M.

Six Sigma Comment l'appliquer – Les Éditions d'organisation – 2004

PORTER LESLIE J. – OAKLAND JOHN S.

« Process capability indices – An overview of theorie and practice » – Quality and reliability Engineering International – 1991

PORTER LESLIE J. – CAULCUTT PORLAND

« Control Chart design – A review of standard practice » – Quality and reliability engineering Internationnal – 1992

PRABHU SHARAD S. – RUNGER GEORGE C.

« Designing a Multivariate EWMA Control Chart » – Journal of Quality Technology, Vol. 29, No. 1, January 1997, pp. 8-15

PROSCHAN F. – SAVAGE I. R.

« Starting a Control Chart » – Industrial Quality Control – 1960

PYZDEK TOMAS

Pyzdek's guide to SPC – Vol I & II ASQC Quality Press – 1992

PYSDEK THOMAS

« Process control for short and small runs » – Quality progress – 1993

QUALITA 99

Actes du congrès Qualita 99 – 1999 – ENSAM Paris

REVY CHRISTOPHE
Mémoire de DRT – « La MSP dans l'industrie automobile » – 2000 – Université de Besançon

ROBERT S. W.
« Control chart tests based on geometric moving averages » – Technometrics – 1959 –february 2000 42(1) 97-101

RYAN THOMAS P.
Statistical methods for quality improvement – John Wiley & sons – 1989

SAPORTA G.
Probabilités, analyse des données et statistique – 1990 – Éditions Technip

SARKA A. PAL S
« Estimation of process capability index for concentricity » – Quality engineering Vol 9 – N°4 – 1997 – 665/672

SHEWHART W. A.
Economic Control of Quality of Manufactured Product – Van Nostrand Co. Inc Princeton. – 1931

SCHNEIDER H. KASPERSKI W.J. & AL
« Control charts for skewed and censored data » – Quality engineering 8(2):263-274 – 1996

SOGEDAC
Questionnaire Audit SOGEDAC – 1992

SOMERVILLE S.E.
« Process capability indices and non-normal distributions » – Quality engineering 9(2) 305-316 – 1997

SOUVAY PIERRE
« Cotation d'étude et de fabrication, Calcul d'erreur » – Techniques industrielles n° 133 – 1982 – 41 Pages

SOUVAY PIERRE
La statistique, outil de la qualité – 3ème tirage Afnor Gestion – 283 pages – 1991

SOUVAY PIERRE
Statistique et Qualité – Études de cas – 1994 – AFNOR

SOUVAY PIERRE
Statistique de base appliquée à la maîtrise de la qualité – 1994 – AFNOR

SOUVAY PIERRE
Savoir utiliser la Statistique – 2002 – AFNOR

SPIRING F. A.
« A unifying approach to process capability indices » – Journal of quality technology 29(1):49-58, 1997

STOCKER GREGG D.
« Quality function deployment : Listening to the voice of the Customer » – APICS conference proceeding 1991

TAGUCHI GENICHI
System of experimental Design – Vol I & II – Kraus – 1987

TAGUCHI GENICHI – ELSAYED A. ELSAYED – THOMAS HSIANG
Quality engineering in production systems -Mc Graw-Hill -- 1989

TASSI PHILIPPE
Méthodes statistiques – 2e édition – 1992 – ECONOMICA

TORRENS-IBERN J.
« Les méthodes statistiques de controle dans les processus industriels continus » – Revue de statistique appliquée – 1965 – Vol XIII N° 1

VAN DOBBEN DE BRUYN C. S.
« Cumulative Sum Test » – Theory and practice GRIFFIN's Statistical Monograph & Courses – 1968

VANDEVILLE P.
Gestion et contrôle de la qualité – Afnor – 1985

VEEVERS ALAN
« Capability Indices for Multiresponse Processes » – Statistical Process Monitoring and optimization – pp241-256 – ISBN : 0-8247-6007-7

WADSWORTH – STEPHENS – GODFREY
Modern methods for quality control and improvement – Wiley – 1986

WHEELER D. J. – LYDAY R. W.
Evaluating the Measurement Process, Second Edition. SPC Press, Inc.
– 1989

WHEELER D. J.
Short Run S.P.C. – SPC Press – 1991

WHEELER D. J. – CHAMBERS D. S.
Understanding Statistical process control – Second edition – SPC Press
– 1992

WISE S. A. – FAIR D. C.
Practical SPC Solutions for Today's Manufacturing environment –
ASQ Quality Press – 1998

WU Z. WANG Q
« Bootstrap control charts » – Quality engineering 9(1):143-150,
1996-97

Logiciels et sites internet

Les calculs de cet ouvrage ont été réalisés avec Minitab® logiciel d'analyse statistique et Excel de Microsoft Office

http://www.minitab.com

http://office.microsoft.com

On peut également consulter :

Statgraphics : http://www.microsigma.fr/Editeurs/STATGRAPHICS/STATGRAPHICS.html

Statistica : http://www.statsoftinc.com/french/welcome.html

SOS Stat : http://educlos.free.fr/sosstat.html

Des feuilles de calculs statistiques Excel gratuites sont disponibles sur le site du département OGP de l'IUT d'annecy :

http://www.ogp.univ-savoie.fr/espace.htm

Autres sites utiles

GPC Guard™ est une solution logicielle proposée par la société française GPC-System : http://www.gpc-system.com

http://www.cnomo.com – ensemble des normes CNOMO accessible librement.

www.asq.org : Site officiel de l' ASQ (American Society for Quality)

Index